Darganfod Tai Hanesyddol Eryri:
Prosiect Dyddio Blwyddgylchau Gogledd-orllewin Cymru

Discovering the Historic Houses of Snowdonia:
the North-west Wales Tree-ring Dating Project

Richard Suggett & Margaret Dunn

COMISIWN BRENHINOL HENEBION CYMRU

ROYAL COMMISSION ON THE ANCIENT AND HISTORICAL MONUMENTS OF WALES

Y COMISIYNWYR BRENHINOL / ROYAL COMMISSIONERS

Cadeirydd / Chairman: **Dr Eurwyn Wiliam** MA, PhD, FSA

Is-Gadeirydd / Vice-Chairman: **Mr Henry Owen-John** BA, MIFA, FSA

Ms **Catherine S. Hardman**, BA, MA, FSA

Mr **Jonathan Hudson** MBCS, CITP

Mr **Thomas O. S. Lloyd**, MA, OBE, DL, FSA

Dr **Mark Redknap** BA, PhD, MIFA, FSA

Yr Athro / Professor **Christopher Williams** BA, PhD, FRHistS

Ysgrifennydd Dros Dro / Acting Secretary: **Mrs Hilary Malaws**, B.Lib, MIFA

ISBN 978-1-871184-53-2   ISBN (e-lyfr / e-book) 978-1-871184-54-9

Manylion Catalogio (CIP) y Llyfrgell Brydeinig. Mae cofnod catalogio'r llyfr hwn ar gael o'r Llyfrgell Brydeinig.
British Library Cataloguing in Publication Data. A catalogue record for this book is available from the British Library.

© Hawlfraint y Goron, CBHC 2014. Cedwir pob hawl. © Crown Copyright, RCAHMW 2014. All rights reserved.

Ni chaniateir atgynhyrchu unrhyw ran o'r llyfr hwn na'i chadw mewn cyfundrefn adferadwy na'i throsglwyddo mewn unrhyw ddull na thrwy unrhyw gyfrwng electronig, mecanyddol, llungopïo, recordio, sganio nac fel arall heb gael caniatâd ymlaen llaw gan y cyhoeddwr.
No part of this book may be reproduced, stored in a retrieval system or transmitted in any form or by any means, electronic, mechanical, photocopying, recording, scanning or otherwise, without permission from the publisher:

Comisiwn Brenhinol Henebion Cymru / Royal Commission on the Ancient and Historical Monuments of Wales,
Plas Crug, Aberystwyth, Ceredigion, SY23 1NJ, Y Deyrnas Unedig / United Kingdom.
Ffon / Telephone: 01970 621200   E-bost: chc.cymru@cbhc.gov.uk   E-mail: nmr.wales@rcahmw.gov.uk   Gwefan: www.cbhc.gov.uk Website: www.rcahmw.gov.uk

Cyhoeddwyd mewn partneriaeth â'r Grŵp Dyddio Hen Dai Cymreig. Published in partnership with the Dating Old Welsh Houses Group.

Y Goron, Comisiwn Brenhinol Henebion Cymru, biau hawlfraint yr holl destun a'r darluniau onis dywedir yn wahanol yn rhestr y lluniau.
All text and images are Crown Copyright, Royal Commission on the Ancient and Historical Monuments of Wales, unless otherwise stated in the list of figures.

Gyda chefnogaeth cynllun economaidd-gymdeithasol Magnox
Supported by the Magnox socio-economic scheme

Yr ydym yn ddiolchgar i Gronfa Marc Fitch am gymorthdaliadau dros nifer o flynyddoedd i gefnogi'r cyhoeddiad hwn a'r ymchwil sydd y tu ôl iddo.
We are grateful to the Marc Fitch Fund for grants over a number of years to support this publication and the research that has gone into it.

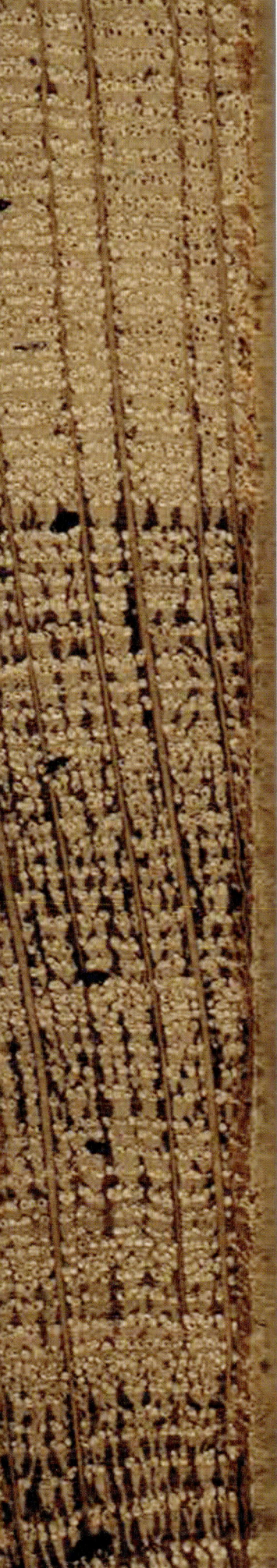

CYNNWYS
CONTENTS

Confensiynau Dylunio / **Drawing Conventions**	4
Rhagair: Hen Dai Newydd Eryri / **Foreword: Old New Snowdonian Houses** *Y Gwir Anrhydeddus yr Arglwydd / **The Rt Hon Lord Dafydd Elis-Thomas***	5
Rhagymadrodd yr Awduron / **Authors' Preface**	7

RHAN I: CYD-DESTUNAU / PART I: CONTEXTS

1	Tai Eryri: Cyflwyniad / **Houses of Snowdonia: Introduction** *Richard Suggett*	9
2	Tai Hŷn Penmachno yn eu Cyd-destun / **The Older Houses of Penmachno in Context** *Frances Richardson*	65

RHAN II: HANESION TAI / PART II: HOUSE HISTORIES
*Golygwyd gan / **Edited by** Margaret Dunn & Richard Suggett*

	Rhestr y safleoedd gyda mapiau / **Site list with maps**	83
3	Tai'r Oesoedd Canol / **Medieval Houses**	85
4	Tai'r Trawsnewid / **Transitional Houses**	121
5	Tai Cynnar Cynllun Eryri / **Early Snowdonian Houses**	159
6	Tai Cynllun Eryri Diweddarach / **Later Snowdonian Houses**	183
7	Cyfadeiladau Eryri / **Snowdonian Complexes**	223

RHAN III: DENDROCRONOLEG / PART III: DENDROCHRONOLOGY

8	Cyflwyno Prosiect yn y Gymuned: 'O fesen fach daw derwen iach ... ' **Introducing a Community-based Project: 'Great oaks from little acorns ...'** *Margaret Dunn*	249
9	Cefndir i Ddendrocronoleg / **Background to Dendrochronology** *Daniel Miles & Martin Bridge*	264
10	Crynodeb o Nodweddion Dyddiedig / **Summary of Dated Features** *Richard Suggett*	268
11	Dyddio Blwyddgylchau: Rhestr o Safleoedd a Nodweddion / **Tree-ring Dating: List of Sites and Features** *Crynhowyd gan / **Compiled by** Richard Suggett*	274

Rhestr y Darluniau / **List of Figures**	284
Rhestr Byrfoddau / **List of Abbreviations**	288
Mynegai'r Enwau / **Index of Names**	289

Confensiynau Dylunio
Drawing Conventions

Cyffredinol
General

▨	NEUADD AGORED HYD Y TO	*HALL OPEN TO THE ROOF*
A⌐ ¬A	LLINELL Y TORIAD	*SECTION LINE*
✛	Y GOGLEDD	*NORTH POINT*
▦	GRISIAU	*STAIR*
→	GRIS I FYNY	*STEP UP*
▶	MYNEDFA WREIDDIOL	*ORIGINAL ENTRANCE*
⇨	MYNEDFA DDIWEDDARACH	*LATER ENTRANCE*
▶	LLETHR I FYNY	*SLOPE UP*
0⊢⊣0	GRADDFA	*SCALE*

Nodweddion Coed
Timber Features

▬	NENFFORCH YN EI LLE	*CRUCK TRUSS IN SITU*
▭	LLE BU NENFFORCH	*CRUCK TRUSS RECONSTRUCTED*
=======	TRAWST	*BEAM*
▬ ▪ ▬ ▪ ▬	PARED PYST A PHANELI	*POST-AND-PANEL PARTITION*
– · – · –	MANYLYN TYBIEDIG	*CONJECTURED DETAIL*
*	MOWLDIN	*MOULDING*
↔	MURLUN	*WALLPAINTING*

Nodweddion Gwaith Maen
Masonry Features

▩	CYFNOD CYNTAF	*PERIOD I*
▨	AIL GYFNOD	*PERIOD II*
▥	TRYDYDD CYFNOD	*PERIOD III*
▢	DIWEDDARACH NEU FODERN	*LATER OR MODERN*

Noder/*Note:*

Defnyddiwyd y confensiynau dylunio a ddangosir yma yn y cynlluniau a'r toriadau. Fel arfer, atgynhyrchir y cynlluniau a'r toriadau ar raddfa o 1:150. Ail-luniadau yw llawer o'r dyluniadau yn y llyfr hwn, neu rai wedi eu symleiddio trwy hepgor manylion ôl-ganoloesol.

The drawing conventions illustrated here have been used in the plans and sections. Plans and sections are generally reproduced to a scale of 1:150. Many of the drawings in this book are reconstructed or have been simplified by the omission of post-medieval details.

Dendrocronoleg
Dendrochronology

Talfyriadau dyddio blwyddgylchau
Tree-ring dating abbreviations

⊕	MAN SAMPLO	*SAMPLING POINT*
C	GWYNNIN CYFAN	*COMPLETE SAPWOOD*
(C)	CYMYNWYD YN Y GAEAF	*WINTER FELLING*
¼C	CYMYNWYD YN Y GWANWYN	*SPRING FELLING*
½C	CYMYNWYD YN YR HAF	*SUMMER FELLING*
H/S	FFIN RHUDDIN/GWYNNIN	*HEARTWOOD - SAPWOOD BOUNDARY*
NM	NIS MESURWYD	*NOT MEASURED*

RHAGAIR: HEN DAI NEWYDD ERYRI
FOREWORD: OLD NEW SNOWDONIAN HOUSES

Mae tai annedd a chartrefi Cymru yn wrthrychau o ddiddordeb a chwilfrydedd di-ben-draw i berchnogion, trigolion, teithwyr, a darllenwyr, ac yn fwy diweddar i gynhyrchwyr cyfresi teledu a'u gwylwyr. A dydy hi ddim yn anodd deall pam. Mae adeiladau hanesyddol a henebion o bob math yn olion materol cadarn o ddiwylliant a chymdeithas ein rhagflaenwyr a'n hynafiaid o bob dosbarth cymdeithasol. Fel arfer maen nhw wedi eu hadeiladu o ddeunyddiau lleol sy'n adnoddau naturiol cynhenid i ardal neu ranbarth ac felly wedi dod dros y canrifoedd yn rhan o amgylchedd adeiledig bro a thref, ac yn wir yn arwyddluniau o'r gymdeithas. Wedi eu lleoli yn solet mewn man dewisol penodol yn nhirwedd y wlad daethant yn fodd i harddu'r tirlun naturiol, tra ar yr un pryd yn nodwedd weledol i hysbysu eraill o statws eu perchnogion megis yr arfbeisiau lliwgar oedd yn harddu eu muriau. Drwy'r holl atgynhyrchiadau o luniau a disgrifiadau ohonynt ymhob cyfrwng dros gyfnod, gwnaethant gyfraniad unigryw i greu synnwyr o le ac o fwynderau lleoliad. Ychwaneger at hynny'r enwau disgrifiadol o'u lleoliad ac o'u 'mawredd' yn nhyb y rhai a'i hadeiladodd sy'n dynodi'r tai, a daw'r cylch diwylliannol yn grwn.

Fel un a fu'n byw bron ar hyd ei oes yn Eryri, ym Meirionnydd ac yna nol yn Nyffryn Conwy, ni allaf lai na theimlo hoffter ac edmygedd at yr adeiladau hyn, yn gymysg ac ambell bwl o eiddigedd ac ambell ias o barchedig ofn! Mae'n siŵr mai cof plentyn o grwydro drwy goridorau tywyll yr hen Faenan neu'n chwilota drwy ddryswch pensaernïol Gwydir, heb son am y sawl bererindod orfodol i fyny'r rhiwiau serth i Dŷ-mawr Wybrnant, sy'n gyfrifol am hynny. Felly pan ges i wahoddiad i fod yn noddwr i'r Grŵp Dyddio Hen Dai Cymreig sy'n dilyn Prosiect Dendrocronoleg y Gogledd Orllewin,

Welsh dwellings and homes are objects of endless interest and curiosity for owners, residents, travellers and readers, and more recently producers of television series and their viewers. It's not difficult to understand why this is so. Historic buildings and monuments of all kinds are sturdy material remains of our predecessors' culture and society from every social class. They are usually built of local materials which are natural resources indigenous to an area or region and as such have become over the centuries part of the built environment of neighbourhood and town, and truly symbolic of that society. Located solidly on a specifically chosen site in the countryside they have become a means of beautifying the natural landscape while at the same time being a visual feature to advertise their owners' status to others, like the colourful arms decorating their walls. Through all reproductions of pictures and descriptions of them in many media over a period, they made a distinctive contribution to create a sense of place and of a location's amenities. Add to that the names descriptive of their location and 'greatness' according to those who built them, designating the houses and the cultural circle is complete.

As someone who lived almost all his life in Snowdonia, in Meirionnydd then back in the Conwy valley, I can but feel affection and respect for these buildings, tinged with a little envy and a twinge of respectful awe! No doubt childhood memories of wandering through dark corridors of old Maenan or exploring the architectural maze of Gwydir, not to mention a number of enforced pilgrimages up steep hills to Tŷ-mawr Wybrnant, are responsible for this. So when I was invited to be a patron of the Dating Old Welsh Houses Group, which succeeded the North West Wales Dendrochronology Project, I

roeddwn wrth fy modd. Mae yma bartneriaethau rhagorol wedi gweithio'n rhyfeddol yma, a'r cyfan wedi'u cofnodi yn fanwl yn y llyfr. Meddyliwch am y tîm o tua 200 o wirfoddolwyr, a'r holl gefnogaeth gyllidol a phroffesiynol y llwyddasant i'w chrynhoi dan arweiniad yr Ymddiriedolwyr, y Pwyllgor Gwaith a'r Cyfarwyddwr ysbrydoledig. Y bartneriaeth allweddol oedd yr un o'r dechrau'n deg dros ddeng mlynedd gyda Chomisiwn Brenhinol Henebion Cymru (CBHC).

Yn ystod y cyfnod hwn bu trafodaeth gyhoeddus am barhad y CBHC fel corff ar wahân, a llawenydd i bawb ohonom a wyddem am ffordd unigryw'r Comisiwn o weithio oedd cyhoeddiad y Gweinidog Diwylliant ar y pryd John Griffiths AC y byddai'r CBHC yn cael parhau a'i swyddogaethau arweiniol ynglŷn â'n treftadaeth archeolegol, adeiledig, ac arforol. Fy ngobaith i yw y bydd y math o fodel a ddatblygwyd yma o weithio gyda phartneriaid gwirfoddol brwdfrydig ac ysgolheictod gwyddonol hanesyddol safonol yn nod amgen holl waith y CBHC yn y dyfodol.

Diau y cewch chwithau'r un boddhad a minnau wrth ddarllen am waith diwyd yr ymarferwyr proffesiynol a'r gwirfoddolwyr, a dysgu gymaint oddi wrthynt am hen dai newydd Eryri ers oes y Tuduriaid, gan gyfoethogi eich dealltwriaeth o hanes anheddau Eryri a'u bywyd?

Dafydd Elis-Thomas

was delighted. Excellent partnerships have worked wonders here, and all recorded in detail in this book. Think of the team of around 200 volunteers, with all the financial and professional support they succeeded in gathering together under the leadership of the Trustees, Executive Committee and inspirational Director. Key from the very start was the ten year partnership with the Royal Commission on the Ancient and Historical Monuments of Wales (RCAHMW).

This period saw a public debate about the continuation of RCAHMW as a separate body, and to the delight of all of us who knew the unique way in which the Commission worked, the then Culture Minister John Griffiths AM announced that RCAHMW would continue with its lead role in Wales's archaeological, built and maritime heritage. I hope the model developed here of working with enthusiastic voluntary partners with high-quality scientific historical scholarship will become a distinguishing feature of RCAHMW in future.

I'm sure you will have the same satisfaction as I had in reading about the dedicated work of professional practitioners with volunteers, and learn as much from them about the old new Snowdonian houses since the age of the Tudors, enriching your understanding of the history of the Snowdonian dwelling houses and the lives within them.

Dafydd Elis-Thomas

RHAGYMADRODD YR AWDURON
AUTHORS' PREFACE

Daeth y llyfr hwn yn bosibl gyda gwella technegau dyddio gwyddonol, sy'n caniatáu dyddio adeiladau'n fanwl-gywir. Mae dyddio manwl-gywir yn sylfaenol ar gyfer dilyn hynt datblygiad cyffredinol pensaernïaeth ranbarthol yn Ynysoedd Prydain, ac ar gyfer llunio hanesion tai penodol er mwyn eu gosod yn eu cyd-destun. Disgrifir y ddwy agwedd hyn ar hanes adeiladu yn y llyfr hwn.

Bu hanes adeiladu brodorol Ynysoedd Prydain yn rhyfeddol. Ar lefel frodorol yr oedd gan dai'r oesoedd canol diweddar – neuadd-dai – gynllun unffurf er gwaethaf gwahaniaethau bychain yn ôl dosbarth cymdeithasol a gwahanol fathau o saernïaeth. Yn yr unfed ganrif ar bymtheg, disodlwyd yr unffurfiaeth hon gan amrywiaeth rhanbarthol. Datblygiad mathau rhanbarthol o dai – yn lle unffurfiaeth y neuadd-dy – yw un o agweddau mwyaf dengar diwylliant materol yn y cyfnod modern cynnar. Mae'r llyfr hwn yn olrhain datblygiad un math o dŷ yn nechrau'r unfed ganrif ar bymtheg – Tŷ Eryri – a gymerodd y lle blaenllaw yn niwylliant tai gogledd-orllewin Cymru mewn modd arbennig o drawiadol.

Bu Prosiect Dendrocronoleg Gogledd-orllewin Cymru (dan arweiniad Margaret Dunn), a esgorodd ar y llyfr, yn ymarfer uchelgeisiol mewn archeoleg gymunedol a gweithio mewn partneriaeth. Ceir disgrifiad manwl o ddatblygiad y prosiect, dros gyfnod o ddeng mlynedd, yn Rhan III y llyfr hwn. Mae dros ddau gant o gefnogwyr selog wedi cymryd rhan yn y prosiect, gan adnabod tai, codi arian ar gyfer dyddio, ymchwilio i hanesion tai, a threfnu cyfarfodydd ar gyfer y cyhoedd. Mae *Strategaeth Amgylchedd Hanesyddol Cymru,* o eiddo Llywodraeth Cymru, yn cydnabod bod cymryd rhan yng nghyffro darganfyddiad archeolegol yn dod â phobl at ei gilydd, gan gyfrannu at ymdeimlad o

This book has become possible with the refinement of scientific dating techniques, which allow the precise dating of buildings. Accurate dating is fundamental for charting the general development of the regional architecture in the British Isles, and for contextualising specific buildings with house histories. Both aspects of building history are described in this book.

The vernacular building history of the British Isles has been extraordinary. The late medieval house – the hall-house – at the vernacular level had a uniform plan although nuanced by class and different types of construction. In the sixteenth century this uniformity was replaced by regional diversity. The development of regional house-types – displacing the uniformity of the hall-house – is one of the most intriguing aspects of material culture in the early modern period. This book traces the development of one house-type in the early sixteenth century – the Snowdonian House – which came to dominate housing culture in north-west Wales in a particularly striking way.

The North-west Wales Dendrochronology Project (led by Margaret Dunn), which resulted in the book, has been an ambitious exercise in community archaeology and partnership working. The development of the project over ten years is described in detail in Part III of the book. The project has involved over two hundred enthusiasts who identified historic houses, raised funds for dating, researched house histories, and organised outreach meetings. The Welsh Government's *Historic Environment Strategy for Wales* recognises that taking part in the excitement of archaeological discovery brings people together, contributing to a sense of shared heritage, and creating opportunities for learning new skills.

etifeddiaeth ar y cyd, ac yn creu cyfleoedd i ddysgu medrau newydd.

Prosiect partneriaeth yw *Darganfod Tai Hanesyddol Eryri* gyda Chomisiwn Brenhinol Henebion Cymru (y corff sy'n arwain arolygu a chofnodi'r amgylchedd hanesyddol yng Nghymru) sydd wedi datblygu Prosiect Dendrocronolegol Cenedlaethol Cymru. Bu canlyniadau'r bartneriaeth y tu hwnt i bob disgwyl a gellir eu gweld yng nghronfa ddata ar lein y Comisiwn Brenhinol, sef *Coflein* ac ar wefan y Grŵp Dyddio Hen Dai Cymreig.

Wrth gwrs, cyfuniad o gyfraniadau llawer o bobl yw'r llyfr hwn. Ceir enwau'r rhai a gymerodd ran yn y prosiect mewn man arall yn y llyfr, ynghyd â'r cyrff a fu mor hael yn ariannu'r gwaith. Lluniwyd hanesion tai gan aelodau'r hyn sydd bellach yn Grŵp Dyddio Hen Dai Cymreig; enwir hwy ar ddiwedd pob hanes. Cyfrannwyd y bennod ynghylch Penmachno gan Frances Richardson. Gwnaed y gwaith dyddio gan aelodau Labordy Dendrocroneleg Rhydychen (Daniel Miles, Martin Bridge, Michael Worthington), gyda chyfraniadau gan Nigel Nayling. Arolygwyd y tai gan Ric Tyler, Ian Brooks, Adam Voelcker, Peter Thompson, Ymddiriedolaeth Archaeolegol Gwynedd, ac aelodau staff o'r Comisiwn Brenhinol, gan dynnu'n aml ar arolygon a wnaethpwyd ar gyfer *Inventories* y Comisiwn Brenhinol. Gwaith Iain Wright (CBHC) yw ffotograffau'r safleoedd, a pharatowyd yr holl ffotograffau ar gyfer eu cyhoeddi gan Fleur James (CBHC). Paratowyd y darluniadau gorffenedig gan Charles Green (CBHC) gyda chyfraniadau gan Ross Cook a Geoff Ward (CBHC). Buom yn ffodus yn cael sawl darlun persbectif gan Falcon Hildred, y rhain wedi'u comisiynu'n gynnar yn y prosiect. Gwnaed pob ymdrech i sicrhau bod y llyfr yn hollol ddwyieithog ac yn bleser i'w ddarllen. Cyfieithwyd y testun gan Ann Corkett a Bruce Griffiths, gyda chyfraniadau gan Annes Glynn. Yr enwau lleoedd a ddefnyddir yn y llyfr hwn yw'r rhai a gymeradwywyd ar gyfer *Houses of the Welsh Countryside* (1975) gan staff *Geiriadur Prifysgol Cymru*. Dyluniwyd y llyfr gan Owain Hammonds. Nicola Roberts (CBHC) a fu'n cydgysylltu llawer o agweddau'r gweithio mewn partneriaeth. Yr ydym yn ddiolchgar i'r Arglwydd Dafydd Elis-Thomas, noddwr y Grŵp Dyddio Hen Dai Cymreig, am gyfrannu'r Rhagair.

Discovering the Historic Houses of Snowdonia is a partnership project with the Royal Commission on the Ancient and Historical Monuments of Wales (the lead body of survey and record for the historic environment in Wales) which has developed the National Dendrochronological Project for Wales. The results of this partnership have exceeded expectations and are available on *Coflein* (the Royal Commission's online database) and the Dating Old Welsh Houses Group's website.

This book is of course a combination of contributions from many people. The participants in the project are named elsewhere in the book along with the organisations that generously funded the work. House histories were compiled by members of what is now the Dating Old Welsh Houses Group, who are named at the end of each history. Frances Richardson contributed the chapter on Penmachno. Dating was carried out by the members of the Oxford Dendrochronology Laboratory (Daniel Miles, Martin Bridge, Michael Worthington), with contributions from Nigel Nayling. Buildings were surveyed by Ric Tyler, Ian Brooks, Adam Voelcker, Peter Thompson, Gwynedd Archaeological Trust, and Royal Commission staff members, often drawing on surveys made for the Royal Commission *Inventories*. Site photography is the work of Iain Wright (RCAHMW), and all the photographs were prepared for publication by Fleur James (RCAHMW). The finished drawings were prepared by Charles Green (RCAHMW) with contributions from Ross Cook and Geoff Ward (RCAHMW). We were fortunate in having several perspective drawings by Falcon Hildred, which were commissioned at an early stage in the project. Every effort has been made to make the book fully and enjoyably bilingual. Ann Corkett and Bruce Griffiths translated the English text with contributions by Annes Glynn. The place-name forms used in the book are those recommended for *Houses of the Welsh Countryside* (1975) by staff of the *Geiriadur Prifysgol Cymru*. The book has been designed by Owain Hammonds. Nicola Roberts (RCAHMW) co-ordinated many aspects of the partnership working. We are grateful to Lord Dafydd Elis-Thomas, patron of the Dating Old Welsh Houses Group, for contributing the Foreword.

www.coflein.gov.uk
datingoldwelshhouses.co.uk

1
TAI ERYRI: CYFLWYNIAD
HOUSES OF SNOWDONIA: INTRODUCTION

Arysgrifau dyddiad

'Pryd y codwyd ef?': mae'n gwestiwn digon rhesymol i'w ofyn yn achos hen dai yn Eryri, fel yn unman arall. Bu'n gwestiwn anodd ei ateb – hyd yn hyn. Bydd gan rai tai, yn ddefnyddiol iawn, arysgrifau dyddiad, ond ni fu'r rhain mewn ffasiwn – a ffasiwn y bu – ond yn ystod cyfnod diweddarach na'r rhan fwyaf o'r tai a drafodir yma. Mae'r arysgrifau dyddiad cynharaf yn un agwedd ar frwdfrydedd mwy cyffredinol y Dadeni dros arysgrifau. Mae gan sawl eglwys a chan sawl adeilad cysylltiedig ag eglwys, arysgrifau sy'n dyddio o hanner cyntaf yr unfed ganrif ar bymtheg. Er enghraifft, coffawyd gwaith adeiladu'r Esgob Skevington yn Eglwys Gadeiriol Bangor ac ym Mhalas yr Esgob gan arysgrifau Lladin.

O ail hanner yr unfed ganrif ar bymtheg daw'r tai an-eglwysig hynaf sydd ag arysgrifau dyddiad. Plas-coch (Llanedwen, Môn) yw'r enghraifft gynharaf, gydag arysgrif amhosibl ei methu wedi'i cherfio o gwmpas y prif borth yn cyhoeddi: IN THE YERE OF LORD GOD 1569 D H MAD[E] THYS HOV[SE]. Dengys yr arysgrif

Date inscriptions

'When was it built?' is a question quite reasonably asked about old houses in Snowdonia, as elsewhere. It has proved difficult to answer – until now. Some houses helpfully carry date inscriptions but the fashion – and it was a fashion – for dating buildings is restricted to a period later than most of the buildings discussed here. The earliest inscribed dates are an aspect of the more general Renaissance enthusiasm for inscriptions. Several churches and associated buildings have inscriptions dating from the first half of the sixteenth century. Bishop Skevington's building work at Bangor Cathedral and the Bishop's Palace, for example, were commemorated by Latin inscriptions. The oldest secular houses with date inscriptions belong to the second half of the sixteenth century. Plas-coch (Llanedwen, Anglesey) provides the earliest instance with an unavoidable inscription carved around the principal doorway announcing: IN THE YERE OF LORD GOD 1569 D H MAD[E] THYS HOV[SE]. This inscription marks the start of a trend

1.1
Plas-coch (Llanedwen):
arysgrif 1569 / 1569 inscription

1.2
Corsygedol (Llanddwywe):
arysgrif 1576 / 1576 inscription

1.3–1.4
Uwchlaw'rcoed (Llanenddwyn):
arysgrifau 1585 y tu allan a'r tu mewn / external and internal 1585 inscriptions

hon gychwyn tuedd ymhlith ysweiniaid gogledd Cymru. Yn ystod y degawd nesaf, gosodwyd arysgrifau ar Blas Penmynydd (1576) ym Môn; ar Blas Penrhyn (1575) a Phlas-mawr (1576) yn Sir Gaernarfon, ac yn Rhiwlas (1574) a Chorsygedol (1576) yn Sir Feirionydd. Dengys y dyddiad 1585, a dorrwyd ddwywaith yn Uwchlaw'rcoed (Llanenddwyn, Meirionnydd), boblogrwydd cynyddol arysgrifau dyddiad ar dai o statws uchelwyr plwyf. Yn ystod yr ail ganrif ar bymtheg a'r ddeunawfed ganrif, gosodwyd arysgrifau niferus ar ffermdai yn ogystal ag ar blastai.[1]

Yn aml, ceid dyddiadau mewn cysylltiad ag arysgrifau a fyddai, yn gyffredinol, yn foeswersol eu

among the north Wales squirearchy. In the following decade inscriptions were made at Plas Penmynydd (1576), Anglesey; in Caernarvonshire at Plas Penrhyn (1575) and Plas-mawr (1576), and at Rhiwlas (1574) and Corsygedol (1576) in Merioneth. The 1585 date cut twice at Uwchlaw'rcoed (Llanenddwyn, Merioneth) signals the growing popularity of date inscriptions on houses of parish gentry status. In the seventeenth and eighteenth centuries numerous date inscriptions were placed on farmhouses as well as on mansions.[1]

Dates were often found in association with inscriptions that were generally moralising in tone.

---

1   RCAHMW, *An Inventory of … Anglesey* (London, 1937), 55; RCAHMW, *An Inventory of … Caernarvonshire, Volume II: Central* (London, 1960), 6, 10; Peter Smith, *Houses of the Welsh Countryside* (London, 1975 & 1988), Mapiau /Maps 48a-51, yn arbennig /esp. 527-8.

naws. Fe allai'r rhain fod yn Gymraeg, yn Lladin, neu yn Saesneg – tair iaith bonheddwr diwylliedig o ogledd Cymru, ac nid oeddent, o anghenraid, yn rhai cerfiedig. Yr oedd gan Wydir-uchaf, a godwyd yn 1604, sawl arysgrif wedi'i pheintio'n amlwg ar y tu allan mewn gwahanol ieithoedd, gan gynnwys 'pennill yn yr iaith Frythoneg yn proffwydo codi'r tŷ hwn' mewn priflythrennau Rhufeinig; cawsant i gyd eu nodi'n ofalus yn 1684, ond erbyn hyn y mae pob un wedi'i dileu. Ceid y ddihareb *Heb Dduw heb ddim, Duw a digon* ar sawl tŷ, gan gynnwys Tŷ-mawr, Y Wybrnant, man geni'r Esgob Morgan, lle mae wedi'i gosod uwchben y prif ddrws. Gosododd Richard Bulkeley arysgrifau duwiol ar du allan Henblas, Biwmares: gofynnai un yn heriol IF GOD BE WITH US, WHO CAN BE AGAINST US, datganai un arall (efallai'n llai duwiol) THE GYFTE OF THE LANDE AND OF GOD. Ym Mhlas Penmynydd, cyngor y Tuduriaid oedd VIVE UT VIVAS ANNO DOMINI, 'Byddwch fyw er mwyn byw', er y gadawyd blwyddyn Ein Harglwydd heb ei nodi.[2]

Efallai fod hyn yn adlewyrchu ansicrwydd y dysgedig ynghylch y modd gorau o gyfrif treigl amser. Byddai hyn yn egluro sawl dyddiad 'year of the world' neu *anno mundi* a geir mewn rhai ardaloedd yn siroedd gogledd Cymru, o Sir Gaernarfon i Sir Fflint, ac sydd fel arall yn peri dryswch. Fe'u gwnaethpwyd tua diwedd yr unfed ganrif ar bymtheg, gan grefftwr a arddelai'r traddodiad Hebreaidd o gyfrifo dyddiadau o flwyddyn y creu. Ceir y gynharaf o'r arysgrifau hyn sy'n rhoi 'year of the world' ym Mhenisa'rglasgoed (Bodelwyddan, Sir Fflint); cyhoeddir yn Lladin ac yn Gymraeg: ANNO DOMINI : 1570 : OEDRAN Y B[Y]D : 5552.[3]

Yn achos arysgrifau dyddiad syml, a nodai gwblhau'r tŷ, nis gosodid bob amser mor amlwg,

These might be in Welsh, Latin or English, the three languages of the cultivated north Wales gentleman, and were not necessarily carved. Gwydir-uchaf, built in 1604, had several prominent painted external inscriptions in different languages, including 'a British verse prophesying the building of this house' in Roman capitals, all carefully noted in 1684 but now obliterated. The proverb *Heb Dduw heb ddim, Duw a digon* ('Without God – nothing; God is enough') was found at several houses, and set over the principal doorway at Tŷ-mawr, Wybrnant, the birthplace of Bishop Morgan. Richard Bulkeley placed pious inscriptions externally on Henblas, Beaumaris: one challengingly asked IF GOD BE WITH US, WHO CAN BE AGAINST US, another (perhaps less piously) stated THE GYFTE OF THE LANDE AND OF GOD. At Plas Penmynydd the Tudors advised VIVE UT VIVAS ANNO DOMINI, 'Live that you may live', although the year of Our Lord was left unspecified.[2]

Possibly this reflected learned uncertainty over the best way to reckon the passage of time. This would account for several otherwise perplexing 'year of the world' or *anno mundi* dates, which have a localised distribution in the north Wales counties from Caernarvonshire to Flintshire. They were made towards the end of the sixteenth century by a craftsman who subscribed to the Hebrew tradition of calculating dates from the year of creation. The earliest of these inscriptions giving the 'year of the world' is at Penisa'rglasgoed (Bodelwyddan, Flintshire) and announces in Latin and Welsh: ANNO DOMINI : 1570 : OEDRAN Y B[Y]D : 5552.[3]

Simple date inscriptions which marked the completion of a house were not

1.5 Penisa'rglasgoed (Bodelwyddan): arysgrif Oedran y Byd / Oedran y Byd inscription

---

2 Thomas Dineley, *The Account of the Official Progress of ... the First Duke of Beaufort ... through Wales in 1684*, ed. Richard W. Banks (London, 1888), 137-8; RCAHMW, *Inventory of ... Anglesey*, clviii, 55, 131; RCAHMW, *Inventory of ... Caernarvonshire, Volume II*, 6, 10; Peter Smith, *Tŷ Mawr, Wybrnant, Gwynedd* (The National Trust, 1988), 19, 46.

3 A. J. Parkinson, 'A master carpenter in north Wales', *Archaeologia Cambrensis* CXXIV (1975), 73-101.

ac mae modd eu camddarllen, yn arbennig os byddant mewn lle lletchwith neu wedi'u treulio gan y tywydd. Mae arysgrif a ail-osodwyd ym Modior (Rhoscolyn, Môn), fel y'i cofnodwyd, 'R ° O 1529', yn annhebyg o fod mor gynnar, ac yn debygol o darddu o gamddarllen dyddiad hwyrach. Ar ei ymweliad enwog â Chwmbychan ('enghraifft gywir o blas gŵr bonheddig yng Nghymru') dangoswyd i Thomas Pennant arysgrif dyddiad fach wedi'i thorri yng nghilbost y prif borth. Erys yr arysgrif o hyd ac nid oes amheuaeth mai 1612 yw hi, sy'n rhoi dyddiad ar gyfer y tŷ sawl llawr presennol. Darllenodd Pennant y dyddiad fel 1512, camddarlleniad a barodd iddo enwi'r adeiladwr fel mab y gwron Dai Llwyd (yn ei flodau 1485), a gysylltir â'r alaw 'Ffarwel Dai Llwyd'. Yn ôl y sôn, cyfansoddwyd y dôn wrth iddo adael Cwmbychan i ymuno â Jasper Tudur wrth i'w fyddin ymdeithio i Faes Bosworth.[4]

Ar ôl i T.H. Parry Williams ildio i'r awydd i dorri ei enw a'r dyddiad yn amlwg ar gelynnen yn Hafodlwyfog, aeth i feddwl am arwyddocâd meddiannol y dyddiad a'r llythrennau wedi'u cerfio ar drawst yn y tŷ: E $_E$ LL 1638.[5] Mae dyddiadau'n bwysig oherwydd eu cysylltiadau. Yn aml, nid oes modd gwahanu'r cwestiwn 'Pwy a'i cododd?' oddi wrth y cwestiwn 'Pryd y codwyd ef?' Bydd llawer o arysgrifau dyddiad yn cynnwys enwau neu lythrennau cyntaf enwau'r rhai a gomisiynodd yr adeilad, fel arfer gŵr a gwraig fel yn Hafodlwyfog. Byddai bathodynnau herodrol ac arfbeisiau'r un mor bwysig ag arysgrifau. I bob diben, adroddai'r bathodynnau hyn 'hanes y tŷ' ar gyfer y rhai a fedrai eu darllen, gan iddynt gofnodi cystlyneddau'r teuluoedd a oedd yn ymwneud â'r tŷ. Yn briodol, fe'u gosodid weithiau yn y brif siambr (yr ystafell briodas) fel, er enghraifft, yng Nghoedyffynnon (Penmachno).[6]

Yr astudiaeth bresennol

Mae a wnelo'r llyfr hwn â dyddio tai a godwyd cyn iddi fynd yn ffasiynol gosod arysgrifau dyddiad ar adeiladau; yn anad dim mae'n ymwneud ag un math o dŷ – 'tŷ Eryri' a'i ragflaenwyr. Hyd yn ddiweddar, ymarfer brasgywir oedd dyddio'r tai cynnar hyn, mater o reddf yn aml, ac yn aml yn anghywir. Erbyn hyn, mae dyddio blwyddgylchau'n caniatáu dyddio coed mewn dull gwyddonol; gall hyn ddynodi'n gywir nid yn unig flwyddyn cymynu (cwympo) y

always prominently placed and can be misread, especially if awkwardly sited or weathered. The reset inscription at Bodior (Rhoscolyn, Anglesey) as recorded, 'R ° O 1529', is improbably early and surely a misreading of a later date. Thomas Pennant on his famous visit to Cwmbychan ('a true specimen of an antient seat of a gentleman of Wales') was shown a small date inscription cut into the jamb of the principal doorway. This still survives and is undoubtedly 1612, dating the present storeyed house. Pennant read the date as 1512, a misreading that encouraged him to identify the builder as the son of the valiant Dai Llwyd (fl.1485), associated with the air 'Ffarwel Dai Llwyd', said to have been composed when he left Cwmbychan to join Jasper Tudor's army on the march to Bosworth Field.[4]

Date inscriptions prompt contemplation. T.H. Parry-Williams, having given in to the urge to cut his name and the date boldly on a holly-tree at Hafodlwyfog, reflected on the possessive significance of the date and initials carved on a beam in the house: E $_E$ LL 1638.[5] Dates are important for their associations. 'Who built it?' is often inseparable from the question 'When was it built?' Many date inscriptions incorporate the name or initials of those who had commissioned a building, commonly husband and wife as at Hafodlwyfog. Heraldic badges and coats of arms were as important as inscriptions. These badges provided in effect a 'house history' for those who could read them, as they recorded the alliances of the families associated with the house. It was appropriate that they were sometimes placed in the principal (marriage) chamber as at, for example, Coedyffynnon (Penmachno).[6]

The present study

This book is concerned with dating those houses built before it became fashionable to place date inscriptions on buildings, and is primarily about one house-type – 'the Snowdonian house' and its predecessors. Until recently, the dating of these early houses had been approximate, often intuitive, and frequently inaccurate. Tree-ring dating now allows the scientific dating of timber, which can be accurate not only to the year but sometimes to the season of felling. It is certainly true that tree-ring

---

4 RCAHMW, *Inventory of ... Anglesey*, 145b; *Tours in Wales by Thomas Pennant, Esq.*, gol./ed. John Rhys (Caernarvon, 1883), II, 268-9, gyda fersiwn llsgr. yn LlGC Llsgr. 2532B, f. 40 / with MS version in NLW MS 2532B, f. 40.

5 T.H. Parry-Williams, *Casgliad o Ysgrifau* (Llandysul, 1984), 206-8; *The White Stone: Six Essays by T.H. Parry-Williams*, cyf. gan / transl. by Meic Stephens (Llandysul, 1987), 19-22.

6 Smith, *Houses of the Welsh Countryside*, Map 47, ar gyfer herodraeth yng ngogledd Cymru / for heraldry in north Wales.

goeden, ond weithiau'r tymor. Mae'n sicr yn wir bod dyddio blwyddgylchau wrthi'n trawsnewid ein dealltwriaeth o hanes adeiladu trwy greu cronoleg ar gyfer mathau o gynlluniau ac ar gyfer manylion pensaernïol. Mae dyddio blwyddgylchau mor fanwl-gywir fel y gellir olrhain datblygiad tŷ yn hyderus a gosod y tŷ hwnnw yn ei gyd-destun hanesyddol. Cyflwyna'r llyfr hwn ganlyniadau prosiect a luniwyd i ddyddio'n fanwl ddetholiad cynrychiadol o rai o dai cynharaf gogledd-orllewin Cymru; fe'u ceir yn ddadlennol ac, yn aml, yn annisgwyl.

Eglurir techneg dyddio blwyddgylchau'n llawnach yn nes ymlaen yn y llyfr. Yn fyr, seilir dyddio blwyddgylchau ar y modd y mae coed caled, yn enwedig coed derw a ddefnyddir i adeiladu, yn ffurfio cylchau twf blynyddol, sy'n amrywio yn eu lled yn ôl y tymor tyfu. Dyry hyn batrwm penodol neu 'lofnod' y seilir cronolegau dyddio arno. Datblygu cronoleg ar gyfer gogledd-orllewin Cymru fu un o nodau'r prosiect hwn. Os bydd y gwynnin (*sapwood*) i gyd wedi goroesi, hyd at ymyl di-lif allanol y coed (yn union dan y rhisgl) fe all hyn roi union ddyddiad y cymynu. Gwyddwn mai'r arfer fu defnyddio coed heb ei sychu (coed ir) a bydd dyddiad cymynu'r coed adeiladu yn rhoi dyddiad

dating is transforming our understanding of building history by providing a chronology for plan-types and architectural detail. The precision of tree-ring dating allows the development of a house to be traced with confidence and for the house to be placed in its historical context. This book presents the revealing, and often surprising, results of a project designed to date precisely a representative selection of some of the earlier houses of north-west Wales.

The technique of tree-ring dating is explained more fully later in the book. Briefly, tree-ring dating is based on the way in which hard woods, especially oak used in building, lay down annual growth rings, which vary in width according to the growing season. This gives a distinctive pattern or 'signature' on which dating chronologies are based. The development of a chronology for north-west Wales has been one of the aims of this project. If full sapwood survives to the outer waney edge of the timber (just under the bark) this can yield the precise date of felling. We know that timber was generally used unseasoned ('green'), and the felling date of a structural timber will give the construction date of a building within a year or

1.6 Bryngwylan (Llangernyw): arysgrif Anno Domini 1589 / 1589 Anno Domini inscription

codi'r adeilad, o fewn blwyddyn neu ddwy. Felly: cymynwyd y coed a ddefnyddiwyd i godi Egryn yng ngaeaf 1509/10 a'r dyddiad adeiladu tebygol yw 1510, neu flwyddyn neu ddwy wedyn. Bob hyn a hyn deuir ar draws coed a ddefnyddiwyd yr eildro, ond nid yn aml, sy'n ddiddorol. Yr oedd yn well gan adeiladwyr y tai sawl llawr newydd yn Eryri – math arloesol o dŷ – ddefnyddio coed newydd. Weithiau gellir gwirio canlyniadau dendrocronoleg yn ôl arysgrif dyddiad. Ym Mryngwylan (Llangernyw), mae'r dyddiad cymynu, sef 1586/7, yn gyson â'r arysgrif dyddiad ANNO DOMINI 1589 sy'n wynebu pared y llwyfan (*dais*) ac a gofnododd gwblhau'r tŷ.

Mae dyddio manwl-gywir wedi trawsnewid ein dealltwriaeth o dai Eryri yn ei hanfod. Mae datblygiad tai nodweddiadol rhanbarthol yn agwedd hynod o ddiwylliant materol Cymru a Lloegr yn y cyfnod modern cynnar. Pan edrychir ar fap o ddosbarthiad mathau o dai, gwelir y prif fathau o gynlluniau ar wasgar ar draws Cymru a Lloegr heb unrhyw reswm amlwg dros y modd y maent wedi'u crynhoi. Mae gan yr anheddau hyn, gyda'u 'mynedfa lobi' a'u penllawr ('*hearth passage*'), dair ystafell neu 'uned', y naill ar ôl y llall, gyda simnai fewnol, ac mae'n hawdd gweld iddynt darddu o gynllun tai'r oesoedd canol. Ar y glannau gorllewinol, mae tai â simneiau ar y muriau allanol yn fwy cyffredin. Yn eu plith y mae'r tai nodweddiadol dwy uned â simneiau yn y talcenni, gyda thramwyfa groes y tu mewn a llawr uwch, a geir yn bennaf yn Eryri. Y mae'r tŷ sawl llawr dwy uned yn amlwg yn wahanol iawn i'r tŷ tair uned is-ganoloesol; gan hynny, y gred fu mai ffenomen

two. So: the timber used to build Egryn (Llanaber) was felled in winter 1509/10 and the likely building date is 1510 or a year or two after. Occasionally reused timbers are encountered but this is interestingly infrequent. The builders of the new storeyed houses in Snowdonia – an innovative house-type – preferred to use new timber. Sometimes the results of dendrochronology can be tested by a date inscription. At Bryngwylan (Llangernyw) the felling date of 1586/7 is consistent with the ANNO DOMINI 1589 date inscription facing the dais partition, which marked the completion of the house.

Precise dating has transformed our understanding of the Snowdonian house in a fundamental way. The development of distinctive regional house-types is a remarkable aspect of the material culture of early-modern England and Wales. When the distribution of house-types is mapped, the principal plan-types are shown spread across England and Wales in apparently random concentrations. These 'lobby-entry' and 'hearth-passage' dwellings have three rooms or 'units' in sequence with an internal chimney, and their origin in the medieval house plan is clear. On the western seaboard houses with chimneys on the outside walls are more common. Among these are the distinctive two-unit end-chimney houses, with inside cross-passage and upper storey, concentrated in Snowdonia. The two-unit storeyed house stands out as very different from the three-unit sub-medieval house, and accordingly has been seen as

1.7
Cymru: dosbarthiad mathau rhanbarthol o dai / **Wales:** distribution of regional house-types

weddol hwyr ydoedd, ac mai o ran olaf yr unfed ganrif ar bymtheg yn unig y daethai'r enghreifftiau cynnar.[7]

Tuedd haneswyr pensaernïaeth fu darlunio tonnau o arloesi pensaernïol yn symud o'r canol i'r cyrion, yn y bôn, o dde Lloegr i'r ymylon gogleddol a gorllewinol. O safbwynt y brifddinas, gall gogledd-orllewin Cymru ymddangos yn anghysbell ac yn geidwadol. Erbyn hyn, gwyddom fod angen ailystyried y model hwn. Dengys dyddio blwyddgylchau mai tai sawl llawr arloesol oedd tai Eryri, a ddatblygodd yn ystod hanner cyntaf yr unfed ganrif ar bymtheg, gan gyrraedd eu hanterth o fewn cenhedlaeth, ar ganol y ganrif. Mae dosbarthiad tai Eryri yn hynod ddwys, ac fe'u cyfyngir yn bennaf i hen siroedd Gwynedd, gydag ychydig o enghreifftiau yng ngogledd-ddwyrain Cymru ac ymhellach i'r de yn siroedd glan môr y gorllewin.

Gellir crynhoi rhai o briodweddau tai Eryri. Ym marn Peter Smith, hanesydd mwyaf blaenllaw tai Cymru, yr oedd gwahaniaeth sylfaenol rhwng tai Eryri â'r mathau o dai tair uned is-ganoloesol, a gadwai 'ben uchaf' (neu lwyfan) y neuadd. Nid oes 'pen uchaf' i dai Eryri. Yn lle pared y llwyfan saif y lle tân. Tai dwy uned ydynt yn eu hawl eu hunain yn hytrach na ffurfiau cwta ar dai tair uned. Tai sawl llawr cyfan oedd tai Eryri (nid tai â nenlofftydd yn unig), ac yr oedd siambrau'r llawr cyntaf yn rhan bwysig o'r cynllun. Nid oes gan dai Eryri feudy ynghlwm wrthynt; nid oes cysylltiad â'r tŷ hir, a geir yn eang trwy Gymru. Safant ar eu pennau ei hun, ac fel arfer ar wahân i adeiladau fferm gwasgaredig. Yn aml, tai statws uchel oedd tai ar wahân, ac yr oedd tai Eryri yn fodd o ddatgan statws bonheddwyr a rhydd-ddeiliaid. Yr oedd addurniadau tai Eryri yn addurniadau cymdeithas a oedd yn ymwybodol o statws; cynhwysent waith cain y tu mewn i'r tŷ, arwyddion herodraeth, ac mewn sawl achos, dŷ agweddi bychan ('system yr unedau' a drafodir isod).[8]

Neuadd-dai yng ngogledd-orllewin Cymru
Rhaid pwysleisio mai i'r unfed ganrif ar bymtheg y perthyn datblygiad mathau rhanbarthol o dai. Un math o dŷ'n unig a geid yn y bymthegfed ganrif – y neuadd-dy – gyda'i brif nodwedd yr ystafell fyw, neu neuadd, yn agored hyd y to, nodwedd drawiadol

a relatively late phenomenon, with early examples dating only from the later sixteenth century.[7]

Architectural historians have tended to depict waves of architectural innovation as moving from core to periphery, essentially from southern England to the northern and western fringes. From this metropolitan perspective north-west Wales can appear remote and conservative. We now know that this model has to be rethought. Tree-ring dating shows that the Snowdonian house-type was an innovative storeyed house that developed during the first half of the sixteenth century, reaching maturity within a generation in the mid-century. The Snowdonian house has a remarkably concentrated distribution, and is largely confined to the historic counties of Gwynedd with outliers in north-east Wales and further south along the western coastal counties.

Some of the defining features of the Snowdonian house may be summarized. In the view of Peter Smith, the pre-eminent Welsh house historian, the Snowdonian house differed fundamentally from the sub-medieval three-unit house-types, which preserved the 'high end' (or dais) of the hall. The Snowdonian house has no high end. In place of the dais partition stands the fireplace. It is a two-unit house in its own right rather than a cut-down version of a three-unit house. The Snowdonian house was a fully-storeyed house (not simply a house with lofts) and the first-floor chambers were an important component of the plan. The Snowdonian house does not have an attached cowhouse; there is no link with the longhouse, which is widely distributed in Wales. It is free-standing and generally stands apart from a scatter of farmbuildings. The free-standing house was often a high-status house, and the Snowdonian house was an assertion of the status of the gentleman and freeholder. The accoutrements of the Snowdonian house were those of a status-conscious society and included well-finished interiors, displays of heraldry, and, in many cases, a diminutive dower-house (the 'unit system' discussed below).[8]

The hall-house in north-west Wales
It must be emphasised that the development of regional house-types belongs to the sixteenth

---

7 Smith, *Houses of the Welsh Countryside*, Map 26a, 432-3; R. W. Brunskill, *Houses and Cottages of Britain* (London, 1997), yn arbennig 71-5. Noda Brunskill fod cynllun y dramwyfa groes fewnol yn boblogaidd o ran olaf y 16fed ganrif i ddechrau'r 18fed ganrif: 'Yn Eryri y ceir enghreifftiau amlaf ... ac yno hwn oedd y Tŷ Bychan hynotaf a ddefnyddid cyn canol y 18fed ganrif.' Dengys map Brunskill (t. 75) y math hwn o dŷ'n gyfyngedig i ogledd-orllewin Cymru, ond rhybuddia ef 'gall fod llawer o enghreifftiau eraill anhysbys mewn rhannau eraill o Gymru a Lloegr.' Smith, *Houses of the Welsh Countryside*, Map 26a, 432-3; R. W. Brunskill, *Houses and Cottages of Britain* (London, 1997), esp. 71-5. Brunskill notes that the inside cross-passage plan was popular from the late 16th century to the early 18th century: 'Examples are most numerous in Snowdonia ... where this was the most distinctive Small House in use before the mid-18th century.' Brunskill's map (75) shows the house-type confined to north-west Wales but he cautions that 'there may be many other examples unrecognized in other parts of England and Wales.'

8 Ynghylch y tŷ cynllun Eryri, gweler Smith / On the Snowdonian house, see Smith, *Houses of the Welsh Countryside*, 157, 174-7, 436-9; Peter Smith, 'Houses and building styles', *Settlement and Society in Wales*, gol./ed. D. Huw Owen (Cardiff, 1989), yn arbennig / esp. 28.

iawn mewn rhai achosion. Disodlwyd y neuadd-dai gan nifer fawr o dai sawl llawr o fath gwahanol – un o agweddau hynotaf y diwylliant materol a oedd yn datblygu ym Mhrydain fodern gynnar. Daethom yn gynefin â'r syniad y bu diwylliant materol ôl-ganoloesol yn mynd yn fwyfwy unffurf; y broses o chwith a welir yn niwylliant tai – daeth tai yn fwy amrywiol yn ystod y cyfnod modern cynnar. Yn Lloegr a Chymru'r oesoedd canol diweddar, trwythid bywyd beunyddiol â syniad y neuadd, yn y cartref, yn yr eglwys ac mewn adeiladau cyhoeddus an-eglwysig. Gwelir proses disodli'r neuaddau gan dai sawl llawr yn arbennig o drawiadol yn Eryri, oherwydd iddi ddigwydd mor gynnar a hefyd oherwydd ei natur led arbrofol. Mae datblygiad tai Eryri yn taflu goleuni ar un o drawsnewidiadau mawr diwylliant materol. Yr oedd tai Eryri yn bendant yn dai sawl llawr, yn gadarn eu hadeiladwaith, ac fe ddilynwyd y cynllun i'r fath raddau fel y bu bron iddynt ddileu unrhyw olion o'r neuadd-dy a'u rhagflaenai.

Cynllun cyffredinol oedd cynllun y neuadd agored, a geid trwy Gymru a Lloegr benbaladr. Amrywiai'r tai yn ôl eu maint, eu cywreinwaith a'u deunyddiau, ond dim ond un math o gynllun a geid.

century. In the fifteenth century there was a uniform house-type – the hall-house – with the distinguishing feature of the living-room or hall open to the roof, sometimes spectacularly so. The supplanting of the hall-house by numerous storeyed houses of different type is one of the most remarkable aspects of the developing material culture of early-modern Britain. One is used to the idea of growing uniformity in post-medieval material culture; housing culture illustrates the reverse process – houses became more varied in the early-modern period. In late-medieval England and Wales, the idea of the hall saturated daily life at home, in church and in secular public buildings. The replacement of the hall by the storeyed house is particularly striking in Snowdonia both for its early date and its somewhat experimental nature. The development of the Snowdonian house illuminates one of the great transitions in material culture. The Snowdonian house was resolutely storeyed, robustly built, and adopted so generally that it almost completely erased any trace of its hall-house predecessor.

The open-hall plan was a universal plan found throughout England and Wales. Houses differed in

1.8
Plastirion (Llanrwst):
nenfforch yn ddu gan fwg (1498) / smoke-blackened cruck-truss (1498)

Yn ôl y cynllun hwn, yr oedd yr ystafell fyw ganolog – y neuadd – yn agored hyd at y to, ac fe'i twymid gan dân a losgai ar aelwyd a osodid yn blwmp ar lawr y neuadd. Llosgai'r tân yn barhaol, a'r mwg yn duo coed y to cyn dianc trwy'r to. Mae'r craweniad caled o huddygl a geir ar goed toeau canoloesol yn arwydd digamsyniol y bu yno gynt neuadd-dy ag aelwyd agored.

Fel arfer, safai neuadd agored yr oesoedd canol rhwng duadau (*bays*) allanol a mewnol, a rheiny'n rhai deulawr. Dyma'r neuadd-dy 'tair uned' clasurol a gafodd ei arolygu yn y gyfrol feistrolgar *Houses of the Welsh Countryside*.[9] Yr oedd cynllun y neuadd-dy wedi'i drwytho mewn hierarchaeth. Hynny yw, byddai symud o'r pen 'isaf' i'r pen 'uchaf' yn golygu symud ymlaen yn gymdeithasol yn ogystal ag yn gorfforol. Eid i mewn i'r neuadd o dramwyfa yn y pen 'isaf' a fyddai, yn aml, yn llythrennol is na'r pen 'uchaf'. Canolbwynt pen uchaf y neuadd oedd bwrdd a mainc y perchennog. Pared coed cain, fel arfer, a ffurfiai gefn i'r fainc. Weithiau ychwanegid at urddas y llwyfan gyda chanopi coed a grëid gan fargod mewnol. Y tu hwnt i bared y llwyfan ceid ystafell fewnol a ddefnyddid fel math o barlwr ac ystafell wely. Dyna ystafell uchel ei statws, y byddai perchennog y neuadd yn ymneilltuo iddi.

Er bod cynllun neuadd-dai yn unffurf, yr oedd cryn amrywiaeth ym maint ac addurnwaith yr anheddau canoloesol hyn. Amrywiai neuadd-dai yn eu statws, a bu cryn gynnydd yn ddiweddar wrth ddiffinio statws cymharol neuaddau. Yng Nghymru'r oesoedd canol diweddar, maint oedd yn bwysig: a dweud y gwir yn blaen, po fwyaf y neuadd, uchaf fyddai statws y perchennog. Mesurid maint tŷ yn ôl nifer y duadau (baeau), h.y. y gofodau rhwng y cyplau. Yr oedd gwahaniaeth trawiadol, o ran maint a chronoleg, rhwng neuadd-dai'r uchelwyr (1450–1500+), gyda neuaddau dau dduad, a neuadd-dai gwerinol (1500–1550) gyda neuaddau un duad.

Datblygodd neuadd-dai cadarn yr uchelwyr yn ystod yr unfed ganrif ar bymtheg, gan fynd yn ganolbwynt gweithwyr celfydd, yn enwedig seiri coed, a diwylliant barddonol a cherddorol. Canmolid achau a haelioni perchnogion y neuaddau hyn mewn cerddi. Yn eu pensaernïaeth, mynegai neuaddau newydd yr unfed ganrif ar bymtheg y pellter

scale, elaboration and building materials but there was only one type of plan. In this plan the central living-room – the hall – was open to the roof and was heated by a fire burning on a hearth laid directly onto the hall floor. The fire burnt continually, the smoke blackening the roof timbers before escaping through the roof. The hard, sooty encrustation found on medieval roof timbers is an unmistakable indication of a former hall-house with an open hearth.

The medieval open hall was generally set between inner and outer bays that were storeyed. This was the classic 'three-unit' hall-house that has been magisterially surveyed in *Houses of the Welsh Countryside*.[9] The hall-house plan was saturated in hierarchy. That is, there was a social as well as a physical progression from 'low' to 'high' ends. The hall was entered from a passage at the 'low' end that was often physically lower than the 'high' end. The focus of the high end of the hall was the table and bench of the owner. A fine timber partition characteristically formed the back of the bench. The dais was sometimes additionally dignified by a timber canopy created by an internal jetty. Beyond the dais partition there was an inner room which functioned as a kind of parlour-bedroom. This was a room of high status where the owner of the hall retired.

There was a uniform hall-house plan but there was considerable variation in the scale and decoration of these medieval dwellings. Hall-houses varied in status and there has been considerable progress recently in defining the relative status of halls. In late-medieval Wales size mattered: put bluntly, the larger the hall the greater the status of the owner. Size was measured by the number of bays, that is the spaces between the roof-trusses. There was a striking difference in size and chronology between the gentry hall-house (1450–1500+), with a two-bayed hall, and the peasant hall-house (1500–1550) with a single-bayed hall.

The durable gentry hall-house developed in the fifteenth century and became the focus of high-craft skills, especially carpentry, and a poetical and musical culture. Poetry praised the lineage and generosity of the owners of these halls. The new-built halls of the fifteenth century expressed

---

9   Smith, *Houses of the Welsh Countryside*, 37-71.

cymdeithasol rhwng dosbarth yr uchelwyr a'r rhyddfreinwyr a'r werin, heb enw, cyfoeth nac achau. Mewn cerdd o fawl o ddechrau'r bymthegfed ganrif i Faredudd ap Ifan, Ystumcegid (a flodeuai yn 1442), cymeradwyir (wrth gwrs) ei ach a'i haelioni, ond canmolir hefyd ei neuadd newydd. Neuadd furwen, newydd, fawr oedd Ystumcegid, a hawdd ei gweld, 'Uwch ael ffordd, uchel ei phen (talcen)'. Mae'r bardd yn cymeradwyo llys newydd Maredudd a'i gwleddoedd mynych, gan ei wrthgyferbynnu'n effeithiol ag anheddau hŷn, gwaelach:

> Ystum wen, blas dinam waith,
> Cegyd, nid hendy coegwaith.[10]

Neuaddau mawrion oedd rhai'r uchelwyr, ac maent wedi goroesi'n gymharol dda ac felly hwy a grybwyllwyd yn bennaf yn y drafodaeth ynghylch neuadd-dai. Yn ddiweddar yn unig yr adnabuwyd neuadd-dai gwerinol fel math neilltuol o adeilad.[11] Fersiynau llai o neuaddau mwy oedd y neuaddau gwerinol, o ran eu cynllun a'u saernïaeth. Neuadd-dai aristocrataidd oeddent, ar raddfa lai, gan gynnwys pen uchaf a phen isaf, gydag un duad yn unig i'r neuadd. Megis yn achos y neuaddau uwch eu statws, yr oeddent fel arfer yn anheddau â nenffyrch; a hwy sy'n ffurfio craidd cadarn llawer o ffermdai ledled Cymru heddiw. Bron yn ddi-ffael fe'u codid â phedwar duad, y naill ar ôl y llall o'r pen isaf i'r pen uchaf: duad allanol (beudy'n aml), duad helaeth ar gyfer tramwy a gwaith, neuadd un duad, ac ystafell fewnol.

Yn aml iawn bu'n anodd dyddio neuaddau gwerinol. Yn aml, defnyddid prennau cymharol fychain ar gyfer y nenffyrch, a rheiny wedi tyfu'n gyflym heb lawer o flwyddgylchau; deuai'r prennau o'r gwrychoedd ac o goed yn tyfu ar eu pennau eu hunain yn hytrach nag o goetiroedd dan reolaeth. Er hynny, llwyddwyd i ddyddio tair neuadd werinol yn y prosiect hwn. Tŷ-cerrig (Llanfwrog; 1501) yw'r neuadd un duad gynharaf a ddyddiwyd ac mae'n neuadd waith coed. Fel sy'n nodweddiadol, mae'n dŷ heb hanes ysgrifenedig. Er hynny, mewn gwirionedd y mae'r tŷ ei hun yn ffynhonnell hanesyddol sylfaenol sy'n dangos ynddo'i hun fodolaeth haen o neuaddau gwerinol cadarn. Ceir cyd-destun dogfennol ar gyfer Gwastadannas (Beddgelert; 1508) a Blaenglasgwm-uchaf

architecturally the social distance between the gentry class and the freemen and peasants without reputation, wealth and lineage. An early-fifteenth-century poem praising Maredudd ap Ifan of Ystumcegid (living 1442) commends (of course) his lineage and generosity but also praises his new hall. Ystumcegid was a large, new, white-walled hall, and readily visible, 'raising its head (gable-end) above the road'. The poet commends Maredudd's new court with its frequent feasts, and tellingly contrasts it with inferior, older dwellings:

> Ystum wen, blas dinam waith,
> Cegyd, nid hendy coegwaith.
> (*Fair/shining Ystumcegid, a mansion of faultless construction, Not an old house of faulty workmanship.*)[10]

Gentry halls were large and have survived relatively well and have therefore dominated the discussion of hall-houses. It is only recently that peasant hall-houses have been identified as a distinctive building type.[11] Peasant halls were scaled-down versions of greater halls, both in terms of plan and construction. They were aristocratic hall-houses in miniature complete with high and low ends but having a hall of only a single bay. Like the higher status halls, they were generally cruck-trussed dwellings and form the historic durable core of many of today's farmhouses throughout Wales. Almost invariably they were constructed with four bays, in sequence from low to high ends: outer bay (often a cowhouse), a large passage and work bay, a single-bayed hall, and inner-room.

Peasant halls have frequently proved difficult to date. The timber used for the crucks was often of relatively small scantling and fast-grown with few rings; the timber probably derived from hedgerows and isolated trees rather than from managed woodland. Nevertheless, three peasant halls have been dated in this project. Tŷ-cerrig (Llanfwrog; 1501) is the earliest dated single-bayed hall and was timber-built. Characteristically it is a house without a documented history. However the house itself is in effect a primary historical source physically demonstrating the existence of a stratum of durable peasant halls. There is a

---

10 Y gerdd o 1414–21 yn / Poem dated 1414–21 in *Cywyddau Iolo Goch ac Eraill*, gol./ed. Henry Lewis, Thomas Roberts & Ifor Williams (Cardiff, 1937), lviii, 200-2, 374. Gw. yn gyffredinol / Cf. generally, Richard Suggett, 'The interpretation of late medieval houses in Wales', *From Medieval to Modern Wales: Historical Essays in Honour of Kenneth O. Morgan and Ralph A. Griffiths*, gol./ed. R.R. Davies and Geraint H. Jenkins (Cardiff, 2004), 81-103.

11 Gw. yn gyffredinol / See generally Richard Suggett, 'Peasant houses and identity in medieval Wales', *Vernacular Architecture* 44 (2013), 6-18.

(Penmachno; 1518/19), dau neuadd-dy gwerinol â muriau cerrig a drafodir yn yr astudiaethau achos.

Bu ail-gychwyn ar godi tai uchelwyr yn nechrau'r unfed ganrif ar bymtheg, ar yr un pryd â chyfnod o adeiladu mawr ar neuaddau gwerinol. Nid cyd-ddigwyddiad mo hyn. Mae'n anodd peidio â dehongli'r ailadeiladu gan yr uchelwyr fel eu hymateb i ymddangosiad neuaddau gwerinol cadarn. Nid oes dwywaith amdani, yr oedd neuaddau gwerinol yn fersiynau llai o neuadd-dai mwy, gan gynnwys pen isaf, pen uchaf a'r neuadd ganolog. Byddai neuaddau gwerinol safadwy'n lleihau nodweddion y gwahaniaeth statws rhwng y gwerinwr a'r uchelwr. Er mwyn cadw eu pellter cymdeithasol, cododd yr uchelwyr dai mwyfwy cywrain.

Neuaddau newydd mwyaf trawiadol yr uchelwyr oedd y rhai a greai fynedfa ddramatig i'r neuadd trwy ddefnyddio pyst sgrîn (*spere-posts*) â mowldin arnynt. Hynafiaeth bensaernïol oedd hyn, a geid mewn rhai tai o statws uchelwrol o ddechrau'r bymthegfed ganrif. Tarddai'r drefn, yn ôl pob tebyg, o neuaddau uchel eu statws a gollwyd yn ystod gwrthryfel Glyndŵr, trefn a âi yn ôl, efallai, at neuaddau eiliog y tywysogion. Cafwyd dyddiadau ar gyfer sawl neuadd â physt palis o ddechrau'r unfed ganrif ar bymtheg. Y gynharaf yw Branas-uchaf (Llandrillo), a godwyd o goed a gymynwyd yn 1508/9. Branas oedd cartref disgynyddion Owain Brogyntyn, a fu'n noddwyr mawr y beirdd. Cymaint oedd y croeso yno fel y mynnai Lewis Glyn Cothi y dylai ddangos arwydd tŷ tafarn. Ailadeiladwyd y tŷ croesawgar hwn yn gynnar yn nechrau'r unfed ganrif ar bymtheg fel tŷ helaeth pum duad gyda chwpl eiliau y mae ei byst erbyn hyn yn sownd yn y simnai a

1.9
Cwrt Plas-yn-dre (Dolgellau): tu mewn y neuadd cyn dangos cwpl y sgrîn (A. B. Phipson, 1875) / hall interior showing spere-truss (A. B. Phipson, 1875)

documented context for Gwastadannas (Beddgelert; 1508) and Blaenglasgwm-uchaf (Penmachno; 1518/19), two stone-walled peasant hall-houses which are discussed in the case studies.

In the early sixteenth century there was a renewed phase of gentry house building undertaken in parallel with the great flush of peasant halls. This was more than coincidence. It is difficult not to interpret rebuilding by the gentry as their reaction to the appearance of the durable peasant hall-house. Peasant halls were undeniably scaled-down versions of greater hall-houses complete with low and high ends and the central hall. Durable peasant halls eroded the markers of status difference between peasant and gentleman. In order to maintain social distance, the gentry built houses of ever greater elaboration.

The most impressive new gentry halls were those which dramatised the entrance into the hall with moulded spere-posts. This was an architectural archaism found in some early-fifteenth-century houses of lordship status. The arrangement probably derived from high-status halls lost in Glyndŵr's revolt, and may have reached back to the aisled halls of the princes. Several early-sixteenth-century halls with spere-posts have been dated.

Branas-uchaf (Llandrillo), built from timber felled in 1508/9, is the earliest. Branas was the home of descendants of Owain Brogyntyn, who were great patrons of the bards. So hospitable was the house that Lewis Glyn Cothi maintained that it should display the sign of a tavern. This welcoming house was rebuilt in the early sixteenth century as a capacious five-bayed house with an aisle-truss whose posts are now

ychwanegwyd yn nes ymlaen. Nid oes modd cyrraedd at y rhan fwyaf o goed to Branas-uchaf ond ceir manylion cyffelyb yn Egryn (Llanaber), a godwyd ar bron yr union adeg, ac a ailadeiladwyd yn 1509/10. Yn Egryn (ffig. 3.20), cyfyd pyst amlwg eu mowldin at yr ewinbren (*tie-beam*) ac mae sawl cwsb ar big y cwpl. Ymhlith tai eraill â chyplau eiliau mae Pennarth-fawr, sy'n debyg o fod yn gyfoes ag Egryn, a Chwrt Plas-yn-dre (Dolgellau). Cwrt Plas-yn-dre, a ddyddiwyd erbyn hyn i 1512–42, oedd cartref yr enwog Barwn Lewis Owen, a hon, efallai, fu'r olaf o'r neuaddau mawrion hyn â chyplau eiliau (ffig. 1.9).

Yr oedd hanner cyntaf yr unfed ganrif ar bymtheg yn gyfnod o addurno pensaernïol toreithiog. Ymhlith y manylion a ychwanegai at statws y tai a'u perchnogion, rhaid nodi nid yn unig y defnydd helaeth o fwâu cynnal ac o gysbau, ond hefyd nodweddion llai amlwg, yn enwedig y sylw a roddid i bared y llwyfan, a gynhwysai weithiau bargod mewnol neu ganopi llwyfan. Yr oedd canopi'r llwyfan yn fersiwn pren o'r 'lliain ystâd', canopi o ddeunydd a ychwanegai urddas at seddi llwyfan y bobl fawr ac a ddangosid uwchben y brenin ar ei orsedd ar arian y cyfnod. Ceir, o bosibl, awgrym o ganopi llwyfan yn Nhŷ-mawr (Y Ddwyryd), 1539–69, ond erys y canopi yn Y Cwm (Ffestiniog), 1523 ac yn nes ymlaen. Yma, mae pared y llwyfan yn arbennig o wych, gyda gwaith coed ar gyfer atodi mainc, ac mae iddo fowldin pennau hoelion sydd i'w weld hefyd ar gwpl canolog y neuadd.

Nid yw statws neuadd bob amser yn sicr. Mewn achosion lle mae barddoniaeth ac achresi sy'n gysylltiedig â neuadd wedi goroesi, mae ei statws fel cartref uchelwrol yn ddiamau. Fel arfer, bydd y farddoniaeth yn olrhain achau pendefigol y perchennog ac yn canmol ei enw am haelioni a lletygarwch. Nid oes bob amser modd adnabod statws neuadd ar sail y dystiolaeth bensaernïol yn unig. Ceir sawl neuadd ddau dduad gyda chyplau â bwâu cynnal, a golwg tŷ uchelwr arni, ond heb dystiolaeth ddogfennol i gadarnhau statws ei pherchennog. Bu'r rhain efallai'n eiddo gwerinwyr cyfoethog. Mewn mannau eraill, cawn neuadd-dai gwerinol gydag olion sy'n dangos lle bu canopi llwyfan. Yr amwysedd pensaernïol a chymdeithasol hwn, wrth gwrs, yw'r peth i sylwi arno. Talwrn honiadau statws oedd diwylliant tai. Cafodd neuadd-

embedded in the inserted chimney. The roof timbers at Branas-uchaf are largely inaccessible but comparable details survive at Egryn (Llanaber), which is almost exactly contemporary and was rebuilt in 1509/10. At Egryn (fig. 3.20) boldly moulded posts rise to the tie-beam, and there is multi-cusping at the apex of the truss. Other aisle-truss houses include Pennarth-fawr, probably contemporary with Egryn, and Cwrt Plas-yn-dre (Dolgellau), the home of the famous Baron Lewis Owen, which has now been dated to 1512–42 and may have been the last of these great aisle-truss halls (fig. 1.9).

The first half of the sixteenth century was a period of exuberant architectural embellishment. Among the status-enhancing details, we must note not only the profusion of archbracing and cusping but also less obvious features, especially the attention given to the dais partition, which sometimes incorporated an internal jetty or dais canopy. The dais canopy was a timber version of the cloth of estate which dignified the dais seats of the great and was depicted over the seated monarch on the coinage of the period. There are hints of a dais canopy at Tŷ-mawr (Druid), 1539–69, but the canopy survives at Cwm (Ffestiniog), 1523 and later. Here the dais partition is particularly fine, with joinery for an attached bench, and has a nail-head moulding that also occurs on the central truss of the hall.

The status of a hall is not always certain. In those cases where poetry and pedigrees associated with a hall have survived its gentry status is unambiguous. The poetry generally traces the noble genealogy of the owner and praises his reputation for generosity and hospitality. It is not always possible to tell the status of a hall from the architectural evidence alone. Several two-bayed halls of gentry type with archbraced trusses lack documentary corroboration of the status of the owner. They may perhaps have been owned by rich peasants. Elsewhere we find peasant hall-houses with the evidence for a dais canopy. This architectural and social ambiguity is of course the point. Housing culture was an arena of status assertion. In the first half of the sixteenth century the durable hall-house of the gentry was imitated

dai safadwy'r uchelwyr eu hefelychu yn hanner cyntaf yr unfed ganrif ar bymtheg gan werinwyr ac o'r herwydd daeth yn anos defnyddio tai i gynnal pellter statws. Ymateb yr uchelwyr i gychwyn oedd codi neuaddau crandiach byth. Er hynny, yn ebrwydd, o fewn ugain mlynedd, yn ôl pob golwg, rhoddodd yr uchelwyr heibio neuadd-dai, gan ddewis codi math hanfodol wahanol o dŷ.

Tai trawsnewidiol

Yn hanner cyntaf yr unfed ganrif ar bymtheg bu arbrofi ar gynllun y neuadd-dy ac ar ychwanegu lleoedd tân yn lle aelwyd agored. Buasai lleoedd tân ystlysol yn rhai o'r neuaddau mawrion, ond ceidwadol oedd diwylliant y neuadd-dai ac, i bob diben, aelwydydd canolog a geid ym mhobman. Er hynny, yn hanner cyntaf yr unfed ganrif ar bymtheg mewn rhai neudd-dai – a rheiny'n rhai sylweddol, newydd eu codi – cefnodd y perchennog ar yr aelwyd ganolog a gosod lle tân yn y neuadd.

Tabl: neuaddau a lleoedd tân a ddyddiwyd

	codi'r neuadd	gosod y lle tân
Tŷ'n-llan (Gwyddelwern)	1519	[1519]–37
Cwm (Ffestiniog)	1523	1533-35
Tŷ-mawr (Nantmor)	1529	1537–63

by the peasant and it became correspondingly more difficult to maintain status distance through housing. The response of the gentry at first was to build ever-grander halls. However quite suddenly, within two decades, or so it seems, the gentry abandoned the hall-house and adopted a radically different type of of house.

Transitional housing

In the first half of the sixteenth century there was experimentation with the hall-house plan and with the introduction of fireplaces instead of open hearths. Lateral fireplaces had heated some great halls, but the hall-house culture was conservative and adherence to the open hearth was to all intents and purposes universal. However, in the first half of the sixteenth century the owners of some newly-erected and substantial hall-houses abandoned the open hearth and built a fireplace within the hall.

Table: dated halls and dated fireplaces

	hall built	fireplace built
Tyn-llan (Gwyddelwern)	1519	[1519]–37
Cwm (Ffestiniog)	1523	1533-35
Tŷ-mawr (Nantmor)	1529	1537–63

1.10 Tyn-llan (Gwyddelwern): nenfforch (1519) / cruck-truss (1519)

**1.11
Tyn-llan (Gwyddelwern):**
Lle tân a ychwanegwyd (1519–37) / inserted fireplace (1519–37)

Codwyd y neuaddau bonedd hyn, bob un â nenfforch ganolog â bwâu cynnal, yn ystod y deng mlynedd rhwng 1520 a 1530, ac fe ychwanegwyd simnai i bob un ohonynt yn y deng mlynedd ar ôl hynny, neu'n fuan wedyn. Mae dyddio blwyddgylchau yn caniatáu dyddio'r trawsnewid yn syndod o gywir; mae'r ffaith bod y dyddiadau mor agos yn y tri achos yn awgrymu i'r 1530au fod yn ddegawd allweddol yn y newid o aelwyd agored i le tân a simnai.

Neuadd o goed oedd Tŷ'n-llan, gyda chwpl coeth iawn â bwâu cynnal â choler elinog yn ffurfio bwa pigfain, siamffrog yng nghanol y neuadd. Prin bod unrhyw olion parddu ar y cwpl canolog. Tua'r un adeg gosodwyd lle tân ar ei ben ei hun a safai bron, ond nid yn hollol, yn erbyn y cwpl canolog. Rhaid pwysleisio nad cyfrannedd esthetig y neuadd yn unig a ddinistriwyd trwy ychwanegu lle tân, ond yn bwysicach, fe danseiliwyd hefyd ei threfn hierarchaidd. Difethodd y lle tân newydd effaith ddramataidd dod i mewn i'r neuadd, pan welid, o ben isaf y neuadd, sedd y llwyfan wedi'i fframio gan y cwpl canolog. Yr oedd yr olygfa tuag at y llwyfan wedi newid, ond yn yr olygfa o'r llwyfan yr oedd y lle tân erbyn hyn yn ganolbwynt newydd. Yn Nhŷ'n-llan, tynnwyd sylw at newydd-deb y lle tân gan fowldin rholiog trwm y swmer, sy'n ymestyn y tu hwnt i'r lle tân mor bell â'r mur ystlysol.

These gentry halls, each with a central, archbraced truss, were built within the decade 1520–30, and all had chimneys added in the following decade or shortly after. Tree-ring dating allows astonishingly precise dating of the transition, and the compressed chronology suggests that the 1530s was a key decade of change from open hearth to fireplace-with-chimney.

Tyn-llan was a timber-built hall with a very elegant archbraced truss with cranked collar defining a chamfered, pointed arch in the middle of the hall. There is barely a trace of smoke-blackening on the central truss. More or less simultaneously a free-standing fireplace was built almost, but not quite, against the central truss. Introducing a fireplace into the hall, it must be emphasized, not only destroyed the aesthetic proportions of the hall but, more significantly, undermined its hierarchical arrangement. The inserted fireplace ruined the drama of the entry into the hall, where from the low end of the hall the dais seat was seen framed by the central truss. The view towards the dais had changed, but the view from the dais now took in the fireplace as a new object of focus. At Tyn-llan the novelty of the fireplace was signalled by the heavy roll moulding of the mantelbeam, which extends beyond the fireplace to the lateral wall.

Yng Nghwm a Thŷ-mawr, y mae'r cwpl canolog ynghladd yn y lle tân, gan ddinistrio am byth mesuriadau cydgordiol y neuadd a drama'r fynedfa. Yng Nghwm, bu rhywfaint o ymdrech i wneud iawn am golli'r fynedfa ddramataidd trwy ychwanegu at urddas pen y llwyfan. Ar yr un pryd â gosod y lle tân, dramateiddiwyd pen y llwyfan trwy greu pared newydd a chanopi llwyfan newydd.

Nid oes sicrwydd a osodwyd y lle tân ar yr un pryd â nenfwd y neuadd (sy'n cuddio'r cwpl canolog.) Fe all neuadd Tŷ'n-llan fod wedi aros yn agored am beth amser ar ôl gosod y simnai. Yng Nghwm, pinwydd yw prif drawst y nenfwd, ac yn sicr o fod yn gymharol ddiweddar. Am gyfnod byr, bu neuaddau agored a lleoedd tân yn cydfodoli, a bu rhywfaint o arbrofi wrth gynllunio tai newydd. Mae dyddio blwyddgylchau wedi profi bod tai dwy uned, gyda simneiau talcen yn twymo neuaddau agored, newydd eu codi yn y 1530au.

Tabl: tai a ddyddiwyd, gyda simnai talcen yn twymo neuadd agored

1531/32	Cae-canol-mawr (Ffestiniog)
1533	Gorllwyn-uchaf (Penmorfa)
1531–46	Hafodruffydd-uchaf (Beddgelert)

At Cwm and Tŷ-mawr the central truss and fireplace are firmly embedded, destroying forever the harmonious proportions of the hall and the drama of the entrance. At Cwm there was some effort to compensate for the loss of the dramatic entry by enhancing the dignity of the dais end. At the same time as the fireplace was inserted, the dais end was dramatised by the construction of a new partition and dais canopy.

The insertion of the fireplace and the hall ceiling (obscuring the central truss) did not necessarily occur at the same time. The hall at Tyn-llan may have remained open for some time after the insertion of the chimney. At Cwm, the main ceiling beam is pine and certainly relatively late. For a brief period open halls and fireplaces co-existed, and there was some experimentation in the planning of new-built houses. Tree-ring dating has established that two-unit houses with end chimneys heating open halls were newly constructed in the 1530s.

Table: dated houses with end chimneys heating open halls

1531/32	Cae-canol-mawr (Ffestiniog)
1533	Gorllwyn-uchaf (Penmorfa)
1531–46	Hafodruffydd-uchaf (Beddgelert)

1.12
Y Cwm (Ffestiniog):
dyddiedig gan flwyddgylchau i 1523 / tree-ring dated 1523

Enghraifft neilltuol eglur o'r cynllun newydd hwn yw Cae-canol-mawr. Tŷ Eryri ydyw, gydag ystafell allanol, â llawr uwchben, a thramwyfa, yn arwain, y naill ar ôl y llall, at neuadd yn y pen gyda thân. Dangosodd arolwg fod pen ffenestr wreiddiol y neuadd yn uwch na nenfwd gweddill yr adeilad. Codwyd y neuadd yn agored hyd y to, ond gyda lle tân yn y pen i'w thwymo. Mae adeiladwaith Cae-canol-mawr mor eglur fel iddo ddatrys rhai o'r pwyntiau anos eu dehongli yng Ngorllwyn-uchaf, e.e. a godwyd y lle tân yn y pen yr un pryd â'r nenffyrch? O gymharu Cae-canol-mawr â Gorllwyn, gellid awgrymu bod i ystafell allanol yr ail hefyd lawr uwchben a bod y neuadd yn agored. Dangosai tri drws yn y pared cywrain rhwng y dramwyfa a'r duad allanol fod pâr o ystafelloedd allanol gyda grisiau i'r siambr uwchben y duad allanol. Yr oedd y neuadd yn agored hyd y to, ond deuai'r gwres o'r lle tân yn y pen; nid oedd dim a awgrymai y byddai nenfwd uwchben y neuadd na grisiau lle tân. Rhai plaen oedd y nenffyrch, a chyfoes â'r lle tân. Cyn hynny, nenffyrch fuasai'r dull adeiladu pennaf, ond daeth eu pwysigrwydd i ben pan godwyd tai sawl llawr cyfan.

Golygai tai sawl llawr cyfan bod troi cefn nid yn unig ar neuaddau agored, ond ar nenffyrch hefyd. Yr oedd rhesymau ymarferol dros hyn, a rhai esthetig hefyd. Yn ymarferol, nid oedd nenffyrch yn ddigon uchel ar gyfer tai sawl llawr cyfan. Mae Nant-pasgan-mawr (1564/65) yn eithriad i'r rheol gyffredinol. O ran yr olwg arnynt yr oedd nenffyrch, fel arfer yr un lled â'u huchder, yn addas ar gyfer neuaddau agored. Golygai troi at godi tai sawl llawr cyfan – a ddisgrifir yn yr adran nesaf – gefnu ar nenffyrch.

Tai cynllun Eryri cynnar

Mae angen llwyr werthfawrogi'r newid sylfaenol i'r cynllun tai a geid yn nhai Eryri. Tra oedd neuadd-dai yn llorweddol eu cynllun, gyda symudiad o'r pen isaf i'r pen uchaf, cynllun unionsyth oedd i dai Eryri, â llawr isaf cryno a siambr uchel ei statws ar y llawr cyntaf. Yn anad popeth, nid y llwyfan mwyach oedd

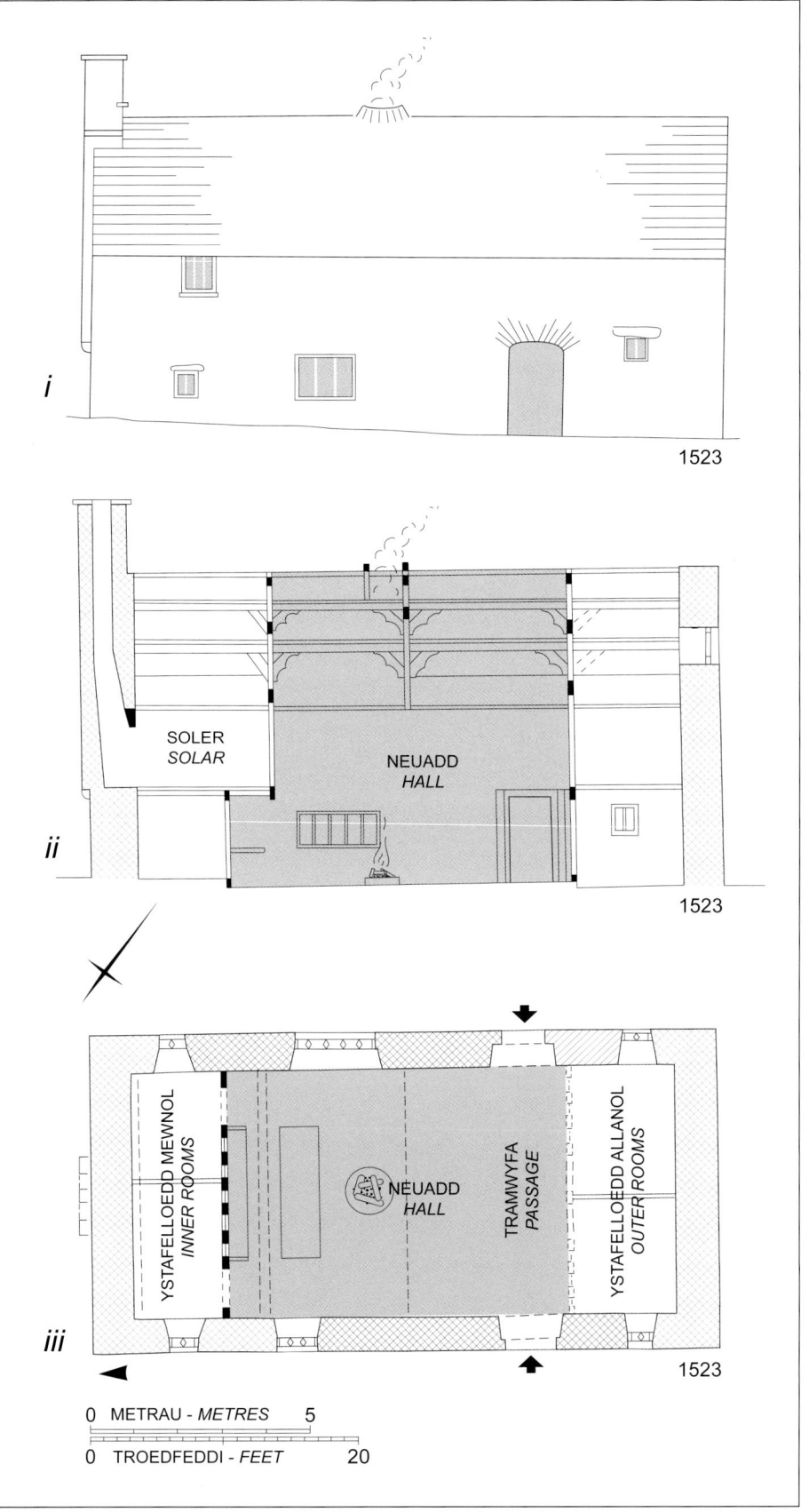

1.13
Y Cwm (Ffestiniog):
cynlluniau a thoriadau cyn ychwanegu'r lle tân (1523) ac wedyn (1533–35): (i) y tu blaen; (ii) croestoriad yn ei hyd; (iii) cynllun y llawr isaf / plans and sections before (1523) and after (1533–35) insertion of the fireplace: (i) elevation; (ii) longitudinal section; (iii) ground-floor plan

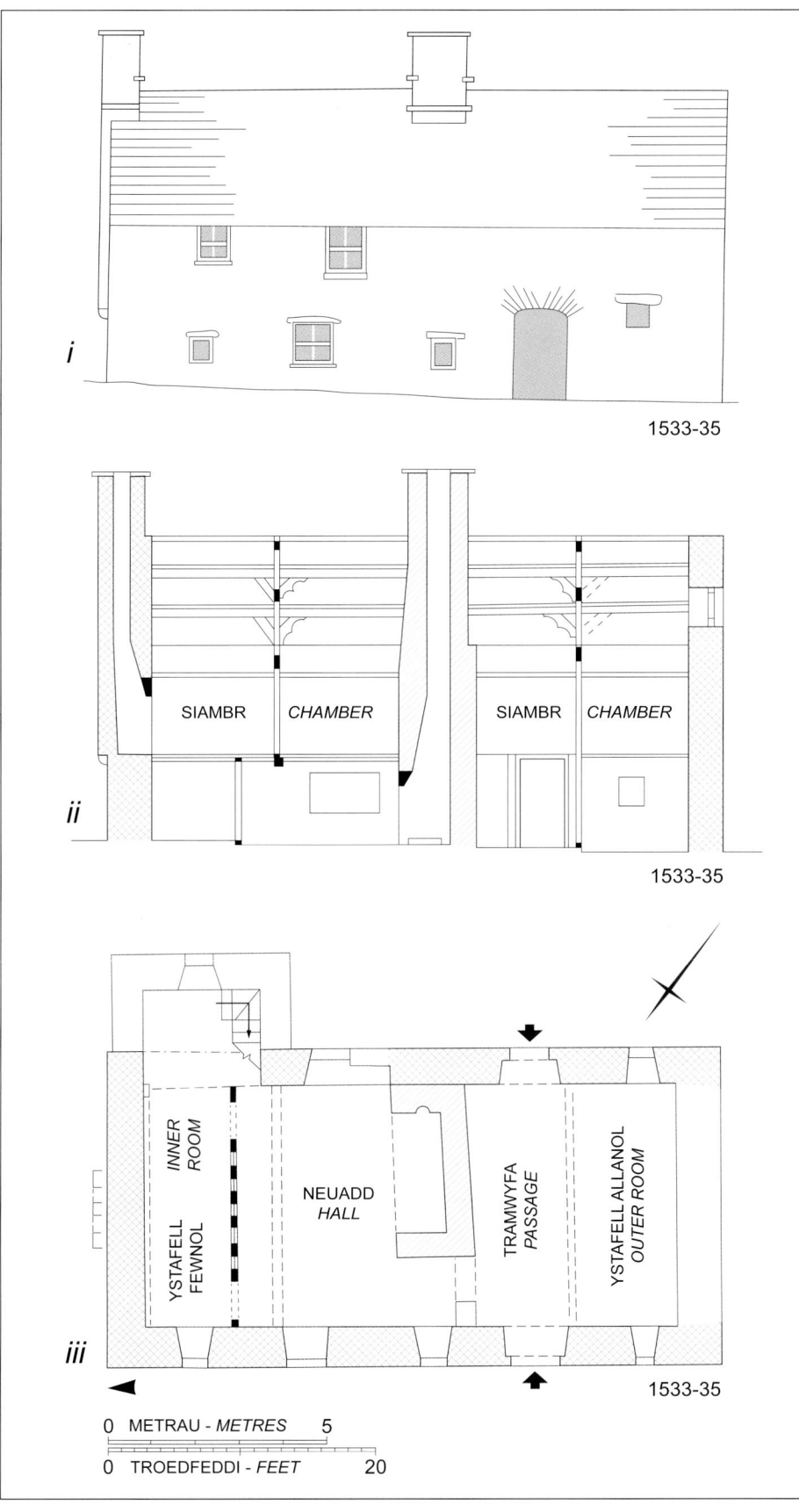

Cae-canol-mawr is a particularly clear instance of this new plan. It is a Snowdonian house with storeyed outer room, passage, and heated end hall in sequence. Survey showed that the head of the original hall window was above ceiling height in the rest of the building. The hall was built open to the roof but heated by the end fireplace. The clarity of Cae-canol-mawr resolved some of the more difficult points of interpretation at Gorllwyn-uchaf, e.g. was the end fireplace contemporary with the cruck-trusses? Comparison with Cae-canol-mawr suggested that at Gorllwyn the outer room was storeyed and the hall was open. Three doorways in the elaborate partition between passage and outer bay indicated that there were twin outer rooms with a stair to the chamber over the outer bay. The hall was open to the roof but heated by the end fireplace; there was no evidence for a ceiling in the hall or for a fireplace stair. The crucks were plain and contemporary with the fireplace. Crucks had hitherto been the dominant form of construction, but their dominance came to an end with the construction of fully storeyed houses.

The fully storeyed house involved not only the rejection of the open hall but also the rejection of the cruck-truss. There were both practical and aesthetic reasons for this. Practically, crucks did not have the height necessary for a fully storeyed house. Nant-pasgan-mawr (1564/65) is an exception to the general rule. Aesthetically, the harmonious proportions of the cruck-truss, generally as broad as it was tall, were appropriate to the open hall. The adoption of the fully storeyed house – described in the next section – entailed abandonment of the cruck-truss.

Early Snowdonian houses

The radical change in planning that the Snowdonian house presented needs to be fully appreciated. Whereas the hall-house was horizontal in conception, progressing from low to high ends, the Snowdonian house was vertical in conception with a compact ground-floor plan and a superior chamber on the first floor. Most significantly, the dais had been dethroned as the key architectural feature. Whereas the dais and its partition had been the focus of the open hall, in the

y brif nodwedd bensaernïol. Lle buasai pared y llwyfan, gynt, yn ganolbwynt y neuadd agored, mewn tai Eryri yr oedd y lle tân wedi disodli'r llwyfan a'i bared, fel canolbwynt prif ystafell y llawr isaf. Pwysleisid natur unionsyth tai sawl llawr newydd cynllun Eryri gan simneiau uchel; yr un mor newydd â'r simnai ymwthiol yn nhalcen neuadd y tŷ oedd y lle tân yn ymwthio allan ar gorbelau yn y talcen arall gyda'i simneiau trawiadol wedi'u gosod ar letraws.

Bu tai Eryri'n newid rhanbarthol sylfaenol o gynllun hollbresennol neuadd-dai. Er hynny, o gymharu'r ddau fath o gynllun, mae'n hawdd gweld

Snowdonian house the fireplace had replaced the dais as the focus of the principal ground-floor room. The verticality of the new storeyed Snowdonian house was emphasized by tall chimneys; the novelty of the projecting stack at the hall end of the house was matched at the other gable by the corbelled-out, first-floor fireplace with eye-catching, diagonally-set chimneys.

The Snowdonian house was a radical regional departure from the universal hall-house plan. Nevertheless, the origin of the Snowdonian house in the hall-house plan is clear when the two

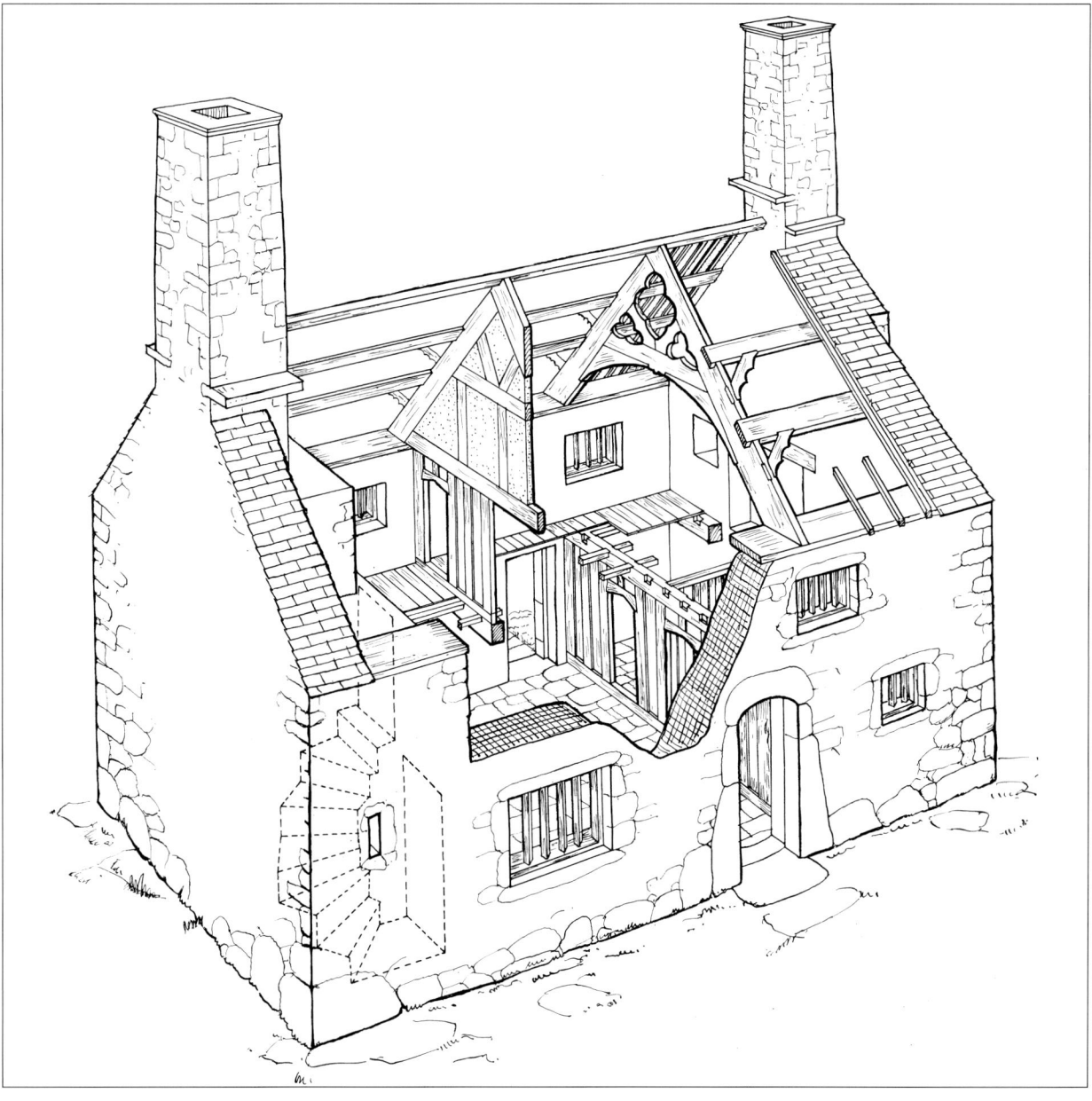

1.14
Tŷ Eryri:
Darlun cyfansawdd Peter Smith yn seiliedig yn rhannol ar Dderwyn-bach a'r Garreg-fawr, ac ar safleoedd tebyg ym Meirionnydd / The Snowdonian House: Peter Smith's composite drawing partly based on Derwyn-bach and Y Garreg-fawr, and similar sites in Merioneth

sut y tarddodd tai Eryri o neuadd-dai. O graffu ar y diagramau, mae modd gweld sut mae'r cynlluniau'n cyfateb. Mewn tai Eryri, cadwyd y dramwyfa groes, y pâr o ystafelloedd gwaith, a'r neuadd, o gynllun y neuadd-dai. Er hynny, cefnwyd ar yr ystafell fewnol y tu hwnt i'r neuadd ar y llawr isaf, a gawsai ei defnyddio fel parlwr ac ystafell wely (hyd yn oed pan oedd lle tân ar un ochr i'r neuadd); yn lle hynny, defnyddiwyd y siambr newydd ar y llawr cyntaf fel parlwr/ystafell wely. Weithiau byddai'r siambr ar y llawr cyntaf yn cadw rhai elfennau o do addurnol y neuadd agored, gan gynnwys cwpl agored yng nghanol y siambr ac ategion cysbog rhwng y ceibrau a'r tulathau.

Gyda gosod lle tân ym mhen y neuadd, newidiwyd dynameg y cynllun. Nid newyddbeth technolegol oedd lleoedd tân, wrth gwrs. Byddent yn elfen gyfarwydd mewn cestyll, yn eu neuaddau, eu ceginau a'u siambrau. Yr oedd gan rai o neuadd-dai pwysicach y bymthegfed ganrif le tân yn y mur ystlysol. Yn anad dim, gellir gweld o hyd y lle tân ystlysol yng Nghochwillan, y canodd y bardd Guto'r Glyn ei glodydd; nid yw'n amrywio fawr o'r lleoedd tân â lintel bren ac ystlysbyst cerrig mewn tai Eryri. Nid yn unig y mae Guto'n cyfeirio at y lle tân, ond dywed mai glo, yn ogystal â choed, a losgid ar yr aelwyd.[12] Er bod 'technoleg' y lle tân ar gael, mewn rhai ardaloedd yr oedd yn well gan bobl aelwyd agored hyd at ran olaf yr unfed ganrif ar bymtheg.

Datblygodd tai Eryri sawl llawr a lle tân yn ystod hanner cyntaf yr unfed ganrif ar bymtheg, pan oedd llawer iawn o bobl yn parhau i ffafrio'r neuadd agored. Symudiad cyffredinol ond anwastad oedd y symudiad o neuadd agored i dŷ sawl llawr yng Nghymru a Lloegr yn yr unfed ganrif ar bymtheg. Yn Eryri, digwyddodd y newid yn gynnar, ac, yn fwy na thebyg, yn gyflymach ac yn llwyrach nag yn unman arall. Bu'n arfer pennu dyddiad yn ystod ail hanner yr unfed ganrif ar bymtheg ar gyfer tai Eryri cynnar, gyda'r tai cynharaf ag arysgrifau dyddiad yn perthyn i'r 1570au a'r 1580au. Erbyn hyn mae'n eglur, o ddyddio blwyddgylchau, i dai Eryri ddatblygu yn ystod hanner cyntaf yr unfed ganrif ar bymtheg a chyrraedd eu hanterth erbyn 1550.

Dugoed, Penmachno, yw'r cynharaf o dai Eryri a ddyddiwyd yn y modd hwn. Yma, dangosodd samplau o'r nenfwd a'r lle tân i'r tŷ gael ei godi o

plan-types are compared. When viewed schematically the points of correspondence between the plans are apparent: in the Snowdonian house the cross-passage, twin outer service-rooms, and hall of the hall-house plan have been preserved. However the ground-floor inner-room beyond the hall was abandoned (even when the hall was heated by a lateral stack) and its functions as a parlour-bedroom transferred to the new first-floor chamber. The first-floor chamber might retain elements of an ornate open-hall roof, including an open truss in the centre of the chamber and cusped windbraces.

The introduction of the end fireplace changed the dynamics of the plan. Of course fireplaces were not a technological innovation. Fireplaces were a familiar element in castle halls, kitchens and chambers. Some of the greater fifteenth-century hall-houses had a fireplace in the lateral wall. Most notably, the lateral fireplace at Cochwillan, celebrated by the poet Guto'r Glyn, may still be seen and is little different from the fireplaces with timber lintels and stone jambs in the Snowdonian house. Guto not only refers to the fireplace but says that coal as well as wood was burnt on the hearth.[12] The 'technology' of the fireplace may have been available but preference for the open hearth lasted in some areas until the later sixteenth century.

The storeyed Snowdonian house with fireplace developed in the first half of the sixteenth century when there was still widespread attachment to the open hall. The move from open hall to storeyed house was a general but uneven phenomenon in sixteenth-century England and Wales. The transition occurs early in Snowdonia and probably more rapidly and completely than elsewhere. Early Snowdonian houses have been conventionally dated to the second half of the sixteenth century, the earliest houses with date inscriptions belonging to the 1570s and 1580s. It is now clear from tree-ring dating that the Snowdonian house developed during the first half of the sixteenth century and had reached maturity by 1550.

The earliest Snowdonian house dated in this way is Dugoed, Penmachno. Here sampling of ceiling and fireplace showed that the house had been built from timber felled in 1516/17. This date is astonishingly

---

12 Testun a chyfieithiad / Text and translation: www.gutorglyn.net, cerdd 55, llinellau 13-18 / poem 55, lines 13-18; 'Gwalch Cywyddau Gwyr'. Ysgrifau ar Guto'r Glyn a Chymru'r Bymthegfed Ganrif: Essays on Guto'r Glyn and Fifteenth-century Wales, gol. /ed. Dylan Foster Evans et al. (Aberystwyth, 2013), 411-12.

**1.15
Cochwillan (Llanllechid):**
lle tân y neuadd cyn ei adfer / the hall fireplace before restoration

goed a gymynwyd yn 1516/17. Dyddiad syfrdanol gynnar yw hwn, yn enwedig gan y parheid i godi tai â neuaddau agored yn y 1520au, tai megis Tŷ-mawr (1529) a'r Cwm (1523). Yr oedd Dugoed yn wir yn rhagflaenu tai cynllun Eryri. Nid oes amheuaeth ynghylch ei gynllun – yr oedd lle tân ymwthiol amlwg a nenfwd eithriadol gain yn arwyddion eglur bod cyfnod y neuadd agored ar ben. Bu Dugoed yn rhagflaenydd llu o dai tebyg ar draws Eryri yn y 1530au a'r 1540au ac, yn ôl pob tebyg, yn ddylanwad arnynt. Ni chafwyd enghreifftiau o'r 1520au eto, ond mae rhaid y bu rhai, ac mae nifer o dai cynnar yr olwg yn aros eu samplo.

Llwyddwyd i ddyddio'r tai cynllun Eryri cynnar hyn.

early, especially as open-hall houses continued to be built in the 1520s, as, for example, at Tŷ-mawr (1529), Nantmor, and Cwm (1523). Dugoed was a true forerunner of the Snowdonian house type. Its plan is unambiguous – a boldly projecting fireplace and an exceptionally fine ceiling announced clearly that the era of the open hall was over. Dugoed anticipated and probably influenced a crop of similar houses across Snowdonia in the 1530s and 1540s. Examples from the 1520s have not yet been identified but must have existed, and numerous houses of early type have yet to be sampled.

The following early Snowdonian houses have been successfully dated.

Tabl: Tai Eryri cynnar a ddyddiwyd trwy flwyddgylchau

1516/17	Dugoed (Penmachno)
1530/31	Brongoronwy (Ffestiniog)
1537	Coedyffynnon (Penmachno)
tua 1540	Gronant (Llanfachraeth)
1547	Cae-glas (Llanfrothen)
1540–54	Y Garreg-fawr (Waunfawr; Sain Ffagan, Amgueddfa Werin Cymru)
1536–56	Tŷ-mawr (Nantlle)

Table: Early tree-ring dated Snowdonian houses.

1516/17	Dugoed (Penmachno)
1530/31	Brongoronwy (Ffestiniog)
1537	Coedyffynnon (Penmachno)
c. 1540	Gronant (Llanfachraeth)
1547	Cae-glas (Llanfrothen)
1540–54	Y Garreg-fawr (Waunfawr; St Fagan's National History Museum)
1536–56	Tŷ-mawr (Nantlle)

1.16
Y Garreg-fawr (Waunfawr):
wedi'i adfer / as restored

Mae sawl hynodwedd yn gyffredin i'r tai hyn. Fel arfer, nid ydynt mwyach wedi'u hadeiladu ar oriwaered, fel y buasai eu rhagflaenwyr, y neuadd-dai hierarchaidd eu cynllun. Fel arfer, codid tai cynllun Eryri newydd ar draws y llethr, gan ddangos wyneb hynodweddol, cryno, gyda simneiau'r talcenni yn pwysleisio natur unionsyth y tŷ sawl llawr. Yn aml y mae pen hanner-crwn neu eliptig, wedi'i amlinellu gan feini bwa, sef meini hirion cynffurf, i'r prif borth. Ceir pyrth tebyg mewn rhai eglwysi a godwyd cyn y Diwygiad; maent yn rhan o draddodiad gwaith maen yr oesoedd canol diweddar yn yr ardal. Cadwodd tai Eryri dramwyfa groes y neuadd-dai, gyda dau ddrws cyferbyn â'i gilydd, ac yn aml yr oedd sgrîn lawn i'r dramwyfa. Diflanasai pared y llwyfan, ond cedwid y pared moethus pyst a phaneli er mwyn cael mynedfa drawiadol â sgrîn. Fel arfer, byddai dwy fynedfa wahanol i'r ddwy ystafell waith allanol, ond gyda mynedfa fawr ganolog yn dangos y ffordd i mewn i'r neuadd/gegin. Ceid bob amser nenfwd â thrawstiau sylweddol, weithiau gyda gwaith saer coed drudfawr. Yn Nugoed, y gynharaf o'r enghreifftiau a ddyddiwyd, mae yn y

These early houses share several distinguishing features. They have generally abandoned the downslope siting of their hierarchically-planned hall-house predecessors. The new Snowdonian house was generally built across the slope presenting a distinctive, compact elevation with the end chimneys emphasizing the verticality of the storeyed house. The principal doorway frequently has a striking semicircular or elliptical doorhead defined by long wedge-shaped stones ('voussoirs'). Similar doorways are found in some pre-Reformation churches and are part of the late-medieval masonry tradition of the region. The Snowdonian house retained the cross-passage with opposed doorways of the hall-house and often had a fully-screened passage. The dais partition had been lost but the luxurious post-and-panel partition was retained for an impressive, screened entry. Usually there were separate doorways to the two outer service-rooms but a large central doorway defined the entrance into the hall/kitchen. The beamed ceiling was invariably substantial and sometimes lavishly carpentered. At Dugoed, the

nenfwd bedwar panel distiau siamffrog a amlinellir gan y prif drawstiau. Trawiadol yw'r clwstwr canolog o stopiau (pennau siamffer) pigfain lle mae'r trawstiau'n cyfarfod ac mae'n galondid gweld bod y stopiau yn nodweddiadol o'r cyfnod. Tuedda'r lle tân a'r simnai i ymwthio tuag allan, fel yn Nugoed, ar sail o feini mawrion. Efallai y ceir crythau halen neu gypyrddau'n rhan o'r lle tân, a rychwantir gan swmer sylweddol gyda siamfferi â stopiau, ond, os bydd ffwrn o gwbl, yn ddi-eithriad bydd yn ychwanegiad hwyrach. Ni cheir y grisiau cerrig troellog wrth ochr y lle tân, a rheiny mor nodweddiadol o dai cynllun Eryri hwyrach. Mae'r diffyg hwn, ar y cychwyn, yn syndod, ond mae'n adlewyrchu natur drosiannol y tai hyn. Ar un ystyr, datblygodd y llawr uchaf cyn i neb ddyfeisio modd digonol o'i gyrraedd. Ar y dechrau ceid grisiau ysgol mewn tai cynllun Eryri cynnar, yn debyg iawn i'r rhai a ddefnyddid mewn neuadd-dai i gyrraedd y siambr uwchben yr ystafell fewnol. Yn aml, gellir gweld lle bu'r grisiau ysgol o ddistyn fframio sy'n torri ar draws distiau'r neuadd. Nid oes yr un yn bod o hyd, ond crëwyd enghraifft addysgol yn y Garreg-fawr, Sain Ffagan.

Byddai dwy uned mewn tai cynllun Eryri – neuadd ac ystafell allanol. Trosglwyddid y drydedd uned – yr ystafell fewnol yn ôl cynllun neuadd-dai – i lawr uchaf tai Eryri, a'i helaethu. Fel arfer, ceid dwy ystafell ar y llawr uchaf, y naill yn arwain i'r llall: siambr (allanol) lai, heb ei wresogi, a siambr (fewnol) fwy, gyda lle tân. Fel arfer byddai pared pyst a phaneli, dan gwpl, yn gwahanu'r ddwy siambr, a chwpl agored coeth ac, yn aml, addurnol, yn rhychwantu'r brif siambr. Yn Nugoed, ceir cwpl siamffrog â choler elinog. Yn Nhŷ-mawr (Nantlle) mae tri chwpl cysbog yn rhychwantu'r llawr uchaf, â'r cysbau'n ffurfio patrwm o bedairdalennau – math o gwpl addurnedig a gysylltir yn amlach â'r neuadd agored. Byddai lle tân yn y brif siambr, a hwnnw wedi'i gynnal bron yn ddi-thriad gan gorbelau ar du allan y talcen a chyda simnai ar letraws. O dro i dro, fel yn Nhŷ-mawr (Nantlle) hefyd, byddai cysur ychwanegol geudy wrth ymyl y lle tân yn y talcen.

Pa nodweddion a edmygid mewn tŷ newydd? Yr oedd yn arfer gan feirdd ganmol tai newydd, a dyry eu sylwadau hwy ddisgrifiad awgrymog – yn wir, yr

earliest dated example, the ceiling has four panels of chamfered joists defined by the principal beams. The central cluster of broach stops at the intersection of the beams is impressive, and the type of stop reassuringly characteristic of the period. The fireplace and stack tend to project, as at Dugoed, and rest on a foundation of boulder footings. The fireplace, spanned by a substantial chamfer-stopped mantelbeam, may have saltboxes or cupboards but the oven is invariably later or absent. The winding stone stair at the side of the fireplace, so characteristic of later Snowdonian houses, is absent. This absence, initially surprising, reflects the transitional nature of these houses. In a sense the upper floor developed before adequate access to it was devised. Initially, the early Snowdonian houses had ladder-stairs, much like those used in hall-houses to reach the chamber over the inner room. The position of a former ladder-stair is often indicated by a trimmer interrupting the joists in the hall. None has survived but an instructive example has been recreated in Y Garreg-fawr, St Fagans.

Snowdonian houses had two units – hall and outer-room. The third unit – the inner-room of the hall-house plan – was transferred to the upper floor of the Snowdonian house and enlarged. There were generally two intercommunicating rooms on the upper floor: a smaller (outer) chamber, which was unheated, and a larger (inner) chamber with a fireplace. The chambers were usually separated by a post-and-panel partition set under a truss, and the principal chamber was spanned by an open truss, which was refined and frequently ornate. At Dugoed there is a chamfered truss with cranked collar. At Tŷ-mawr (Nantlle) the upper floor is spanned by three cusped trusses with quatrefoils – a type of decorated truss more usually associated with the open hall. The principal chamber was furnished with a fireplace almost invariably supported externally by corbels and sporting a diagonally-set chimney shaft. Occasionally, as also at Tŷ-mawr (Nantlle), there was the additional comfort of a latrine alongside the gable-end fireplace.

What were the qualities admired in a new house? It was customary for poets to praise new houses, and their observations provide an allusive commentary – indeed, the only commentary – on

unig ddisgrifiad – o nodweddion dymunol tŷ newydd. Cyfansoddodd Rhisiart o'r Hengaer gerdd ddadlennol yn canu clodydd Rug (Corwen), a godwyd ar gyfer Robert Salesbury (a fu farw 1551); fe'i hysgrifennwyd yn ystod cyfnod o newid pensaernïol o neuaddau agored i dai sawl llawr. Yr oedd y tŷ'n barod erbyn y gaeaf pan oedd y 'crest dan iâ'. Pwysleisia'r bardd fod gan Rug furiau gwaith 'cerfio main' (= cerrig nadd) yn amgáu'r colofnau o waith coed y tu mewn. Yr oedd llawer o ystafelloedd – 'siambrau, parlyrau lwyrws' – yn y tŷ asgellog hwn, ond y neuadd oedd y brif ystafell o hyd. Cymherir y 'neuadd, a main nadd ei mur' (mur y lle tân, efallai) â neuadd Arthur, ac edrycha'r bardd ymlaen yn awchus at wleddoedd yno gyda chasgenni mawr o win a byrddau'n llawn caws pen mochyn, peunod ac elyrch, a 'p[h]owdwr siwgwr ar seigiau'. Parodd talcen 'tal' y tŷ (gyda'i ffenestri) i'r bardd feddwl am stryd. Mae gan y tŷ 'dyrau' (talcenni uchel croestai, o bosibl) gyda baneri (herodrol) yn minio'r oerwynt. Er bod ym Meirionnydd fynyddoedd nodedig, dewis y bardd, yn groes i'r disgwyl, gymharu Rug â'r Felallt (*Beeston Crag*). Y syniad, mae'n debyg, oedd bod y tŷ'n ymgodi uwchben ei gymdogaeth yn gorfforol ac yn gymdeithasol fel yr ymgyfyd y graig a'i chastell uwchben Gwastatir Caer.[13]

Tai Eryri a thai tŵr

Bu'n arfer gan haneswyr pensaernïaeth ddyddio tai dwy-uned cynnar cynllun Eryri i ran olaf yr unfed ganrif ar bymtheg. Mae dyddio blwyddgylchau wedi gwthio hanes tai Eryri yn ôl cyn canol yr unfed ganrif ar bymtheg (peth annisgwyl) i'r 1520au (peth oedd yn rhyfeddod llwyr). Nid oes modd osgoi'r cwestiwn: o ba beth y tarddodd tai Eryri, sy'n cyfuno elfennau o neuadd-dai a thai tŵr? Ymddengys fod yr ateb i'w gael yn adeiladwaith y tŷ ar ffurf tŵr yng Ngwydir, tŷ hynod o arloesol mewn cyfnod pan neuadd-dai unllawr a geid yn bennaf ym mhobman.

Nid oes gan Wydir ragflaenwyr amlwg, eto mae'n eglur ei fod yn nhraddodiad y tŵr. Mae'n hysbys iawn i Faredudd ab Ieuan, adeiladydd Gwydir, symud o Eifionydd er mwyn dod o hyd i 'le i droi' ('*elbow room*') yn Nantconwy ymhlith yr herwyr a'r taeogion. Cafodd brydles Dolwyddelan yn 1488 gan wneud y castell yn addas i fyw ynddo ac ychwanegu

the desirable qualities of a new house. A revealing poem by Rhisiart o'r Hengaer praising Rug (Corwen), built for Robert Salesbury (d.1551), was composed during the period of architectural change from open hall to storeyed house. The house was ready by the winter when ice covered the cresting of the ridge. The poet emphasizes that Rug had walls of 'carved' (= dressed) stone enclosing the 'columns' of the timberwork within. There were numerous rooms – 'chambers and parlours gathered together' – in this winged house but the hall remained the principal room. The hall with its (fireplace?) wall of hewn stone is like Arthur's hall, and the poet eagerly anticipates feasts there with great casks of wine and tables laden with brawn, peacock and swan, and sugared dishes. The tall gable-end of this house (with its windows) reminded the poet of a street. The house has 'towers' (possibly the high gables of cross-wings) with (heraldic) banners piercing the cold air. Although Merioneth has notable mountains, the poet perversely chooses to compare Rug with Beeston Crag. The idea seems to be that the new house dominated its locality physically and socially as the crag and its castle dominates the Cheshire Plain.[13]

Snowdonian houses and tower-houses

Conventionally, the early two-unit Snowdonian house has been assigned a later sixteenth-century building date by architectural historians. Tree-ring dating has pushed the story of the Snowdonian house back before the mid-sixteenth century (which was unexpected) to the 1520s (which was completely surprising). The question is unavoidable: what was the origin of the Snowdonian house, which combines elements of the hall-house and the tower? The answer seems to lie in the construction of the tower-like house at Gwydir, which was an extraordinary innovation during a period dominated by the ground-floor hall.

Gwydir has no obvious precursors but is clearly in the tower tradition. The builder of Gwydir, Maredudd ab Ieuan, had famously moved from Eifionydd to find 'elbow room' in Nantconwy among the outlaws and bondmen. He acquired the lease of Dolwyddelan in 1488 and made the castle habitable, adding an upper storey to the keep. The site of

---

13 Testun a chyfieithiad yn / Text and translation in Gruffydd Aled Williams, 'The literary tradition to c.1560', *History of Merioneth, Volume II: The Middle Ages*, gol./ed. J. Beverley Smith and Llinos Beverley Smith (Cardiff, 2001), 601-2.

**1.17
Castell Dolwyddelan:**
tŵr a ailanheddwyd yn rhan olaf y bymthegfed ganrif / a tower reoccupied in the late fifteenth century

llawr uwch i'r gorthwr. Prynwyd safle Gwydir tua 1500 ac mae rhaid y codwyd y tŷ newydd erbyn tua 1510. Mor wreiddiol ac mor fawr oedd y fenter fel y cofnodwyd enw arolygydd y gwaith gan Syr John Wynn bron ganrif wedyn.[14]

Yr oedd Gwydir yn hollol wahanol i neuadd-dai unllawr. Hwn oedd fersiwn domestig y tŵr: cysurus, cadarn a chyda modd ei amddiffyn pe bai angen. Fe ddeuai ei gynllun dwy uned a manylion ei bensaernïaeth yn ddylanwad enfawr yng ngogledd Cymru. Cyfunai gwaith maen cadarn â gwaith coed mewnol sylweddol a gorffenedig. Ni threfnwyd prif ystafelloedd Gwydir i'w cyrraedd y naill ar ôl y llall; mae'r naill wedi'i phentyrru ar ben y llall: cegin, neuadd/siambr fawr, prif siambr, siambrau'r nenlofftydd. Ceid geudai ar gyfer y lloriau uwch. Pwysleisir natur unionsyth y tŷ gan y simneiau uchel iawn yn y talcenni, un ohonynt â'r corn ar letraws a ddeuai'n ffasiynol iawn yn Eryri a'r tu hwnt.[15]

Cynhwysodd Gwydir y rhan fwyaf o briodweddau tai

Gwydir was purchased about 1500 and the new house must have been constructed by about 1510. Such was the originality and scale of the undertaking that the name of the overseer of the work was recorded nearly a century later by Sir John Wynn.[14]

Gwydir was utterly different from the ground-floor hall-house. It was a domestic version of the tower: comfortable, strongly built, and defensible if needs be. Its two-unit plan and architectural detail were to become very influential in north Wales. It combined robust masonry with substantial and well-finished internal timberwork. At Gwydir the principal rooms are not arranged in sequence but are stacked one above the other: kitchen, hall/great chamber, principal chamber, attic chambers. Latrines serviced the upper floors. The verticality of the house is emphasized by the very tall end chimneys, one with the diagonally-set shaft that was to become fashionable in Snowdonia and beyond.[15] Gwydir incorporated most of the defining

14 *The History of the Gwydir Family and Memoirs [by] Sir John Wynn*, gol./ed. J. Gwynfor Jones (Llandysul, 1990), 52.
15 Yn arbennig felly ym Merain (Llannefydd, Sir Ddinbych) lle mae gan y bloc deulawr, a ychwanegwyd i'r neuadd ar ganol yr 16eg ganrif, simnai dalcen amlwg gyda chorn uchel iawn ar letraws. Notably at Berain (Llannefydd, Denbighshire) where the mid-16th-century storeyed block added to the hall has a prominent end chimney with very tall diagonal shaft.

**1.18
Gwydir (Trewydir):**
cynllun y tŷ ar ffurf twr, a thoriad trwyddo / plan and section of the tower-like house

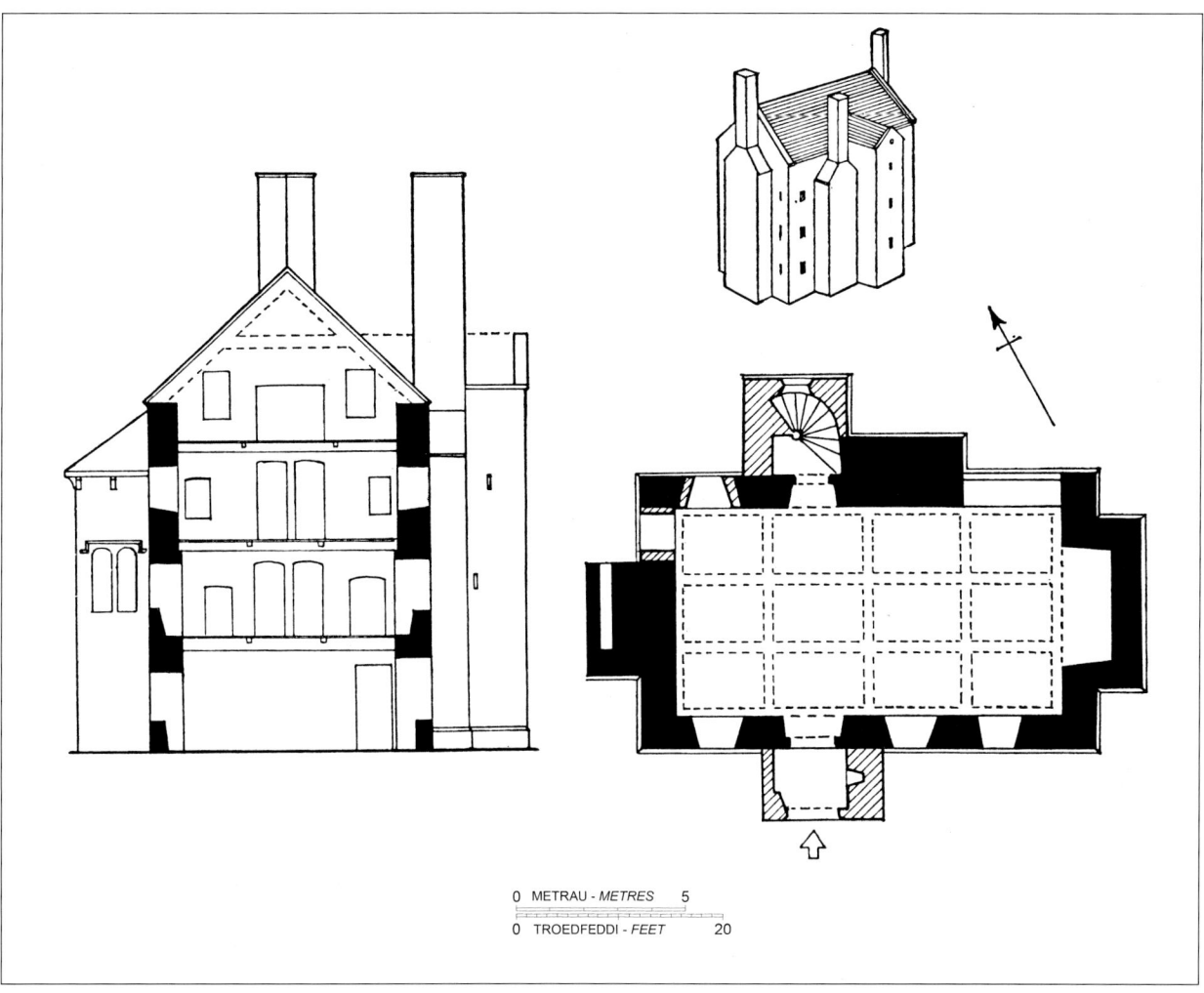

Eryri a fyddai ymledu'n gyflym trwy ogledd-orllewin Cymru. Weithiau gellir dangos bod cysylltiad cymdeithasol uniongyrchol rhwng Gwydir â thai cynllun Eryri cynnar, megis y Garreg-fawr.[16] Yr oedd Gwydir yn arloesol mewn modd arall. Adeiladwyd ail dŷ, gornel yng nghornel â'r twr. Dilynwyd y cynllun dwy annedd a geir yng Ngwydir yn helaeth gan uchelwyr a rhydd-ddeiliaid gogledd-orllewin Cymru hefyd, ac mae 'system yr unedau', system gymdeithasol annirnad, yn nodwedd arbennig pensaernïaeth Eryri.[17]

Tai Eryri ar eu hanterth
Cyn 1550, yr oedd tai Eryri yn eithriadol gan mai uchelwyr a'u hadeiladai. Yn ail hanner yr unfed ganrif ar bymtheg, daethant yn safonol. Cymaint oedd bri'r math hwn o dŷ, ac mor gyfleus ydoedd, fel y'i mabwysiadwyd bron yn gyffredinol. Yn anaml

features of the Snowdonian house that were to spread rapidly throughout north-west Wales. Sometimes a direct social connection can be demonstrated between Gwydir and an early Snowdonian house, as at Y Garreg-fawr.[16] Gwydir was novel in another way. A second house was built corner-to-corner with the tower. The dual domestic planning found at Gwydir was also widely adopted by the gentry and freeholders of north-west Wales, and the socially puzzling 'unit system' is a distinctive feature of the architecture of Snowdonia.[17]

The mature Snowdonian house
Before 1550 the Snowdonian house was an exceptional house, in the sense that it was built by those of gentry status. In the second half of the sixteenth century it became the norm. Such was the prestige and convenience of the house-type

---

16 Gw. /Cf. Glenys Jones Walters, 'Garreg Fawr, Waunfawr', *Trafodion Cymdeithas Hanes Sir Gaernarfon/Trans. Caernarvonshire Hist. Soc.* 63 (2002), 9-11.

17 Gweler disgrifiad Gwydir yn /See the description of Gwydir in RCAHMW, *An Inventory of ... Caernarvonshire, Volume I: East* (London, 1956), 185-9.

iawn y mae unrhyw fath arall o dŷ wedi cyrraedd cymaint o fri aruthrol yn ei ardal. Yn hanner cyntaf yr unfed ganrif ar bymtheg, ynysoedd oedd tai Eryri, ynysoedd â sawl llawr mewn môr o dai â neuaddau agored. Yn ail hanner yr unfed ganrif ar bymtheg, cynyddai enghreifftiau newydd ym mhob rhan o Siroedd Caernarfon a Meirionnydd ac mewn ardaloedd cyfagos. Peth hawdd oedd addasu tai o'r oesoedd canol i'r cynllun newydd. Y cyfan yr oedd ei angen oedd codi'r bondo ac ychwanegu lle tân yn y talcen. Golyga'r gwaith addasu medrus ac arddull gadarn y gwaith maen na fydd neb yn amau i dai Eryri ddechrau eu hoes fel neuaddau canoloesol nes tynnu'r plastr a datgelu bonion llafnau nenffyrch, wedi'u torri'n gyfwyneb â'r mur.

Dyry Tŷ-mawr, Wybrnant, astudiaeth achos glasurol o dŷ Eryri sawl llawr, o ganol yr unfed ganrif ar bymtheg, a darddodd o neuadd-dy canoloesol. Ceir bonion llafnau'r nenffyrch o hyd, ym mhen isaf a phen uchaf y tŷ, ac mae rhaid eu bod yn nodi llawn hyd tŷ'r oesoedd canol. Tŷ helaeth yw Tŷ-mawr, â sawl llawr cyfan, ond er hynny nid oedd grisiau lle tân cerrig yn rhan annatod ohono, grisiau a nodweddai lawer o dai Eryri o ran olaf yr unfed ganrif ar bymtheg ac o'r ail ganrif ar bymtheg. Nodweddir ffurf sefydlog tai Eryri gan y grisiau tro cerrig wrth ymyl y lle tân. O'r rhai sydd wedi'u dyddio trwy flwyddgylchau, y tŷ cynharaf â grisiau cerrig yn goroesi yw Derwyn-bach (1549–52).[18] Mae lleoliad y grisiau hyn yn nodweddiadol, sef yn y mur wrth ochr y lle tân, a chodant i'r llaw chwith, gan droi trwy 360 gradd er mwyn cyrraedd y llawr uchaf. Mae grisiau sy'n troi

that it was adopted almost universally. Rarely has any other house-type achieved such overwhelming regional dominance. In the first half of the sixteenth century Snowdonian houses were scattered storeyed islands in a sea of open-hall houses. In the second half of the sixteenth century new-built examples accumulated in every part of Caernarvonshire and Merioneth and adjacent localities. Houses of medieval origin were easily adapted to the new plan. All that was needed were raised eaves and the addition of an end fireplace. Skilful adaptation and a robust masonry style means that the origin of a Snowdonian house as a medieval hall is unsuspected until the removal of plaster reveals the stubs of cruck blades cut off flush with the wall face.

Tŷ-mawr, Wybrnant, provides a classic case study of a mid-sixteenth-century Snowdonian storeyed house with a medieval hall-house origin. The stubs of cruck blades survive at both upper and lower ends of the house and must mark the full length of the medieval house.

Tŷ-mawr is capacious and fully storeyed but it still did not have the integral stone fireplace stair characteristic of many later sixteenth- and seventeenth-century Snowdonian houses. The maturity of the Snowdonian house is marked by the construction of the winding stone stair at the side of the fireplace. The earliest dendrochronologically dated house with a surviving stone stair is Derwyn-bach (1549–52).[18] This mural stair is characteristically sited within the right jamb of the fireplace and rises anticlockwise turning through 360 degrees to reach the upper

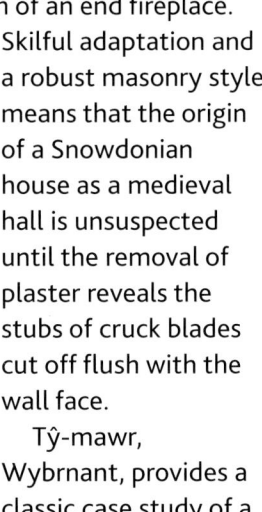

1.19
Map: dosbarthiad tai simnai talcen o fath Eryri / the distribution of end-chimney houses of Snowdonian type

18 Yn ôl pob tebyg yr oedd y grisiau lle tân a dynnwyd o Frongoronwy (1530/31) yn rhan o'r tŷ o'r cychwyn. / The fireplace stair removed from Brongoronwy (1530/31) was probably a primary feature.

 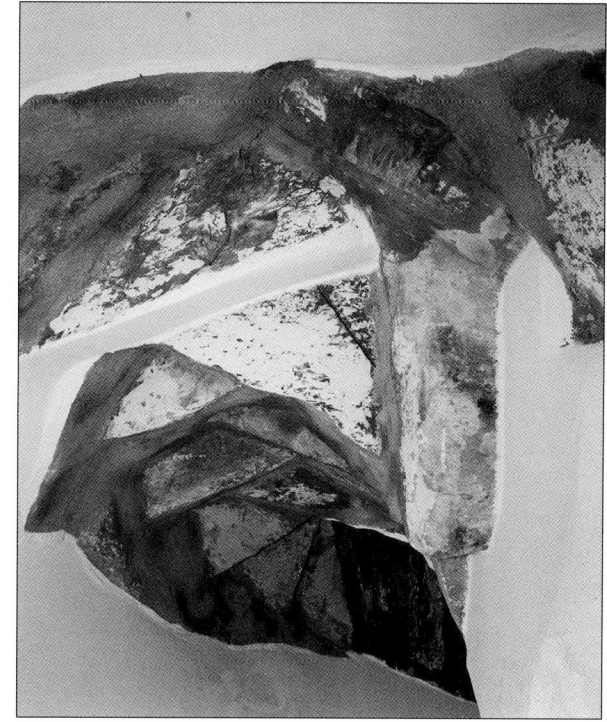

**1.20–1.21
Cwmbychan (Llanfair):**
grisiau'r lle tân a tho llechi croes y grisiau / fireplace stair and cross-slab roof of stair

i'r chwith yn gyfleus ar gyfer pobl law dde, ac ychydig o risiau sydd mewn mur i'r chwith o le tân ac sy'n codi ar y llaw dde. Fe godwyd Dyffryn Mymbyr (1553–55) ychydig flynyddoedd ar ôl Derwyn-bach, ond cadwodd y grisiau ysgol y tu mewn i'r neuadd. Grisiau ar ochr dde'r lle tân sydd ym Mrynyrodyn (1557) a grisiau ar y chwith ym Modllosged (1561). Wedyn, ceir grisiau lle tân ym mhob tŷ, bron. Mae grisiau ysgol Ffridd-isaf (1599/1600) yn eithriad i'r rheol gyffredinol mai un o briodweddau tai Eryri, o ran olaf yr unfed ganrif ar bymtheg ymlaen, oedd grisiau cerrig y lle tân.

Tabl: Tai a ddyddiwyd, gyda grisiau lle tân yn goroesi, 1550–80

1549–52	Derwyn-bach (Dolbenmaen)
1536–56	Tŷ-mawr (Nantlle)
1557	Brynyrodyn (Maentwrog)
1561	Bodllosged (Ffestiniog)
1564/65	Nant-pasgan-mawr (Llandecwyn)
1571/72	Penrhyddgan (Buan)
1572	Rhos (Penrhyndeudraeth)
1578/79	Llannerchyfelin (Caerhun)
1579	Cae'nycoed-uchaf (Maentwrog)

storey. This left-turning stair is convenient for the right-handed, and there are few stairs sited in the left jamb of the fireplace and turning clockwise. Dyffryn Mymbyr (1553–55) was constructed a few years after Derwyn-bach but retained the ladder-stair within the hall. Brynyrodyn (1557) has a right-side fireplace stair and Bodllosged (1561) has a left-side stair. Thereafter the fireplace stair becomes ubiquitous, or almost so. The ladder-stair at Ffridd-isaf (1599/1600) is an exception to the general rule that from the later sixteenth century a defining feature of the Snowdonian house was the stone fireplace stair.

Table: Dated houses with surviving fireplace stairs, 1550–80

1549–52	Derwyn-bach (Dolbenmaen)
1536–56	Tŷ-mawr (Nantlle)
1557	Brynyrodyn (Maentwrog)
1561	Bodllosged (Ffestiniog)
1564/65	Nant-pasgan-mawr (Llandecwyn)
1571/72	Penrhyddgan (Buan)
1572	Rhos (Penrhyndeudraeth)
1578/79	Llannerchyfelin (Caerhun)
1579	Cae'nycoed-uchaf (Maentwrog)

Nodwedd tai Eryri ar eu hanterth yw'r newid i dai sawl llawr cyfan. Yn y tai Eryri cynharaf, yr oedd siambrau'r llawr cyntaf yn agored hyd y to. Mae gan dai sawl llawr cyfan ddau lawr gyda nenfydau â thrawstiau, a nenlofft y gellid byw ynddi. Ceir ym Mrynyrodyn (1557) enghraifft ddiddorol lle mae nenfwd y llawr cyntaf mewn gwirionedd yn addasiad cynnar. Mae Llwyn-du (1581) yn anarferol o ran nifer ei resi grisiau, gyda grisiau yn nau ben y tŷ, pen y neuadd a phen y parlwr. Grisiau'r neuadd yn unig sy'n codi at y nenlofft a gellid mynd i'r brif siambr yn syth o'r parlwr. Ceir yn Bronyfoel-isaf, Llanenddwyn, dyddiedig 1595–1614, risiau helaeth sy'n codi at y nenlofft gyda geudai yn y talcen arall.

Wrth iddi fynd yn fwy cyffredin cael llawr cyntaf â nenfwd yn lle ystafelloedd yn agored hyd y to, aeth cyplau'r to yn fwyfwy plaen. Nid oedd diben cael cyplau addurnol pe na bai neb yn eu gweld. Yn aml, hyd yn oed pan arhosai siambr y llawr cyntaf yn agored hyd y to, yr unig addurn i'r to fyddai ategion cysbog rhwng y ceibrau a'r tulathau. Penrhyddgan (1571/72) yw'r tŷ cynllun Eryri olaf y gellir ei

The mature Snowdonian house is marked by the transition to the fully storeyed house. The earliest Snowdonian houses had first-floor chambers open to the roof. The fully-storeyed house has two floors with beamed ceilings and a habitable attic. Brynyrodyn (1557) provides an interesting example where the first-floor ceiling is actually an early modification. Llwyn-du (1581) has unusually elaborate stair provision with stairs at both hall and parlour ends of the house. Only the hall stair rises to the attic and there was direct access to the principal chamber from the parlour. Bronyfoel-isaf, Llanenddwyn, dated 1595–1614, has a generous stair, which rises to the attic and has latrines in the other gable-end.

The first floor with ceiling rather than open to the roof led to plainer roof-trusses. There was no point in having ornate trusses if they were not to be seen. Even when the first-floor chamber remained open to the roof, decoration was often restricted to cusped windbraces. Penrhyddgan (1571/72) is the last securely-dated Snowdonian

1.22
Plas-mawr (Conwy):
y to cysbog (1578) / the cusped roof (1578)

1.23
Pen-hwn-llys Plas (Llaniestyn):
tŷ sawl llawr â dormerau (1636/7) / a storeyed house with dormers (1636/7)

ddyddio'n sicr sydd â chysbau. Yn sicr, erbyn 1580 – y dyddiad y cuddiwyd to newydd cysbog Plas-mawr, Conwy, dan nenfwd plastr – ystyrid cysbio'n hen ffasiwn. Daeth cyplau toeau tai, y rhai agored a'r rhai cudd, yn rhai blaen yn ystod rhan olaf yr unfed ganrif ar bymtheg, ac eithrio, efallai, siamffer ar y prif geibrau (*principal rafters*) a'r coler. Prennau mawrion yw coed y to, cyplau trawst coler fel arfer, gyda thulathau (*purlins*) sylweddol i gynnal pwysau'r to llechi cerrig.

Goleuid nenlofftydd gan ffenestri dormer. Daeth hanner-dormerau i fod wrth i neudd-dai gael eu cyfaddasu, e.e. yn Egryn, a rhaid eu bod yn gyffredin yn nechrau'r ail ganrif ar bymtheg. Ceir enghraifft dda, gyda ffenestri â mowldin ofolo ym Mhlas Pen-hwn-llys (Llaniestyn; 1636/37). Daeth dormerau talcennog llawn yn goleuo'r llawr uchaf yn bethau cyffredin yn rhan olaf yr ail ganrif ar bymtheg. Dyna dai delfrydol rhan olaf yr ail ganrif ar bymtheg: tai sawl llawr cyfan, gyda ffenestri i'r llawr isaf a'r llawr uchaf a rhes o ffenestri dormer i gyd-fynd, gyda simneiau yn y ddau dalcen, gan ragflaenu tai cymesur Sioraidd. Pan geir darluniau tai ar fapiau ystâd y ddeunawfed ganrif, dangosir fel arfer y math hwn o dŷ, gyda ffenestri plwm.

house with cusping. Cusping was certainly regarded as old fashioned by 1580 – the date when the newly-constructed cusped roof at Plas-mawr, Conwy, was hidden by a plaster ceiling. Domestic roof-trusses whether open or hidden become plain in the later sixteenth century, except perhaps for a chamfer on the principal rafters and collar. The roof timbers are of large scantling, generally collar-beam trusses with substantial purlins to carry the weight of the stone-slated roof.

Habitable attics were lit by dormers. Half-dormers had made their appearance with hall-house conversions, e.g. at Egryn, and must have been common in the early seventeenth century. A good example with ovolo-moulded windows occurs at Pen-hwn-llys Plas (Llaniestyn; 1636/37). Full gabled dormers lighting the upper floor become widespread in the later seventeenth century. The fully-storeyed house with upper and lower windows matched by a tier of dormers, and with tall end chimneys, is the ideal house of the later seventeenth century and anticipates the symmetrical Georgian house. Depictions of houses on eighteenth-century estate maps generally show this type of house with leaded windows.

Datblygiadau yn y cynllun

Daeth ystafelloedd yn fwy arbenigol eu swyddogaeth wrth i dai Eryri ddatblygu; neu a bod yn gywirach, hybid datblygiad tai Eryri gan angen ystafelloedd mwy arbenigol. Datblygiad cyffredinol oedd hyn. Yn benodol, fe wahanwyd ceginau gwaith/ystafelloedd gwaith oddi wrth neuaddau/ceginau byw. Daeth y parlwr yn bwysicach fel ystafell ar gyfer derbyn ymwelwyr, gan ddangos statws ei berchennog trwy ddodrefn ac addurniadau o safon uwch. Ystafelloedd gwaith oedd y pâr o ystafelloedd allanol mewn neuadd-dy, ar gyfer storio a dosbarthu bwyd (bwtri neu bantri) a diod (seler); yn fwy na thebyg fe arhosent yn ystafelloedd gwaith mewn tai cynllun Eryri cynnar. Mewn tai Eryri yn eu ffurf sefydlog, cymerid lle un o'r ystafelloedd gwaith gan barlwr bach 'oer', h.y. heb le tân. Ceir yr enghraifft ddigamsyniol gynharaf ym Modllosged (1561), lle dangosir y gwahaniaeth rhwng y parlwr oer â'r ystafell waith yn eglur gan waith coed o safon uwch.

Daeth yn beth normal, ffasiynol ym mhob tŷ sylweddol cynllun Eryri i gael parlwr mawr wrth y fynedfa, ar gyfer derbyn ymwelwyr. Yr oedd y ddwy ystafell wrth y fynedfa mewn lle perffaith i'w cyfuno'n un parlwr mawr â lle tân. Daeth y parlwr yn ganolbwynt yr addurno herodrol y gallai gynt fod wedi'i gadw i'r neuadd a'r brif siambr. Cafodd parlwr Hafodlwyfog (Beddgelert) ei foderneiddio yn 1638 ac fe ddengys uwchben y lle tan arfbais Owain Gwynedd, yr honnai'r teulu eu bod yn ddisgynyddion iddo. Yn yr un modd, ceir arfbais Collwyn ap Tangno uwchben y lle tân yn asgell barlwr Llwynbedw (Llanwnda). Gallai tai mwy arddangos arwyddion herodraeth cymhleth ar y llawr isaf a'r llawr uchaf ill dau. Ym Mhlastirion yn Nyffryn Conwy, ceid brest simnai blastr uwchben y lle tân ar y ddau lawr, yr un symlaf yn y neuadd, gan gadw'r un geinaf ar gyfer y brif siambr. Yn asgell barlwr Dôl-y-moch, Ffestiniog, ceir ffrîs arfbeisiol a ddangosai fathodynnau 'pymtheg llwyth pendefigol' gogledd Cymru yr honnai'r rhan fwyaf o uchelwyr eu bod yn ddisgynyddion iddynt.

Nid ystafelloedd prin eu defnydd, fel yn ffermdai'r bedwaredd ganrif ar bymtheg, oedd y rhain, yn aros ymweliad gan berson plwyf neu weinidog. Defnyddiwyd y parlwr i groesawu ymwelwyr ac yr oedd safon ei bensaernïaeth yn uwch nag eiddo'r

Plan developments

Room function became more specialised as the Snowdonian house developed, or more exactly the development of the Snowdonian house was driven by the need for more specialist rooms. This was a general phenomenon. In particular working kitchens/service rooms became separated from halls/living kitchens. The parlour became more important as a room for the reception of visitors and displayed its owner's status by superior furniture and decoration. The twin outer-rooms in the hall-house plan were service-rooms for storing and dispensing food (buttery or pantry) and drink (cellar), and probably remained service-rooms in the early Snowdonian houses. In the mature Snowdonian house one of the service-rooms was replaced by a small 'cold' or unheated parlour. The earliest unambiguous example is at Bodllosged (1561) where the cold parlour is clearly distinguished from the service-room by superior carpentry.

The large parlour sited at the entry for the reception of visitors became the fashionable norm in the substantial Snowdonian house. The twin

1.24
Plastirion (Llanrwst):
lle tân y neuadd heb addurn ond priflythrennau cysylltiedig enwau Robert a Kate Wynne / the hall fireplace decorated only with the linked initials of Robert and Kate Wynne

1.25
Plastirion:
lle tân cywrain y brif siambr, 1628 / the elaborate fireplace of the principal chamber, 1628

1.26
Plastirion, 2014

1.27
Plastirion:
lle tân herodrol siambr, 1626 / heraldic chamber fireplace, 1626

rooms at the entry were ideally placed to be combined into a large heated parlour. The parlour became the focus for heraldic decoration that might formerly have been confined to the hall and principal chamber. The parlour at Hafodlwyfog (Beddgelert) was modernised in 1638 and displays over the fireplace the arms of Owain Gwynedd, from whom the family claimed descent. Similarly, at Llwynbedw (Llanwnda) the parlour wing has the arms of Collwyn ap Tangno above the fireplace. Larger houses might have elaborate displays of heraldry on ground and first floors. At Plastirion in the Conwy Valley fireplaces on both floors had plaster overmantels, with the simplest in the hall and the most elaborate reserved for the principal chamber. In the parlour wing at Dôl-y-moch, Ffestiniog, an armorial frieze depicted the badges of the 'fifteen noble tribes' of north Wales from whom most gentlemen claimed descent.

Parlours were not the barely-used rooms of the nineteenth-century farmhouse awaiting visits from parson or minister. The parlour was used for entertaining and was architecturally superior to the

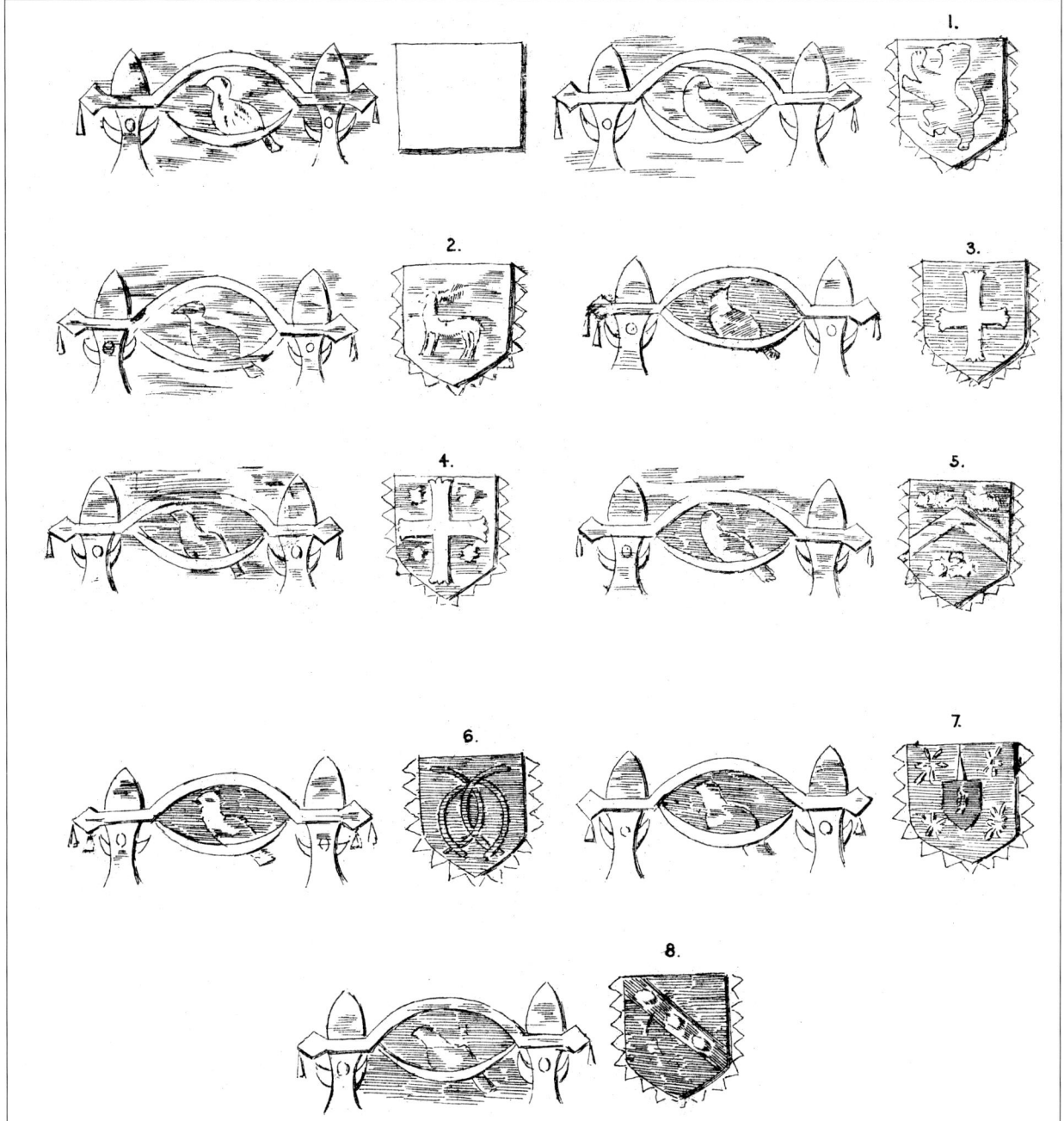

1.28
Dôl-y-moch (Ffestiniog): ffris arfbeisiol yn y parlwr, fel y'i cofnodwyd yn 1881, gydag adar yn clwydo ar ddolennau crog rhwng bathodynnau herodrol / armorial frieze in the parlour, as recorded in 1881, with birds perched on swags between heraldic badges

neuadd. Nid ystafell croesawu ymwelwyr yn unig oedd y parlwr, ond ystafell i deulu'r perchennog ymlacio ynddi. Mynegir hyn yn eglur yn y gerdd yn canmol Cynfal-fawr (a ddyfynnir yn yr astudiaeth achos sy'n dilyn). Swynwyd y bardd gan y parlwr, ac mae'n disgrifio'r pethau arbennig ynddo a fyddai wrth fodd eu perchennog. Ym Mhen-y-bryn (Aber; 1619–24) arweiniai drws wrth ymyl lle tân y parlwr i dŵr crwn ar wahân; gyda phleserfan *(pleasance)*

hall. The parlour was not only a reception room but was used for recreation by householders. This is clearly expressed in the poem praising Cynfal-fawr (cited in the case study that follows). The poet was entranced by the parlour and describes the special objects within it that delighted their owner. At Pen-y-bryn (Aber; 1619–24) a doorway alongside the parlour fireplace gave access to a free-standing round tower newly-topped with a multi-windowed

1.29
Dôl-y-moch (Ffestiniog):
rhan o'r hyn sy'n weddill o'r ffris / a portion of the surviving frieze

newydd, â nifer o ffenestri, ar ei ben – lle o'r neilltu gyda golygfeydd eang.

Ceir yn Hafodlwyfog enghraifft addysgol o dŷ o'r unfed ganrif ar bymtheg a ad-drefnwyd yn yr ail ganrif ar bymtheg i greu tŷ sawl llawr cyfan gyda pharlwr mawr. Yn 1638 crëwyd parlwr newydd o'r pâr o ystafelloedd allanol, a symudwyd yr ystafell waith i dduad canolog cyferbyn â'r fynedfa rhwng y

pleasance that was both secluded and commanded extensive views.

Hafodlwyfog provides an instructive example of a sixteenth-century house rearranged in the seventeenth century to give a fully-storeyed house with large parlour. In 1638 a new parlour was created from the twin outer rooms and the service-room displaced to a central bay opposite the entry

1.30
Pen-y-bryn (Aber):
Tŷ cynllun Eryri â phleserfan / Snowdonian house with pleasance

parlwr newydd a'r neuadd a gawsai ei lleihau. Yn yr ail ganrif ar bymtheg yr oedd yr ystafell waith ganolog yn newyddbeth cyffredin yng nghynlluniau tai; ceid sawl enghraifft mewn adeiladau newydd yn Eryri gan gynnwys Dyffryn-gwyn (Tywyn), a ddyddiwyd i 1640. Mae yn Nyffryn-gwyn, fel yn Hafodlwyfog, y ffenestri â mowldin ofolo a'r distiau â mowldin cyrs a nodweddai'r cyfnod.[19]

Tueddai parlwr mawr i gywasgu'r neuadd, a ddeuai'n fwy o 'ystafell fyw' wrth drosglwyddo rhai o'i swyddogaethau i gegin newydd. Er bod ganddi swyddogaeth ymarferol, yr oedd y gegin mor bwysig â'r parlwr; weithiau byddai'r beirdd yn dathlu ei chreu. Cyfansoddodd Siôn Dafydd Las, bardd teulu Nannau, chwe englyn i ddathlu creu'r gegin newydd yng Nghefnbodig (Llanycil). Mae sawl cyfeiriad yn yr englynion at adeiladwaith cadarn y gegin newydd, gan ei chyffelybu i gegin Ifor Hael, Basaleg, enwog ei groeso. Mae'n eglur bod y beirdd yn rhagweld peth gwledda yng Nghefnbodig.[20]

between the new parlour and the reduced hall. The central service-room was a widespread seventeenth-century planning innovation and there were several new-built Snowdonian examples, including Dyffryn-gwyn (Tywyn), dated 1640, which like Hafodlwyfog has the ovolo-moulded windows and reed-moulded joists characteristic of the period.[19]

A large parlour tended to contract the hall, which became more of a 'living-room' as some of the functions of the hall were transferred to a new kitchen. The kitchen, although functional, was as important as the parlour and its construction was sometimes celebrated by the poets. Siôn Dafydd Las, the family poet of Nannau, composed six *englynion* celebrating the new kitchen at Cefnbodig (Llanycil). The poems make frequent reference to the strongly-built character of the new kitchen, which is likened to Cegin Masaleg, the kitchen of the famously hospitable Ifor Hael of Basaleg. Clearly the poets were anticipating some feasts at Cefnbodig.[20]

1.32
Dyffryn-gwyn (Tywyn):
dyddiedig i 1640 gan arysgrif /
dated 1640 by inscription

**1.33
Cwmbychan (Llanfair):**
gyda chegin groes o ran olaf y ddeunawfed ganrif / Cwmbychan with late-eighteenth-century kitchen wing

19 Ar gyfer y cynllun gyda'r ystafell waith ganolog / For the plan with the central service-room, see R.W. Brunskill, *Houses and Cottages of Britain* (London, 1997), 70-3.
20 Glenys Davies, *Noddwyr Beirdd ym Meirion* (Dolgellau, 1974), 25-8. Ailadeiladwyd Cefnbodig yn y bedwaredd ganrif ar bymtheg, gan ddiffodd am byth dân y gegin enwog hon. / Cefnbodig was rebuilt in the nineteenth century and the fire of this renowned kitchen forever extinguished.
21 LlGC Cofnodion Profeb / NLW Probate Records: Bangor 1736/121.

Datblygodd tai Eryri dros sawl cenhedlaeth o dai newydd eu codi i addasiadau i'r ystafelloedd. Yng Ngwmbychan, a enwogwyd gan Pennant, codasid tŷ Eryri yn 1612. Erbyn yn gynnar yn y deunawfed ganrif yr oedd Cwmbychan wedi'i ailgynllunio. Cyfeiria ewyllys Richard Lloyd at barlwr neu siambr newydd – a grëwyd yn ôl pob tebyg o'r pâr o ystafelloedd allanol – gyda dodrefn a oedd i fod i aros yn y tŷ.[21] Trosglwyddwyd y gwaith coginio i asgell (croesty) newydd a adeiladwyd yn erbyn porth cefn y dramwyfa groes, gan greu tŷ ar gynllun T. Yr oedd y gegin groes neu dŷ croes yn ychwanegiad a nodweddai'r ddeunawfed ganrif. Yn achos tai mwy sylweddol cynllun Eryri, yr ateb i broblem gwahanu'r neuadd o'r gegin oedd creu tu blaen newydd. Ceir enghreifftiau mor gynnar â rhan

Snowdonian houses developed over several generations from first build to adjustments of the rooms. At Cwmbychan, made famous by Pennant, the Snowdonian house had been constructed in 1612. By the early eighteenth century Cwmbychan had been replanned. Richard Lloyd's will refers to a new parlour or chamber – presumably created from the twin outer rooms – with furnishings that were to remain in the house.[21] The cooking functions of the hall were transferred to a new cross-wing built against the rear cross-passage doorway, creating a T-plan house. The *cegin groes* (back kitchen) or *tŷ-croes* (cross-wing) was a characteristic eighteenth-century addition. For the more substantial Snowdonian houses, creating a new front was the solution to the problem of the

olaf yr ail ganrif ar bymtheg, ac erbyn y ddeunawfed ganrif a'r bedwaredd ar bymtheg ceir llawer ohonynt. Enghraifft gynnar o'r math hwn o ailgynllunio yw Bennar lle mae'r hen dŷ (1563/4) wedi mynd yn gegin groes y tŷ newydd (1693).

Chwyldro tai a dynameg gymdeithasol
Ni ellid gwahanu'r chwyldro tai yn Eryri yn yr unfed ganrif ar bymtheg â'r chwyldro cymdeithasol a weddnewidiodd y farchnad diroedd, gan gynyddu'r cyfleoedd i helaethu ystadau.[22] Dyna broses lle bu rhai'n ennill a rhai'n colli. Trafodir y rhai a gafodd fantais o'r farchnad diroedd yn yr astudiaeth achos o dai ym Mhenmachno. Dynodir y rhai a gollodd gan nifer fawr o lwyfannau tai anghyfannedd sy'n britho'r mynyddoedd.

Yr oedd sawl agwedd ar lacio cyfyngiadau'r farchnad diroedd, a chyda'i gilydd gweddnewidiasant y cyfleoedd ar gyfer prynu a gwerthu tir. Etifeddid tir yng ngogledd Cymru yn yr oesoedd canol diweddar yn bennaf trwy etifeddiaeth ranadwy (gafaeledd neu gyfran) rhwng etifeddion gwryw. Mewn disgrifiad cofiadwy, soniodd Syr John Wynn, crynhöwr ystadau nodedig, am raniadau ac israniadau tir trwy afaeledd fel 'dinistr Cymru', yn gostwng teuluoedd o fri i statws rhydd-ddeiliaid dinod, sydd, 'wedi anghofio eu tras a'u llinach, wedi dod i fod fel petai na buasent erioed'.[23] Yn gyffredinol, diddymwyd gafaeledd gan y Ddeddf Uno (1536), ond yn Nhywysogaeth Gogledd Cymru rhagflaenwyd honno gan siartrau rhyddfreiniau yn 1504 a 1507; caniataodd y rhain brynu, gwerthu ac etifeddu tir yn ôl cyfraith gwlad Lloegr.[24] Canlyniad hyn fu gwahanu tiroedd a charennydd, rhan annatod o ddatblygu marchnad diroedd. Yr oedd system o forgeisi ffug (tir prid) wedi llacio cyfyngiadau'r farchnad diroedd ond cafodd system gymdeithasol gogledd-orllewin Cymru ei thrawsnewid gan siartr rhyddfreiniau 1507 trwy iddi ganiatáu prynu tir rhydd-ddeiliadol heb drwydded.

Newidiodd siartr Gogledd Cymru statws cymdeithasol hefyd trwy ddiddymu deiliadaeth gaeth a, chyda honno, warth caffael tir caeth. Buasai llawer o drefgorddau caeth yng ngogledd Cymru, yn llenwi eangderau maith o diroedd y Goron. Collodd y trefgorddau caeth eu pobl o ganlyniad i'r anhrefn yn ystod gwrthryfel Owain Glyndŵr ac ar ei ôl, ond

Housing revolution and social dynamics
The housing revolution in sixteenth-century Snowdonia was inseparable from a social revolution which transformed the land market, increasing the opportunities for estate building.[22] There were winners and losers in the process. The beneficiaries of the land market are discussed in the case-study of houses in Penmachno. The losers are represented by numerous deserted upland house platforms.

There were several facets to the loosening of the land market which combined to transform the opportunities for buying and selling land. The inheritance of land in late-medieval north Wales was principally through partible inheritance (gavelkind or *cyfran*) between male heirs. Sir John Wynn, a notable estate builder, memorably described the division and subdivision of land through gavelkind as 'the destruction of Wales', reducing families of credit to the status of mean freeholders, who 'having forgotten their descents and pedigree, are become as if they had never been.'[23] Gavelkind was generally abolished by the Act of Union (1536), but in the Principality of North Wales abolition had been anticipated by charters of liberties in 1504 and 1507 that permitted the buying, selling and inheritance of land according to English common law.[24] The consequential alienation of land from the kindred was also inseparable from the development of a land market. A system of fictitious mortgages (*tir prid*) had loosened the land market but the 1507 charter of liberties transformed the social system in north-west Wales by permitting the purchase of freehold land without licence.

The charter of North Wales also transformed social status by abolishing bond tenure and with it the stigma of acquiring bond land. Bond vills had been numerous in north Wales occupying vast tracts of Crown land. Social dislocation during and after Owain Glyndŵr's revolt depopulated the bond

---

22 Gw. yn gyffredinol / See generally, T. Jones Pierce, 'Landlords in Wales A: the nobility and gentry', *The Agrarian History of England and Wales, Volume IV: 1500–1640*, gol./ed. Joan Thirsk (Cambridge, 1967), 357-81.

23 *History of the Gwydir Family*, gol./ed. Jones, 15-16.

24 J. Beverley Smith, 'Crown and community in the Principality of North Wales in the reign of Henry Tudor, *Welsh History Review* 3 (1966-67), 145-71.

mor hwyr â 1494 cafwyd ymdrechion aneffeithiol i adnabod taeogion a'u hanfon yn ôl i'w trefgorddau. Bu rhydd-ddeiliaid yn llechfeddiannu tiroedd caeth. Mentrodd Maredudd ap Ieuan, hynafiad hynod Syr John Wynn, ei lwc yn llwyddiannus yn 'anialdir' Nantconwy, ymhlith taeogion Penmachno. Nid yn unig rhyddhaodd siartr Gogledd Cymru'r taeogion ond fe drawsffurfiodd eu tir yn fath o dir rhydd-ddeiliadol.[25] Mae astudiaeth achos Penmachno yn cynnwys dau eiddo a fuasai gynt yn rhandiroedd caeth gyda thai a godwyd gan daeogion a ryddhawyd: Tŷ-mawr, Wybrnant, a Blaenglasgwm-uchaf.

Mae Tŷ-mawr, Wybrnant, o ddiddordeb arbennig fel cartref cyndeidiau'r Esgob Morgan. Mae'n hawdd diystyru cyfeiriad dirmygus Syr John Wynn at William Morgan fel disgynnydd hil taeogion ('*descended of the race of the bondmen*') fel sarhad di-alw-amdano, ond yr oedd iddo sail. Dengys pennod Frances Richardson ynghylch Penmachno fod yr Esgob Morgan yn ddisgynnydd i Fadog ap Bleddyn Llwyd, un o gyd-etifeddion Gafael Elidir, rhandir caeth a gofnodwyd yn y *Record of Caernarvon* (1352) a rhagflaenydd Tŷ-mawr. Bu Lewys Dwnn, yr arwyddfardd, yn seboni'r Esgob Morgan trwy gyfuno'r Madog hwn â Madog ap Bleddyn Llwyd 'Hen', un o ddisgynyddion Hedd Molwynog, sylfaenydd un o'r 'llwythau pendefigol', gan ei ganmol fel disgynnydd brenhinoedd ('daeth o lin hen frenhinoedd'). Mewn gwirionedd, yr oedd Madog o Afael Elidir yn ddisgynnydd pedwaredd genhedlaeth o Elidir, y gellid tybio yr enwyd y gafael ar ei ôl. Bu William Morgan ei hun, wrth gwrs, trwy ddilyn ei dad fel 'ancient native tenant' Tŷ-mawr, yn cydnabod trwy hynny fod ei gyndeidiau'n daeogion.[26]

Yn olaf, rhaid inni nodi i'r farchnad diroedd yn yr unfed ganrif ar bymtheg gynnwys tir y mynachlogydd gynt, a ddaeth ar gael ar brydlesi hir ac a werthwyd yn y diwedd gan y Goron. Yn Sir Gaernarfon fe gynhwysai hyn faenolydd a fuasai'n eiddo i Briordy Beddgelert ac Abaty Aberconwy; ym Meirionnydd yr oedd gan bedwar tŷ Sistersaidd faenolydd, cyfanswm o fwy na 2,500 erw. Dengys astudiaethau achos Gwastadannas a Hafodruffydd-uchaf y codwyd neuaddau newydd ar dir a fu gynt yn eiddo'r mynachlogydd cyn gynted ag iddo fod ar gael.

vills, but as late as 1494 there were ineffective efforts to identify and repatriate bondmen. There were encroachments by freemen on bond land. Maredudd ap Ieuan, Sir John Wynn's notable ancestor, successfully sought his fortune in the 'wast country' of Nantconwy among the bondmen of Penmachno. The charter of North Wales not only freed the bondmen but transformed their land into a kind of freehold.[25] The case study of Penmachno includes two former bond tenements with houses built by enfranchised bondmen: Tŷ-mawr, Wybrnant, and Blaenglasgwm-uchaf.

Tŷ-mawr, Wybrnant, has particular interest as the ancestral home of Bishop Morgan. Sir John Wynn's slighting reference to William Morgan's servile ancestry ('descended of the race of the bondmen'), easily discounted as a gratuitous insult, had basis in fact. Frances Richardson's chapter on Penmachno shows that Bishop Morgan was descended from Madog ap Bleddyn Llwyd, one of the co-heirs of Gafael Elidir, a bond tenement recorded in the Record of Caernarvon (1352) and the predecessor of Tŷ-mawr. Lewys Dwnn, the herald-bard, flattered Bishop Morgan by conflating this Madog with Madog ap Bleddyn Llwyd 'Hen', a descendant of Hedd Molwynog, founder of one of the 'noble tribes', praising him as a descendant of kings (*daeth o lin hen frenhinoedd*). Madog of Gafael Elidir, was actually fourth in descent from Elidir, after whom the *gafael* was presumably named. William Morgan himself, of course, by following his father as the 'ancient native tenant' of Tŷ-mawr implicitly acknowledged his bond ancestry.[26]

Finally, we must note that the sixteenth-century land market included former monastic land, which became available on long leases and was eventually sold by the Crown. In Caernarvonshire this included granges belonging to Beddgelert Priory and Aberconwy Abbey; in Merioneth granges amounting to more than 2,500 acres belonged to four Cistercian houses. The case studies of Gwastadannas and Hafodruffydd-uchaf show that new halls were built on former monastic land as soon as it became available.

A little-known but highly significant consequence of the development of the land

---

25 Smith, 'Crown and community', *passim*.
26 *History of the Gwydir Family*, gol./ed. Jones, 63 & 184n; *Registrum vulgariter nuncupatum "The Record of Caernarvon"*, gol./ed. H. Ellis (Record Commission, 1838), 10; Lewys Dwnn yn/in Geraint Gruffydd, '*Y Beibl a droes i'w bobl draw': William Morgan yn 1588* (London, 1988), 58-61. P.C. Bartrum, *Welsh Genealogies, AD 1400–1500* (Aberystwyth, 1983), cyf./vol. 8, 1412 (Nefydd Hardd 1A), yn dangos Elidir fel un o ddisgynyddion Nefydd Hardd, ffugiad achyddol arall o'r 17eg ganrif yn ôl pob tebyg / shows Elidir as a descendant of Nefydd Hardd, another probable 17th-century genealogical fiction.

Yr oedd datblygu'r farchnad diroedd, a dethol un etifedd gwryw yn unig yn ffactorau cysylltiedig; un canlyniad na wŷr llawer amdano, ond un arwyddocaol iawn, fu trawsnewid y farchnad briodasau a chwyddo gwaddolion. Yr oedd priodas yn gystlynedd rhwng teuluoedd, ac yr oedd priodi etifedd gwryw dewis teulu pwysig yn wobr o bwys. Ymhlith uchelwyr a rhydd-ddeiliaid gogledd-orllewin Cymru yr oedd priodas yn gystlynedd ariannol a chymdeithasol, gofalus gytbwys, a wthiai ymlaen gyfuno a helaethu ystadau. Cynhwysai gwaddol neu 'gynhysgaeth' ('gyfran') priodasferch dair rhan: da byw, arian parod a dodrefn y siambr. Telid y gynhysgaeth i dad y priodasfab fesul tipyn 'yn unol ag y telir gwaddol fel arfer yng Ngogledd Cymru'. Rhywbeth a reolid gan arfer gwlad oedd y gynhysgaeth. Yn draddodiadol, ni chynhwysai dir, gan nad oedd modd estroni tir oddi wrth y gwely (*kin-group*) ; hyd yn oed ar ôl cyfaddasu tir yn ddeiliadaethau rhydd y gellid eu prynu, eu gwerthu a'u trosglwyddo, pethau anghyffredin iawn oedd

market and the related favouring of the single male heir was the transformation of the marriage market and the inflation of dowries. Marriage was an alliance between families, and marriage with the favoured male heir of an important house was a significant prize. Marriage among the gentry and freeholders of north-west Wales was a carefully balanced economic and social alliance which drove estate consolidation and enlargement. The bride's dowry or 'portion' was composed of three parts: livestock, cash, and the chamber array. The dowry was made in phased payments to the groom's father 'accordinge as marriage goods are usuallie paid in North Wales'. The dowry (*cynhysgaeth*) was regulated by custom. Traditionally it did not involve land since land could not be alienated from the kin-group, and even after land was converted to freeholds that could be bought, sold and transferred, dowries involving land were exceptional. The earliest sixteenth-century marriage settlements primarily involved livestock;

1.34
Y Dduallt (Maentwrog):
y brif siambr fel y byddai (Falcon Hildred) / reconstruction of the principal chamber (Falcon Hildred)

cynysgaethau a gynhwysai dir. Yn anad dim, cynhwysai cytundebau priodas cynharaf yr unfed ganrif ar bymtheg dda byw yn bennaf; yn nes ymlaen cyfunai cytundebau wartheg ac arian. Yr oedd cronni 'gwartheg cynhysgaeth' yn un o brif ddiddordebau rhydd-ddeiliaid, a thystia'r cyfreitha a fu fod cytundebau priodas weithiau'n anodd eu cyflawni. Cynhwysent niferoedd mawr, hyd at gant, o wartheg; ni fyddai modd cronni cymaint â hynny ond trwy drefniadau cydgyfnewidiol rhwng ceraint. Er enghraifft, yn 1530, rhoddodd Madog ab Ieuan ap Gruffydd, Pengwern (Llanwnda), i'w ferch gynhysgaeth o gant o wartheg a phedwar ugain o ddefaid. Peth eithaf cyffredin oedd rhoi cynhysgaeth o ugeiniau o wartheg a defaid, o wahanol oedrannau, yn ogystal â cheffyl neu ddau; dosberthid y rhain yn ofalus, weithiau gan ganolwyr. Mewn cytundeb yn 1627/8, bu'n rhaid i'r gwartheg fod o dri math neu 'oedran', 'yn unol ag arfer Gogledd Cymru'. Fel arfer cynhwysai cynhysgaeth o leiaf gymaint o wartheg ag o ddefaid, onid mwy, a'r gwartheg, wrth gwrs, oedd yr anifeiliaid mwyaf gwerthfawr o lawer. Sail ffyniant uchelwyr a rhydd-ddeiliaid Eryri oedd y fasnach wartheg, ac yr oedd gwartheg cynhysgaeth yn rhan annatod o economi'r fferm pan ddechreuai'r ddeuddyn gyd-fyw.[27]

Rhan bwysig o gytundeb priodas oedd y 'siambr'. Y siambr oedd y gist briodi a'r eitemau dodrefnu, gan gynnwys dillad y gwely, y deuai'r briodasferch â hwy gyda hi i'r tŷ newydd. Rhaid oedd i'r siambr fod yn briodol i statws y ddeuddyn, ac yn aml rhoddid gwerth ariannol manwl-gywir arni. Adlewyrchir y pwyslais ar ddodrefnu'r siambr ('*chambering*') mewn cytundebau priodasol ym mhwysigrwydd cynyddol siambr y llawr cyntaf, un o briodweddau tai Eryri. Yr ystafell briodas oedd prif siambr llawr cyntaf tŷ Eryri ac fe'i dodrefnid gan y briodasferch. Yr oedd yn ystafell fawr, yn aml gyda nenfwd gwell na'r cyffredin a lle tân. Nid peth anarferol oedd i'r ystafell gynnwys arwyddion herodraeth a adlewyrchai linach a phriodasau ('*matches*') y teulu, megis yng Nghoedyffynnon, lle ceid arfbais blastr uwchben y lle tân yn dangos sawl chwarter. Yr oedd y brif siambr yn beth amgen nag ystafell wely yn unig; gallasai fod yn rhyw fath o siambr 'gyfrin' i feistres y tŷ, na ellid cyrraedd ati ond trwy'r siambr allanol.

later settlements combined cattle and cash. Accumulating marriage cattle (*gwartheg cynhysgaeth*) was a major preoccupation for freeholders, and litigation shows that marriage contracts were sometimes difficult to fulfil. Large numbers of cattle were involved, up to a hundred head, and can only have been accumulated through reciprocal arrangements among kin. In 1530, for example, Madog ab Ieuan ap Gruffydd of Pengwern (Llanwnda) gave with his daughter a dowry of 100 cattle and four-score sheep. It was quite usual for the dowry to involve several score cattle and sheep of different ages, as well as one or two horses, which were carefully sorted, sometimes by arbitrators. In a 1627/8 settlement, the cattle had to be of three sorts or 'ages', 'according to the usage of North Wales'. Cattle usually matched or outnumbered sheep in the dowries and were of course the more valuable animal by far. The prosperity of the Snowdonian gentry and freeholders was based on the cattle trade, and marriage cattle were essential to the farmstead economy when the couple started keeping house.[27]

An important component of the marriage agreement was the 'chamber'. The chamber was the trousseau and furnishings, including bedding, which the bride brought with her to the new house. The chamber had to be appropriate to the status of the couple and was often given a precise monetary value. The emphasis on 'chambering' in the marriage agreement is reflected in the increasing importance of the first-floor chamber, one of the defining features of the Snowdonian house. The principal first-floor chamber of the Snowdonian house was the marriage chamber and furnished by the bride. It was large, often with a superior roof, and heated. It was not unusual for the chamber to incorporate heraldry which reflected the descent and 'matches' of the family, as at Coedyffynnon where the plaster shield above the fireplace was elaborately quartered. The principal chamber was more than a functional bed-chamber and was possibly a kind of 'privy' chamber for the mistress of the house reached only when the outer chamber had been traversed.

---

27 LlGC/NLW, Brogyntyn PBA 2/2/3; LlGC/NLW, Maesyneuadd 205; David Jenkins, 'Crafnant and Gerddi Bluog', *CCHChSF/JMerHRS* I (1949-51), 39-40. Gw. Archifdy Meirionnydd, Brynygwin 2 (1654/5): 30 o wartheg, 40 o ddefaid, ceffyl a chaseg, yn ogystal â dodrefn siambr. Cf. Merioneth R.O., Brynygwin 2 (1654/5): 30 beasts ('neats'), 40 sheep, horse and mare, plus chamber furniture.

'System yr Unedau'

'System yr unedau' yw'r term diramant a ddefnyddiwyd weithiau i ddisgrifio trefniad a geir yn aml yn Eryri – trefniad trawiadol ond un anodd dyfalu ei arwyddocâd cymdeithasol – pan adeiladid dwy annedd, yn fwriadol, yn anarferol o agos at ei gilydd, weithiau'n cyffwrdd gornel yng nghornel. Yn 1942, disgrifiodd Gresham a Hemp y drefn am y tro cyntaf yn achos Parc, Llanfrothen, gan restru nodweddion amlwg y drefn: (1) yr oedd y naill dŷ a'r llall yn gyfan ynddo'i hun, yn lle'r un tŷ mawr y gallesid fel arall ei ddisgwyl; (2) nodwedd drawiadol o'r drefn oedd nad oedd, ar y cychwyn, fodd mynd o'r naill uned i'r llall, er bod y ddau wedi'u cysylltu'n nes ymlaen, mewn llawer o achosion, trwy adeiladau ychwanegol neu dramwyfeydd lletchwith eu cynllun; (3) y mae'r ddau dŷ fwy neu lai'n gyfoes, gyda'r rhan fwyaf o'r enghreifftiau'n dyddio o'r unfed ganrif ar bymtheg a'r ail ganrif ar bymtheg. Weithiau, yn ddiweddarach, câi'r ail uned ei defnyddio fel tŷ allan (popty neu gegin allanol) ond fel arfer bydd yr adeilad yn rhy fawr, ac yn rhy gaboledig, fel nad yw'n debygol mai dyna oedd ei swyddogaeth wreiddiol.[28]

Rhestrodd Gresham a Hemp enghreifftiau trawiadol eraill o'r drefn yng ngogledd-orllewin Cymru, gan gynnwys tai bonheddwyr o fri yn ogystal â thai is eu statws; aethant ymlaen i awgrymu bod system yr unedau yn nodwedd neilltuol o ogledd-orllewin Cymru. Nid felly y bu mewn gwirionedd; yn fuan cafwyd sôn am enghreifftiau eraill o Sir Fynwy, o Sir Frycheiniog (ond yn anaml o rannau eraill o Bowys), o Forgannwg ac o rannau eraill o Gymru. Nodwedd gysylltiedig, mewn sawl rhan o Loegr, oedd y gegin ar wahân, sydd weithiau'n debyg i dŷ bychan.

Ni chyfyngid system yr unedau i ogledd-orllewin Cymru, ond yr oedd yn arbennig o amlwg ym Meirionnydd a Sir Gaernarfon; yr oedd cryn amrywiaeth yn yr ardaloedd hyn yng ngosodiad y ddau dŷ a oedd yn adeiladau ar wahân ond gyda chysylltiad cymdeithasol. Yr oedd sawl perthynas bosibl rhwng lleoliadau'r tŷ isradd â'r prif dŷ. Weithiau, ffurfiai asgell groes (croesty), a oedd yn gyfan ynddi ei hun, i'r prif dŷ. Yn amlach, safai'r tŷ isradd ar wahân i'r prif dŷ, ond wrth ei ochr. Yn yr enghreifftiau mwyaf trawiadol, safai'r prif dŷ a'r tŷ isradd ar wahân, ond yn gysylltiedig, gan gyffwrdd

The 'Unit System'

The unromantic term 'the unit system' has been used to describe the visually striking but socially puzzling arrangement often found in Snowdonia where two dwellings are deliberately sited in unusually close proximity, sometimes touching corner-to-corner. In 1942 Gresham and Hemp described the arrangement for the first time at Parc, Llanfrothen, noting the salient features of the arrangement: (1) each house was complete in itself, in place of the single large house that might otherwise have been expected; (2) a marked feature of the arrangement was the original lack of communication between the two units, although in many cases they have been connected later by additional buildings or awkwardly contrived passages; (3) the houses are usually more-or-less contemporary and most date to the sixteenth and seventeenth centuries. The secondary unit has sometimes functioned latterly as an outhouse (bakehouse or outside kitchen) but the building is usually too substantial and well finished for that to have been its original function.[28]

Citing other striking examples of the arrangement in north-west Wales, including houses of the leading gentry as well as houses of lesser status, Gresham and Hemp went on to suggest that the unit system was peculiar to north-west Wales. This was not in fact so, and examples were soon reported from Monmouthshire, Breconshire (but rarely in other parts of Powys), Glamorgan and other parts of Wales. A related phenomenon in several regions of England was the detached kitchen which sometimes resembles a small house.

The unit system was not peculiar to north-west Wales but it was particularly marked in Merioneth and Caernarvonshire, where there was considerable variation in the placing of two houses which were physically separate yet socially linked. The secondary house could relate physically to the principal house in a variety of ways. It sometimes formed a self-contained cross-wing of the main house. More often, the secondary house was detached but flanked the principal house. At their most striking, principal and secondary houses were separate but joined, touching only corner to

---

28 W.J. Hemp and Colin Gresham, 'Park, Llanfrothen, and the unit system', *Archaeologia Cambrensis* 97 (1942), 98-112; Richard Suggett, 'The unit system revisited: dual domestic planning and the developmental cycle of the family', *Vernacular Architecture* 38 (2007), 19-34.

1.34
Y Dduallt (Maentwrog):
o'r de / from the south

1.35
Y Dduallt (Maentwrog):
cynllun system yr unedau /
the unit system plan

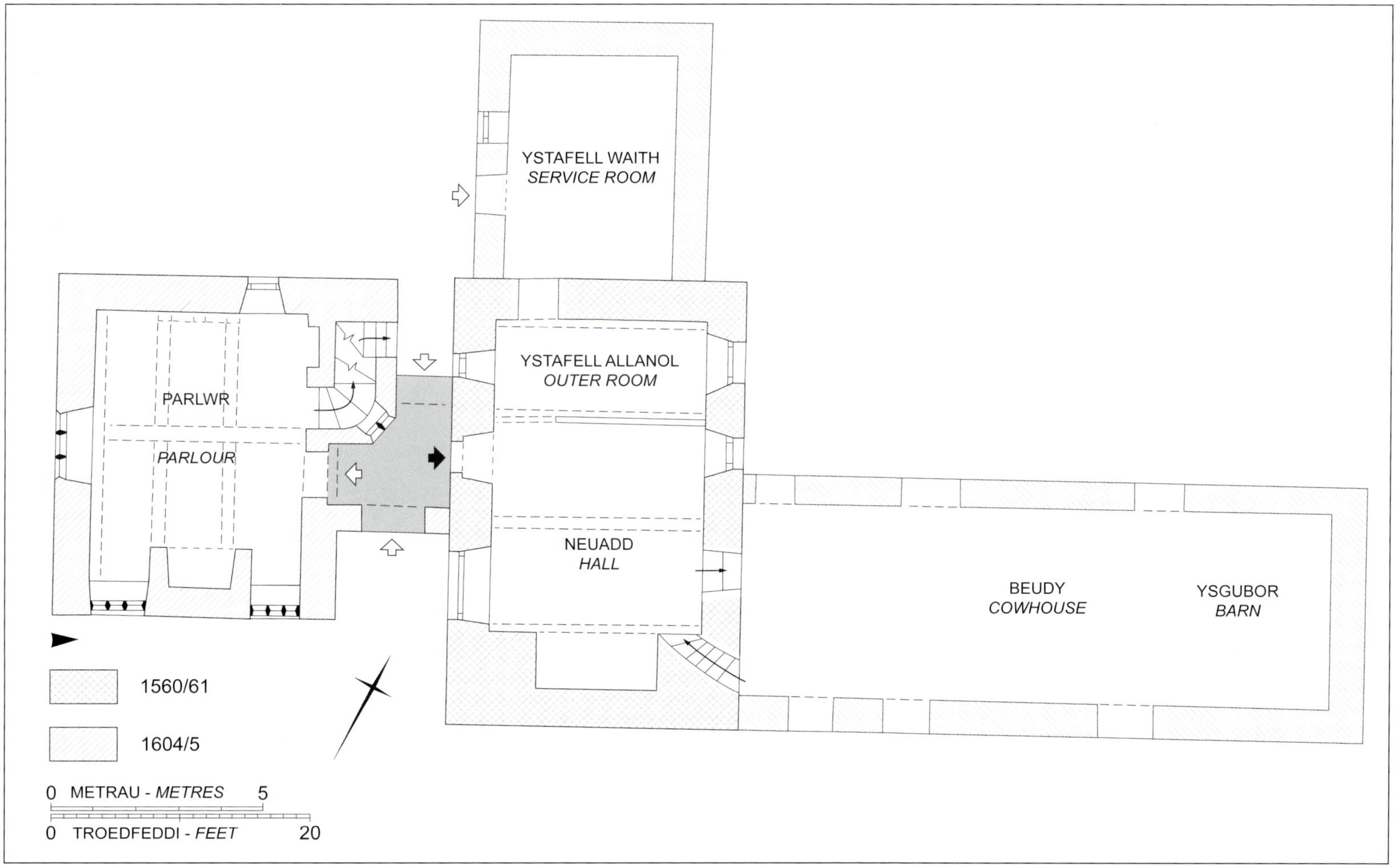

ond gornel yng nghornel (neu bron iawn) fel yng Ngwydir, yng Ngronant, yn Nulasau-isaf a Llanfair-isaf. Yn ddiau, yr oedd symbolaeth fwriadol yn hyn o beth, gyda'r ddau dŷ yn darlunio perthynas o fod yn gysylltiedig ac eto ar wahân.

Nid yw cronoleg gymharol tai mewn system unedau'n amlwg o bell ffordd o ystyried y bensaernïaeth. Efallai y gellir ystyried mai'r tŷ isradd yw'r tŷ hynaf neu'r un 'gwreiddiol' gan ei fod yn llai, a'r gwaith yn llai crefftus, a chan ei fod, weithiau, yn cadw neuadd/cegin agored hynafol. Gwnaed cryn ymdrech yn ystod y prosiect dyddio blwyddgylchau i sefydlu cronoleg gymharol ar gyfer tai mewn trefniant system unedau. Cafwyd dyddiadau ar gyfer yr enghreifftiau canlynol:

corner (or almost so) as at Gwydir, Gronant, Dulasau-isaf, and Llanfair-isaf. There was surely deliberate symbolism here, the two houses symbolising a relation of both connection and independence.

The relative chronology of houses in a unit system is by no means obvious architecturally. The secondary house may be considered the earlier or 'original' house because it is smaller, less well finished, and sometime retains an archaic open hall/kitchen. Considerable effort was made during the tree-ring dating project to establish a relative chronology for houses in a unit system arrangement. The following examples have been dated:

Tabl: Systemau unedau sydd wedi'u dyddio, yn nhrefn dyddiad y tŷ isradd.
Table: Dated unit systems arranged by date of secondary house

Safle / Site	Tŷ I / House I	Tŷ II / House II	Trefn / Arrangement
Cae-glas (Llanfrothen)	1547/8	1541–71	Ochr yn ochr (yn gyflinellol) / Flanking (parallel)
Llwyn-du (Llanaber)	1581	1592/3	Cynllun-L (ar wahân) / L-plan (detached)
Dugoed (Penmachno)	1516/17	1594	Asgell (ynghlwm) / Wing (attached)
Dduallt (Ffestiniog)	1560/61	1604/05	Ar wahân ond wedi'u cysylltu â thramwyfa / Detached but lobby linked
Egryn (Llanaber)	1510	1606/7	Ochr yn ochr (yn gyflinellol) / Flanking (parallel)
Gronant (Llanfachreth)	1540	1618/19	Cynllun-L (gornel yng nghornel) / L-plan (corner-to-corner)
Brynyrodyn (Maentwrog)	1557	1640	Asgell (ynghlwm) / Wing (attached)
Dulasau-isaf (Penmachno)	1592/3	heb ei ddyddio undated	gornel yng nghornel / corner-to-corner
Llanfair-isaf (Llanfair)	1540–65	yn hwyrach later	gornel yng nghornel / corner-to-corner

Mewn trefniadau system unedau ceir prif dŷ a thŷ isradd. Nid yn unig y mae'r tŷ isradd yn llai na'r prif dŷ, ond gall fod yn debycach i fwthyn, weithiau gyda'r gegin yn agored hyd y to. Gall hyn greu argraff fod y bwthyn yn hynafol ac yn hŷn nag y mae mewn gwirionedd; gellir ei weld fel y tŷ gwreiddiol, neu'r tŷ cynharaf. Dengys dyddio blwyddgylchau fod y tŷ isradd *bob amser* yn ddiweddarach na'r prif dŷ, er y gall fod iddo naws hynafol. Ystod dyddiadau'r tai isradd hynny y llwyddwyd i'w dyddio o samplau yw tua 1570–1640. Dim ond sampl fach yw hyn, wrth gwrs, ond

In unit system arrangements there are principal and secondary houses. The secondary house is not only smaller than the principal house but may have a cottage-like character, occasionally with the kitchen open to the roof. This makes the cottage seem archaic and older than it actually is, and it may be interpreted as the original or earlier house. Tree-ring dating shows that the secondary house is *always* later than the principal house, even though it may have an archaic quality. The date range of those secondary houses successfully sampled is about 1570–1640. This is only a small sample, of

**1.36
Cwmbychan (Llanfair):**
y bwthyn, y tŷ, a'r gegin groes yn rhan olaf y ddeunawfed ganrif (yn ôl Moses Griffith) / cottage, house, and kitchen wing in the later eighteenth century (after Moses Griffith)

fe awgryma fod llawer o dai isradd yn perthyn i gyfnod hwyr Elisabeth neu i gyfnod cynnar y Stiwartiaid. Ceir cryn amrywiaeth yn nyddiadau cymharol y prif dai a'r tai isradd, sy'n awgrymu y codid y tŷ isradd yn ôl yr angen. Nid oes gan rai tai sylweddol ddim annedd atodol; mae gan rai prif dai eithaf dinod fwthyn gerllaw.

Ysgogwyd chwilfrydedd Thomas Pennant, topograffydd mwyaf blaenllaw'r ddeunawfed ganrif, gan dai deublyg nodweddiadol Eryri. Mae ei sylwadau'n arbennig o bwysig gan eu bod yn egluro'r trefniant cymdeithasol wrth fôn system yr unedau. Yn ystod ei daith o gwmpas Eryri yn 1770, ymwelodd Pennant â Chwmbychan, Dyffryn Ardudwy, gyda'r Parchg John Lloyd, a rannai ei frwdfrydedd dros bethau hynafol. Yr oedd Lloyd yn perthyn i Lwydiaid Cwmbychan ac yn dra chyfarwydd â'r tŷ. Yn achos Cwmbychan, safai'r tŷ isradd islaw'r prif dŷ, a cheir cip arno yn nyluniad Moses Griffith o'r safle. Fel y digwyddai, pan gyrhaeddodd Pennant, yr oedd perchennog Cwmbychan wrthi'n atgyweirio'r bwthyn. Dywedwyd wrth Pennant mai enw'r bwthyn oedd 'tyddyn y traean', sef tyddyn traean gweddw, a bod yr anheddau bychain hyn yn 'atodiad arferol hynafol i'r rhan fwyaf o dai o unrhyw bwys yng Nghymru'. Mewn geiriau eraill, tŷ agweddi oedd y bwthyn. Tai uchelwyr, trwy ddiffiniad, oedd 'tai o bwys', ond gallent fod yn eithaf bach. Ystâd rydd-ddeiliadol hynafol yn y mynyddoedd oedd Cwmbychan, yn nodedig am iddi barhau ym meddiant un teulu; er mai cymedrol oedd maint y tŷ, eto fe ddarperid tŷ agweddi ar gyfer gweddw'r rhydd-ddeiliad.[29]

Yr oedd tai agweddi (neu dai traean) yn rhan bwysig o'r system briodasol, a honno, ymhlith yr uchelwyr a'r rhydd-ddeiliaid, yn drefniant cymdeithasol ac ariannol rhwng teuluoedd a fantolid yn ofalus. Cyfatebai cynhysgaeth arian a

course, but it suggests that many secondary houses belong to the late Elizabethan/early Stuart period. There is considerable variation in the relative dates of principal and secondary houses, suggesting that the secondary house was built as needed. Some substantial houses do not have a subsidiary dwelling; some quite modest principal houses have an adjacent cottage.

The distinctive dual housing of Snowdonia aroused the curiosity of Thomas Pennant, the pre-eminent eighteenth-century topographer. His remarks are particularly important because they identify the social arrangement at the heart of the unit system. During his 1770 tour of Snowdonia, Pennant visited Cwmbychan, Dyffryn Ardudwy, with the Rev. John Lloyd, who shared his antiquarian enthusiasms. Lloyd was related to the Lloyds of Cwmbychan and had a special knowledge of the house. At Cwmbychan the secondary house lay below the principal house and can be glimpsed in Moses Griffith's drawing of the site. As it happened, when Pennant arrived at Cwmbychan the owner was repairing the cottage. Pennant was told that the cottage was called the 'tyddyn y traean' or cottage of the [widow's] third part, and that these small dwellings were 'an antient customary appendage to most of the Welsh houses of any note.' In other words the cottage was a dower-house. Houses of note were by definition gentry houses but their scale could be quite small. Cwmbychan was an ancient upland freehold estate, noted for its continuity, and although the scale of the house was modest a dower-house was still provided for the widow of the freeholder.[29]

The dower-house (or, more technically, the jointure-house) was an important part of the marriage system, which among the gentry and freeholders was a carefully balanced social and economic arrangement between families. The

---

29 Thomas Pennant, *A Tour in Wales, MDCCLXX* (London, 1783), II, 124-7.

gwartheg y briodasferch i draean tir y gŵr ac fe gofnodid y manylion yn ffurfiol mewn cytundeb priodasol. Mewn egwyddor, cyfeiriai 'traean' at draean o ystâd rydd-ddeiliadol y priodasfab, a gedwid i gynnal y ddeuddyn a'r un ohonynt a fyddai fyw hwyaf, fel arfer y weddw. Ar ben yr incwm o'r traean, câi'r weddw yn ôl yr arfer, hanner nwyddau a phrydlesi ei gŵr, yr eiddo 'cludadwy'. Yr enw ar hwn oedd 'arfer gogledd Cymru', weithiau 'arfer Gwynedd'. Yr hanner a ganiateid yn ôl arfer gogledd Cymru oedd y ddarpariaeth haelaf i weddwon yng Nghymru a Lloegr, lle'r oedd y ddarpariaeth fel arfer yn draean neu fel y gwelai'r ewyllysiwr yn dda, ac yn debyg o gael ei lleihau.[30]

Mewn gwirionedd, gallai gweddwon rhydd-ddeiliaid gogledd Cymru fod yn sicr o ddarpariaeth ddwbl a oedd yn haelach nag yn unman arall. Diogelid eu buddiannau trwy neilltuo iddynt fudd am oes mewn tir (eu traean o'r ystâd rydd-ddeiliadol) ac, yn ôl 'arfer gogledd Cymru', hanner yr ystâd symudol. Canlyniad cymdeithasol arfer gogledd Cymru oedd annog ymreolaeth gweddwon trwy ddarparu iddynt yr adnoddau i gynnal cartref annibynnol. O ran pensaernïaeth, mynegid y ddarpariaeth ddeuol hon yng ngogledd Cymru yn y tŷ agweddi neu dyddyn y traean.

Datblygodd system yr unedau o ganlyniad i system priodi ac etifeddu a ddiogelai annibyniaeth gweddwon. Yn ddiau, yr oedd tensiynau y tu mewn i system priodi ac etifeddu, ac fe adlewyrchid y rhain mewn achosion llys. Yng ngogledd Cymru, ymddengys fod gweddwon, yn arbennig y rhai o statws uchel, yn arbennig o ymwybodol o'u hawliau, ac yn barod i fynd i'r gyfraith drostynt. Mewn mannau eraill (e.e. Sir Benfro) yr oedd yr arfer wedi colli llawer o'i rym a disgwylid i wragedd fodloni ar ba nwyddau bynnag y gwelai eu gwŷr yn dda eu gadael iddynt.

Gallai arfer gogledd Cymru leihau ystâd fawr gryn dipyn. Weithiau gwnâi gwŷr gymynroddion ar yr amod na hawliai'r weddw ei hawl dan arfer gogledd Cymru. Gallai hawlio'r hanner cyfan olygu rhwyg gymdeithasol. Hawliodd yr Arglwyddes Bulkeley, gweddw Syr Richard Bulkeley, ei chyfran yn llawn, a chafodd ei herio gan ei hŵyr mewn cyfres o achosion llys a wyliwyd yn ofalus gan uchelwyr gogledd Cymru.[31] Effeithid ar

bride's dowry of cash and cattle was matched by the groom's jointure of land and formally set out in a marriage agreement. The jointure was notionally a third part of the groom's freehold estate, which was reserved for the maintenance of the couple and the longer lived of them, generally the widow. In addition to the income from the jointure, the widow was allowed by custom one half of her husband's goods and leases, the so-called 'moveable parts'. This was called 'the custom of north Wales', sometimes 'the custom of Gwynedd'. The moiety allowed by the custom of north Wales was the most generous provision for widows throughout England and Wales, where it was generally a third or discretionary and liable to erosion.[30]

In effect, widows of freeholders in north Wales were assured of a double provision that was more generous than elsewhere. Their interests were protected by assigning them a life interest in land (their jointure or a third of the freehold estate – the *traean*) and by the custom of north Wales half of the moveable estate. The social consequence of the custom of north Wales was to encourage the autonomy of widows by providing them with the resources to maintain an independent household. The architectural expression of this dual provision in north Wales was the free-standing dower-house or *tyddyn y traean*, that is the cottage of the widow's third.

The unit system was a consequence of a system of marriage and inheritance that preserved the independence of widows. There were undoubtedly tensions within the system of marriage and inheritance that was reflected in litigation. In north Wales widows, especially those of high status, seem to have been acutely aware of their entitlement and ready to sue for it, whereas elsewhere (e.g. in Pembrokeshire) custom was eroded and women were expected to be content with whatever goods their husbands were pleased to bequeath them.

The custom of north Wales might significantly diminish a large estate. Husbands sometimes made bequests on condition that a widow would not claim her right upon the custom of north Wales. Claiming the full moiety could entail a social rupture. Lady Bulkeley, widow of Sir Richard Bulkeley, claimed her full moiety and was

30 Gweler yn gyffredinol / See generally Amy Louise Erickson, *Women and Property in Early Modern England* (London, 1993); Katherine Warner Swett, 'Widowhood, custom and property in early modern north Wales', *Welsh History Review* 18 (1996), 189-227.

1.37
Gwydir (Trewydir):
system yr unedau / the unit system

dirfeddianwyr mawr a mân fel ei gilydd gan bryder y byddai i arfer gogledd Cymru leihau eu hystadau gryn dipyn. Byddai tŷ agweddi sylweddol yn gymhelliad, o bosibl, i weddw aros ar ystâd gyda'r gyfran o nwyddau. Yn ôl pob tebyg, pryder rhag ofn i hawl gweddw i'w hanner fynd â phrif ddarnau o ddodrefn oddi ar y teulu oedd wrth wraidd gofal ewyllyswyr i adael trysorau'r teulu i aros mewn tŷ 'am byth' Yn 1772, nododd Maurice Anwyl, bonheddwr, y dylai dau wely wensgod, cadair â breichiau ('*elbow chair*') ac (yn rhyfeddach) dau far haearn, aros yn ei blasty fel nwyddau ansymudol, fel yr oedd cwpwrdd a bwrdd hir yn y gegin. Ychwanegodd sawl cenhedlaeth at drysorau teulu Cwmbychan. Gadawodd Edward Lloyd (bu farw 1728) gloc i aros yn y tŷ; gadawodd Richard Lloyd, ei fab (bu farw 1736), i'w etifedd a'i olynwyr yng Nghwmbychan 'ffrâm y gwely, y bwrdd hirgrwn a'r pedair cadair newydd sydd yn y siambr newydd'.³²

Canlyniad i'r ddarpariaeth ddeuol i weddwon yng nghyd-destun nifer fawr o ystadau rhydd-ddeiliadol oedd system unedau gogledd Cymru. Yn ôl pob tebyg, crëwyd darpariaeth y tŷ agweddi gan brif deuluoedd gogledd Cymru yn hanner cyntaf yr unfed ganrif ar bymtheg wrth fabwysiadu'r traean. Rhagflaenydd oedd Gwydir i lawer trefniant tebyg yng ngogledd-orllewin Cymru. Yng nghwrt y tŷ

challenged by her grandson in a series of legal actions that were watched closely by the north Wales gentry.³¹ Great and small landowners alike were affected by the anxiety that the custom of north Wales would significantly diminish their estates. A substantial dower-house was perhaps an inducement for a widow to stay on an estate with the moiety of goods. Anxiety that a widow's claim to her moiety did not alienate principal pieces of furniture was probably reflected in testators' concern to leave heirlooms to remain in a house 'forever'. In 1772 Maurice Anwyl, gentleman, specified that two wainscot beds, an 'elbow chair' and (more curiously) two iron bars were to remain in his mansion house as goods immovable, as were a cupboard and long table in the kitchen. Several generations added to the heirlooms at Cwmbychan. Edward Lloyd (d.1728) left a clock to remain in the house; his son Richard Lloyd (d.1736) left to his heir and successors at Cwmbychan 'the bedstead, ovile table, and four new chaires lyeing in the new-built chamber.'³²

The unit system in north Wales was a consequence of the dual provision for widows in the context of a large number of freehold estates. Dower-house provision was probably established by the principal north Wales families in the first half of

---

31 Swett, 'Widowhood, custom and property', 210-12, 216.
32 LlGC Cofnodion Profeb / NLW Probate Records: Bangor 1728/128; Bangor 1736/121.

pwysig hwn, gosodwyd y prif dŷ, ar ffurf twr, o dua 1510, gornel yng nghornel â'r tŷ isradd, er i ychwanegiadau ers hynny guddio'r drefn drawiadol hon. Mae'n rhesymol meddwl i drefn tyddyn y traean, fel atodion eraill yr uchelwyr, fynd yn gyffredin fel yr ymledodd y traean yntau yn rhan olaf yr unfed ganrif ar bymtheg.

Yn rhan olaf yr ail ganrif ar bymtheg yr oedd tai agweddi atodol i'w cael ym mhobman ar yr ystadau rhydd-ddeiliadol llai, weithiau dan yr enw 'y Tŷ newydd'. Yng Nghrafnant (Llanfair) yn 1746, er enghraifft, cytunwyd bod gan y briodasferch hawl, yn gyfnewid am waddol o £100, i draean o £9 y flwyddyn pe byddai'n goroesi ei gŵr, ynghyd â defnydd 'y tŷ allan a elwir y Tŷ-newydd'. Yn 1812, dros drigain mlynedd yn ddiweddarach, cadarnhawyd y traean fel rhent-dâl blynyddol mewn cytundeb priodas newydd gyda defnydd Tŷ-newydd a elwid fel arall 'Ugeginallan' (= y gegin allan).³³ Mae'n eglur o gytundebau priodas eraill y defnyddid y tŷ agweddi, pan nad oedd gweddw yn byw ynddo, fel cegin allan, popty a briws. Mewn cytundeb dyddiedig 1673 a wnaethpwyd yn dilyn priodas, cofnodwyd y cedwid y gegin (gyda siambrau a 'siambrau y tu allan i'r tŷ') gerllaw'r tŷ ym Maesyceirchie, Maenol Bangor, at ddefnydd y wraig pan fyddai'n weddw, ynghyd ag amrywiol gaeau a chlosydd a enwyd gan gynnwys gardd a pherllan. Bu trefniadau tebyg ym mhob rhan o ogledd-orllewin Cymru. Rhaid inni ddychmygu y byddai, ar unrhyw adeg, ugeiniau o weddwon wedi ymgartrefu mewn anheddau bychain a wasanaethai fel ceginau a phoptai ar adegau eraill yng nghylch bywyd y teulu.³⁴

Achubid y weddw gan y tŷ agweddi a'r traean rhag bod yn ddibynnol. Caniataent annibyniaeth, yn hytrach na dieithrio. Caniatâi'r adnoddau i'r weddw gynnal cartref ar wahân a allai gynnwys gwas neu forwyn. Yr oedd gan y weddw le o hyd ar aelwyd y teulu, pe dymunai, a gellid cydnabod hyn yn ffurfiol mewn dogfen gyfreithiol. Mewn cytundeb a ddyddiwyd yn 1780 mewn perthynas â thraean y weddw Mary Evan, fe gofnodwyd ei bod i dderbyn blwydd-dal o £4, i gael ystafell (ar wahân) â gardd, a hefyd i gael ei swper yn y tŷ ('*supp in*' gyda '*milk etc.*'), gyda rhyddid tân ei mab yn Nhyddynybraich, Mallwyd. Pan âi gweddw'n rhy hen i barhau i fyw'n

the sixteenth century with the adoption of the jointure. Gwydir was the forerunner of many such arrangements in north-west Wales. Within the courtyard of this major house, the principal tower-like house of *c.*1510 was set corner-to-corner with the secondary house, although subsequent additions have disguised this striking arrangement. One may reasonably suppose that the *tyddyn y traean*, like other accoutrements of the elite, became widespread as the jointure was generalised in the later sixteenth century.

In the later seventeenth century the subsidiary dower-house was ubiquitous on the smaller freehold estates and was sometimes called the new house or Tŷ-newydd. At Crafnant (Llanfair) in 1746, for example, it was agreed that in return for a marriage portion of £100 the bride was entitled to a jointure of £9 yearly if she outlived her husband, with the use of the 'outhouse called Tŷ-newydd'. In 1812, over sixty years later, a new marriage settlement confirmed the jointure as a yearly rent charge with the use of Tŷ-newydd otherwise called 'Ugeginallan' (= *y gegin allan* or the outside kitchen).³³ It is clear from other marriage settlements that the dower-house when not occupied by a widow was used as an outside kitchen, bakehouse and brewhouse. A post-nuptual settlement dated 1673 recorded that the kitchen (with chambers and 'outchambers') adjoining the house at Maesyceirchie, Maenol Bangor, was reserved for the wife's use during her widowhood, together with various named fields and closes including a garden and orchard. Similar arrangements existed all over north-west Wales. We have to imagine at any one time scores of widows ensconced in little dwellings that alternated as kitchens and bakehouses at a different stage of the family cycle.³⁴

The dower-house and jointure saved the widow from dependence. They gave independence rather than exclusion. The resources allowed the widow to maintain a separate household that might include a servant. The widow still had a place at the family hearth, if she wished, and this might be formally acknowledged in a legal document. An agreement dated 1780 relating to the jointure of Mary Evan, widow, set out that she was to receive an annuity of

33 Archifdy Meirionnydd / Merioneth R.O., Ceilwart a Chrafnant 8, 15.
34 LlGC / NLW, Henry Rumsey Williams 733.

annibynnol gallai perthynas arall ofalu amdani. Fel arall, byddai gweddw weithiau'n ildio tiroedd ei thraean yn gyfnewid am ei chynhaliaeth; nodid manylion hyn yn ofalus mewn cytundeb i osgoi camddealltwriaeth. Mewn cytundeb a wnaethpwyd yn 1687 rhwng Elizabeth Lloyd, gweddw, a William Lloyd, bonheddwr, mam a mab yn ôl pob tebyg, cymynnodd Elizabeth ei thiroedd yn Llanegryn i William yn gyfnewid am 'ymborth, llety, dillad a gwasanaeth' priodol i'w 'bonedd a'i gradd', gan dderbyn hefyd dâl o 2s.6d. y chwarter gyda – un o gysuron bach bywyd – 'digon o dybaco da at ei defnydd ei hun'.[35]

Tai a thirweddau

Yr oedd y tai nodedig y buom yn eu trafod, wrth gwrs, yn rhan o dirwedd ehangach. Darganfuwyd y dirwedd hon yn ystod rhan olaf y ddeunawfed ganrif gan dwristiaid a thopograffwyr, yn enwedig Thomas Pennant a'i gydnabod, ac yr ydym yn ddyledus iddynt am gymaint o wybodaeth. Bu'r twristiaid yn dathlu gwylltineb a hynafiaeth y dirwedd, ac mae'r ymdeimlad hwn yn parhau i ddylanwadu ar ganfyddiadau pobl o Eryri fel tirwedd sy'n naturiol yn hytrach nag yn waith llaw dyn, gan guddio'r ffaith mai tirwedd wedi'i rheoli ydyw ac mai'r newidiadau sylfaenol yn nefnydd y tir ac mewn perchnogaeth sydd wedi newid ei golwg.

Mae estheteg y pictiwrésg yn cyfleu naws tirwedd ddigyfnewid, wyllt, naturiol. Mae'n debyg y byddai ffermwr o'r unfed ganrif ar bymtheg wedi cytuno ynghylch gwylltineb rhannau o'r dirwedd (yr oedd 'gwyllt' yn enw ar rai lleoedd), a'i bod yn hynafol, yn llawn o enwau hanesyddol a lleoedd â chysylltiadau â phobl a digwyddiadau. Ond nid oedd yn ddigyfnewid. Buasai newidiadau hynod yn y dirwedd yn ystod y bymthegfed ganrif a'r unfed ganrif ar bymtheg, ac yr oedd codi tai cynllun Eryri yn gysylltiedig â'r rhain. Gallai cau tiroedd ddilyn ailadeiladu. Yn 1559, gofynnodd prydles Cae-orllen (Castell, Sir Gaernarfon) i'r deiliad ailadeiladu'r tŷ o fewn dwy flynedd a chau'r tir o fewn chwe blynedd. Yn sicr, yr oedd safon esthetaidd mewn perthynas â thai yn y dirwedd – y dylent fod yn gadarn ac yn ddymunol i'w gweld. Yn 1566, mynnwyd i ddeiliad prydles Tyddynybwlch, Castell, godi tŷ ac ysgubor, y ddau â thri duad gan ddefnyddio coed derw, a

£4, have a (detached) room with garden, and also supper in the house ('supp in' with 'milk etc.') with 'liberty' of her son's fire at Tyddynybraich, Mallwyd. When a widow became too elderly to maintain her independence another relative might look after her. Alternatively, a widow sometimes relinquished her jointure lands in return for her maintenance, the details of which were carefully set out in an agreement so that there was no misunderstanding. In an agreement made in 1687 between Elizabeth Lloyd, widow, and William Lloyd, gent., presumably mother and son, Elizabeth demised her lands in Llanegryn to William in return for 'diet, lodging, apparel and attendance' appropriate to her 'quality and condition', and additionally received an annuity of 2s.6d. a quarter with – one of life's little luxuries – 'sufficient good tobacco for her taking'.[35]

Houses and landscapes

The distinctive houses we have been discussing were of course part of a wider landscape. This landscape was discovered by the later eighteenth-century tourists and topographers, notably by Thomas Pennant and his associates to whom we owe so much information. Tourists celebrated the wildness and antiquity of the landscape, and this aesthetic still informs perceptions of Snowdonia as a terrain that is natural rather than worked, obscuring the managed nature of the landscape and the fundamental changes in land use and ownership that have changed its appearance.

The picturesque aesthetic conveys the sense of a natural, wild and unchanging landscape. The sixteenth-century farmer would probably have agreed about the wildness of parts of the landscape (certain places were called *gwyllt* = 'wild'), and that it was ancient, full of historic names and places associated with people and events. But it was not unchanging. There had been extraordinary landscape changes in the fifteenth and sixteenth centuries, and the building of the Snowdonian house-type was associated with them. Enclosure might follow rebuilding. In 1559 the lease of Cae-orllen (Castell, Caernarvonshire) required the tenant to rebuild the house within two years and enclose the ground within six years. There was certainly an aesthetic relating to houses in the

---

35 LlGC, Gweithred Peniarth / NLW, Peniarth Deed 42.

**1.38
Cae-canol-mawr (Ffestiniog):** y tŷ, y caeau a'r mynydd o'r ffridd yn gynnar yn y bore / house, fields and mountain viewed from the *ffridd* in the early morning

fyddai'n 'gryfach a gwell eu golwg na'u hadeiladwaith yn yr amser cynt'. Gellid tybio mai tŷ cynllun Eryri cryno, newydd y disgwylid, yn hytrach na neuadd-dy gwasgarog, hir ac isel. Yr oedd yn ddatganiad dewisiad dadlennol – a gorfodol.[36]

Yr oedd cysylltiadau anochel rhwng newidiadau mewn tai â newidiadau hynod yn y dirwedd. Yr oedd tai cerrig, sawl llawr Eryri, yn sefyll ymhlith eu caeau amgaeedig, yn olynwyr y neuadd-dai llinellol, yn aml o waith coed, a oedd yn rhan o'r dirwedd o leiniau tir a drylliau, canlyniad etifeddiaeth ranadwy (gafaeledd neu gyfran) a oedd wedi is-rannu deiliadaethau. Nid oedd proses cyfuno deiliadaethau yn yr unfed ganrif ar bymtheg yn bosibl heb ddadlau, ffrygydau a chyfreitha diddiwedd, fel y dangosodd astudiaethau achos. Dyna broses lle'r oedd rhai yn ennill a rhai yn colli; fe'n hatgoffir am y

landscape – that they should be durable and pleasing to the eye. In 1566 the lessee of Tyddynybwlch, Castell, was required to erect a house and barn, both of three bays and using oak timber, that were 'stronger and better in sighte than the[y] weare buylt in tymes past.' Presumably it was intended that the dwelling should be a new, compact Snowdonian house rather than a long and low straggling hall-house. It was a revealing – and binding – statement of preference.[36]

Changes in housing were inseparable from extraordinary changes in the landscape. The stone-built, storeyed Snowdonian house set among its enclosed fields was the successor of the linear hall-house, often timber-built, part of a landscape of strip fields and quillets, the result of partible inheritance which had subdivided holdings.

---

36 Prifysgol Bangor, Llsgrau. Baron Hill / Bangor University, Baron Hill MSS 2431, 2447. Gweler hefyd y prydlesi gwella yn Llsgr. Llanstephan 179B, LlGC, sydd yn mynnu bod deiliaid Gwydir yn ailadeiladu eu tai 1568-74, gan gynnwys: (1) 'codi tŷ newydd mawr a da'; (2) 'tŷ da newydd yn lle'r hen un'. / See also the improvement leases in NLW Llanstephan MS 179B, requiring Gwydir tenants to rebuild their houses 1568-74, including: (1) 'to make a gret good new howse'; (2) 'a newe good howse in stede of ye owlde'.

rhai a gollodd gan y llwyfannau tai anghyfannedd sy'n britho'r mynyddoedd. Canlyniad corfforol y cyfuno oedd tirwedd wedi'i hamgáu a'i rhannu gan wrychoedd a chloddiau cerrig. Gwelwyd newidiadau sylfaenol yn ystod oes dyn. Dywedodd Rowland Griffith, Plasnewydd, Ynys Môn, wrth Leland y bu cyfnod o fewn cof yr oes honno pan na fyddai dynion yn amgáu eu tiroedd, ond yn awr (tua 1540) byddent yn codi cerrig o'r caeau a gwahanu eu deiliadaethau 'yn null Dyfnaint' gyda chloddiau a gwrychoedd.[37]

Yr oedd gwrychoedd a chloddiau yn arwyddion perchnogaeth ac yn gwahaniaethu rhwng gwahanol ddefnyddiau tir: tir âr, doldir a ffridd. Dangosir hyn yn eglur ym mapiau'r cyfnod. Mater o ddal y ddysgl yn wastad oedd economi ffermio, gan ddefnyddio gwahanol fathau o dir i fodloni'r angen am ddigon o rawn i ymgynnal a chadw cymaint o dda byw ar y ddeiliadaeth ag yr oedd modd. Gellid pori ffridd y mynydd yn ystod y gwanwyn a'r haf, ond yn ystod y gaeaf rhaid oedd bwydo'r anifeiliaid gyda gwair a dyfid ar y ddôl a'r mynydd. Yr oedd porthiant ar

The sixteenth-century consolidation of holdings was a process inseparable from dispute, affrays and interminable litigation, as case studies have shown. There were winners and losers in the process; the platforms of abandoned houses scattered in the uplands are memorials in the landscape to the losers. Consolidation resulted physically in a landscape that was enclosed and divided by hedges and walls. Fundamental changes were witnessed over a life-time. Leland was told by Rowland Griffith of Plasnewydd, Anglesey, that within living memory men had not enclosed their land, but now (c.1540) they cleared stones from the fields and separated their holdings 'Devonshire fashion' with banks and hedges.[37]

Hedges and walls signalled ownership and differentiated types of land use: arable, meadow, and rough pasture (*ffridd*). Period mapping shows this very clearly. The farm economy was a kind of balancing act using different types of land to satisfy the subsistence grain requirement and optimise the number of cattle that could be raised on a holding.

1.39 Corsygedol (Llanddwywe): yr ysgubor fawr, a ddyddiwyd i 1685 gan arysgrif / the great barn, dated 1685 by inscription

37 *Leland's Itinerary in Wales*, ed. L. Toulmin Smith (London, 1906), 90; A.D. Carr, *Medieval Anglesey* (Llangefni, 2011), 4.

1.40
**Pen-y-bryn (Penmachno)
c.1950:**
ysgubor gaboledig o'r ail ganrif ar bymtheg â meini bwa uwchben adwy'r drws ac onglfeini yn y talcen / a well-finished seventeenth-century barn with voussoirs over the doorways and kneelers in the gable

gyfer y gaeaf yn hollbwysig, a phrynu gwair yn llawn anawsterau. Cedwid gwair yn llofftydd y gwahanol ysguboriau niferus allan yn y caeau. Datblygiad o'r bedwaredd ganrif ar bymtheg yw ysgubor gwair hynod Eryri gyda'u pileri o lechfaen.[38]

Yr oedd ysguboriau ŷd yn rhan bwysig o ffermydd Eryri, fel arfer gyda dau neu dri duad ('cowlas'). Ychydig yn unig sydd ac arysgrif dyddiad arnynt, ond fel arfer perthyn yr ysguboriau mwy sylweddol ar yr ystadau mwy i gyfnod buddsoddi yn yr ail ganrif ar bymtheg sy'n fwy diweddar nag oedd y tŷ. Yn ôl pob tebyg, codwyd yr ysgubor yn Y Parc yn ystod y cyfnod adeiladu ar ganol yr ail ganrif ar bymtheg ac mae iddi ben drws hynod o feini bwa tebyg i Dŷ 4 (1671). Y dyddiad ar ysgubor fawr Corsygedol yw 1685. Nodir enghreifftiau eraill gyda'u dyddiadau yn *Houses of the Welsh Countryside*.[39] Tyfid ceirch yn helaeth, ac yr oedd y cistiau blawd ceirch hoelbrennog yn rhan nodweddiadol o ddodrefn y fferm fynydd. Mewn disgrifiad cofiadwy, sonia Pennant am y *cistiau ystyffylog* yng Nghwmbychan,

The mountain provided upland grazing during the spring and summer but the animals had to be fed in the winter using hay grown on the meadow and mountain. Winter feed was critical and purchasing hay fraught with difficulty. Hay was stored in the lofts of numerous 'field barns'. The distinctive Snowdonian hay barns with slate pillars are a nineteenth-century development.[38]

Corn barns were an important component of the Snowdonian farmstead, generally having two or three bays. Few are dated by inscription but the more substantial barns on the larger estates generally belong to a seventeenth-century phase of investment that post-dates the house. The barn at Parc is probably contemporary with the mid-seventeenth-century phase of building and has the distinctive doorhead of voussoirs similar to House 4 (1671). The great barn at Corsygedol is dated by inscription 1685. Other dated examples are noted in *Houses of the Welsh Countryside*.[39] Oats were grown extensively, and the pegged oatmeal chests

38 Eurwyn Wiliam, *The Historical Farm Buildings of Wales* (Edinburgh, 1986), 112-15.
39 Smith, *Houses of the Welsh Countryside*, Mapiau / Maps 49-51, 533-42.

fferm fynydd rydd-ddeiliadol sylweddol a gâi ei hynysu weithiau am gyfnodau maith gan eira.⁴⁰

Pan ymwelodd Pennant â Chwmbychan, yr oedd y rhydd-ddeiliad wrthi'n trwsio'r tŷ agweddi â derw'r corsydd a gawsid o'r llyn gerllaw. Yr oedd coed adeiladu wedi mynd yn brinnach brinnach yn Eryri'r ddeunawfed ganrif, gydag effaith gofynion tragwyddol am ragor o borfa ar y coetiroedd. Ddau gan mlynedd yn gynharach, yr oedd Leland wedi cael bod sawl ardal yn Eryri yn eithaf coediog, er nad oedd pob rhan o ogledd-orllewin Cymru'r un mor ffodus o ran ei choetiroedd. Cymharodd bardd siomedig dir moel Môn â Nantconwy, lle gellid cadw oed yn y goedwig heb neb i'ch gweld. Yn wir, ymddangosai Nantconwy, a gogledd Cymru'n gyffredinol, fel 'dim ond un fforest a choedwig' yn y bymthegfed ganrif yn ôl Syr John Wynn. Byddai tai Eryri'r cyfnod modern cynnar yn gofyn llawer o goed swmpus ar gyfer y cyplau, parwydydd, trawstiau a distiau, a swmerau'r lleoedd tân. Dengys dendro-darddu (*dendroprovenancing*) y deuai coed adeiladu'n fwyfwy o wahanol leoedd (h.y. nid yw'n croesbaru'n dda), sy'n awgrymu prinder coed yn lleol. Ym Môn, dangosodd croes-baru i'r coed a ddefnyddiwyd yng Ngronant yn 1618/19 ddod o Iwerddon yn ogystal ag o fannau yng Nghymru.⁴¹

Fel arfer byddai rhan o'r ffridd, y llethr y tu hwnt i'r tir âr, yn goetir. Porfa arw'r llechweddau yw prif ystyr 'ffridd'. O'i atodi i fferm, amgaeid y ffridd gan glawdd o bridd neu o gerrig. Ffriddoedd a fuasai'r enw ar borfeydd anferth gwartheg yr ucheldir yn ystod yr oesoedd canol, ond yn fwyfwy defnyddid y term i olygu porfa arw ar ddeiliadaeth. Mewn anghydfod enwog ynghylch hawliau pori ar y Moelwyn Mawr yr oedd y tystion yn bendant bod y ffridd wedi'i hamgáu, ac felly'n wahanol i'r mynydd neu i gomin agored. Nid oedd y ffridd amgaeëdig o anghenraid yn wahanol iawn i borfa'r mynydd, ond yma ar y llethrau is y cedwid y gwartheg cyn dechrau cyfnod pori'r haf. Yn ystod y gaeaf cedwid y gwartheg mewn beudai yn y caeau, gyda chorau a llofftydd gwair. Gallai fod sawl beudy ar wasgar ar fferm o bwys, yn ogystal â beudy wrth ymyl y tŷ, a dengys yr adeiladau niferus hyn (adfeilion bellach yn aml) y fath sylw a roddid i ofal gwartheg yn ystod y gaeaf. Safle nodweddiadol, ar lethr, sydd i Gae-glas

or hutches were a characteristic part of the furniture of the upland farm. Pennant memorably describes the *cistiau ystyffylog* at Cwmbychan, a substantial upland freehold sometimes isolated for lengthy periods by snow.⁴⁰

When Pennant visited Cwmbychan, the freeholder was repairing the dower-house with bog oak retrieved from the lake nearby. Building timber had become increasingly scarce in eighteenth-century Snowdonia with the impact on woodland of the perennial demands for extra grazing. Two hundred years earlier, Leland had found many parts of Snowdonia well-wooded, although not all parts of north-west Wales were equally blessed with woodland. A disappointed poet contrasted tree-less Anglesey with Nantconwy, where one might have a woodland tryst unobserved. Indeed, Nantconwy, and north Wales generally, seemed to be 'but one forest and wood' in the fifteenth century according to Sir John Wynn. The early-modern Snowdonian house needed large quantities of substantial timber for the trusses, partitions, beams and joists, and mantelbeams. Dendro-provenancing shows that building timber was increasingly derived from different sources (i.e. the timber does not cross-match very well), indicating local shortages. On Anglesey, cross-matching demonstrated that timber used at Gronant in 1618/19 was obtained from Irish as well as Welsh sources.⁴¹

Woodland generally occupied part of the *ffridd* or slope beyond the arable land. The term *ffridd* principally denotes the rough grazing on the mountainside. When annexed to a farm the *ffridd* was enclosed by a bank or wall. The vast medieval upland vaccaries had been called *ffriddoedd* but the term was increasingly applied to the rough grazing of a holding. Witnesses in a celebrated dispute relating to grazing rights on Moelwyn Mawr were emphatic that the *ffridd* was enclosed, differentiating it from the unenclosed mountain or common. The enclosed *ffridd* was not necessarily very different from mountain grazing but it was here on the lower slopes that cattle were kept before the summer grazing began. Cattle were housed during the winter in field-byres with stalls and hay-lofts. There might be several scattered byres on a substantial farm, as well as a byre near

---

40 Gweler / See Richard Bebb, *Welsh Furniture 1250-1950: A Cultural History of Craftsmanship and Design* (Kidwelly, 2007), II, 3-4.
41 *Leland's Itinerary in Wales*, gol./ed. Smith, 81; *History of the Gwydir Family*, ed. Jones, 51; Suggett, 'Creating the architecture of happiness in late medieval Wales', '*Gwalch Cywyddau Gwyr*', gol./ed. Evans et al., 397.

Darganfod Tai Hanesyddol Eryri • Discovering the Historic Houses of Snowdonia

1.41
Beudy Cae-glas (Llanfrothen): dyddiedig gan flwyddgylchau i 1704 / tree-ring dated 1704 (Brasluniau gan / sketches by Falcon Hildred)

(1704), a ddyddiwyd yn ôl blwyddgylchau; mae drws yn ei dalcen isaf a mynedfa i'r llofft yn y talcen uchaf. Y beudy cynharaf a ddyddiwyd yw Beudynewydd yn y Parc, adeilad sylweddol ac, yn ôl pob tebyg, flaengar, a adeiladwyd yn 1666 gan y weddw, 'Madam' Katherine Anwyl, fel y mae'r garreg ddyddiad yn datgan. Ceir y garreg ddyddiad uwchben asgell a fyddai'n llety cowmon a ofalai, mae'n debyg, am holl wartheg ystâd y Parc. Yn y bedwaredd ganrif ar bymtheg yr oedd beudai ar gyfer 120 o wartheg yn y Parc.[42]

the house, and these numerous structures (now often ruined) show the attention given to wintering cattle. The tree-ring dated example at Cae-glas (1704) characteristically occupies a sloping site with a lower gable-end doorway and access to the loft in the upper-end gable. The earliest dated byre is the substantial and probably innovative Beudynewydd at Parc, built in 1666 by the widowed 'Madam' Katherine Anwyl as a datestone announces. The datestone is set over a wing which provided accommodation for a cattle-keeper who

1.42
Beudy-newydd (Parc, Llanfrothen):
cyn ei gyfaddasu, fel y'i cofnodwyd gan Colin Gresham c.1940 / before conversion, as recorded by Colin Gresham c.1940

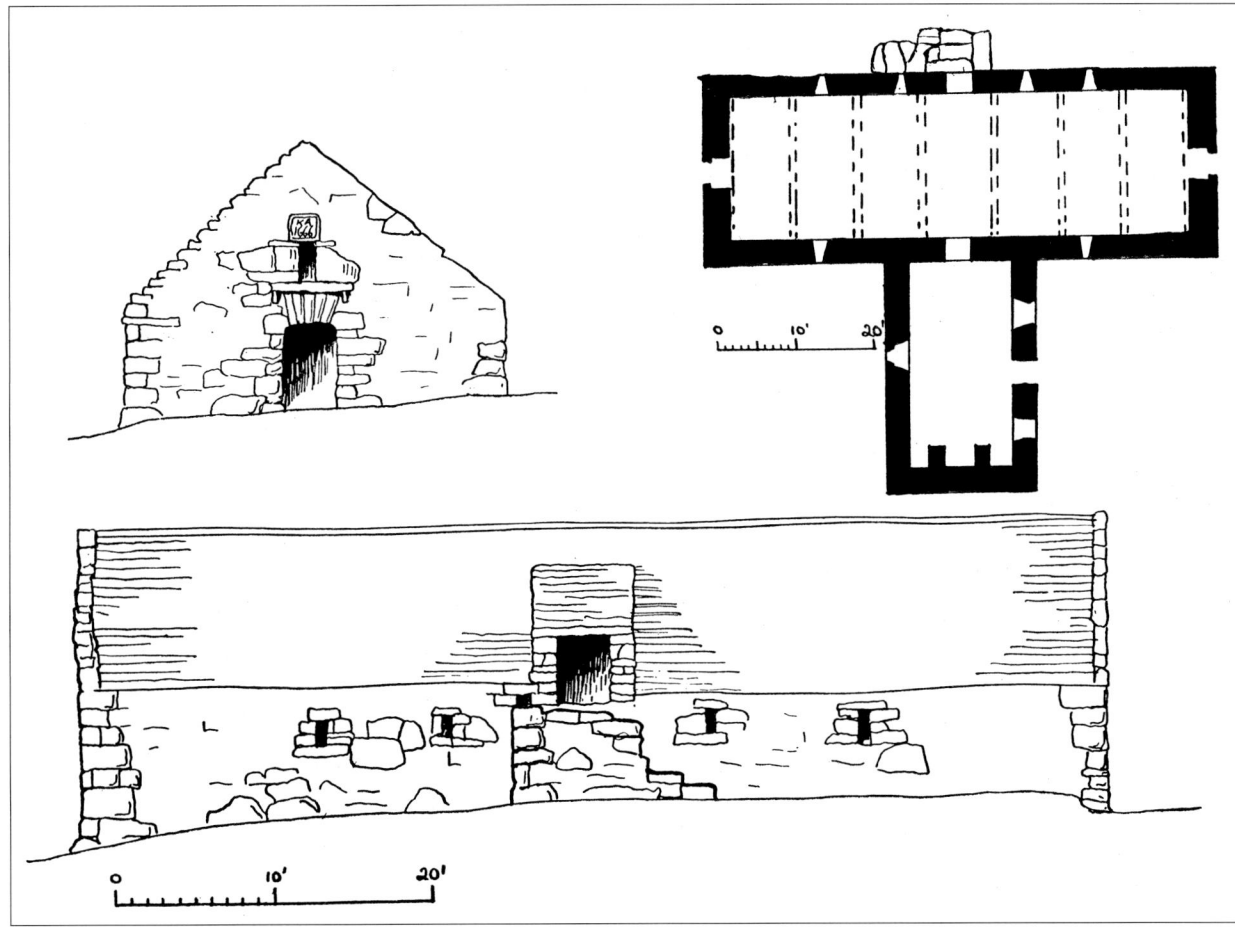

Nodid y terfyn rhwng y ffridd a'r anialdir (y mynydd) gan glawdd o gerrig neu bridd, ac yr oedd gan ffermydd cyfagos hawliau comin diderfyn ar y mynydd yn ystod tymor y pori. Yr oedd tiroedd comin yn hanfodol i'r economi bugeiliol, ond mae'n eglur y ceid llechfeddiannu'n barhaol. Gwthid terfyn y ffridd yn uwch i'r anialdir, ac mewn ardaloedd mwy dethol gellid sefydlu ffermydd bychain ar dir a amgaewyd o'r comin. Lle prysur oedd y comin yn ystod tymor y pori, yn llawn gwartheg a fugeilid gan grwpiau teuluol yn byw mewn bythynnod neu hafotai ar y mynydd. Cyfeirir at y rhain yn nogfennau'r cyfnod fel hafotai neu hafdai, sef 'tai haf' ac, yn glasurol, eu gwrthgyferbynnu â ffermdy'r gaeaf, yr hendrefi. Dichon y byddai trawstrefa (*transhumance*) llawn yn ystod yr oesoedd canol, gyda theuluoedd a gwartheg yn mudo rhwng anheddau'r haf ac anheddau'r gaeaf yn ôl y tymor. Serch hynny, yn y cyfnod modern cynnar mae'n debyg mai criwiau o

presumably looked after all the cattle on Parc demesne. In the nineteenth century there were byres for 120 cattle at Parc.[42]

The boundary between *ffridd* and waste (mountain) was marked by a wall or bank with adjoining farms having rights of unlimited common on the mountain during the grazing season. The commons were vital to the pastoral economy but it is clear that there was a continual process of encroachment. The boundary of the *ffridd* was pushed higher into the waste and in more favoured areas small farms might be established on land taken out of the common. During the grazing season the common was a busy place full of cattle tended by family groups who lived in cottages or summer-houses on the mountain. In contemporary documents these are called *hafod* or *hafdy*, literally summer-house, and classically contrasted with the winter homestead or *hendre*. There may have been full transhumance in the medieval period, involving

---

42 LlGC / NLW, Cymerau 173: William Wollaston Kerslake, *A Report of the Case of the Attorney General v. Reveley and Others* (London, 1870), yn arbennig / esp. 17, 29, 69.

lanciau'n bennaf fyddai'n byw yn yr hafotai. Adeilad rwbel fyddai'r hafoty fel arfer, gydag aelwyd syml a dodrefn sylfaenol. Mae tinc gwirionedd yn nisgrifiad Pennant o hafotai yn Eryri'r ddeunawfed ganrif Disgrifia sut y cedwid gwartheg a defaid yn uchel ar y mynyddoedd, a'u perchnogion yn eu dilyn ac yn byw mewn hafotai neu laethdai haf, yn debyg iawn i ffermwyr Alpau'r Swistir yn byw yn eu *sennes*. Yna dyry ddisgrifiad gwerthfawr sy'n pwysleisio natur gyntefig yr anheddau tymhorol a'r modd y'u defnyddid fel llaethdai haf:

> Cynnwys y tai hyn ystafell isel hir, gyda thwll yn un pen i ollwng y mwg o'r tân, a gyneuir dano. Syml iawn yw eu dodrefn: meini a ddefnyddir yn lle stolion; a gwair yw'r gwelyau, wedi'u gosod ar hyd yr ochrau. Gwnânt eu dillad eu hunan; a lliwio eu brethynnau ... â lliwiau brodorol [cennau], wedi'u casglu o'r creigiau. Yn ystod yr haf, bydd y dynion yn treulio eu hamser naill yn y cynhaeaf, neu'n bugeilio eu buchesi: y gwragedd yn godro, neu'n gwneud y menyn a chaws. At eu defnydd eu hunain, maent yn godro mamogiaid a geifr, gan wneud caws o'r llaeth i'w fwyta eu hunain.

Mewn gwirionedd, disgrifiad o Hafod Cwm Dyli oedd hwn, sy'n sefyll ym mhen gweirglodd ar lethr greigiog uwchlaw'r ffermdy. Treuliai'r teulu dymor y cynhaeaf gwair yn yr hafod, gan ddod â'u gwartheg a'u hoffer llaethdy gyda hwy. Fe'i cofid fel 'adeg dedwyddaf a mwyaf llawen y flwyddyn yn y cwm'. Yr oedd yn adeg dyngedfennol hefyd, gan fod goroesiad fferm fynydd yn y gaeaf yn dibynnu ar y cynhaeaf gwair.[43]

Erbyn cyfnod Pennant daethai defaid yn fwy niferus ar y mynyddoedd a datblygid diadellau sefydlog na chrwydrent o'u cynefin ar y mynydd. Deuai defaid yn gynefin â llain o fynydd trwy gael eu cloffrwymo. Yr oedd diadellau sefydlog yn rhan annatod o rannu comin yn barseli tir rhwng ffermwyr a chreu cloddiau terfyn isel o gerrig a ddangosai derfynau'r tiroedd hyn – trefn newydd y ddeunawfed ganrif a'r bedwaredd ganrif ar

the seasonal movement of families and cattle between the summer and winter dwellings. In the early modern period, however, the summer-houses were probably primarily occupied by groups of youths. The summer-house was generally rubble built with a simple hearth and basic furniture. Pennant's description of summer-houses in eighteenth-century Snowdonia is authentic. He describes how cattle and sheep were kept high in the mountains and were followed by their owners who resided in *hafodtai* or summer dairy-houses, much as farmers in the Swiss Alps resided in their *sennes*. Then follows a valuable description which emphasizes the rudimentary nature of the seasonal dwellings and their use as summer dairy-houses:

> These houses consist of a long low room, with a hole at one end, to let out the smoke from the fire, which is made beneath. Their furniture is very simple: stones are the substitutes of stools; and the beds are of hay, ranged along the sides. They manufacture their own cloaths; and dye their cloths ... with native dyes [lichens], collected from the rocks. During summer, the men pass their time either in harvest work, or in tending their herds: the women in milking, or making butter and cheese. For their own use, they milk both ewes and goats, and make cheese of the milk for their own consumption.

This was actually a description of Hafod Cwm Dyli sited at the end of a hay meadow on the rocky slope above the farmhouse. The family spent the hay season in the *hafod* bringing with them their cattle and dairying utensils. It was remembered as the 'happiest and merriest time of the year within the valley'. It was also a critical time since the viability of the mountain farm in the winter depended on the hay harvest.[43]

By Pennant's time sheep had become more numerous on the mountains and standing flocks were developing which kept to a particular tract of mountain. Sheep became habituated to a mountain tract through fettering. Standing flocks were inseparable from the parcelling up of a

43 *Tours in Wales by Thomas Pennant*, gol./ed. Rhys, II, 325; D. E. Jenkins, *Bedd Gelert: Its Facts, Fairies, and Folk-lore* (Portmadoc, 1899; ail-argraffwyd / reprinted 1999), 294.

bymtheg.⁴⁴ Nid yw cadw defaid wedi gadael fawr o ôl pensaernïol ar y dirwedd ar wahân i'r corlannau a ddefnyddid i hel y defaid, rhai wedi'u codi, yn sicr, erbyn dechrau/canol y ddeunawfed ganrif; weithiau ffurfiant grwpiau o gelloedd ar y tiroedd comin a rheiny'n enghreifftiau trawiadol o grefft y rhai a godai'r cloddiau cerrig.⁴⁵

Newidiodd y gyfran o ddefaid o'i chymharu â'r gyfran o wartheg yn y cyfnod modern cynnar, ond yr oedd yr economi bugeiliol yn hynod lwyddiannus wrth greu gweddill a werid ar godi tai.⁴⁶ Dewisai'r uchelwyr a'r ffermwyr o bwys wario eu gweddill ar dai a fynegai eu statws, yn bennaf trwy adeiladu fersiynau o dai cynllun Eryri. Erbyn y ddeunawfed ganrif cawsai llawer o'r tai hyn, o'r unfed ganrif ar bymtheg a'r ail ganrif ar bymtheg, eu llyncu gan ystadau mwy trwy briodasau. Cofnododd Pennant ei deimladau o dristwch yn Nyffryn Maentwrog wrth syllu ar blasty anorffenedig Dôl-y-moch: yr oedd yn 'athrist, anial ac adfeiliedig [ond] ar un adeg yn gartref lletygarwch a hwyl'. Yn wir, casglodd Pennant neu'i ysgrifennydd restr anorffenedig o 36 o 'blasau' anghyfannedd ym Meirionnydd, llawer ohonynt yn eithaf cymedrol eu maint, megis Brynyrodyn, ond y rhan fwyaf ohonynt 'wedi'u llyncu gan ein Lefiathanod Cymreig'.⁴⁷

Tyfai ystadau ar draul y nifer o rydd-ddeiliaid, wrth gwrs. Yr oedd rhydd-ddeiliaid, adeiladwyr a phreswylwyr tai clasurol Eryri, yn niferus yn yr unfed ganrif ar bymtheg a'r ail ganrif ar bymtheg. Mae rhestri rhenti'r Goron sydd wedi goroesi ar gyfer Ardudwy (1623) ac Ystumanner (1633–34) yn cynnwys cannoedd o berchnogion preswyl. Gwariwyd elw amaethu bugeiliol ar gyfnod o ailadeiladu mawr yn 1550–1650 a fu bron â dileu gwaith ailadeiladu cynharach yr oesoedd canol diweddar yn 1450–1550. Canlyniad y cynnydd di-baid yn niferoedd y tenantiaid, y diffyg cyfalaf mewn ffermio a'r rhenti cymharol uchel, oedd tenantiaid heb fawr o weddill i'w wario ar foderneiddio neu ailadeiladu eu tai. Yn y ddeunawfed ganrif a'r bedwaredd ganrif ar bymtheg cadwai llawer o ffermdai Eryri ddodrefn yr ail ganrif a'r bymtheg gan aros heb eu moderneiddio ers hynny. I ryw raddau yr oedd nodweddion brodorol ffermdai a bythynnod hŷn Eryri, y rhai yr oedd Hughes a North, selogion Mudiad Celfyddyd a

common between farmers and the creation of low boundary walls which defined these tracts – an innovation of the eighteenth and nineteenth centuries.⁴⁴ Sheep farming has left little architectural trace in the landscape apart from the folds (*corlannau*) used for gathering sheep, some certainly built by the early/mid-eighteenth century, and occasionally forming multicellular complexes on the commons that remain striking examples of the dry-stone wallers' craft.⁴⁵

The relative proportion of sheep to cattle changed in the early modern period but the pastoral economy was extraordinarily successful in generating a surplus which was spent on building.⁴⁶ The gentry and substantial farmers chose to spend their surplus on houses that expressed their status, principally by building versions of the Snowdonian house. By the eighteenth century many of these sixteenth- and seventeenth-century houses had been absorbed by larger estates through marriage. Pennant recorded his feelings of desolation in the Vale of Ffestiniog when viewing the unfinished Dôl-y-moch: it was 'melancholy, deserted and ruinous [but] once the seat of hospitality and mirth.' Indeed, Pennant or an amanuensis compiled an unfinished list of 36 deserted 'seats' in Merioneth, many quite modest in scale like Brynyrodyn, but mostly 'swallowed by our Welsh Leviathans.'⁴⁷

Estates expanded at the expense of the number of freeholders, of course. Freeholders, the builders and occupiers of the classic Snowdonian house, were numerous in the sixteenth and seventeenth centuries. The surviving Crown rentals for Ardudwy (1623) and Ystumanner (1633–34) list hundreds of owner-occupiers. Profits from pastoral farming were spent on a great rebuilding 1550–1650 that all but erased the earlier late-medieval rebuilding, 1450–1550. The inexorable increase in the number of tenants, undercapitalised farming and relatively high rents resulted in a tenantry that had little surplus to spend on modernising or rebuilding houses. Many farmhouses in eighteenth- and nineteenth-century Snowdonia retained the furniture and unmodernised dwellings of the seventeenth century. The vernacular qualities of the older farmhouses and cottages of Snowdonia, which had so attracted the Edwardian Arts and Crafts

---

44 Kerslake, *Attorney General v. Reveley and Others*, yn arbennig / esp. 80.
45 RCAHMW, *Inventory of … Caernarvonshire, Volume I*, lxxvii. Weithiau fe enwir corlannau yn nogfennau o'r ddeunawfed ganrif. / Sheepfolds are sometimes named in eighteenth-century documents.
46 Gweler yn arbennig / See especially Nia M. W. Powell, "Near the margin of existence'?: upland prosperity in Wales during the early modern period', *Studia Celtica* XLI (2007), 137-62.
47 Llsgr. LlGC / NLW MS 2532B, ff.27ᵛ-28.

Chrefft oes y Brenin Edward, wedi eu gweld mor ddeniadol, wedi goroesi oherwydd tlodi cymharol eu preswylwyr.[48]

Wrth i'r ystadau mawrion dyfu, bu symudiad arall ym myd adeiladu. Yr oedd sgwatwyr yn ymsefydlu ar rannau dethol tiroedd comin y Goron. Buasai llechfeddiannu ar y tiroedd comin erioed, ond yr oedd aneddiadau sgwatwyr y ddeunawfed ganrif ar raddfa fwy, wedi'u hybu gan dwf y boblogaeth a newyn am dir, ond yn fwy ymarferol oherwydd y daten. Erys hanes anheddau'r sgwatwyr hyn heb neb i'w chofnodi.[49] Aeth y rhan fwyaf o'r tai â'u pennau iddynt, ond bob hyn a hyn gwneid cofnod gweledol cyfoes. Ar gynllun o anialdir yn nhrefgordd Nannau Is Afon, Llanfachreth, gwelir bythynnod cerrig taclus, bob un yn ei amgaefa. Yr oedd y bythynnod unllawr hyn a'u simneiau talcen yn fynegiant trawiadol o barhad traddodiad brodorol Eryri o adeiladu mewn cerrig ac o wytnwch y rhai a'u cododd. Tua'r adeg honno ymdoddodd cynllun tai Eryri i gynllun tai cymesur modern.[50]

enthusiasts, Hughes and North, were to some extent a survival grounded in relative poverty.[48]

As the great estates expanded, there was another building phenomenon. Favoured parts of the Crown commons were becoming settled by squatters. There had always been encroachments on the commons but the eighteenth-century squatter settlements were larger in scale, partly fuelled by population growth and land hunger, but made more viable by the potato. The story of these squatter settlements has yet to find an historian.[49] Most of the houses have become ruined but occasionally a contemporary visual record was made. A plan of waste land in the township of Nannau Is Afon, Llanfachreth, shows neat stone-built cottages standing in their enclosures. These single-storeyed cottages with end chimneys were a striking expression of the continuity of the Snowdonian vernacular stone-building tradition and the resilience of their builders. It is about this time that the Snowdonian house plan merges with the modern symmetrically-planned house.[50]

1.43
Nannau Is Afon, Llanfachreth: cynllun yn dangos bythynnod a thiroedd caeëdig yn 1789 / plan showing cottages and enclosures in 1789

---

48 Harold Hughes & Herbert L. North, *The Old Cottages of Snowdonia* (Bangor, 1908).
49 Gweler yn gyffredinol, Eurwyn Wiliam, *Y Bwthyn Cymreig: Arferion Adeiladu Tlodion y Cymru Wledig* (Aberystwyth, 2010). / See generally, Eurwyn Wiliam, *The Welsh Cottage: Building Traditions of the Rural Poor* (Aberystwyth, 2010). Ar gyfer ardaloedd y llechi, gweler / For slate-related communities, see David Gwyn, *Gwynedd. Inheriting a Revolution* (Chichester, 2006), 182-95; Dewi Tomos, *Tyddynnod y Chwarelwyr* (Llanrwst, 2004).
50 Yr Archifau Gwladol, LRRO/1/3533. Map dyddiedig 1789. Gwerthwyd y comin i Syr R W Vaughan, Nannau, yn 1814. / TNA, LRRO/1/3533. Map dated 1789. The common was sold to Sir R W Vaughan of Nannau in 1814.

2

TAI HŶN PENMACHNO YN EU CYD-DESTUN
THE OLDER HOUSES OF PENMACHNO IN CONTEXT

Mae ymchwil hanesyddol a wnaed ynghylch saith tŷ ym mhlwyf Penmachno, Sir Gaernarfon, fel rhan o'r prosiect Dyddio Hen Dai Cymreig, yn creu astudiaeth achos o'r cyd-destun cymdeithasol ac economaidd yr adeiladwyd neu yr estynnwyd y tai ynddo yn ystod yr unfed ganrif ar bymtheg. Yr oedd eu hadeiladwyr yn cynrychioli trawstoriad o'r gymdeithas leol, gan gynnwys yr hen uchelwyr Cymreig, rhydd-ddeiliaid, deiliaid ffermydd, ac '*ancient native tenants*' Dolwyddelan – disgynyddion taeogion a ryddhawyd gan Harri VII yn ystod blynyddoedd cyntaf y ganrif.

Ar ddechrau'r unfed ganrif ar bymtheg parhâi tirddeiliadaeth ym Mhenmachno i fod yn drwm dan ddylanwad y trefgorddau canoloesol a ddisgrifir yn y *Record of Caernarvon*, 1352, arolwg a wnaed ar ôl i Edward I oresgyn Gwynedd. Cyn y goresgyniad, daliai preswylwyr Gwynedd dir mewn dau brif ddull. Mewn trefgorddau rhyddion, daliai grwpiau o berthnasau dir (gwelyau) trwy wasanaeth cyfwerth â gwasanaeth marchog, gyda rhwymedigaeth i ddilyn y tywysog yn ei ryfeloedd. Byddent yn mynychu llys y cantref, a oedd yn ymdrin â materion cyfreithiol llai pwysig, gyda Phenmachno wedi'i leoli yng nghwmwd Nantconwy neu'r cantref a'i dilynodd. Mewn trefgorddau caeth, ar y llaw arall, delid tir gan grwpiau o daeogion, yr oedd arnynt amrywiol wasanaethau, a dalai renti llawer iawn uwch yn ogystal â dirwyon etifeddiaeth a phriodas, ac a oedd ynghlwm wrth y tir; nid oedd ganddynt unrhyw hawliau cyfreithiol yn llys y cantref.

Yn ystod cyfnod y *Record of Caernarvon*, yr oedd pen isaf dyffryn Machno yn rhan o drefgordd rydd Betws, lle delid y tir gan dri gwely: Gwely Iorwerth ab Iddon, Gwely Griffri ab Iddon a Gwely Cynwrig ab Iddon. Taeogion yn bennaf a oedd yn byw yn nhrefgordd Penmachno, ond daliai rhydd-ddeiliaid

Historical research on seven houses in the parish of Penmachno, Caernarvonshire, undertaken as part of the Dating Old Welsh Houses project, provides a case study of the social and economic context in which the houses were built or extended during the sixteenth century. Their builders represented a cross-section of local society, including the old Welsh gentry (*uchelwyr*), freeholders, tenant farmers, and the 'ancient native tenants' of Dolwyddelan – descendants of bondmen freed by Henry VII in the early years of the century.

Landholding in Penmachno at the beginning of the sixteenth century remained strongly influenced by the medieval townships described in the 1352 'Record of Caernarvon', a survey undertaken after Edward I's conquest of Gwynedd. Before the conquest, Gwynedd's inhabitants held land in two main ways. In free townships, groups of relatives held land (*gwelyau*) by an equivalent of knight-service, with an obligation to accompany the prince on his wars. They attended the hundred court, which dealt with minor legal issues, Penmachno lying in the commote or successor hundred of Nantconwy. In bond townships, on the other hand, land was held by groups of serfs or bondmen, who owed a variety of services, paid much higher rents, inheritance and marriage fines, and were tied to the land; they had no legal rights at the hundred court.

At the time of the Record of Caernarvon, the lower Machno valley was part of the free township of Betws, where the land was held by three *gwelyau*: Gwely Iorwerth ab Iddon, Gwely Griffri ab Iddon and Gwely Cynwrig ab Iddon. The township of Penmachno was mainly occupied by bondmen, but the Betws freeholders also held a small amount of land there. The Wybrnant valley and the northern

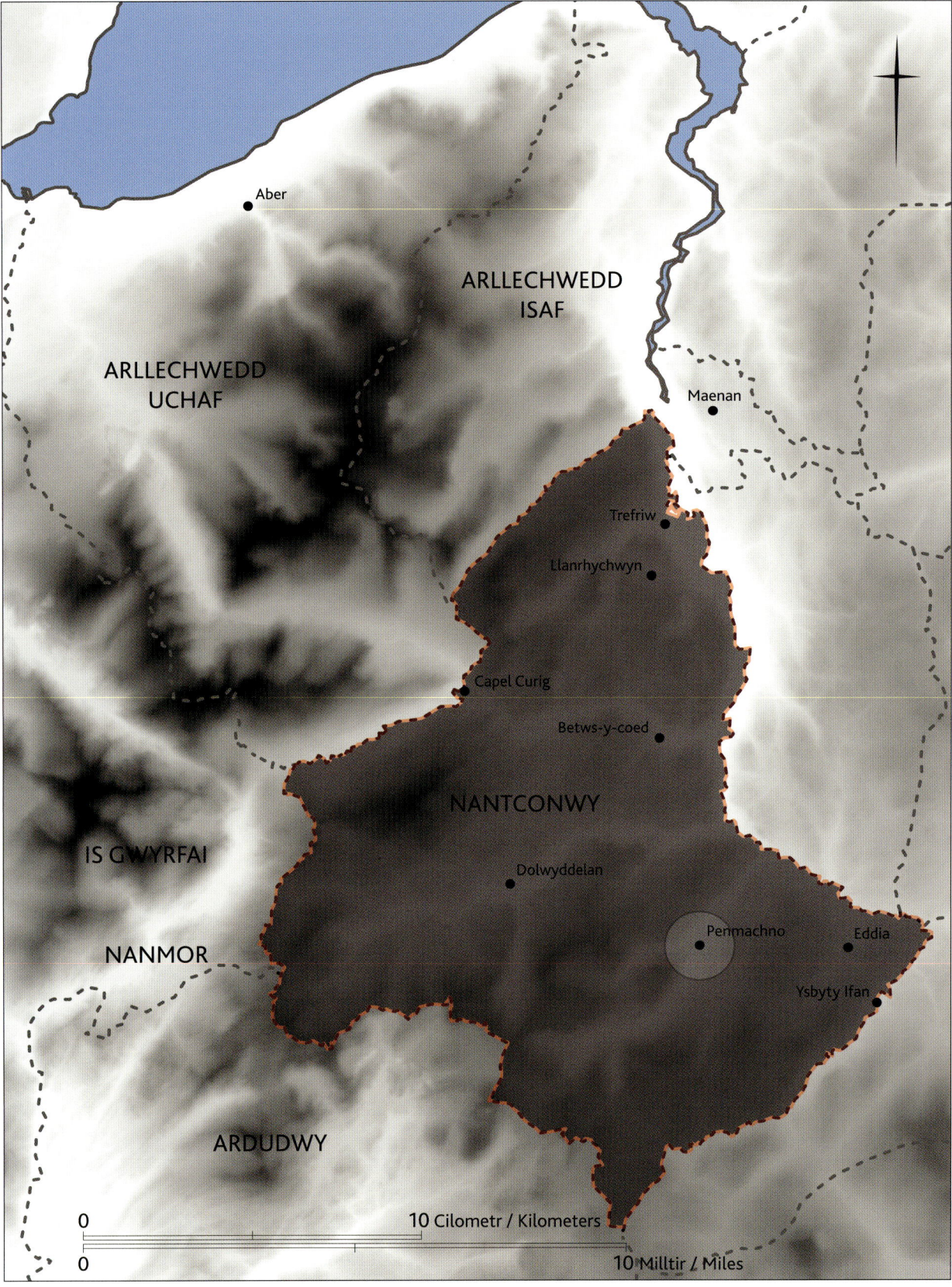

2.1
Map:
Nantconwy a'i drefgorddau /
Nantconwy and its townships

Betws ychydig o dir yno hefyd. Yr oedd Cwm Wybrnant ac ochr ogleddol cwm Glasgwm yn rhan o drefgordd ganoloesol Dolwyddelan, a ddelid gan ddau grŵp o daeogion, Gafael Elidir a Gafael y Mynach. Eu dyled i'r tywysog oedd rhent o 55 swllt y flwyddyn, tri bustach, tair buwch a chwe chrannog o geirch, a chynhalient wasanaeth cludiant yn ôl yr angen. Yr oedd tri o'r rhai a rannai Gafael Elidir yn aredig tir ar ochr ddeheuol Bwlch-y-groes, y bwlch rhwng Dolwyddelan a Phenmachno, yng Nglasgwm.

Ar ddechrau'r unfed ganrif ar bymtheg, yr oedd adeiladwaith y drefgordd ganoloesol yn parhau yn ei le, er bod natur deuluol y tirddeiliadaeth wedi chwalu i raddau helaeth ac eithrio yn y rhannau sylweddol o borfa arw a thir comin. Ond yr oedd y boblogaeth wedi gostwng mewn modd trawiadol yn sgîl y Pla Du. Yr oedd nifer o daeogion wedi manteisio ar wrthryfel Owain Glyndŵr i ddianc, ac erbyn diwedd y bymthegfed ganrif, yr oedd cyn lleied o boblogaeth mewn rhai o drefgorddau'r taeogion, gan gynnwys Dolwyddelan, fel na allai'r Goron gasglu unrhyw ddyledion ar gyfer ei thiroedd yn Nantconwy. Anhawster ychwanegol oedd yr ysbeilwyr a hawliai noddfa yn Ysbyty Ifan, fel nad oedd unrhyw le o fewn ugain milltir yn ddiogel rhag eu cyrchoedd a'u lladrata.

Blaenglasgwm-uchaf
Safai Blaenglasgwm-uchaf, 'Tai Issa yn Blaen Glasgwm' cyn hynny, yn nhrefgordd Dolwyddelan. Yr oedd sefydlydd ystâd Gwydir, Maredudd ab Ieuan ap Robert, wedi symud i'r ardal ar ddiwedd y bymthegfed ganrif ac wedi cael isbrydles ar drefgordd y Goron a ffriddoedd Dolwyddelan. Aeth ati i ailboblogi'r ardal drwy ddod â deiliaid newydd i mewn i ddeiliadaethau gweigion gan greu llu arfog i gael gwared â'r ysbeilwyr yn Ysbyty Ifan a oedd yn brawychu'r ardal gyfagos. Pan ryddhaodd Harri VII y taeogion Cymreig yn 1507, parhaodd y taeogion, a oedd yn dal i fod yn Nolwyddelan, i dalu rhent i Faredudd ond derbyniasant statws rhydd-ddeiliaid, gan gynnwys yr hawl i fynychu llys cantref Nantconwy.

Oherwydd y datblygiadau lleol hyn a'r adfywiad yn y twf economaidd yn deillio o ddiwedd Rhyfeloedd y Rhosynnau, crëwyd yr amodau delfrydol i rai o'r cyn-daeogion ailadeiladu eu tai, ac un o'r rhai cyntaf i wneud hynny fu deiliad rhan o

side of Glasgwm were part of the medieval township of Dolwyddelan, which was held by two groups of bondmen, Gafael Elidir and Gafael y Mynach. They owed the prince a rent of 55 shillings a year, three oxen, three cows and six crannocks of oats, and performed carriage service when required. Three of the sharers in Gafael Elidir ploughed land on the south side of Bwlch-y-groes, the pass between Dolwyddelan and Penmachno, in Glasgwm.

At the beginning of the sixteenth century, the medieval township structure was still in place, though the clan nature of the landholding had largely broken down except in the extensive areas of rough pasture and common land. But population had fallen dramatically in the wake of the Black Death. Many bondmen had used the opportunity of Owain Glyndŵr's revolt to abscond, and by the late fifteenth century, some of the bond townships, including Dolwyddelan, were so depopulated that the Crown was unable to collect any dues for its lands in Nantconwy. A further problem arose from the bandits who claimed sanctuary at Ysbyty Ifan, so that no place within twenty miles was safe from their incursions and robbery.

Blaenglasgwm-uchaf
Blaenglasgwm-uchaf, formerly called 'Tai Issa yn Blaen Glasgwm', lay in the township of Dolwyddelan. The founder of the Gwydir estate, Maredudd ab Ieuan ap Robert, had moved into the area in the late fifteenth century and acquired a sub-lease of the Crown township and ffriths (*ffriddoedd*) of Dolwyddelan. He set about repopulating the area by bringing new tenants into vacant holdings, and he equipped an armed force to rid Ysbyty Ifan of the bandits terrorizing the surrounding area. When Henry VII freed the Welsh bondmen in 1507, the remaining bond tenants in Dolwyddelan continued to pay rent to Maredudd but were accorded the status of freeholders, with the right to attend the Nantconwy hundred court.

These local developments, and the renewed economic growth arising from the end of the Wars of the Roses, created ideal conditions for some of the former bondmen to rebuild their houses, and one of the first to do so was the holder of part of Blaenglasgwm, who built Tai-isaf around 1519. The

2.2
Blaenglasgwm-uchaf, 1953

Flaenglasgwm, a adeiladodd Tai-isaf tua 1519. Neuadd-dy cerrig unllawr, syml, oedd y tŷ, gyda nenffyrch cypledig ac aelwyd ganolog.

Yr oedd Tai-isaf yn un o'r ddau ar bymtheg o randiroedd a arferai berthyn i daeogion a fu'n rhan o ddau achos a ddygwyd ger bron Llys y Siecr gan '*ancient native tenants*' Dolwyddelan yn 1590 a 1616 yn erbyn eu tirfeddiannwr, Syr John Wynn o Wydir. (Deillia'r term '*native*' o *nativus*, y gair Lladin am daeog.) Sbardunwyd y deiliaid i weithredu oherwydd bod Syr John yn bygwth eu dadfeddiannu pe baent yn gwrthod talu rhenti uwch. Dadleuent fod eu tiroedd yn rhai rhydd-ddeiliadol yn ôl telerau siartr Harri VII, ac atgyfnerthwyd hyn gan y ffaith eu bod wedi gweithredu fel rheithwyr yn y Sesiwn Fawr a'r Llys Chwarter, a'u bod yn mynychu llysoedd cantref Nantconwy yn yr un modd â rhydd-ddeiliaid. O ganlyniad, hawlient mai rhenti yn ôl defod yn unig y gellid gofyn iddynt eu talu. Barn y llys oedd bod diffyg yn y siartr fel bod y tir yn parhau i fod yn

house was a simple, stone-walled hall-house with cruck-trusses and a central hearth.

Tai-isaf was one of the seventeen former bond tenements involved in two Exchequer Court cases brought by the 'ancient native tenants' of Dolwyddelan in 1590 and 1616 against their landowner, Sir John Wynn of Gwydir. (The term 'native' derives from *nativus*, the Latin for serf or bondman.) The tenants were driven to action because Sir John was threatening them with eviction if they refused to pay higher rents. They argued that their lands were freehold under the terms of Henry VII's charter, reinforced by the fact that they acted as jurors at great and quarter sessions, and attended Nantconwy hundred courts in the same way as freeholders. As a result, they claimed they could only be required to pay customary rents. The court found that there was an imperfection in the charter so that the land remained in the ownership of the Crown, but agreed that 'tenants who have been in

**2.3
Blaenglasgwm-uchaf, 1949:**
y tu mewn yn dangos nenfforch rhwng y neuadd a'r parlwr / interior showing cruck between hall and parlour

eiddo i'r Goron, ond cytunodd, yn achos 'deiliaid sydd wedi bod â meddiant ar eu tiroedd ers amser maith, ni ddylid, trwy driniaeth anhynaws neu gribddail ... eu gyrru o'u trefgordd'. Dyfarnwyd y dylai'r deiliaid ddal eu tiroedd drwy brydlesi am 21 mlynedd dros byth, ar y rhenti yn ôl defod, gyda thâl cychwynnol o rent pedair blynedd.

Ond erbyn 1616, pan oedd Syr John a'i gefnder, John Wynn o Gonwy, wedi cymryd isbrydles newydd ar Ddolwyddelan gan y Goron, dechreuodd y deiliaid boeni oherwydd gwrthodiad y Wynniaid i ganiatáu prydlesi newydd, ac ofnent eu bod ar fin cael eu troi allan. Felly aethant yn ôl at Lys y Siecr gan ofyn am gadarnhad i'r dyfarniad blaenorol. Penderfynodd y Llys fod y tir yn parhau i fod yn eiddo'r Goron, ond caniatawyd i'r deiliad hawl i brydlesi am 21 mlynedd dros byth ar y rhenti yn ôl defod. Canfu arolwg i nodi pa breswylwyr oedd â hawl i'r deiliadaethau gwarchodedig hyn mai Lewis ap Richard a fuasai

long time possession of their lands should not by hard dealings or exaction ... be put from their township'. It was decreed that the tenants should hold their lands by leases for 21 years in perpetuity, at the customary rents, with an entry fine of four years' rent.

But by 1616, when Sir John and his cousin, John Wynn of Conwy, had taken a new sub-lease of Dolwyddelan from the Crown, the tenants became concerned about the Wynns' refusal to grant new leases and feared that they were about to be evicted. They therefore went back to the Exchequer Court asking for the previous decree to be upheld. The Court decided that the land remained Crown property, but the tenants were granted rights to leases for 21 years in perpetuity at the customary rents. A survey to identify which inhabitants were entitled to these protected tenancies found that in 1590 Lewis ap Richard had been the ancient native

'ancient native tenant' Tai-isaf yn 1590, ac erbyn 1616 yr oedd wedi trosglwyddo hanner cyfran i'w fab Humphrey. Parhaodd prydleswyr etifeddol Tai-isaf ym Mlaenglasgwm i dalu eu rhent o £2.13s.10½d yn ôl defod i ystâd Gwydir fel 'natives of Dolwyddelan' hyd nes y gwerthwyd y fferm yn y diwedd yn ystod y bedwaredd ganrif ar bymtheg.

Dugoed

Ddwy filltir draw, ym mhen isaf Dyffryn Machno, yr oedd un o'r hen uchelwyr Cymreig, Robert ap Maredudd, wedi codi, tua 1515–17, dŷ sawl llawr o garreg mewn arddull newydd gyda simnai yn y talcen yn Nugoed. Dyma'r enghraifft gynharaf hysbys o'r math o dŷ a fu bwysicaf yn Eryri yn yr unfed ganrif ar bymtheg. Yr oedd Robert ap Maredudd yn ddisgynnydd i Dafydd Llwyd ap Y Penwyn (David Loyt), un o gyd-etifeddion Gwely Iorwerth ab Iddon, a ddaliai drydedd ran o drefgordd Betws yn y *Record of Caernarvon*. Yr oedd prif gartrefi'r teulu ym Melai a Fronheulog yn Llanfair Talhaearn, Sir Ddinbych, er eu bod yn parhau i ddal tir yn Nugoed. Tua 1500, dechreuodd Maredudd ap Dafydd ap Einion, disgynnydd pumed genhedlaeth i Dafydd Llwyd, ehangu ei diroedd yn Sir Gaernarfon, gan gynnwys prynu Llawr Ynys, Penrhyn, a Dulasau yn nhrefgordd Betws, Penmachno. Nid oedd yn hawdd prynu tir yng Nghymru cyn i'r Ddeddf Uno roi system gyfreithiol Lloegr mewn grym yn 1536, a dirwywyd Maredudd a chaniatawyd pardwn iddo am brynu'r rhandiroedd hyn heb drwydded frenhinol.

Erbyn 1517, yr oedd ystâd Dugoed wedi'i throsglwyddo i fab Maredudd, Robert, er i Fronheulog barhau i fod yn brif gartref iddo. Ymddengys yr adeiladwyd y tŷ newydd ar achlysur priodas ei fab a'i etifedd Ffoulk ap Robert ag Elsbeth ferch Owain ap Meurig, oherwydd yn 1525 gosododd Robert ei brif breswylfa ('*capital messuage*'), Dugoed, a'i holl diroedd eraill ym Metws mewn ymddiriedolaeth i Ffoulk a'i etifeddion; yr oedd disgwyl cynyddol, o du teulu'r briodferch, fod tŷ da'n rhan o'i chytundeb priodas.

Mae'n rhaid bod Robert ap Maredudd yn ŵr hen iawn pan fu farw yn 1553, oherwydd ei wyres, Jane ferch Foulk, a'i gŵr Harry ap Robert, a etifeddodd ystâd Dugoed ynghyd â thrydedd ran o blasty Fronheulog. Yr oedd Harry ap Robert yn gymeriad

tenant of Tai-isaf, and that by 1616 he had made over a half share to his son Humphrey. The hereditary leaseholders of Tai-isaf in Blaenglasgwm continued to pay their customary rent of £2.13s.10½d. to the Gwydir estate as 'natives of Dolwyddelan' until the farm was eventually sold in the nineteenth century.

Dugoed

Two miles away in the lower Machno valley, a member of the old Welsh gentry, Robert ap Maredudd, around 1515–17 had erected a new style of stone-built, storeyed house with an end chimney at Dugoed. This is the earliest known example of the house-type which became dominant in sixteenth-century Snowdonia. Robert ap Maredudd was descended from Dafydd Llwyd ap Y Penwyn (David Loyt), one of the co-heirs of Gwely Iorwerth ab Iddon, which held a third of Betws township in the Record of Caernarvon. The family's main seats were at Melai and Fronheulog in Llanfair Talhaearn, Denbighshire, though they continued to hold land at Dugoed. Around 1500, a fifth generation descendant of Dafydd Llwyd, Maredudd ap Dafydd ap Einion, started to expand his Caernarvonshire lands, including the purchase of Llawr Ynys, Penrhyn, and Dulasau in Betws township, Penmachno. It was not easy to buy land in Wales before the Act of Union introduced the English legal system in 1536, and Maredudd was fined and granted a pardon for buying these tenements without a royal licence.

By 1517, the Dugoed estate had passed to Maredudd's son Robert, though Fronheulog remained his main residence. The new house appears to have been built on the occasion of the marriage of his son and heir Ffoulk ap Robert to Elsbeth ferch Owain ap Meurig, for in 1525 Robert placed the 'capital messuage' of Dugoed and all his other lands in Betws in trust for Ffoulk and his heirs, a good house being increasingly expected by the bride's family as part of her marriage settlement.

Robert ap Maredudd must have been a very old man when he died in 1553, for the Dugoed estate was inherited by his granddaughter, Jane ferch Ffoulk, and her husband Harry ap Robert, together with a one third share in the Fronheulog mansion.

Tai Hŷn Penmachno • Older Houses of Penmachno

**2.4–2.5
Dugoed, 1950:**
y tu blaen a'r gegin groes / main elevation and kitchen wing

gweddol ddadleuol ac roedd Jane wedi'i briodi heb ganiatâd ei theulu. Yr oedd o deulu da, ond yn dlawd – roedd ei frawd, y Dr Elis Prys, wedi rhoi benthyg cyfran fechan Harry i frawd arall, abad Abaty Aberconwy, a oedd mewn dyledion mawr, ac yn dilyn diddymu'r mynachlogydd, collodd Harry ei etifeddiaeth. Yr oedd wedi ffoi gyda merch o'r ardal, Mared ferch John. Yr oedd ei thad wedi rhoi nwyddau priodas i Harry er mwyn gwneud gwraig barchus ohoni, a buont yn byw gyda'i gilydd fel gŵr a gwraig a chael pump o blant, er i Harry wadu'n ddiweddarach iddynt briodi'n gyfreithlon erioed. Pan ymbriododd â Jane, ni ddaeth ei theulu i'r briodas, a gynhaliwyd yn eglwys blwyf Ysbyty Ifan, ac un o berthnasau Harry a'i cyflwynodd mewn priodas. Ond er i'w phriodas ymddangos yn un annoeth, yr oedd Jane ferch Ffoulk yn wraig ddigon hirben, a sicrhaodd drwy ei chytundeb priodas y byddai ei holl eiddo'n mynd i'w phlant hi, ac nid i unrhyw un o blant cynharach Harry.

Sicrhaodd Margaret, merch hynaf Jane a Harry, briodas dda iawn â Roger Lloyd o Hafodunos, ac mae'n debyg mai dyna'r adeg pryd yr ychwanegwyd asgell ogleddol i Ddugoed yn y 1590au. Efallai yr ychwanegwyd yr asgell ogleddol fel annedd ar wahân pan drosglwyddodd Jane ferch Ffoulk ystâd Dugoed i Margaret a Roger a'u hetifeddion, gan gadw'r incwm am ei hoes iddi hi ei hun. Erbyn hynny yr oedd yn weddw gyfoethog, gan fod yn gydradd drydedd yn y rhestr o drethdalwyr Nantconwy ar ôl Syr John Wynn o Wydir a Thomas Vaughan o Bant-glas. Deuai ei hincwm o osod rhai o'i thiroedd yng Nghwm Penmachno, er iddi barhau i ffermio Dugoed ei hun. Cynhwysai ei hewyllys gymynroddion o 36 o wartheg, gan gynnwys wyth i'w hŵyr 'i'w gynnal yn yr ysgol', yn ogystal â defaid, ac ŷd yn tyfu yn y caeau ac ŷd yn yr ysguboriau. Parhaodd Margaret a Roger i fyw yn Nugoed nes iddynt etifeddu ystâd Hafodunos, ond ar ôl i'w gŵr farw, dychwelodd Margaret i Ddugoed, a ddaeth yn dŷ agwedi iddi hyd ei marwolaeth yn 1619.

Coedyffynnon a'r Bennardd (Bennar)
Cafodd Coedyffynnon yntau, a ddyddiwyd i 1537 drwy ddyddio blwyddgylchau, ei adeiladu gan hen deulu o uchelwyr Cymreig. Gallai Ieuan ap John ap

Harry ap Robert was a somewhat controversial character whom Jane had married without her family's consent. He was well-born, but impecunious – his brother Dr Elis Prys had loaned Harry's small portion to another brother, the abbot of Aberconwy Abbey, which was deep in debt, and with the dissolution of the monasteries, Harry lost his inheritance. He had eloped with a local girl, Mared ferch John. Her father had given Harry marriage goods to make an honest woman of her, and they had lived together as man and wife, having five children, though Harry later denied that they had ever been legally married. When Harry married Jane, her family boycotted the wedding, which took place in his parish church of Ysbyty Ifan, and she was given away by one of Harry's relations. But though her marriage might seem imprudent, Jane ferch Ffoulk had a sound business head, and ensured through her marriage agreement that all her property would go to her children and not to any of Harry's previous brood.

Jane and Harry's elder daughter, Margaret, made a very good marriage to Roger Lloyd of Hafodunos, and this was probably the occasion for adding a north wing to Dugoed in the 1590s. The north wing may have been added as a separate dwelling when Jane ferch Ffoulk settled the Dugoed estate on Margaret and Roger and their heirs, retaining a lifetime interest for herself. By this time she was a rich widow, ranking joint third in the list of Nantconwy taxpayers after Sir John Wynn of Gwydir and Thomas Vaughan of Pant-glas. Her income came from renting out some of her lands in Cwm Penmachno, though she continued to farm Dugoed herself. Her will contained bequests of 36 cattle, including eight to her grandson 'towards his maintenance at school', as well as sheep, and corn growing in the fields and in the barns. Margaret and Roger continued to live at Dugoed until they inherited the Hafodunos estate, but after her husband's death, Margaret returned to Dugoed, which became her dower-house till her death in 1619.

Coedyffynnon and Bennardd (Bennar)
Coedyffynnon, tree-ring dated 1537, was also built by a long-standing Welsh gentry family. Ieuan ap John ap Heilyn ap Ieuan ap Gruffudd Crafnant

2.6 Coedyffynnon, 1950

Heilyn ap Ieuan ap Gruffudd Crafnant olrhain ei linach i Ddafydd, Arglwydd Dinbych a'r Hob, ac i Lywelyn ab Iorwerth (Llywelyn Fawr). Buasai ei nain, Margaret, yn gyd-etifeddes i Gruffudd ab Hywel Coetmor, disgynnydd i Gruffudd ap Dafydd Goch, a enwyd yn y *Record of Caernarvon* fel cyd-etifedd Gwely Cynwrig ab Iddon yn y Betws. Yn 1465 yr oedd Gruffudd ab Hywel Coetmor wedi prydlesu i'w fab-yng-nghyfraith Heilin ap Ieuan, randir yn y Betws o'r enw Cae-mawr (yn ddiweddarach, y Bennardd, yn ôl pob tebyg) am rent o 40 swllt y flwyddyn – swm sylweddol iawn yr adeg honno.

Aeth John ap Heilin, mab Heilin a Margaret, ymlaen i brynu nifer o ffermydd eraill yn y Betws ar ddiwedd y bymthegfed ganrif, efallai gyda chymorth etifeddiaeth ei wraig Alice; hi oedd unig etifeddes Hywel ap Meurig o Nannau. Ymddengys y codwyd Coedyffynnon yn ystod y genhedlaeth nesaf gan Ieuan ap John ap Heilin o Bennardd ar gyfer ei fab a'i etifedd Richard, ac yn 1532 bu'n brif ased mewn cytundeb priodas rhwng Richard a Jonet ferch William Lloyd ap Hoell ap Rees. Noddwyd y cytundeb ar ei hochr hi gan Edward Gruffudd o Benrhyn, un o ddynion mwyaf pwerus Sir

traced his ancestry back to Dafydd, Lord of Denbigh and Hope, and to Llywelyn ab Iorwerth (Llywelyn the Great). His grandmother Margaret was a co-heiress of Gruffudd ab Hywel Coetmor, a descendant of Gruffudd ap Dafydd Goch, who was named in the Record of Caernarvon as a co-heir of Gwely Cynwrig ab Iddon in Betws. In 1465 Gruffudd ab Hywel Coetmor had leased to his son-in law, Heilin ap Ieuan, a tenement in Betws called Cae-mawr (probably the later Bennardd) at a rent of 40 shillings a year – a very considerable sum for the time.

Heilin and Margaret's son, John ap Heilin, went on to buy up several other Betws farms in the late fifteenth century, perhaps helped by the inheritance of his wife Alice, the sole heiress of Hywel ap Meurig of Nannau. Coedyffynnon appears to have been built in the next generation by Ieuan ap John ap Heilin of Bennardd for his son and heir Richard, and in 1532, it formed a key asset in a marriage settlement between Richard and Jonet ferch William Lloyd ap Hoell ap Rees. The settlement was sponsored on her side by Edward Gruffudd of Penrhyn, one of the most powerful men in

2.7
Bennar, 1953

Gaernarfon a pherthynas iddi mae'n debyg. Gwerth y rhandir oedd 41 swllt y flwyddyn, ond dim ond 21 swllt y flwyddyn yr oedd Richard a Jonet i'w dalu i Ieuan yn ystod ei oes; ar ôl hynny fe gâi ei drosglwyddo i etifeddion y ddeuddyn ifanc, ynghyd ag eiddo arall yn y Betws gyda gwerth blynyddol o £8. Pe bai Jonet yn colli ei gŵr, byddai'n byw yn ddi-rent yng Nghoedyffynnon fel ei thŷ agweddi. Tŷ cynllun Eryri cynnar, clasurol, oedd Coedyffynnon, gyda rhai nodweddion addurnol, ac arddangosid llinach y ddeuddyn ar y cyd â balchder ar arfbais gymhleth o blastr yn y brif siambr.

Ailadeiladwyd y Bennardd, prif gartref y teulu, tua 1564 ar ôl i Richard ei etifeddu gan ei dad. Am dros

Caernarvonshire and probably a relative. The tenement was worth 41 shillings a year, but Richard and Jonet were to pay only 21 shillings a year to Ieuan during his lifetime, after which it would pass to the young couple's heirs, together with other property in Betws to the yearly value of £8. If Jonet became widowed, she would live rent free in Coedyffynnon as her dower-house. Coedyffynnon was a classic early Snowdonian house, with some decorative features, and the new couple's joint ancestry was proudly displayed on a complex plaster heraldic shield in the main chamber.

The main family house of Bennardd was rebuilt around 1564 after Richard inherited it from his

ganrif, cyfeirid at y Bennardd (Bennar) a Choedyffynnon fel *'capital messuages'* neu brif dai ystâd, gyda Choedyffynnon yn gwasanaethu fel cartref i feibion neu weddwon teulu'r Bennardd. Deuai incwm y teulu'n bennaf o osod ar rent rai o'r ffermydd llai ar eu hystâd fechan ac o ffermio. Cynhwysai hyn fagu gwartheg stôr, a anfonid i Lundain ar ddechrau'r ail ganrif ar bymtheg gyda Thomas Ellis, y porthmon o Benmachno, a fenthyciai 20 swllt yn gyson gan berchennog y Bennardd ar gyfer ei siwrnai flynyddol.

Tŷ-mawr, Wybrnant

Mewn cyferbyniad â thai uchelwyr Dugoed, Coedyffynnon a Bennar, yr oedd Tŷ-mawr Wybrnant, a adeiladwyd tua 1564-5 gan John ap Morgan, yn gartref i ddyn a wnaeth ei ffortiwn ei hun. Yr oedd John yn ddisgynnydd pumed genhedlaeth i Madog ap Bleddyn Llwyd, cyd-etifedd Gafael Elidir yn Nolwyddelan (fel y cofnodwyd yn y *Record of Caernarvon*), a disgynnydd uniongyrchol i Elidir ei hun. Taeogion, felly, oedd ei deulu, a ryddhawyd gan siartr ryddfreiniol Harri VII yn 1507, a'i fab, yr Esgob William Morgan, a gyfieithodd y Beibl i'r Gymraeg, oedd un o'r ddeunaw *'ancient native tenants'* Dolwyddelan a enillodd yr hawl i ddeiliadaethau etifeddol yn yr achos llys yn 1590 yn erbyn Syr John Wynn o Wydir.

Yr oedd John ap Morgan yn amlwg yn dipyn o *entrepreneur*, oherwydd yn ogystal â deiliadaeth y teulu yn Wybrnant, yr oedd yn rhentu sawl fferm arall gan Morus Wynn o Wydir, yn ogystal â hawliau coed a physgota, gan ei wneud yn ffermwr sylweddol yn yr ardal. Gweithredai fel casglwr rhenti lleol yn Nolwyddelan a Phenmachno i Morus Wynn, a chasglai hefyd ddegymau Abergele. Yn gyfnewid am y gwasanaethau hyn, caniataodd Morus Wynn i'r William Morgan ifanc fynychu gwersi yng Nghastell Gwydir gyda'i blant. Mae'n rhaid bod menter John ap Morgan wedi codi arian iddo allu anfon William i Brifysgol Caergrawnt ac i ailadeiladu Wybrnant. Fe gynhwyswyd yr hen neuadd-dy â nenffyrch yn rhannol mewn tŷ cerrig sawl llawr newydd â phedwar duad gyda lleoedd tân yn y talcenni. Yr oedd yr Wybrnant gryn dipyn yn fwy na'r tŷ bonedd blaenorol yn Nugoed.

father. For over a century, Bennardd (Bennar) and Coedyffynnon were both referred to as 'capital messuages' or the principal houses of an estate, with Coedyffynnon acting as a home for sons or widows of the Bennardd family. The family's income came largely from renting out some of the lesser farms on their small estate and from farming. This included rearing store cattle, which in the early seventeenth century were sent to London with the Penmachno drover, Thomas Ellis, who regularly borrowed 20 shillings from the Bennardd owner for his annual journey.

Tŷ-mawr, Wybrnant

In contrast to the gentry houses of Dugoed, Coedyffynnon and Bennar, Tŷ-mawr (Wybrnant), which was built around 1564–65 by John ap Morgan, was the home of a self-made man. John was a fifth generation descendant of Madog ap Bleddyn Llwyd, co-heir of Gafael Elidir in Dolwyddelan (as recorded in the Record of Caernarvon), and a direct descendant of Elidir himself. His family were therefore bondmen freed by Henry VII's 1507 charter of emancipation, and his son, Bishop William Morgan, who translated the Bible into Welsh, was one of the eighteen 'ancient native tenants' of Dolwyddelan who won the right to hereditary tenancies in the 1590 court case against Sir John Wynn of Gwydir.

John ap Morgan was clearly something of an entrepreneur, for in addition to the family holding at Wybrnant, he rented several other farms from Morus Wynn of Gwydir, as well as timber and fishing rights, making him a major farmer in the area. He acted as a local rent collector in Dolwyddelan and Penmachno for Morus Wynn, and also collected the tithes of Abergele. In return for these services, Morus Wynn allowed the young William Morgan to attend lessons at Gwydir Castle with his children. John ap Morgan's enterprise must have generated the funds both to send William to university at Cambridge and to rebuild Wybrnant. The former cruck-trussed hall-house was partially incorporated into a new, stone-built, four-bay, storeyed house with fireplaces in the gable-end walls. Wybrnant was considerably larger than the earlier gentry house at Dugoed.

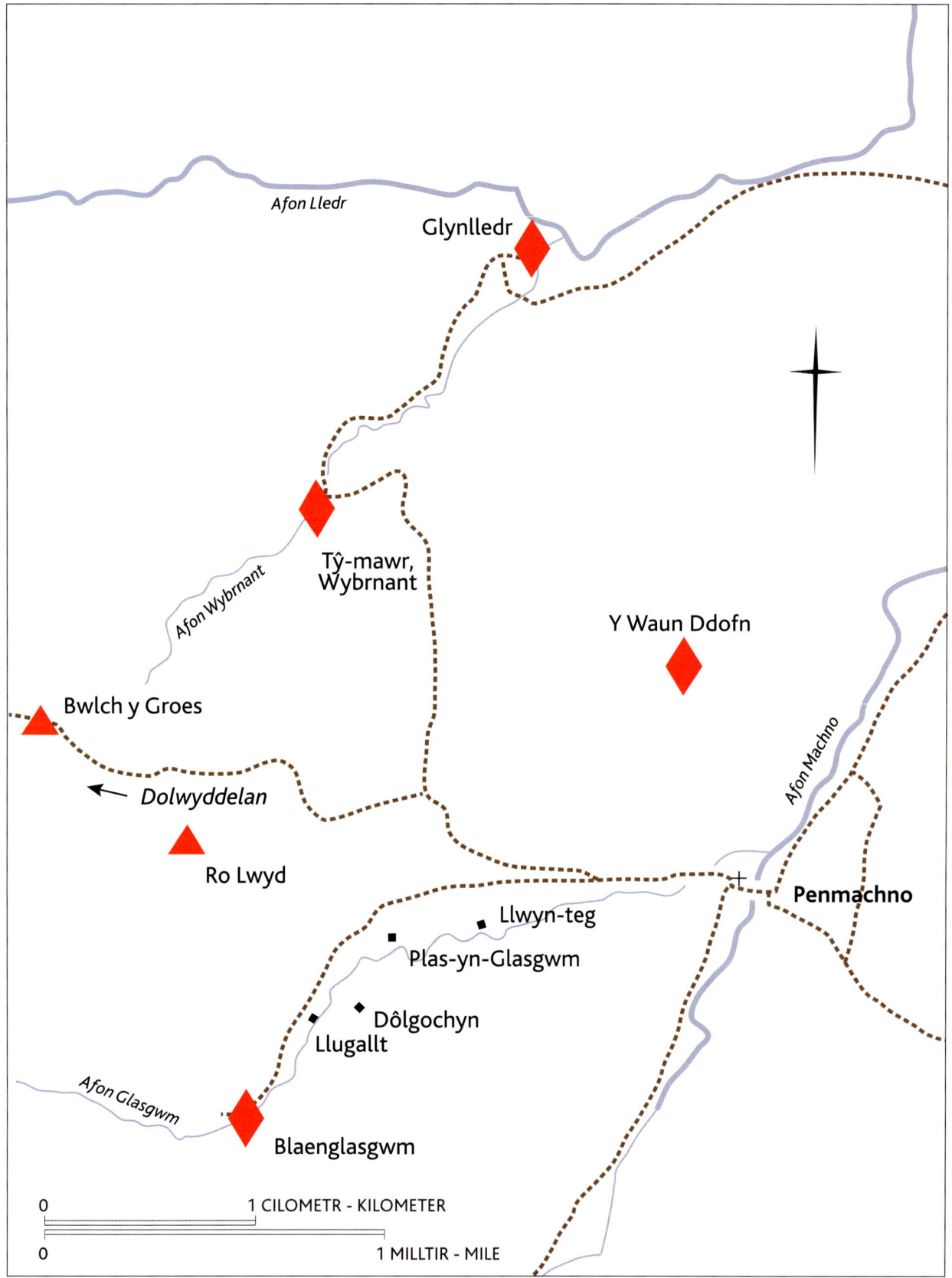

2.8
Map o'r Glasgwm yn dangos rhandiroedd a ddelid gan John ap Morgan (♦) a chytir (▲) / Map of Glasgwm showing tenements held by John ap Morgan (♦) and shared grazing (▲)

2.9 Tŷ-mawr, 1950

Yr oedd yr Esgob William Morgan yn un arall o'r ddau ar bymtheg o ddeiliaid Dolwyddelan y caniatawyd hawl deiliad iddynt gan Lys y Siecr yn 1590; ail-gadarnhawyd hon yn 1616 fel hyn:

> Yr oedd William Morgan doethur mewn diwinyddiaeth adeg yr arolwg ac ordinhad dywededig [1590] yn *'ancient native tenant'* un breswylfa a rhandir a thiroedd yn y drefgordd ddywedig o'r enw Wybrnant ysydd ar hyn o bryd ym meddiant Jevan Morgan Meistr yn y Celfyddydau cefnder ac etifedd ac aseinai ohonynt i'r dywededig William Morgan.

Gallai'r Esgob Morgan osod y fferm am £24 y flwyddyn, tra nad oedd yn talu dim ond £4 y flwyddyn am ei brydles – ychwanegiad i'w groesawu i'w incwm ar adeg pan oedd yn brin o arian gan fod ei gyfieithiad o'r Beibl, yn ôl Syr John Wynn o Wydir, wedi costio llawer iddo.

Bishop William Morgan was another of the seventeen Dolwyddelan tenants who were granted tenant right by the Court of Exchequer in 1590, which was reconfirmed in 1616 in the following terms:

> William Morgam, doctor of divinity was at the time of the said [1590] survey and decree ancient native tenant of one messuage and tenement and lands within the said township called Wybernant now in the occupation of Jevan Morgan Master of Arts cousin and heir and assignee thereof to the said William Morgan.

Bishop Morgan was able to let the farm out at £24 a year, while paying only £4 a year for his lease – a welcome addition to his income at a time when he was short of money, his translation of the Bible, according to Sir John Wynn of Gwydir, having cost him much.

Plas Glasgwm

Mae'r Dr John Gwynn, a adeiladodd Plas Glasgwm yn 1573, ar frig y gymdeithas ymhlith adeiladwyr tai Penmachno yn yr unfed ganrif ar bymtheg. Un o feibion iau John Wynn ap Maredudd o Wydir, a brawd Morus a Robert Wynn, a ddaliai rhyngddynt brydles y Goron ar Ddolwyddelan yr adeg honno. Yr oedd yn Gymrawd Coleg Sant Ioan, Caergrawnt (ac efallai'n wir iddo annog *protégé* ei frawd, William Morgan, i astudio yno), doethor cyfraith sifil, a llysddadleuwr yng Nghwrt y Bwâu. Yr oedd wedi llwyddo mewn ffyrdd eraill hefyd: ef oedd Prebendari Llanfair Dyffryn Clwyd (segurswydd Cadeirlan Bangor y câi incwm ohoni ond heb wneud unrhyw waith), ac yn ddiweddarach daeth hen diroedd Abaty Aberconwy ym Maenan yn eiddo

Plas Glasgwm

Dr John Gwynn, who built Plas Glasgwm in 1573, represents the top end of the social spectrum of Penmachno's sixteenth-century house builders. He was a younger son of John Wynn ap Maredudd of Gwydir, and a brother of Morus and Robert Wynn, who between them held the Crown lease of Dolwyddelan at this time. He was a Fellow of St John's College Cambridge (and may well have encouraged his brother's protégé, William Morgan, to study there), a doctor of civil law, and an advocate in the Court of Arches. He had done very well for himself in other ways too: he was Prebendary of Llanfair Dyffryn Clwyd (a sinecure of Bangor Cathedral for which he received an income but did no work), and later acquired the former

2.10
Plas Glasgwm, 1949

**2.11
Plas Glasgwm:**
pen drws o'r unfed ganrif ar bymtheg a ailddefnyddiwyd mewn adeilad fferm / sixteenth-century doorhead re-used in a farm building

iddo. Bu ddwywaith yn AS dros Aberteifi, bu'n Rhaglaw Sir Aberteifi o 1563 ymlaen, a chynrychiolodd Sir Gaernarfon yn 1571–72. Fe'i disgrifiwyd gan ei nai, Syr John Wynn, fel *'learned and wise man and a bountiful housekeeper'*, a oedd yn werth £1,000 y flwyddyn.

Yn 1573, cafodd y Dr Gwynn isbrydles ar dri rhandir yng Nglasgwm, rhan o Ddolwyddelan, un o drefgorddau'r Goron, gan ei frawd Robert Wynn am dymor o 26 mlynedd. Yma yr adeiladodd dŷ sawl llawr ar gynllun Eryri gyda lle tân mawr, ymwthiol yn y talcen, ond heb risiau yn y mur. Ar yr olwg gyntaf mae'n ymddangos yn syndod o beth fod y Dr Gwynn wedi codi ffermdy rhyw ddeng milltir o'i brif gartref yn Abaty Maenan. Ond yr oedd ffermio gwartheg yn fuddsoddiad da ar gyfer yr uchelwyr a dywedwyd fod dau o'i randiroedd yng Nglasgwm, Llugallt a Llwyn-teg, yn gallu dal 140 o wartheg. Ar ben hynny, efallai iddi ddymuno goruchwylio ei

monastic lands of Aberconwy Abbey at Maenan. He served twice as MP for Cardigan, was Lieutenant of Cardiganshire from 1563 onwards, and represented Caernarvonshire in 1571–72. His nephew, Sir John Wynn, described him as a 'learned and wise man and a bountiful housekeeper', worth £1,000 a year.

In 1573, Dr Gwynn obtained a sub-lease of three tenements in Glasgwm, part of the Crown township of Dolwyddelan, from his brother Robert Wynn for a term of 26 years. Here he built a storeyed Snowdonian house with a large projecting end fireplace, but no mural staircase. At first sight it seems surprising that Dr. Gwynn should have built a farmhouse some ten miles from his main seat at Maenan Abbey. But cattle farming was a good investment for the gentry, and two of his Glasgwm tenements, Llugallt and Llwyn-teg, were said to be capable of holding 140 cattle. Furthermore, he may have wished to supervise his

ddeiliadaethau eraill yn yr ardal yn fwy manwl. Cawsai'r Dr Gwynn brydles ar diroedd y Goron yn nhrefgordd Penmachno, a cheisiai elwa ar y rhain yn yr un modd ag yr oedd ei frodyr, Wynniaid Gwydir, yn elwa ar eu prydlesi ar Ddolwyddelan a Threfriw. Ond oherwydd gwrthwynebiad gan rydd-ddeiliaid Penmachno, a oedd wedi llechfeddiannu gwahanol rannau o dir y Goron ac a oedd yn amlwg yn ddig o achos ymyrraeth landlord esgud iawn, cafodd drafferth yn ei uchelgais i ehangu ei ystâd. Yn 1565 aeth pethau i'r pen pan ddirwywyd nifer o drigolion yr ardal yn y Llys Chwarter am ymosod ar y Dr Gwynn a dymchwel y ffensys yr oedd wedi'u codi i gau tir.

Ni chafodd y Dr John Gwynn fwynhau ei dŷ newydd yng Nglasgwm yn hir, gan iddo farw yn 1574, flwyddyn ar ôl codi Plas Glasgwm. Cofir amdano'n bennaf am ei gymynrodd ar gyfer cynnal tri chymrawd yng Ngholeg Sant Ioan, Caergrawnt, a chwe ysgolor, gan roi blaenoriaeth i fechgyn o gantref Nantconwy neu o Faenan.

Dulasau-isaf

Adeiladwyd Dulasau-isaf, a saif ar safle dethol ar lannau afon Conwy, dros sawl cyfnod; mae'n cynnwys adeilad braidd yn ddiaddurn yn y de-ddwyrain na wyddom ei ddyddiad. Mae'r prif dŷ'n dyddio o dua 1593, pan oedd yn brif gartref Rhydderch (Roderick) Powell, gŵr arall a wnaeth ei ffortiwn ei hun ac a ddatblygodd yr ystâd fwyaf ym Mhenmachno yn ystod yr unfed ganrif ar bymtheg. Ychwanegwyd estyniad i'r gegin ychydig yn ddiweddarach, ac, o ganlyniad, Dulasau oedd y tŷ mwyaf ym Mhenmachno ar y pryd.

Fel teulu Bennar, yr oedd Rhydderch Powell yn ddisgynnydd i Lywelyn Fawr trwy Ieuan ap Gruffudd Crafnant, er nad yw'n eglur sut y daeth yn berchen ar Dulasau. Bu farw ei dad, Hywel ap Rhys, cyn i Rydderch ddod i oed, ac yn y 1570au aeth i Lundain i wneud ei ffortiwn, gan gychwyn yn gweini mewn cartref o bendefigion. Yr oedd Gwenhwyfar, ei fam weddw, wedi prydlesu rhan o'i etifeddiaeth, rhandir o'r enw Cefnydugoed, i'w cymdogion pwerus yn Nugoed, Jane ferch Ffoulk a'i gŵr Harry yr ymddengys iddynt hawlio perchnogaeth; o ganlyniad, bu'n rhaid i Rydderch gyflwyno achos yn Llys y Siawnsri i gael ei diroedd yn ôl. Erbyn 1583, yr

other landholdings in the area more closely. Dr Gwynn had obtained a lease of the Crown lands in the township of Penmachno, which he attempted to exploit in the same way as his Wynn of Gwydir brothers were profiting from their leases of Dolwyddelan and Trefriw. But opposition from Penmachno freeholders, who had encroached on various areas of Crown land and clearly resented the intrusion of a hands-on landlord, meant that his estate-building ambitions did not run smoothly. In 1565 matters came to a head when a number of local inhabitants were fined at the quarter sessions for assaulting Dr Gwynn and breaking down the fences he had erected to enclose land.

Dr. John Gwynn did not enjoy his new house in Glasgwm for long; he died in 1574, a year after building Plas Glasgwm. He is remembered most for his bequest for the maintenance of three fellows at St John's College, Cambridge, and six scholars, with preference going to boys from the hundred of Nantconwy or from Maenan.

Dulasau-isaf

Dulasau-isaf, which occupies a favoured site on the banks of the river Conwy, was built in several stages, and includes a rather spartan south-east range of unknown date. The main house dates from around 1593, when it was the principal house of Rhydderch (Roderick) Powell, another self-made man who built up the biggest estate in sixteenth-century Penmachno. A kitchen extension was added a little later, making Dulasau the largest house in Penmachno at the time.

Like the Bennar family, Rhydderch Powell was descended from Llywelyn the Great via Ieuan ap Gruffudd Crafnant, though it is not clear how he came into possession of Dulasau. His father, Hywel ap Rhys, died before Rhydderch came of age, and in the 1570s he went up to London to make his fortune, employed initially as a servant in an aristocratic household. His widowed mother, Gwenhwyfar, had leased out part of his inheritance, a tenement called Cefnydugoed to their powerful neighbours at Dugoed, Jane ferch Ffoulk and her husband Harry, who appear to have claimed ownership; as a result, Rydderch had to petition the Court of Chancery to get his lands back. By

2.12
Dulasau-isaf, c.1950

oedd wedi'i ddyrchafu'n Arlwywr Bwtri ei Mawrhydi, ac wedi gwneud digon o arian i ddechrau rhoi benthyg ar forgais i wahanol uchelwyr o ogledd Cymru.

Erbyn dechrau'r 1600au, yr oedd Rhydderch a'i fab Roderick yn gweithredu fel benthycwyr arian ar raddfa fawr, gan gynnwys rhoi morgais o £600 i Robert Lloyd o Riw-goch ym Meirionnydd, a chynorthwyo Cadwaladr Price o Riwlas i ad-dalu ei ddyledion. Defnyddiodd y Poweliaid eu cyfoeth newydd i brynu tir ym Mhenmachno, gan gynnwys Ffrith-wen, Hafod-fraith, Hen-rhiw a nifer o brydlesau etifeddol gan *'ancient native tenants'* Dolwyddelan. Treuliai Roderick Powell y mab lawer iawn o'i amser yn Llundain, lle'r oedd yn byw ger Mynwent Sant Pawl, gan weithredu fel cyswllt

1583, he had risen to become a Purveyor of Her Majesty's Buttery, and had made enough money to start lending on mortgage to various members of the north Wales gentry.

By the early 1600s, Rhydderch and his son Roderick were operating as moneylenders on a large scale, including a £600 mortgage to Robert Lloyd of Rhiw-goch in Merioneth, and assisting Cadwaldr Price of Rhiwlas to repay his debts. The Powells used their new-found wealth to buy up land in Penmachno, including Frith-wen, Hafod-fraith, Hen-rhiw and several hereditary leaseholds from the 'ancient native tenants' of Dolwyddelan. Roderick Powell junior spent much of his time in London, where he resided at St Paul's Churchyard and acted as a useful link with the capital for the

defnyddiol â'r brifddinas ar gyfer uchelwyr Sir Gaernarfon. Yr oedd yn gyfaill mynwesol i Henry Rowlands, Esgob Bangor, yn ogystal â Syr John Wynn o Wydir, a bu'n llythyru â'r olaf ynghylch Brad y Powdwr Gwn.

Ond yn 1618 gwerthodd Roderick Powell y mab y rhan fwyaf o'i diroedd yn y Betws, Penmachno a Dolwyddelan, gan gynnwys maenordy Dulasau, i'w berthynas Evan Lloyd, cyfreithiwr Syr John Wynn o Wydir yn Llundain. Efallai iddo benderfynu ehangu ei fuddiannau busnes yn Llundain, lle'r oedd yn deiliwr-marsandïwr, neu efallai, yn syml, iddi fynd yn fain arno am arian, fel ar lawer un arall.

O dynnu ynghyd y llinynnau o wahanol gefndiroedd cymdeithasol ac economaidd adeiladwyr tai Penmachno, daw ambell batrwm i'r golwg. Yn rhan gyntaf y ganrif gwelwn bwysigrwydd heddwch ac adfywiad ffyniant y wlad: yr oedd gan y taeogion a ryddhawyd yr hyder i ailadeiladu a dechreuodd teuluoedd o fân uchelwyr hir-sefydlog brynu ystadau bychain gan ddefnyddio incwm o ffermio ac o renti. I'r rhai gwell eu byd, gallai tŷ cerrig newydd yn arddull gyfoes Eryri helpu etifedd i drefnu priodas fanteisiol, a bod yn dŷ agweddi pe bai ei wraig yn ei oroesi. Yr oedd canol y ganrif yn gyfnod o gyfleoedd pan allai uchelwyr ymgyfoethogi ar fanteision swydd neu drwy brynu hen diroedd y mynachlogydd, tra gallai disgynyddion taeogion ddod yn ffermwyr sylweddol ac anfon eu meibion i'r brifysgol. Yn rhan olaf yr unfed ganrif ar bymtheg, dechreuodd cyfoeth Llundain, a enillwyd yn y llys, ym maes y gyfraith ac ym maes benthyca arian hefyd, lifo'n ôl i Benmachno, gan alluogi rhydd-ddeiliaid llai blaenllaw i helaethu eu hystadau ac ehangu eu tai. Er hynny, dyna arwydd o ddiwedd oes y cyfleoedd: erbyn dechrau'r ail ganrif ar bymtheg yr oedd Penmachno yn prysur droi'n gymdeithas o dirfeddianwyr a deiliaid, ac o wahaniaethau cynyddol o ran cyfoeth a statws.

county gentry of Caernarvonshire. He was a confidant of both Henry Rowlands, Bishop of Bangor, and of Sir John Wynn of Gwydir, with whom he corresponded about the Gunpowder Plot.

But in 1618 Roderick Powell junior sold most of his lands in Betws, Penmachno and Dolwyddelan, including the manor-house at Dulasau, to his relative Evan Lloyd, Sir John Wynn of Gwydir's London lawyer. He may have decided to expand his business interests in London, where he was a merchant-tailor, or perhaps, like many others, he had simply overstretched himself.

Drawing together the threads from the diverse social and economic backgrounds of the sixteenth-century Penmachno house builders, some patterns begin to emerge. In the early part of the century, we see the importance of peace and returning national prosperity: freed bondmen had the confidence to rebuild, and long-established minor gentry families began to acquire small estates using income from farming and rents. For the better off, a new stone-built house in the modern Snowdonia style could help an heir make an advantageous marriage, and act as a dower-house if he was outlived by his wife. The mid-century was an age of opportunity, when local gentry could become rich on the fruits of office or by purchasing former monastic lands, whilst the descendants of bondmen could become substantial farmers and send their sons to university. In the later sixteenth century, London wealth acquired at court, in the legal profession and in money-lending too, began to flow back to Penmachno, enabling less distinguished freeholders to expand their estates and extend their houses. This however spelled the end of the age of opportunity: by the early seventeenth century Penmachno was fast becoming a society of landowners and tenants, and of growing economic and social inequality.

Noder: ceir cyfeiriadau yn astudiaethau achos y tai hyn.

Note: references are supplied in the case studies of these houses.

RHAN II: HANESION TAI
PART II: HOUSE HISTORIES

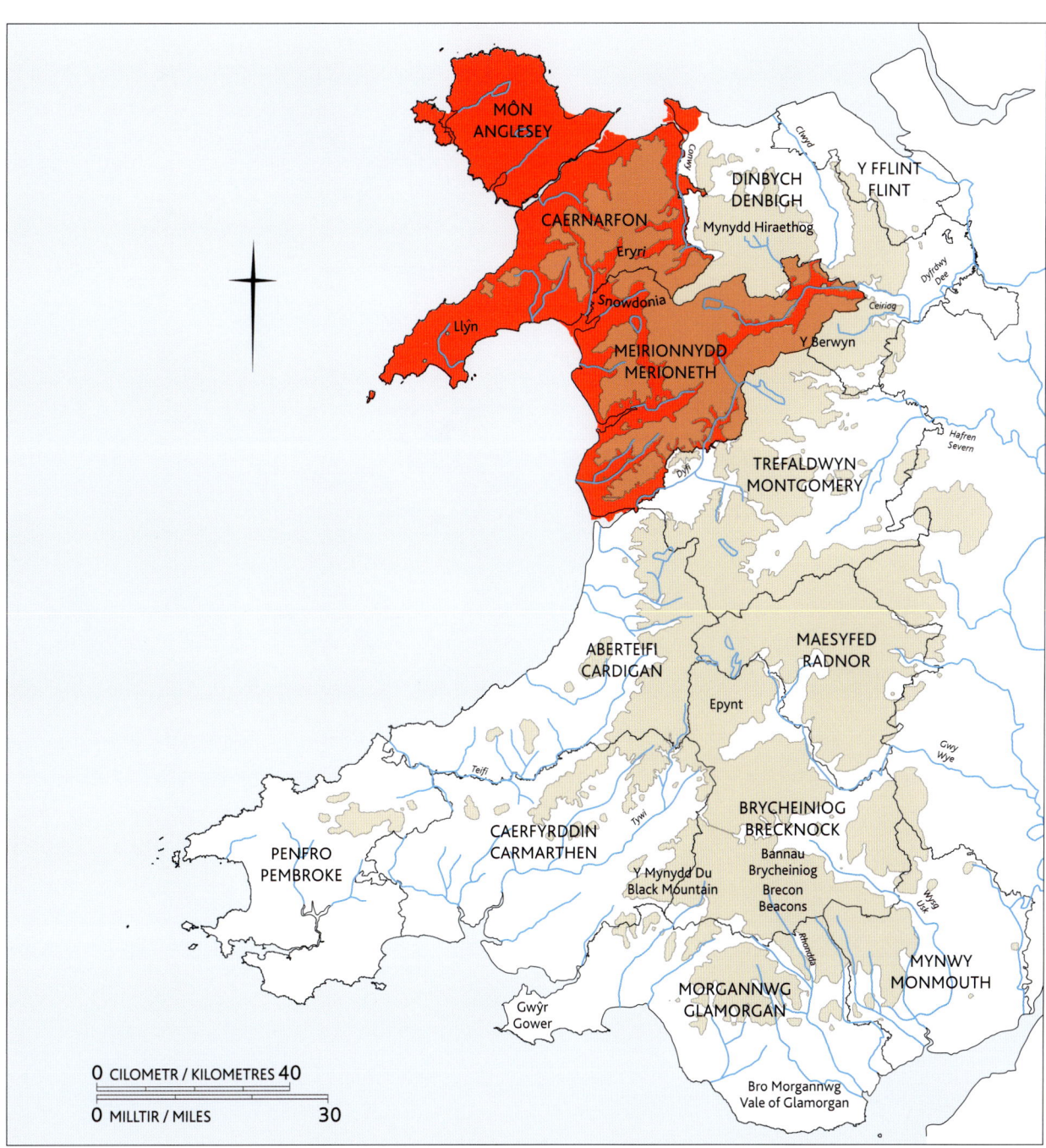

3.1 Cymru: map o'r siroedd hanesyddol gydag ardal yr arolwg mewn coch / Wales: map of the historic counties with survey area in red

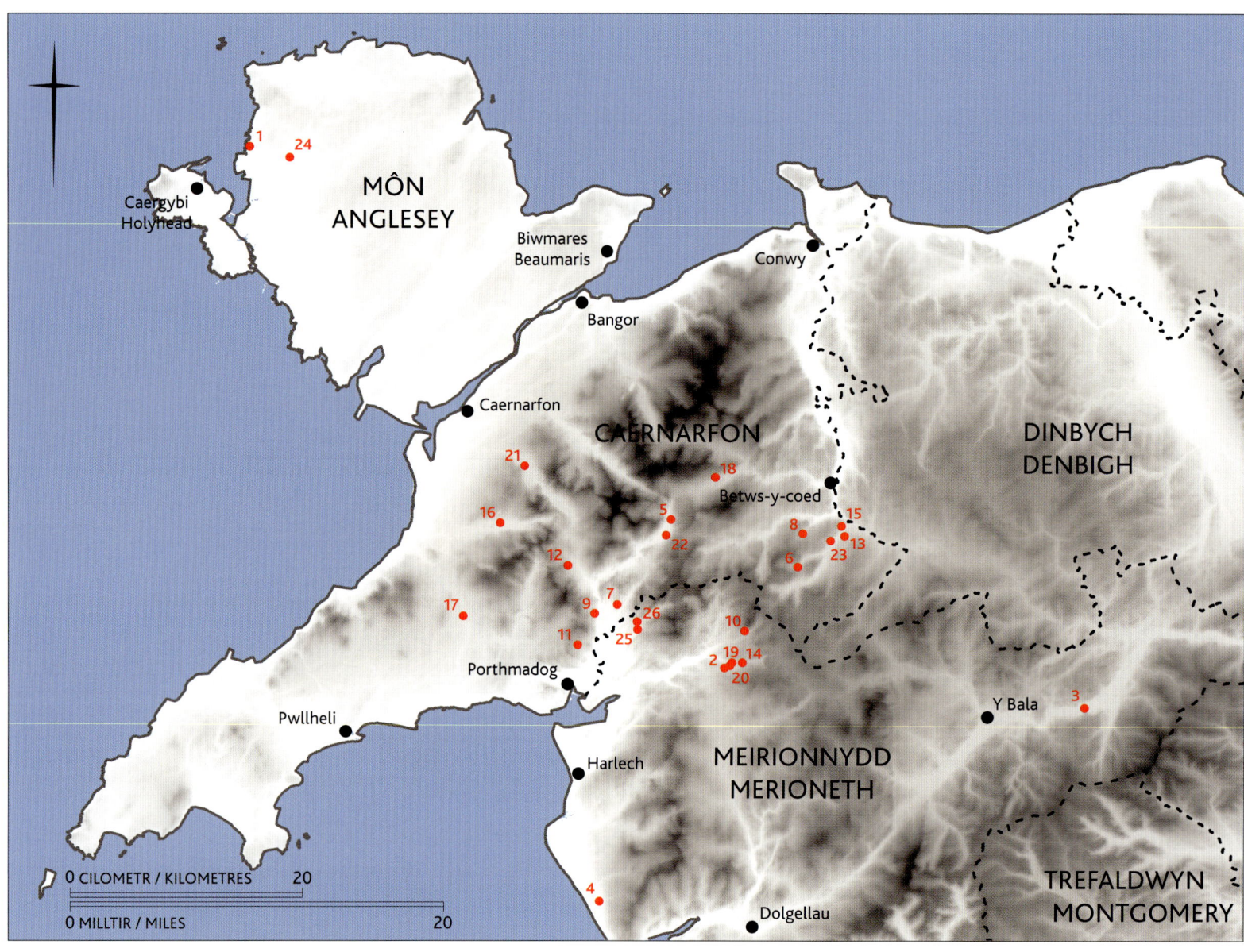

Neuadd-dai'r Oesoedd Canol / Medieval Hall-houses
1 Trefadog; 2 Cynfal-fawr; 3 Branas-uchaf; 4 Egryn; 5 Gwastadannas; 6 Blaenglasgwm-uchaf

Tai'r Trawsnewid / Transitional Houses
7 Tŷ-mawr, Nantmor; 8 Tŷ-mawr, Wybrnant; 9 Oerddwr-isaf; 10 Cae-canol-mawr; 11 Gorllwyn-uchaf; 12 Hafodruffydd-uchaf

Tai Cynllun Eryri Cynnar / Early Snowdonian Houses
13 Dugoed; 14 Brongoronwy; 15 Coedyffynnon; 16 Tŷ-mawr, Nantlle

Tai Cynllun Eryri Diweddarach / Later Snowdonian Houses
17 Derwyn-bach; 18 Dyffryn Mymbyr; 19 Brynyrodyn; 20 Bodllosged (Bodloesygad); 21 Llwynbedw; 22 Hafodlwyfog; 23 Bennar

Cyfadeiladau Eryri / Snowdonian Complexes
24 Gronant; 25 Cae-glas; 26 Y Parc

3.2
Gogledd-orllewin Cymru: lleoliadau tai'r hanesion / North-west Wales: house history locations

3
HANESION TAI I: TAI'R OESOEDD CANOL
HOUSE HISTORIES I: MEDIEVAL HOUSES

Neuadd-dai uchelwyr / **Gentry hall-houses**

1465–90 Trefadog (Llanfaethlu) — 86

1515 Cynfal-fawr (Maentwrog) — 90

Neuaddau cyplau eiliau / **Aisle-truss halls**

1508/9 Branas-uchaf (Llandrillo) — 96

1509/10 Egryn (Llanaber) — 102

Neuadd-dai gwerinol / **Peasant hall-houses**

1508 Gwastadannas (Nantgwynant) — 108

1518/19 Blaenglasgwm-uchaf (Penmachno) — 114

1465–90 (?1468) TREFADOG, LLANFAETHLU

NEUADD-DY'R BYMTHEGFED GANRIF Â NENFFYRCH
A FIFTEENTH-CENTURY HALL-HOUSE WITH CRUCKS

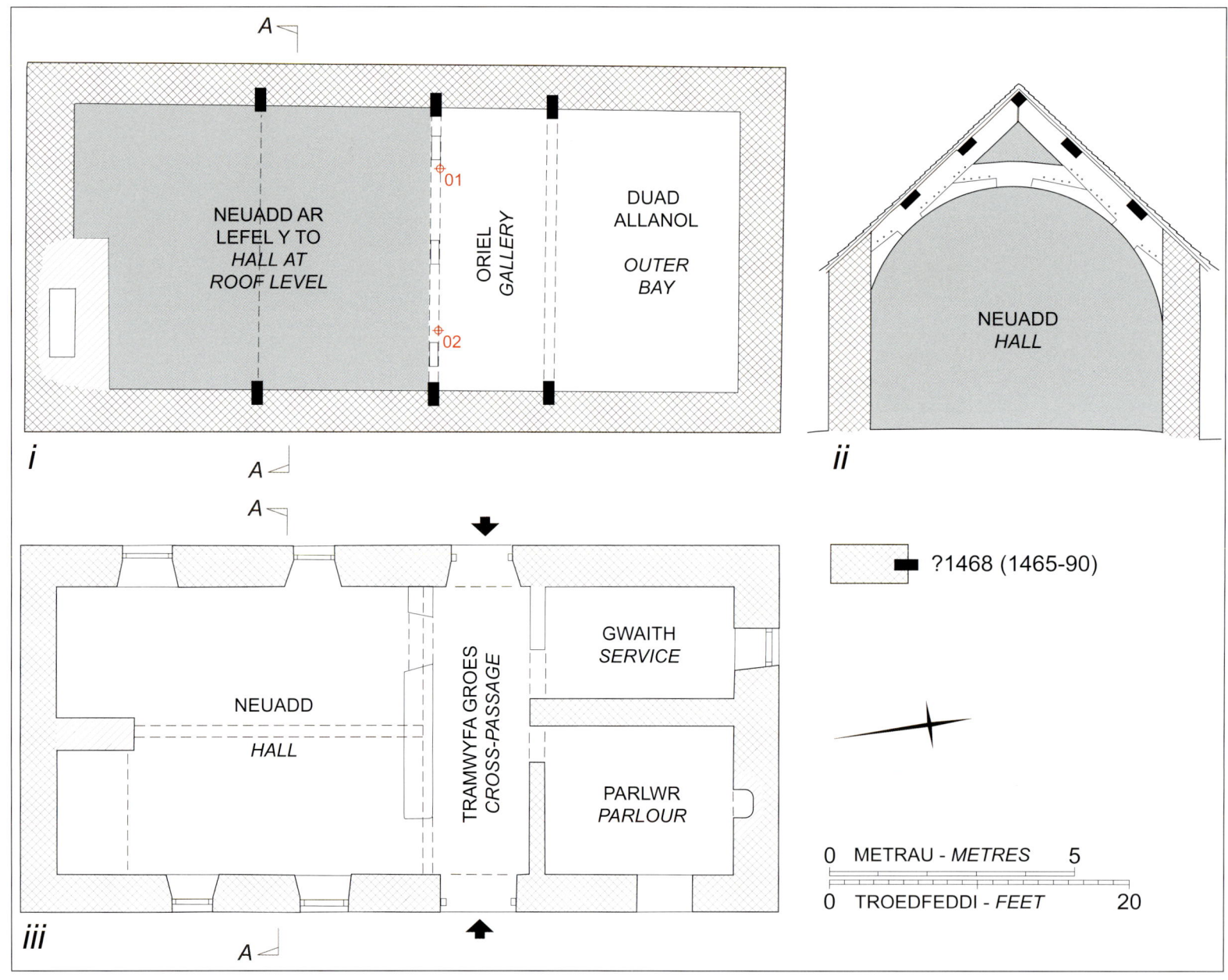

3.3 Trefadog: (i) cynllun y llawr isaf; (ii) cwpl canol y neuadd agored; (iii) cynllun y lefel uchaf fel y byddai / (i) ground-floor plan; (ii) central truss of open hall; (iii) reconstructed plan at upper level

Hanes

Saif Trefadog ar lannau agored gorllewin Ynys Môn, gyferbyn â Chaergybi; mae o ddiddordeb eithriadol fel un o'r ychydig iawn o dai ym Môn sy'n goroesi o'r oesoedd canol diweddar. Yng nghanol y bedwaredd ganrif ar ddeg, yr oedd Trefadog yn

History

Sited on the exposed west coast of Anglesey opposite Holyhead, Trefadog has exceptional interest as one of very few surviving late-medieval houses on Anglesey. In the mid-fourteenth century Trefadog was a free township of three *gwelyau* held

3.4
Trefadog, 2014:
y tu blaen / front elevation

drefgordd rydd o dri gwely a ddelid yn bennaf gan etifeddion Cadrodd Hardd.[1] Daeth y tŷ'n brif annedd yno, gan gymryd ei enw o'r drefgordd; fe'i codwyd, rhaid tybio, wedi cyfuno'r deiliadaethau gwasgaredig yn ail hanner y bymthegfed ganrif, er nad oes cofnod o'r broses. Cynllun clasurol neuadd uchelwyr sydd i'r tŷ, wedi'i ddiffinio gan nenffyrch. Eglurir perchnogaeth ddiweddarach y tŷ gan yr achres a gyhoeddwyd gan J. E. Griffith, sy'n awgrymu bod teulu Trefadog yn hanu o deulu Bodsilin. Yn y 1660au, ymbriododd aeres Trefadog, Jane, merch Richard ap Rowland Owen, ag Edward Prise, a ddaeth yn nes ymlaen yn rheithor Llanfaethlu.[2] Yn ddiweddarach, daeth Trefadog i feddiant teulu'r Stanleys o Benrhos, ac yn rhestr y degwm (1840) fe'i cofnodir fel fferm 165 erw yn eiddo i'r Arglwydd Alderley.

Disgrifiad

Saif o hyd tair nenfforch, yn ddu gan fwg; y rhain sy'n diffinio neuadd (dau dduad), tramwyfa ac ystafell allanol neuadd-dy o'r oesoedd canol diweddar. Ail-edrychwyd y nenffyrch (wedi adfer y tŷ) a dangosodd hyn eu bod i gyd yn gymalog, gydag uniad mortais a thyno yn y penelin; math o do gwasgaredig ei ddosbarthiad yng Ngogledd Cymru.[3] Mae gan y nenfforch ganol fwâu cynnal, fel sy'n

primarily by the heirs of Cadrodd Hardd.[1] The house became the principal dwelling there, taking its name from the township, and presumably was built after the consolidation of scattered holdings in the second half of the fifteenth century, although there is no documentary record of the process. The house has a classic gentry hall plan defined by cruck-trusses. The later ownership of the house is clarified by the pedigree published by J. E. Griffith, which suggests that the family at Trefadog derived from that of Bodsilin. In the 1660s the heiress of Trefadog, Jane, daughter of Richard ap Rowland Owen, married Edward Prise, later rector of Llanfaethlu.[2] Trefadog was later acquired by the Stanleys of Penrhos, and in the tithe schedule (1840) is recorded as a farm of 165 acres owned by Lord Alderley.

Description

Three smoke-blackened cruck-trusses survive defining the hall (two bays), passage, and outer-room of a late-medieval hall-house. Re-examination of the cruck-trusses (following restoration of the house) has shown that all the trusses are jointed, with mortice-and-tenon joints at the elbow, a roof-type with a scattered distribution in north Wales.[3] The central truss is

---

1 A.D. Carr, 'The Extent of Anglesey, 1352', *TCHaNM/TAngAS*, cyf./vol. 1971–2, 195-6.
2 J. E. Griffith, *Pedigrees of Anglesey and Carnarvonshire Families* (Hornchurch, 1914), 73; F.A. Barnes, 'Land tenure, landscape and population in Cemlyn', *TCHaNM/TAngAS*, 1982, 33-5.
3 Peter Smith, *Houses of the Welsh Countryside* (London, 1975), Map 14.

arferol mewn neuadd uchelwr. Mae i nenfforch pen y dramwyfa fwâu cynnal hefyd; ond, peth anarferol, nid yw'n gymesur, ac mae golwg y bu, efallai, oriel ym mhen isaf y neuadd.

Crëwyd cynllun tŷ Eryri yn Nhrefadog gan waith cyfaddasu yn yr ail ganrif ar bymtheg; cadwyd y dramwyfa a'r ystafell allanol ond, yn lle'r ystafell fewnol, gosodwyd lle tân yn y talcen, i wresogi'r neuadd. Perthyn tramwyfa'r grisiau, ail le tân ar gyfer y neuadd, a'r dormerau ar eu ffurf bresennol, i gyfnodau diweddarach.

Dyddio

Mae llafnau'r nenffyrch yn ddarnau mawr o goed derw, a dyfodd yn gyflym, gyda rhy ychydig o flwyddgylchau i'w dyddio'n llwyddiannus trwy ddendrocronoleg. Er hynny, cafwyd un sampl, o nenfforch pen y dramwyfa, â'i gwynnin yn gyfan, a roddodd 1468 fel dyddiad cymynu. Profwyd dwy sampl trwy ddyddio radio carbon trachywir a chafwyd ystod rhwng 1465–90 ar gyfer dyddiadau eu cymynu. Erbyn hyn mae dyddio radio carbon yn

archbraced, as is usual in a gentry hall. The passage-end truss is also archbraced, but unusually is asymmetrical with evidence for a possible gallery at the low end of the hall.

The seventeenth-century conversion of Trefadog gave it a Snowdonian plan-form, preserving the passage and outer room but with the inner room replaced by an end fireplace heating the hall. The stair passage, a secondary hall fireplace, and the dormers in their present form belong to subsequent phases.

Dating

The cruck blades are large timbers made from fast-grown oak with too few rings for successful dendrochronological dating. However, a single sample from the passage-end truss with complete sapwood gave a felling date of 1468. Two samples were taken for precision radiocarbon dating and gave a felling date range of 1465–90. Radiocarbon dating is now producing dates that are of sufficient precision to be of real value in the dating of historic

3.5–3.6 Trefadog:
llafn cymalog nenfforch pen y dramwyfa o'r dramwyfa (*chwith*) ac o'r duad allanol (*de*) / jointed cruck blade of passage-end truss from (*left*) passage and (*right*) outer bay

3.7
Trefadog o'r môr, 2014 /
Trefadog viewed from the sea, 2014

rhoi dyddiadau sy'n ddigon cywir i fod o wir werth wrth ddyddio adeiladau hanesyddol, yn arbennig pan fydd y ddendrocronoleg yn ansicr neu'n methu rhoi dyddiad. O'r braidd y daw'r unig ddyddiad a gafwyd o flwyddgylchau, sef 1468, y tu mewn i ystod dyddiadau 95% y dyddio radio carbon, ond mae ei le mor gynnar yn yr ystod yn ei wneud yn annhebygol fel dyddiad cymynu.

buildings, especially when dendrochronology is uncertain or fails to provide a date. The single tree-ring date of 1468 falls just within the 95% radiocarbon date range, but its position at the extreme end of this range makes it relatively improbable as the felling date.

Cyfeiriad grid: SH 2931 8609; *NPRN* 15896

Plwyf a sir hanesyddol: Llanfaethlu, Môn

Cymuned ac awdurdod cyfoes: Llanfaethlu, Ynys Môn

Ymchwil: Prosiect Dyddio Hen Dai Cymreig; *Arolwg*: CBHC ac Ymddiriedolaeth Archaeolegol Gwynedd; *Dyddio*: Oxford Dendrochronology Laboratory; Research Laboratory for Archaeology and the History of Art (RLAHA), University of Oxford.

Grid reference: SH 2931 8609; *NPRN* 15896

Historic parish and county: Llanfaethlu, Anglesey

Modern community and authority: Llanfaethlu, Isle of Anglesey

Research: Dating Old Welsh Houses Project; *Survey*: RCAHMW and Gwynedd Archaeological Trust; *Dating*: Oxford Dendrochronology Laboratory; Research Laboratory for Archaeology and the History of Art (RLAHA), University of Oxford.

1514/15 CYNFAL-FAWR, MAENTWROG

NEUADD-DY UCHELWYR O'R OESOEDD CANOL DIWEDDAR
A LATE-MEDIEVAL GENTRY HALL-HOUSE

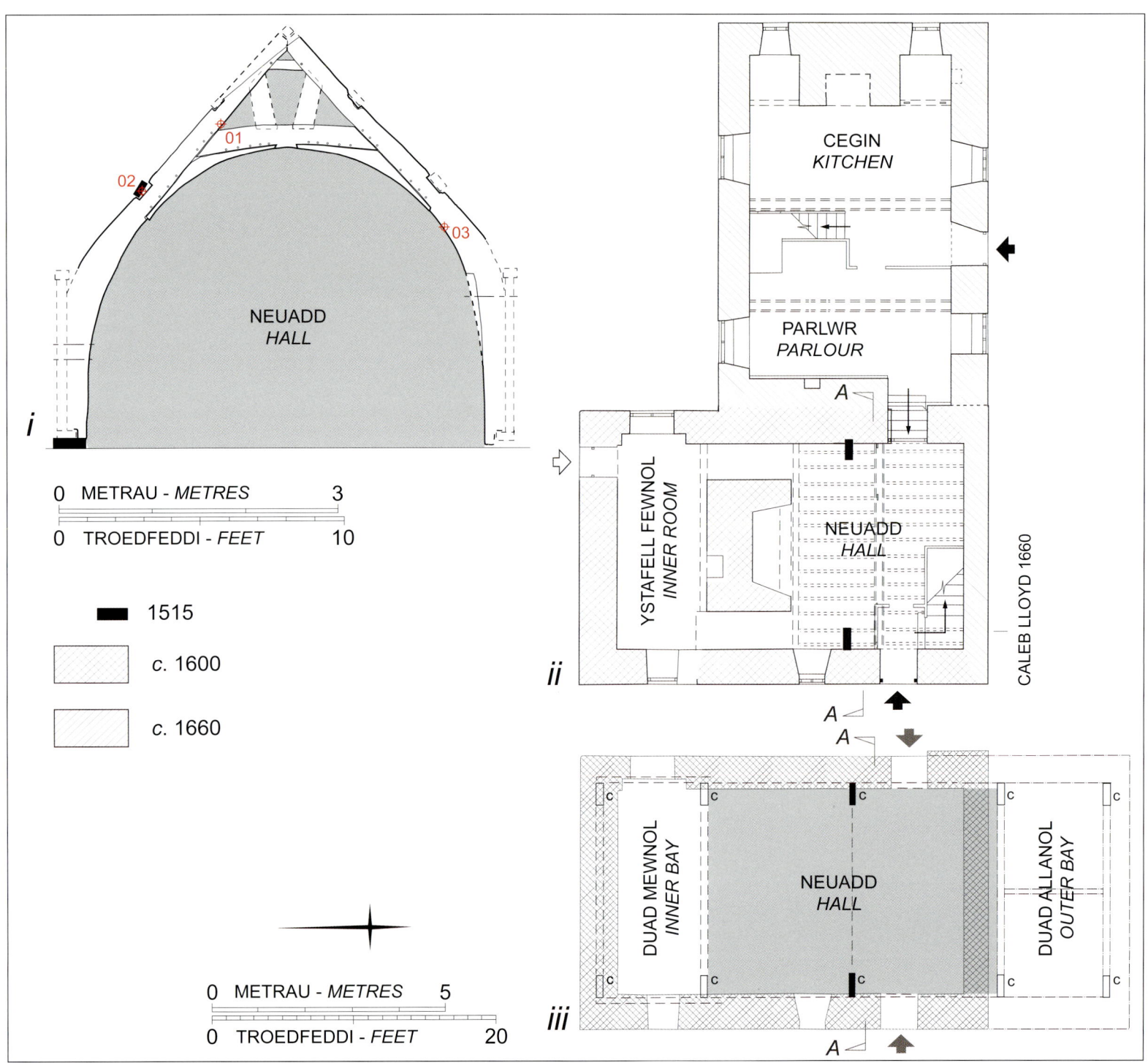

3.8 Cynfal-fawr: (i) croestoriad A-A: cwpl canol y neuadd; (ii) cynllun y llawr isaf; (iii) cynllun y neuadd-dy fel y byddai / (i) section A-A: central truss of hall; (ii) ground-floor plan; (iii) reconstructed plan of hall-house

**3.9
Cynfal-fawr:**
tŷ'r unfed ganrif ar bymtheg a thŷ'r ail ganrif ar bymtheg / sixteenth- and seventeenth-century houses

4   Lewys Dwnn, *Heraldic Visitations of Wales*, gol./ed. S. R. Meyrick (Llandovery, 1846), II, 96.

Hanes

Saif Cynfal-fawr ar ochr ddeheuol Ceunant Cynfal, ryw 175 metr uwchben datwm ordnans. Ar un adeg, bu'r tŷ'n ganolfan i ystâd fechan, ac yng nghanol y bedwaredd ganrif ar bymtheg yr oedd Cynfal-fawr yn fferm sylweddol. Y mae'r tŷ'n enwog am ei gysylltiadau â Morgan Llwyd, y cyfriniwr o ganol yr ail ganrif ar bymtheg, ac â'i hynafiaid o feirdd bonheddig. Tŷ cerrig sylweddol ydyw, yn nhraddodiad brodorol y rhanbarth, ond mae'n ymgorffori tŷ canoloesol fel croesty gwaith. Erbyn hyn mae dyddio blwyddgylchau wedi cadarnhau yr adeiladwyd y tŷ canoloesol yn nechrau'r unfed ganrif ar bymtheg. Dengys dadansoddiad pensaernïol iddo fod yn neuadd-dy uchelwyr o'r math clasurol, a muriau pren â ffrâm nenffyrch.

Tua 1600, cofnododd Lewys Dwnn, yr arwyddfardd, achres Dafydd Llwyd ap Hywel ap Rhys o 'Cynvel' neu 'Cynddel'.[4] Yn ôl pob tebyg, codwyd Cynfal-fawr gan Rys, taid Dafydd. Yr oedd y

History

Cynfal-fawr is sited on the south side of Ceunant Cynfal at about 175 metres above O.D. The house was historically the centre of a small estate, and in the mid-nineteenth century Cynfal-fawr was a substantial farm. The house is celebrated for its associations with Morgan Llwyd, the mid-seventeenth-century mystic, and his gentleman-poet forbears. Cynfal-fawr is a substantial stone-built house in the regional vernacular tradition but it incorporates a medieval range as a service wing. Tree-ring dating has now established that the medieval house was built in the early sixteenth century. Architectural analysis shows that it was a cruck-framed timber-walled gentry hall-house of classic type.

About 1600 Lewys Dwnn, the herald-bard, recorded the pedigree of Dafydd Llwyd ap Hywel ap Rhys of 'Cynvel' or 'Cynddel'.[4] Cynfal-fawr was probably built by Dafydd's grandfather Rhys. The family were notable as patrons of poets and for

3.10
Cynfal-fawr:
mynedfa'r hen dŷ (gyda Pierce Jones), 1950 / entrance to the old house (with Pierce Jones), 1950

teulu'n nodedig fel noddwyr beirdd ac am gynhyrchu beirdd o fonheddwyr, gan gynnwys Dafydd Llwyd (bu farw 1623) a'i feibion, Owen a Huw. Ceir cywydd gan Huw Machno, yn gofyn telyn dros Huw Llwyd, sy'n rhoi disgrifiad hynod o'r parlwr fel man canol diddordebau deallusol a chymdeithasol y bardd bonheddig hwn tua 1630:

> Trwsio, ffwrneisio a wnai oi ddyfais, i dŷ yn ddifai, ai ranu yn gowreiniach, a throi'r dŵr drwy barlwr bach. Os dyfod i'w ysdafell, (hon sy waith hardd yn saith well) i lyfrau ar silffau sydd deg olwg, gida'i gilydd, i flychau'n eliau lân ai gêr feddyg o arian ai fwcled glân ar wanas, ai gledd pur o'r gloyw-ddur glas, ai fwa yw, ni fu i well, ai gu saethau, ai gawell, ai wnn hwylus yn hylaw, ai fflasg, hawdd i caiff i'w law, ai ffon enwair ffein iown-wych, ai ffein gorn, ai helffyn gwych, ai rwydau, pan f'ai'r adeg, sy gae tynn i bysgod teg, ai ddrych oedd wych o ddichell, a wyl beth oi law o bell, ar sies ai gwyr, ddifyr ddysg, a rhwydd loyw dabler hyddysg.[5]

Bardd, meddyg a chyn-filwr oedd Huw Llwyd; cynnwys y gerdd fanylion argyhoeddiadol o ddodrefn y parlwr, gan gynnwys arfau Huw yn crogi ar y pared, ei boteli eli a'i offer meddygol, a'i lyfrau.

producing gentleman-poets, including Dafydd Llwyd (d. 1623) and his sons, Owen and Huw. A request poem by Huw Machno soliciting a harp for Huw Llwyd provides a remarkable description of the parlour as the centre of this gentleman-poet's intellectual and social interests about 1630:

> By his own invention he restored and reshaped his house skilfully, and diverted a stream of water through the little parlour. If you enter his room, which is beautiful and seven times better, you will see books arranged together on shelves; his boxes of wholesome ointment and his doctor's instruments of silver; his clean buckler on a peg (or clasp) and his sword of bright blue steel; his bow of yew – never was there a better one – and his arrows and quiver; his handy gun conveniently near and his flask within easy reach; his fine fishing rod; his splendid hunting horn and hunting spears; and his nets, when the season comes secure fine fish; and his mirror, a cunning trick, from his hand he sees a thing from afar; and the chess with its men, a pleasant exercise, and a polished well-acquainted board.[5]

Huw Llwyd was a poet, physician, and former soldier, and the poem has convincing details of the furnishings of the parlour, including Huw's weapons hanging on the wall, his ointments and medical instruments, and his books. The mirror –

3.11
Cynfal-fawr:
y tu blaen, 1950 / front elevation, 1950

---

5 Testun a chyfieithiad o / Text and translation from Enid Roberts, 'Everyday Life in the Homes of the Gentry', Class, Community and Culture in Tudor Wales, gol./ed. J. Gwynfor Jones (Cardiff, 1989), 73-4, 78 (n.109); Glenys Davies, Noddwyr Beirdd ym Meirion (Dolgellau, 1974), 54-57.

Tai'r Oesoedd Canol • Medieval Houses

**3.12
Cynfal-fawr:**
lle tân â meini bwa yn y tŷ o'r ail ganrif ar bymtheg / fireplace with voussoirs in the seventeenth-century house

**3.13
Cynfal-fawr:**
trawst â gwaith mowldin o'r unfed ganrif ar bymtheg a osodwyd yn y neuadd-dy / sixteenth-century moulded beam inserted in the hall-house

6 RCAHMW, *An Inventory of the Ancient Monuments in Wales ... VI. County of Merioneth* (London, 1921), 153; K. W. Jones-Roberts, 'Historic Houses in Ffestiniog and District', *CCHChSF / JMerHRS* III (1957–60), 272.

Gallai'r drych – telesgop, yn ôl pob tebyg – fod wedi cyfrannu at enw Huw fel consuriwr.

Cafodd Cynfal-fawr (y tŷ newydd, mae'n debyg) drwydded fel tŷ cwrdd yn 1669 ac fe'i trosglwyddwyd i Samuel, mab Morgan Llwyd; ei wyrion yntau, Christopher a Joseph Bushman, fu'r rhai olaf o'r teulu i fyw yn y tŷ. Enwir Joseph Bushman ar garreg ddyddiad o 1794 a ail-osodwyd uwchben lle tân parlwr yr hen dŷ. Gwerthwyd Cynfal yn 1809 i'r brodyr Casson, perchnogion chwarel a diwydianwyr, a hwy a osododd y ffenestri neo-gothig a moderneiddio'r tŷ.⁶

Disgrifiad

Cynllun siâp L sydd i Gynfal-fawr, gyda'r prif adeilad wedi'i godi ar ongl sgwâr i'r adeilad hŷn, o'r oesoedd canol diweddar, a saif ar oriwaered. Y mae tri phrif gyfnod:

I 1515. Neuadd-dy'r oesoedd canol diweddar gyda ffrâm nenffyrch a muriau pren. Ceidw'r adeilad hynaf nenfforch ganol â bwâu cynnal y neuadd ganoloesol. Gynt bu hoelbrennau yn nhu isaf pob llafn nenfforch yn dal postyn a gariai'r walblad, gan ddangos bod gan Cynfal-fawr furiau coed.

II Tua 1600. Cyfaddasu'r neuadd-dy trwy godi simnai ym mhen uchaf y neuadd, ychwanegu nenfwd, a chodi muriau cerrig yn lle'r rhai pren. Mae gan y trawstiau a ychwanegwyd ar gyfer y

probably a telescope – may have contributed to Huw's reputation as a conjurer.

Cynfal-fawr (probably the new house) was licensed as a meeting-house in 1669 and passed to Morgan Llwyd's son Samuel, whose grandsons Christopher and Joseph Bushman were the last of the family to live in the house. Joseph Bushman is named on a 1794 date-stone reset over the parlour fireplace of the old house. In 1809 Cynfal-fawr was sold to the Casson brothers, quarryowners and industrialists, and it was they who introduced the neo-gothic windows and modernised the house.⁶

Description

Cynfal-fawr has an L-plan with the principal range set at right-angles to the older and downslope-sited late-medieval range. There are three principal phases:

I 1515. A late-medieval, cruck-framed and timber walled hall-house. The older range preserves the central archbraced cruck-truss of the medieval hall. Pegs in the soffit of each cruck blade formerly secured a post that carried the wallplate, showing that Cynfal-fawr was timber walled.

II About 1600. Conversion of the hall-house with the construction of a chimney at the upper end of the hall, insertion of a ceiling, and the replacement of timber walls with stone. The inserted ceiling beams have an unusual reserved chamfer with central half-round

nenfwd siamffer soddedig anarferol gyda mowldin hanner crwn yn y canol sydd yn dyddio, yn fwy na thebyg, o ddechrau'r ail ganrif ar bymtheg. Mae'n debyg mai Huw Llwyd fu'n gyfrifol am gyfaddasu'r tŷ. Efallai mai'r ystafell fewnol fach a wresogid gan y lle tân cefngefn a oedd 'parlwr bach' Huw Llwyd. Mae i'r lle tân, a saif i'r naill ochr, gapan lluniedig a all ddyddio o'r ail ganrif ar bymtheg, ac mae lle i gredu y bu'r ffenestr ar un adeg yn fwy. Neu'n hytrach, ac yn fwy tebygol, byddai parlwr yn y duad allanol, a gollwyd wrth adeiladu'r asgell newydd.

III Tua 1660. Codwyd tŷ newydd sawl llawr cyfan, ar gynllun tŷ Eryri, gyda dormerau, ar ongl sgwâr i'r hen dŷ. Mae gan hwn simneiau yn y talcenni, i wresogi'r neuadd a'r parlwr. Aeth y tŷ canoloesol yn ystafelloedd gwaith ar gyfer y tŷ newydd, ond gallai hefyd fod wedi'i ddefnyddio fel tŷ agweddi. Nid oes dyddiad ar y tŷ newydd, ond ceir arysgrif sgriffiedig, 'Caleb Lloyd 1660', wedi'i dorri yn y talcen a ailadeiladwyd, a dyry hwn ddyddiad ar gyfer cwteuo'r hen dŷ; gellid tybio bod a wnelai hyn â chodi'r tŷ newydd. Y tu

moulding that is probably early seventeenth century in date. The conversion of the house may be attributed to Huw Llwyd. Huw Llwyd's 'little parlour' (*parlwr bach*) may have been the small inner-room heated by the back-to-back fireplace. The offset fireplace has a shaped lintel that may be seventeenth century, and there is evidence for a large window, now reduced. Alternatively, and more probably, the parlour may have been in the outer bay, which was lost when the new wing was built.

III About 1660. A new fully-storeyed house of Snowdonian type with dormers was constructed at right-angles to the old house. This has end chimneys heating hall and parlour. The medieval house became a service range to the new house, but could also have functioned as a dower-house. The new house is undated but a graffiti inscription 'Caleb Lloyd 1660' cut in the rebuilt gable dates the truncation of the old house, which is presumably related to the construction of the

**3.14
Cynfal-fawr:**
arysgrif / inscription 'Caleb Lloyd 1660'

mewn i'r tŷ, mae meini bwa coeth lle tân y neuadd yn gyson â dyddiad o ganol neu ran olaf yr ail ganrif ar bymtheg, ond dinistriwyd, neu fe guddiwyd, llawer o'r manylion a ddangosai'r cyfnod gan newidiadau yn oes Fictoria; cynhwysai'r rhain greu tramwyfa ar gyfer y grisiau a ffenestri neo-gothig a bwysleisiai mor hen oedd y tŷ.

new house. Internally the elegant arched voussoirs of the hall fireplace are consistent with a mid-/later seventeenth-century date but much period detail has been lost or concealed by Victorian alterations, which included the introduction of a stair passage and neo-gothic windows which emphasized the antiquity of the house.

Dyddio

Cyfunwyd tair sampl o'r nenffyrch i greu prif gronoleg y safle ar gyfer 131 o flynyddoedd. Cadwai un llafn ei holl wynnin o goeden a gymynwyd yng ngaeaf 1514/15. Cafwyd dwy sampl o drawst yn y llawr a ychwanegwyd, a chafwyd peth cyfatebiaeth i rai cronolegau o'r ardal ond nid oedd yr un yn ddigon cadarn i ddyddio dilyniant y trawst gydag unrhyw sicrwydd. Yn yr un modd, cafwyd dwy sampl o'r adeilad gorllewinol a gyfatebai'n amhendant i ddeunydd o'r ardal.

Dating

Three samples from the cruck-trusses were combined to make a 131-year site master. One blade retained complete sapwood from a tree felled in winter 1514/15. Two samples were taken from the inserted floor and gave some matches with local chronologies but these were not sufficiently robust to date the series with any level of certainty. Similarly, two samples from the west range gave some inconclusive matches with local material.

Cynfal-Fawr: Adroddiad y Labordy / Laboratory Report
Crynodeb o'r samplau a ddyddiwyd / Summary of dated samples

Rhif y sampl / Sample number	Lleoliad y sampl / Sample location	Rhychwant y dyddiadau / Date span	Cylchoedd gwynnin / Sapwood rings	Cyfanswm y cylchoedd / Total rings	Dyddiadau cymynu / Felling dates
*cyf01	East cruck blade	1407-1514	34C	108	Winter 1514/15
*cyf02	East purlin	1384-1458	–	75	after 1469
*cyf03	West cruck blade	1405-1473	38NM	69	c1511–14
* = constituent of Site Master CYNFALFR		**1384-1514**		**131**	*t* = 7.9 Brynyrodyn

Rhychwant dilyniannau'r cylchau / Span of ring sequences

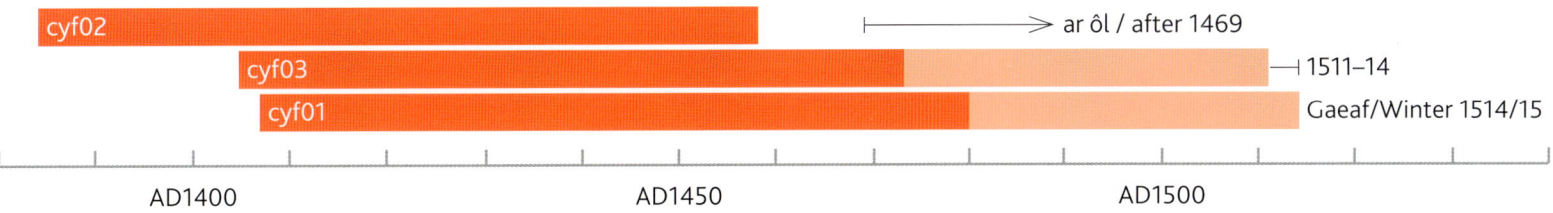

Cyfeiriad grid: SH 7029 4066; *NPRN* 28334

Plwyf a sir hanesyddol: Maentwrog, Meirionnydd

Cymuned ac awdurdod cyfoes: Maentwrog, Gwynedd

Ymchwil: Prosiect Dendrocronoleg Gogledd Orllewin Cymru (Geraint Vaughan Jones); *Arolwg*: Ric Tyler; *Dyddio*: Oxford Dendrochronology Laboratory.

Grid reference: SH 7029 4066; *NPRN* 28334

Historic parish and county: Maentwrog, Merioneth

Modern community and authority: Maentwrog, Gwynedd

Research: North-west Wales Dendrochronology Project (Geraint Vaughan Jones); *Survey*: Ric Tyler; *Dating*: Oxford Dendrochronology Laboratory.

1508/09 BRANAS-UCHAF, LLANDRILLO

NEUADD-DY 'BARWNAIDD'
A 'BARONIAL' HALL-HOUSE

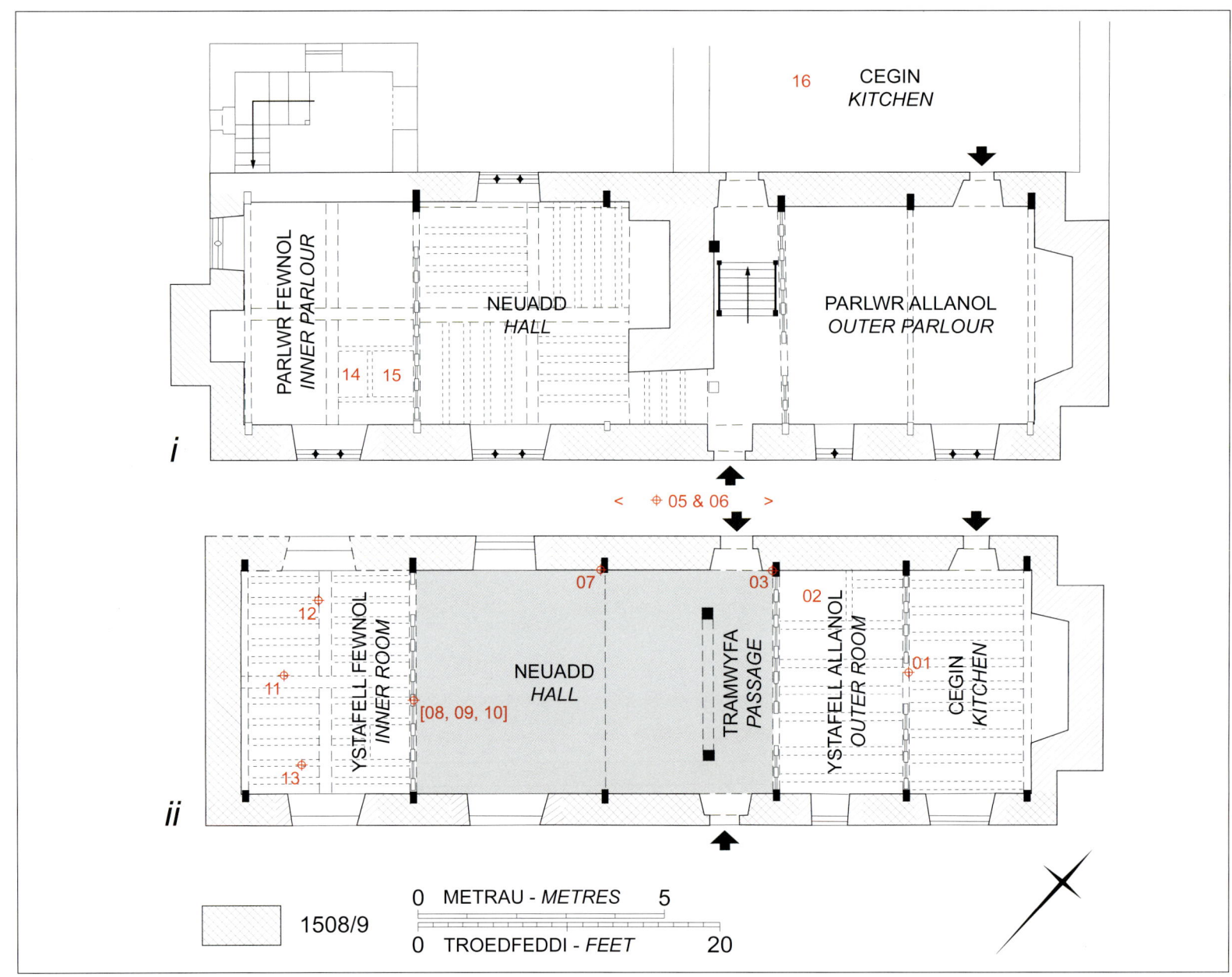

3.15
Branas-uchaf:
(i) cynllun y llawr isaf;
(ii) cynllun y tŷ fel y byddai yn rhan olaf yr oesoedd canol /
(i) ground-floor plan;
(ii) reconstructed late-medieval plan

Hanes
Mae Branas-uchaf yn enghraifft eithriadol o neuadd-dy uchelwyr o ddechrau'r unfed ganrif ar bymtheg. Mae'n un o grŵp bach o neuaddau uchel eu statws a hynodir gan y cwpl eiliau hynafol braidd, a roddai olwg ddramataidd i fynedfa'r neuadd. Yr oedd gan

History
Branas-uchaf is an exceptional gentry hall-house of the early sixteenth century. It belongs to a small group of high-status halls distinguished by the somewhat archaic aisle-truss, which dramatised the entrance to the hall. The owners of Branas had

**3.16
Branas-uchaf, 2014:**
y tu blaen a'r gegin groes /
front elevation and kitchen wing

berchnogion Branas statws arbennig fel 'barwniaid', a dyna sut y cyfeirid atynt mewn dogfennau cyfreithiol; gan hawlio'r teitl soniarus hwn fel disgynyddion i Owain Brogyntyn a oedd wedi dal ei afael ar Edeirnion adeg y goresgyniad. Disgynnydd barwnaidd Owain oedd Gruffudd ap Rhys, yn noddwr y beirdd ac yn un a fu ar bererindod i Santiago; rhannodd ei ystâd rhwng ei ddau fab: cafodd Hywel Grogan, ac etifeddodd Rheinallt Franas ac adeiladu neu ailadeiladu'r tŷ. Mae cywydd gan Dudur Aled yn canmol lletygarwch Rheinallt, gan ei alw'n 'dywysogol', a bu'r naill aelod o'r teulu ar ôl y llall yn noddi'r beirdd. Cyfeiria Edwart ap Raff at ŵyr Rheinallt fel 'fy marwn'. Er gwaethaf yr ormodiaith, arhosai teulu Branas yn rhengoedd uchelwyr y plwyf, gan wasanaethu fel ustusiaid heddwch ond heb ddal unrhyw swydd uwch, a chan

special status as 'barons', and were so styled in legal documents, claiming this sonorous title as descendants of Owain Brogyntyn who had retained Edeyrnion at the conquest. Owain's baronial descendant Gruffudd ap Rhys, a patron of the bards and pilgrim to Santiago, divided his estate between his two sons: Hywel received Crogan, and Rheinallt inherited and built or rebuilt Branas. A *cywydd* by Tudur Aled praises Rheinallt's hospitality as 'princely', and successive members of the family were patrons of the bards. Edwart ap Raff refers to Rheinallt's grandson as *fy marwn*: 'my baron'. Despite the hyperbole, the Branas family remained in the ranks of the parish gentry, serving as justices of the peace but holding no higher office, and adopted the surname 'Branas'. Branas was sold in 1651 to William Wynne of Garthgynan

fabwysiadu'r cyfenw 'Branas'. Gwerthwyd Branas yn 1651 i William Wynne, Garthgynan, gan fynd yn gartref i'w fab, Richard Wynne, ac yn nes ymlaen yn fferm gyda deiliad.[7] Yn ôl rhestr y degwm (1843), 172 erw oedd maint y demenau.

Disgrifiad
Y mae'r prif adeilad presennol yr un hyd â'r annedd bum duad canoloesol. Tŷ cerrig oedd hwnnw yn y lle cyntaf, gyda adwy seiclopaidd i ddrws y dramwyfa groes. Nenffyrch sy'n diffinio'r duadau, ond mae llawer o'r manylion wedi'u cuddio gan waith plastr neu ynghudd uwchben y nenfwd. Adeilad helaeth oedd Branas: safai neuadd ddau dduad rhwng ystafell fewnol fawr a dwy ystafell allanol. Creai cwpl sgrîn olwg ddramataidd ar fynedfa'r neuadd. Mae hynny o'r gwaith coed y gellir ei weld o safon uchel. Yn ddiweddar, darganfuwyd darnau o bared pyst a phaneli'r llwyfan; sylwyd hefyd ar gysbau ym mrig nenfforch ganol y neuadd, a cheir ategion rhwng y ceibrau a'r tulathau.

Mae cynllun Branas yn dwyn i'r cof gartref 'barwnaidd' arall cynharach a rhywfaint yn fwy, sef Plas-uchaf (1435), Llangar. Mae yn y ddau le ddwy ystafell allanol, y naill ar ôl y llall, a ddefnyddid fel ystafell waith a chegin yn cysylltu â'i gilydd. Un gynnar, debyg i simnai feiddgar neuadd Maes Tyddyn (1511/12), yw simnai drawiadol y gegin, simnai asennog wedi'i gosod ar letraws.

Dyddio
Trwy ddyddio blwyddgylchau, sefydlwyd dilyniant anarferol gyflawn ar gyfer y newidiadau ym Mranas-uchaf, y naill ar ôl y llall.
1 1508/9. Codi'r neuadd-dy gyda chwpl eiliau.
2 1514. Codi nenfwd dros yr ystafell fewnol gyda thrawstiau a distiau â mowldin rholiog ac agoriad ar gyfer grisiau ysgol.
3 1637–59. Llenwyd agoriad y grisiau ysgol rhwng 1637–59, yn fwy na thebyg fel rhan o gyfnod cyffredinol o welliannau a gynhwysai risiau newydd yn y dramwyfa groes a ffenestri gyda myliynau cerrig â mowldin ofolo. Nid yw'n eglur a ychwanegwyd nenfwd y neuadd, a'r lle tân, yr adeg hon ynteu rywfaint yn gynharach.
4 1661-91. Cafodd yr ystafell fewnol ei phanelu â wensgod, a orchuddiai bared y llwyfan.

3.17
Branas-uchaf:
simnai gywrain o'r unfed ganrif ar bymtheg / sixteenth-century ornate chimney

and became the residence of his son, Richard Wynne, and later a tenanted farm.[7] The tithe schedule (1843) records demesne lands amounting to 172 acres.

Description
The present principal range preserves the length of the five-bay medieval dwelling. The medieval house was originally stone-built with a cyclopean

---

7 A.D. Carr, 'The Barons of Edeyrnion', *CCHChSF /JMerHRS* IV (1963–4), 187-93 & 289-301; Glenys Davies, *Noddwyr Beirdd ym Meirion* (Dolgellau, 1974), 6-12.

5   1764. Ychwanegwyd cegin groes gyda chyplau brenhinbost. Mae'n debyg i'r hen gegin fynd yn barlwr ac i furiau'r prif adeilad gael eu codi'n uwch.
6   [1607] Dengys yr ysgubor, gyda'i dyddiad, gyfnod newydd o fuddsoddi.

Ceir cynlluniau ar wahân yn ail-greu'r cyfnod cyntaf ac yn dangos y newidiadau, gyda dyddiadau.

3.18
Branas-uchaf:
adwy drws y dramwyfa groes /
cross-passage doorway

cross-passage doorway. The baying is defined by cruck-trusses but much of the detail is concealed by plasterwork or hidden above the ceiling. Branas had a generous plan: a two-bay hall was set between a large inner-room and two outer-rooms. A spere-truss dramatised the entry into the hall. The quality of the visible timberwork is high. A fragmentary post-and-panel dais partition has recently been revealed, cusping has been noted at the apex of the central hall truss, and there are windbraces.

The plan of Branas-uchaf recalls the earlier and somewhat larger Plas-ucha (1435), Llangar, another 'baronial' residence. Both have two outer rooms in sequence serving as intercommunicating service-room and kitchen. The eye-catching diagonally-set and ribbed kitchen chimney is early and similar to the bold hall chimney at Maes Tyddyn (1511/12).

Dating

Tree-ring dating established an unusually complete dated sequence for successive modifications at Branas-uchaf:

1   1508/9. Construction of the hall-house with aisle-truss.
2   1514. Inner-room ceiled with roll-moulded beams and joists with an opening for a ladder stair.
3   1637–59. The ladder stair opening was infilled between 1637–59, probably part of a general phase of improvement that included a new stair in the cross-passage and stone ovolo-moulded mullioned windows. It is not clear if the hall ceiling and fireplace were inserted in this phase or somewhat earlier.
4   1661–91. The inner-room was lined with wainscoting, which covered the dais partition.
5   1764. The kitchen wing with king-post trusses was added. The former kitchen probably became a parlour and the wall height of the main range raised.
6   [1607] A dated barn represents a further phase of investment.

The reconstructed plan of the primary phase and the dated alterations are shown in separate plans.

Branas-Uchaf: Adroddiad y Labordy / Laboratory Report
Crynodeb o'r samplau a ddyddiwyd / Summary of dated samples

Rhif y sampl / Sample number	Lleoliad y sampl / Sample location	Rhychwant y dyddiadau / Date span	Cylchoedd gwynnin / Sapwood rings	Cyfanswm y cylchoedd / Total rings	Dyddiadau cymynu / Felling dates
	Primary phase				
*denf1	transverse beam T1 (Mean)	1418-1508	24C	91	Winter 1508/9
*denf2	joist	1428-1489	h/s	62	1500-1530
denf3	joist	-	-	39	
denf4	principal rafter T2	1471-1508	-	38	Winter 1508/9
*denf5	purlin	1425-1508	29C	84	Winter 1508/9
*denf6	purlin	1425-1508	19C	84	Winter 1508/9
*bdgw7	principal rafter T3	1423-1484	h/s	62	1495-1525
*denf8	Ex situ muntin from screen	1412-1507	22½C	96	Summer 1508
*denf9	Ex situ plank from screen	1388-1468	-	81	After 1479
*denf10	Ex situ plank from screen	1422-1495	8	74	1498-1528
	Inserted ceiling Bay 6 with ladder stair				
*denf11	axial beam (Mean of **denf11a** + **denf11b1**)	1421-1501	8	81	1504-34
*denf12a1	transverse beam	1408-1507	18	100	
denf12a2	ditto	–		6	1514-30
denf13	joist	1454-1513	19¼C	60	Spring 1514
	Flooring over of ladder stair				
denf14	joist	1535-1636	h/s	102	
*denf15	joist	1488-1580	-	93	1637-59
denf145	mean of **denf14** + **denf15**	1488-1580	h/s	93	1637-59
	Kitchen wing				
denf16	tiebeam	1655-1763	14½C	109	Summer 1764
* = DENBY6 Site Master		1388-1580		193	t-value = 12.4 IGHTFELD

Rhychwant dilyniannau'r cylchau / Span of ring sequences

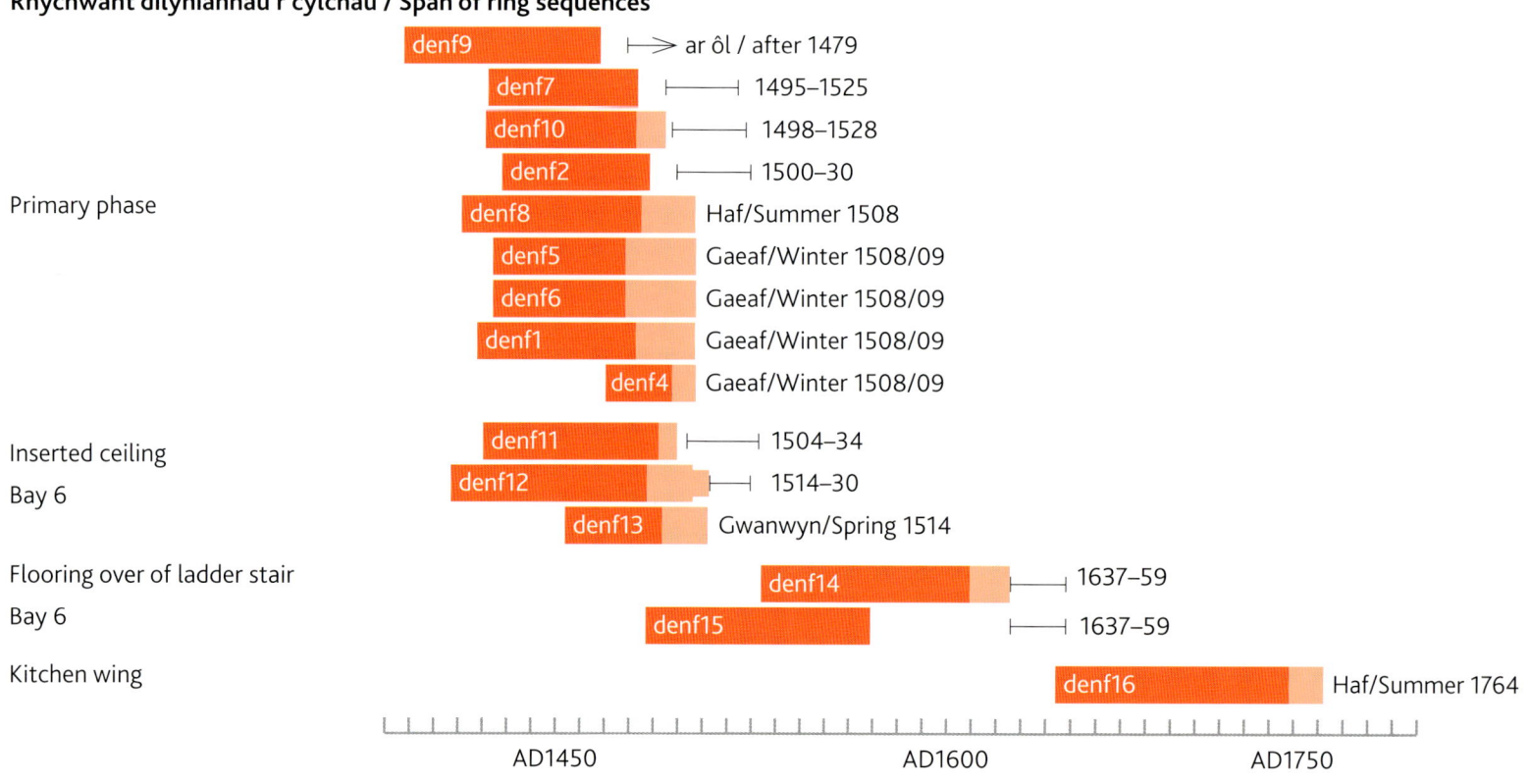

Tai'r Oesoedd Canol • Medieval Houses

3.19 Branas-uchaf: simnai'r parlwr / parlour chimney

Cyfeiriad grid: SJ 0155 3735; *NPRN* 28196

Plwyf a sir hanesyddol: Llandrillo, Meirionnydd

Cymuned ac awdurdod cyfoes: Llandrillo, Sir Ddinbych

Ymchwil: Prosiect Dendrocronoleg Gogledd Orllewin Cymru (Janice Dale); *Arolwg*: CBHC ac Engineering Archaeological Services Ltd; *Dyddio*: Oxford Dendrochronology Laboratory.

Grid reference: SJ 0155 3735; *NPRN* 28196

Historic parish and county: Llandrillo, Merioneth

Modern community and authority: Llandrillo, Denbighshire

Research: North-west Wales Dendrochronology Project (Janice Dale); *Survey*: RCAHMW and Engineering Archaeological Services Ltd; *Dating*: Oxford Dendrochronology Laboratory.

1509/10 EGRYN, LLANABER
NEUADD CYPLAU EILIAU O'R OESOEDD CANOL DIWEDDAR
A LATE-MEDIEVAL AISLE-TRUSS HALL

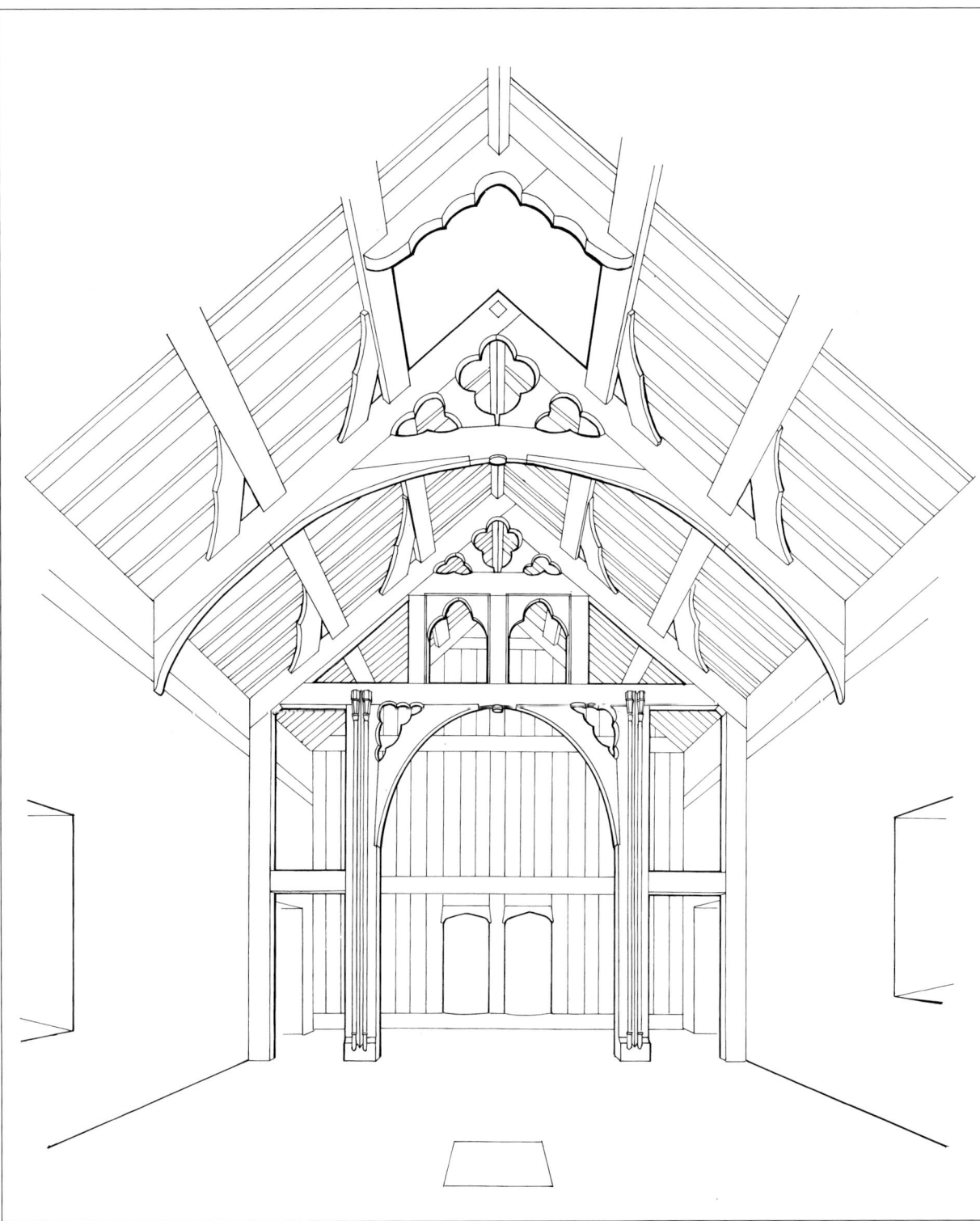

3.20
Egryn:
y neuadd fel y byddai yn rhan olaf yr oesoedd canol, gan edrych tua chwpl y sgrîn / reconstruction of the late-medieval hall, looking towards the spere-truss

3.21
Egryn:
y neuadd-dy, â dormerau o'r ail ganrif ar bymtheg, gyda'r tŷ o'r bedwaredd ganrif ar bymtheg yn sefyll o'i flaen / hall-house with seventeenth-century dormers refronted in the nineteenth century

Hanes

Saif Egryn ar lannau ffrwythlon Ardudwy, lle byddai cnydau ŷd a chynaeafau môr a mynydd gyda'i gilydd yn ffafrio sawl deiliadaeth lewyrchus. Un o drefgorddau'r Goron oedd Llanaber ac fe ymddengys y codwyd Plas-yn-egryn wedi cyfuno sawl deiliadaeth yng Ngafael Egryn; er hynny, nid oes dim byd yn y dogfennau sydd wedi goroesi i ddangos proses helaethu'r ystâd. Adeiladwyd Egryn ar yr union adeg pryd y gweddnewidiwyd y farchnad dir gan siartr rhyddfreiniau Harri VII (1507). Tŷ rhwysgfawr yw Egryn, wedi'i adeiladu gan deulu a oedd yn cyhoeddi ei oruchafiaeth yn y gymdogaeth.

Gellir priodoli neuadd Egryn i Ruffydd ap Ednyfed ap Gruffydd Lloyd (a flodeuai 1509), un o ddisgynyddion Marchudd, patriarch un o 'bymtheg

History

Egryn is sited on the fertile coastal strip of Ardudwy, where corn growing combined with the harvests of the sea and mountain favoured several prosperous holdings. Llanaber was a Crown township and Plas-yn-egryn seems to have been built after the consolidation of various holdings within Gafael Egryn, although the estate-building process has left no trace in the surviving documentation. Egryn was built at precisely the time when Henry VII's charter of liberties (1507) transformed the land market. Egryn is a flamboyant house built by a family asserting its dominance within the locality.

The hall at Egryn can be attributed to Gruffydd ap Ednyfed ap Gruffydd Lloyd (living 1509), descended from Marchudd, patriarch of one of the

llwyth' Gwynedd.[8] Ym mhen yr hir a'r hwyr, mabwysiadodd ei ddisgynyddion y patronymig Tudur, fel cyfenw atseiniol, a buont yn noddwyr nodedig i'r beirdd. Canwyd moliant i William ap Tudur (bu farw 1587/8) gan Wiliam Cynwal yn ystod ei oes fel noddwr hael. Canmolodd y bardd letygarwch Egryn, gan ddweud 'pawb âi i'th blas', yn enwedig ' pob cerddor'. 'Lle llawen dyn' oedd llys Egryn, yn enwog am ei aur, ei arian, a'i fyrddau llwythog â gwin, cwrw a chig ('brawn'), fel petai William yn frenin.[9]

Yr oedd y neuadd yn dal i fod yn agored hyd y to yn 1594 pan ymwelodd Lewys Dwnn, yr arwyddfardd, â'r Plas-yn-egryn a chofnodi achres ac arfbais Huw ap William Tudur, mab ac etifedd William ap Tudur, gan ei ddisgrifio fel 'gŵr bonheddig diledach'.[10] Parhaodd Huw a'i wraig Gwen, merch Rhisiart Fychan, Corsygedol, y traddodiad o groesawu'r beirdd. Mae marwnad gan Edward Urien, o ddechrau'r ail ganrif ar bymtheg, yn cymharu Huw i Gunedda a Nudd oherwydd y lletygarwch hael a geid yn 'y Neuadd-fawr' yn Egryn.[11]

Mae'n debyg mai William Tudur, etifedd Huw, fu'n moderneiddio Egryn. Ar yr un pryd, tua 1620, adeiladwyd tŷ mawr, sawl llawr, ychydig bellter o'r hen neuadd. Yn fwy na thebyg, aethpwyd ati i helaethu Egryn er mwyn datrys rhai o'r problemau lletya a grëwyd gan ffrwythlondeb hynod y teulu. Bu William Tudur yn un o dri ar ddeg o blant. Cyfeiria bardd at saith mab a chwe 'seren' Egryn. Aeth William ymlaen i briodi deirgwaith. Bu farw Huw Tudur, ei etifedd, yn gymharol ifanc (1644) ond bu iddo saith o blant. Yn ôl pob tebyg, codwyd y tŷ newydd sylweddol, ar gynllun tŷ Eryri, gan William iddo ef ei hun a chyfaddaswyd yr hen neuadd er mwyn lletya'i frodyr a'i chwiorydd dibriod.

Hugh Tudur III, a fu'n siryf yn 1675, oedd yr olaf o'r Tuduriaid i fyw yn Egryn; gyda phriodas ei chwaer trosglwyddwyd yr ystâd i ystâd Cae'rberllan. Aeth Egryn yn fferm â deiliad a chafodd y tŷ wyneb newydd yn nechrau'r bedwaredd ganrif ar bymtheg. Daeth y tŷ canoloesol yn ystafelloedd gwaith a'i anrhydeddu â'r enw swynol ond anhanesyddol 'Egryn Abbey'.

'fifteen tribes' of Gwynedd.[8] His descendants eventually adopted the patronymic Tudur as a resonant surname and were notable patrons of the poets. William ap Tudur (d.1587/8) was eulogised in his lifetime as a generous patron by Wiliam Cynwal, who praised the hospitality at Egryn, saying 'everyone went to your mansion' (*plas*), especially every musician (*cerddor*). The court of Egryn was 'a place of human happiness' famous for its gold and silver and the tables groaning with wine, beer and meat ('brawn'), as if William was a king.[9]

The hall was still open to the roof in 1594 when Lewys Dwnn, herald-bard, visited Y Plas-yn-egryn and registered the pedigree and arms of Huw ap William Tudur, son and heir of William ap Tudur, described as 'gwr boneddig diledach', a gentleman of noble descent.[10] Huw and his wife Gwen, daughter of Rhisiart Fychan of Corsygedol, continued the tradition of welcoming the bards. An early-seventeenth-century elegy by Edward Urien compares Huw to Cunedda and Nudd because of the lavish hospitality maintained in the great hall (*Y Neuadd-fawr*) at Egryn.[11]

It is probable that Huw's heir, William Tudur, modernised Egryn. At the same time, about 1620, a large storeyed house was built a short distance from the old hall. The enlargement of Egryn was probably undertaken to resolve some of the accommodation problems created by the remarkable fertility of the family. William Tudur was one of thirteen children. A poet refers to the seven sons and six 'stars' of Egryn. William went on to marry three times. His heir Huw Tudur died relatively young (1644) but had seven children. It seems likely that the new substantial Snowdonian house was built by William for himself and that the old hall was adapted to provide accommodation for his unmarried siblings.

Hugh Tudur III, sheriff in 1675, was the last of the Tudur family resident at Egryn, the estate passing with the marriage of his sister to the Cae'rberllan estate. Egryn became a tenanted farm and the house was refronted in the early nineteenth century. The medieval house became the service range and was dignified with the appealing but unhistorical name Egryn 'Abbey'.

8 Lewys Dwnn, *Heraldic Visitations of Wales* (Llandovery, 1846), II, 251n.
9 Davies, *Noddwyr Beirdd ym Meirion*, 71-2.
10 Dwnn, *Heraldic Visitations of Wales*, II, 251.
11 Davies, *Noddwyr Beirdd ym Meirion*, 72-3.

Tai'r Oesoedd Canol • Medieval Houses

3.22 Egryn: to diwedd yr oesoedd canol, wedi'i adfer / the restored late-medieval roof

Disgrifiad

Neuadd-dy uchelwyr hynod yw Egryn, gyda muriau cerrig ond gwaith saer coed coeth – cyfuniad nodweddiadol o gynllun Eryri. Codwyd croesty yn y bedwaredd ganrif ar bymtheg, i gymryd lle'r ystafell allanol, ond ar wahân i hynny y mae'r tŷ bron â bod yn gyfan, gan gadw ei do aml ei gysbau. Ar y cychwyn, yr oedd i Egryn gynllun tair uned arferol yr oesoedd canol diweddar, sef neuadd rhwng dwy ystafell fach fewnol ac un neu ragor o ystafelloedd allanol. Ceir yno o hyd un o'r adwyon seiclopaidd i'r dramwyfa groes ac un ffenestr ganoloesol bensgwar â myliynau a fyddai gynt yn goleuo'r bwrdd tâl (y bwrdd uchel).

Saif cwpl eiliau cysbog wrth fynedfa'r neuadd ac iddo bâr o fowldinau rholiog tri chwarter cylch (*bowtell*) ar y pyst sy'n wynebu'r dramwyfa. Rhennir

Description

Egryn is a remarkable gentry hall-house, stone-walled but with refined carpentry, a characteristic Snowdonian combination. The outer room has been replaced by a nineteenth-century cross-wing but otherwise the house is virtually complete and retains its multi-cusped roof. Originally Egryn had the usual late medieval three-unit plan of a hall between twin small inner rooms and one or more outer rooms. Egryn retains one of the cyclopean doorways to the cross-passage, and one medieval square-headed mullioned window, which formerly lit the high table.

A cusped aisle-truss stands at the entrance to the hall and has twin bowtell mouldings on the posts facing the passage. The hall roof is divided into two unequal bays by an archbraced collar-

to'r neuadd yn ddau dduad anghyfartal gan gwpl trawst coler cysbedig ei frig â bwâu cynnal, ac eistedd cwpl lwfer cysbog ar dulathau'r duad mwyaf (yr un mewnol). Prawf y lwfer mai aelwyd agored a wresogai'r neuadd adeg ei godi, ac mai addasiad yw'r lle tân presennol (tebyg i un Corsygedol, 1576) ar un o'r muriau ystlysol. Mae digon ar ôl o'r cwpl eiliau rhwng y dramwyfa a'r neuadd i roi syniad cywir o'i olwg pan oedd yn gyfan. Gwaith pyst a phaneli yw pared y llwyfan ym mhen uchaf y neuadd, gyda adwyon sy'n dangos mai dwy ystafell fach a fyddai gynt y tu hwnt i'r pared.

Daw'r trawst a osodwyd yn y cwpl eiliau o ddechrau'r ail ganrif ar bymtheg, o gyfnod moderneiddio Egryn; yr adeg honno fe ychwanegwyd llawr uwchben y neuadd i greu llawr cyntaf gyda siambrau y gellid byw ynddynt gyda dormerau â ffenestri mowldin ofolo o dywodfaen chwareli Egryn. Ceir carreg ddyddiad dywodfaen, ond mae traul y tywydd wedi golygu nad oes modd darllen yr arysgrif.[12]

Dyddio

Cafwyd saith sampl â'u gwynnin yn gyfan o'r to, a rhoddodd y rhain ddyddiadau cymynu o 1507 (prif geibrau) i 1509/10 (ceibr cyffredin). Mae dyddiad yn nechrau'r unfed ganrif ar bymtheg yn fanylach na'r 'ar ôl 1496' a gafwyd cyn bod modd cyrraedd y cyfan o'r to. Mae'r addasiad i'r cwpl eiliau, a wnaed rhwng 1592-1622, yn rhoi dyddiad ar gyfer y llawr uwchben y neuadd.[13] Codwyd y tŷ newydd, ar gynllun tŷ Eryri, yn ystod y cyfnod hwn, fel y dengys dyddiadau cymynu yng Ngaeaf 1617/18 a Gwanwyn 1618.

beam truss with cusped apex, and a cusped louvre-truss is perched on the purlins of the larger (inner) bay. The louvre proves that the hall was heated by an open hearth when built, and that the present, lateral fireplace (which resembles that at Corsygedol, 1576) is a modification. Enough survives of the aisle-truss between passage and hall to make a complete restoration possible. The dais partition at the high end of the hall is of post-and-panel construction with doorways showing that two small rooms originally lay beyond the partition.

The early-seventeenth-century inserted beam in the aisle-truss relates to the modernisation of Egryn when the hall was floored over creating habitable first-floor chambers with dormers and ovolo-moulded windows, using sandstone from the Egryn quarries. There is a sandstone date-stone but weathering has rendered the inscription illegible.[12]

Dating

Seven samples with complete sapwood were obtained from the roof and gave felling dates from 1507 (principal rafters) to 1509/10 (common rafter). The early-sixteenth-century date for the hall refines the 'after 1496' obtained before the roof was fully accessible. The adjustment to the aisle-truss made between 1592–1622 dates the flooring over of the hall.[13] The construction of the new Snowdonian house took place within this period as felling dates of 1618 show.

---

12 Seilir y disgrifiad ar / Description based on Peter Smith, 'Houses c.1415–1642', J. and Ll. Beverley Smith (gol./ed.), *The History of Merioneth, II: The Middle Ages* (Cardiff, 2003), 446, ffigurau/figs 10.8-10.10.

13 John Esling, 'Tree-ring Dating of Medieval and Early Post-Medieval Buildings in North Wales', *Studia Celtica* 30 (1996), 238-9.

Egryn: Adroddiad y Labordy / Laboratory Report
Crynodeb o'r samplau a ddyddiwyd / Summary of dated samples

Rhif y sampl / Sample number	Lleoliad y sampl / Sample location	Rhychwant y dyddiadau / Date span	Cylchoedd gwynnin / Sapwood rings	Cyfanswm y cylchoedd / Total rings	Dyddiadau cymynu / Felling dates
*egr1	rafter	1454-1509	24C	56	Winter 1509/10
*egr2	rafter	1451-1508	25C	58	Winter 1508/9
egr3	N principal rafter (dais partition}	-	19½C	62	Summer 1507
*egr4	S principal rafter (dais partition)	1434-1506	16½C	73	Summer 1507
*egr5	rafter	1450-1509	19C	60	Winter 1509/10
*egr6	N principal rafter (passage partition)	1454-1506	17½C	53	Summer 1507
*egr7	S principal rafter (passage partition) truss	1433-1507	18C	75	Winter 1507/8
egr8	Inserted girt for hall floor	1447-1584	3	138	1592-1622
* = LLANABR1 Site Master		1433-1509		77	t-value = 7.2 PLASMWR1

Rhychwant dilyniannau'r cylchau / Span of ring sequences

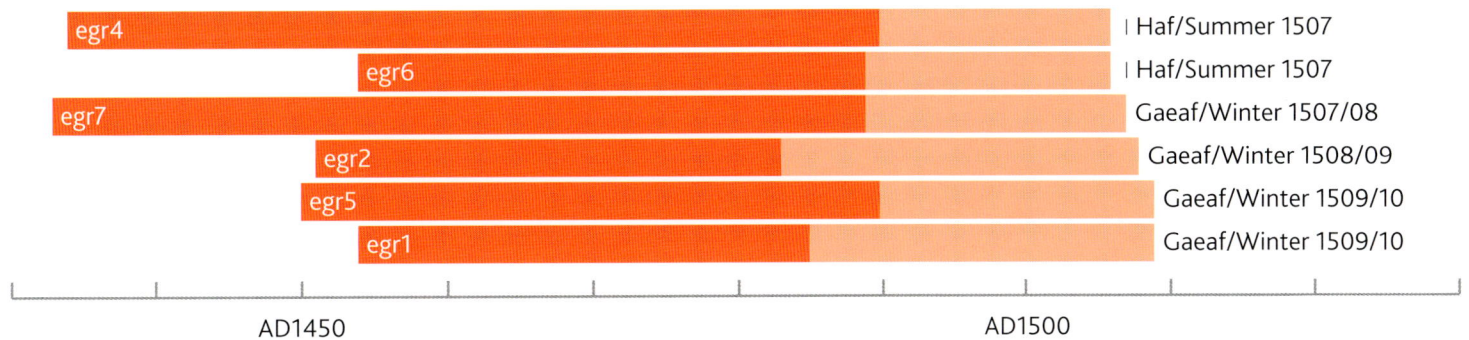

Cyfeiriad grid: SH 5950 2034 (y tŷ canoloesol); SH 593 205 (y tŷ sawl llawr); *NPRN* 28371

Plwyf a sir hanesyddol: Llanaber, Meirionnydd

Cymuned ac awdurdod cyfoes: Dyffryn Ardudwy, Gwynedd

Ymchwil: Margaret Dunn; *Arolwg*: CBHC; *Dyddio*: Oxford Dendrochronology Laboratory. Comisiynwyd yn 2004 gan yr Ymddiriedolaeth Genedlaethol yng Nghymru ar y cyd â'r CBHC.

Grid reference: SH 5950 2034 (medieval house); SH 593 205 (storeyed house); *NPRN* 28371

Historic parish and county: Llanaber, Merioneth

Modern community and authority: Dyffryn Ardudwy, Gwynedd

Research: Margaret Dunn; *Survey*: RCAHMW; *Dating*: Oxford Dendrochronology Laboratory. Commissioned in 2004 by The National Trust in Wales in association with RCAHMW.

1508 GWASTADANNAS, NANTGWYNANT
NEUADD UCHELDIROL O DDECHRAU'R UNFED GANRIF AR BYMTHEG
AN EARLY-SIXTEENTH-CENTURY UPLAND HALL-HOUSE

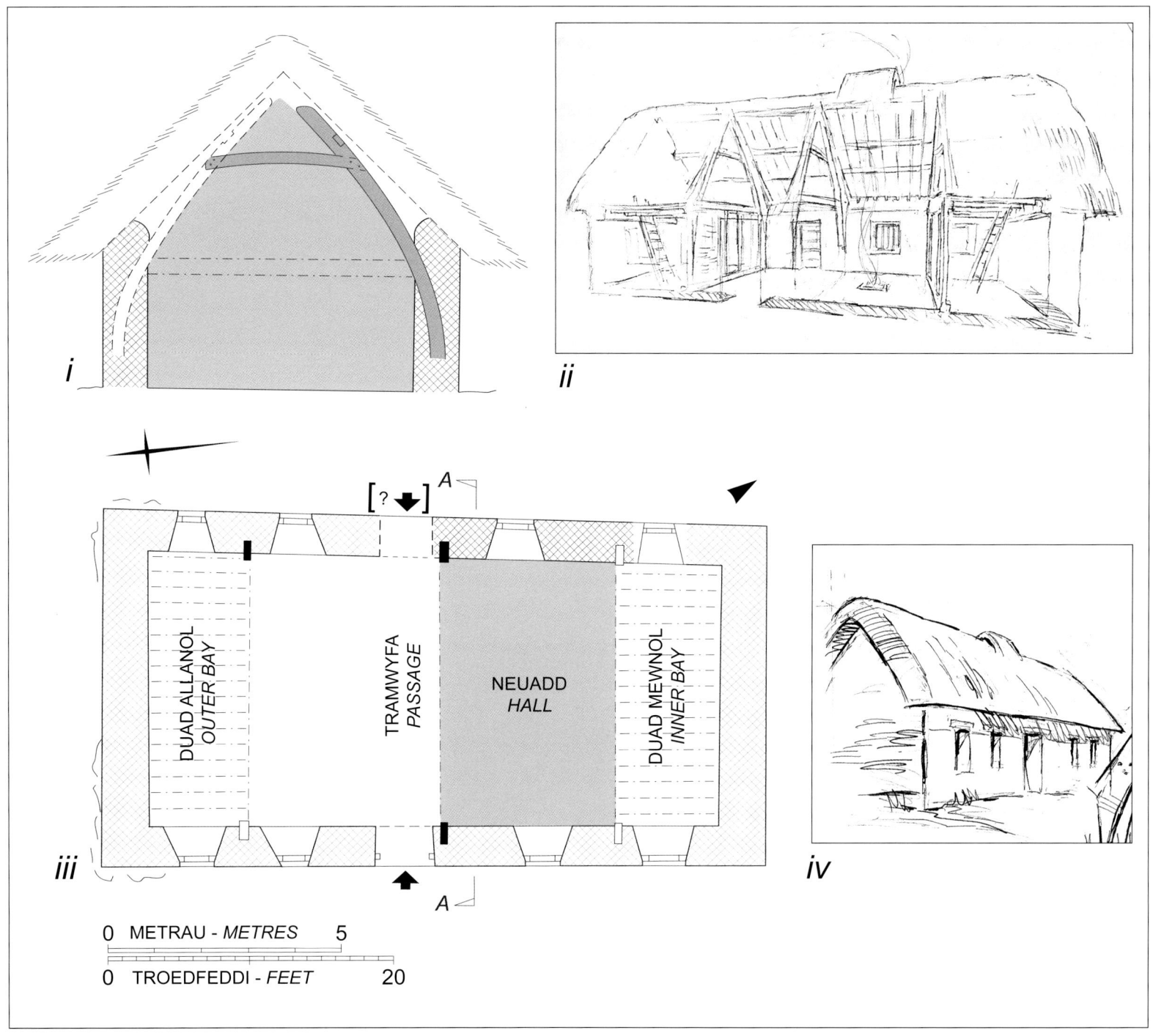

3.23 Gwastadannas: (i) croestoriad A–A: nenfforch yn y neuadd; (ii) darlun dadlennol o'r neuadd-dy (*darluniau gan Falcon Hildred*); (iii) cynllun y neuadd-dy fel y byddai; (iv) braslun persbectif o'r neuadd-dy / (i) section A–A: cruck-truss in hall; (ii) cut-away drawing of the hall-house (*drawings by Falcon Hildred*); (iii) reconstructed hall-house plan; (iv) perspective sketch of the hall-house

Hanes

Saif ffermdy Gwastadannas ar silff wastad, 100 metr uwchben datwm ordnans mewn ardal o gerrig brig yn rhan uchaf Nantgwynant. Cyfeiria 'Gwastad' at y safle gweddol wastad; nid oes sicrwydd ynghylch ystyr 'Annas' os nad yw'n enw

History

Gwastadannas farmhouse lies on a level shelf 100 metres above O.D. in an area of rocky outcrops in the upper Nantgwynant valley. 'Gwastad' refers to the relatively flat siting; the meaning of 'Annas' is uncertain if it is not a personal name. Gwastadannas

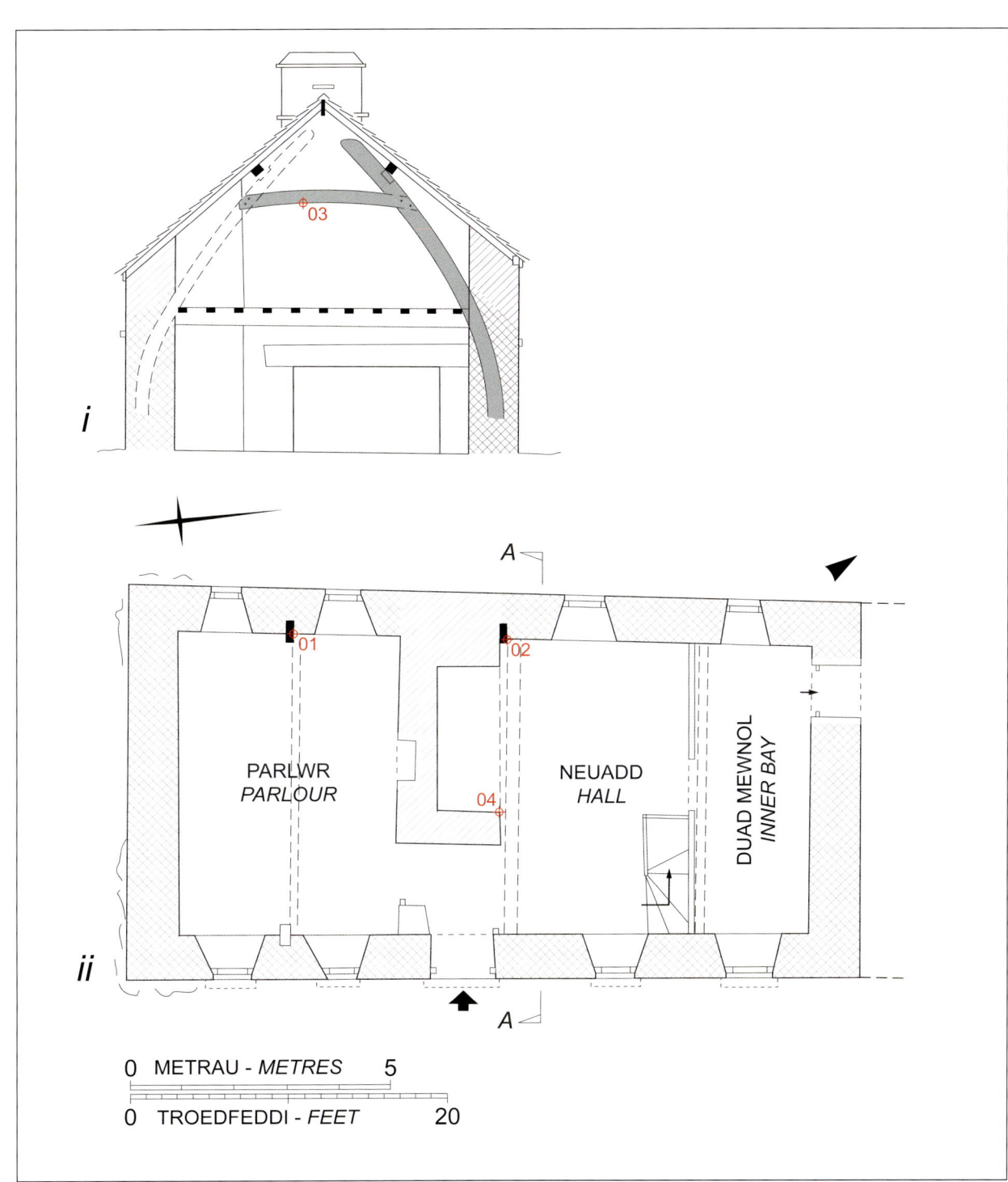

3.24 Gwastadannas:
(i) croestoriad *A–A*: nenfforch gyda lle tân a ychwanegwyd; (ii) cynllun yn ôl yr arolwg / (i) section *A–A*: cruck-truss with inserted fireplace; (ii) plan as surveyed

3.25
Gwastadannas, 2014:
y tu blaen / front elevation

personol. Bu Gwastadannas yn rhan o faenol Nanhwynan, llain eang o ucheldir o 12,000 erw a fu'n eiddo i dŷ Sistersaidd Aberconwy. Rhwng 1508 a 1681 cafwyd prydlesi ar Wastadannas, yn gyntaf gan Abaty Aberconwy ac, ar ôl Diddymu'r Mynachlogydd, gan y Goron, nes ei brynu gan Wynniaid Gwydir.

Yn 1506 penodwyd Maredudd ab Ieuan ap Robert (tua 1470–1525), sylfaenydd Wynniaid Gwydir, yn ddistain Maenol Nanhwynan a thiroedd eraill Abaty Aberconwy yn Sir Gaernarfon am ei oes. Ddwy flynedd wedyn, cafodd Maredudd gan yr abad brydles sawl deiliadaeth yn Nanhwynan, gan gynnwys Gwastadannas.[14]

Mae'n hynod ddiddorol bod y dyddiad cymynu a gafwyd o un o nenffyrch Gwastadannas, sef 1508, yn cyd-daro mor fanwl â'r brydles a roddwyd gan yr Abad Dafydd. Yn amlwg, adeiladwyd Gwastadannas gan Faredudd ab Ieuan ar gyfer deiliad yn union ar ôl iddo gael y brydles. Arhosodd yn nwylo'r Wynniaid hyd 1681. Câi Gwastadannas ei is-osod ar adegau, ond ar y cyfan ymddengys mai gwartheg Gwydir a gedwid ar y fferm. Dyry llyfr cownt Morus Wynn fanylion am dda byw Gwastadannas yn rhan olaf yr

was part of Nanhwynan grange, an extensive upland tract of 12,000 acres belonging to the Cisterican house of Aberconwy. Between 1508–1681 Gwastadannas was successively leased from Aberconwy Abbey and, after the dissolution, from the Crown until purchased by the Wynns of Gwydir.

In 1506 Maredudd ab Ieuan ap Robert (c.1470-1525), the founder of the Wynns of Gwydir, was appointed steward for life of Nanhwynan Grange and the other Caernarfonshire lands of Aberconwy Abbey. Two years later Maredudd obtained from the abbot the lease of several holdings in Nanhwynan, including Gwastadannas.[14]

It is of extraordinary interest that the felling date of 1508 obtained from one of the crucks at Gwastadannas should coincide so precisely with the lease granted by Abbot Dafydd. Gwastadannas was evidently built by Maredudd ab Ieuan for a tenant immediately after he obtained the lease. It remained in the hands of the Wynn family until 1681. Gwastadannas was occasionally sub-let but by and large the farm seems to have been stocked with Gwydir cattle. Morus Wynn's account book provides details of the stock at Gwastadannas in

14 R.W. Hays, *The History of the Abbey of Aberconway, 1186–1537* (Cardiff, 1963), 174-5; C.A. Gresham, 'The Aberconwy Charter: further consideration', *Bull. Board Celtic Studies* XXV (1983), 337.

Tai'r Oesoedd Canol • Medieval Houses

3.26
Gwastadannas:
nenfforch yn erbyn simnai a ychwanegwyd / cruck-truss against inserted chimney

unfed ganrif ar bymtheg:[15] 1569: gwartheg, o bob oedran 110; defaid 78.

Dengys rhestrau eiddo o'r ddeunawfed ganrif newidiadau trawiadol yn ffigyrau'r da byw: 1787: gwartheg, o bob oedran, 39; defaid 357.

Dengys y ffigyrau hyn, yn ddramatig braidd, y newid yn yr economi fugeiliol dros 200 mlynedd, o wartheg stôr i ddefaid. Mae sawl ewyllys wedi goroesi a dengys y rhain ffyniant cymharol deiliaid Gwastadannas yn y ddeunawfed ganrif. Yn 1769 prisiwyd ystâd William Pierce, Gwastadannas, yn werth £239.14s.0d. gan gynnwys y da byw, sef 350 o ddefaid a phum gafr. Yn 1787 prisiwyd ystâd Hugh David, iwmon, yn werth £276.18s.0d. gan gynnwys y da byw.[16]

Tua 1681 daeth Gwastadannas yn rhan o ystâd Y Nant (Betws Garmon), a lyncwyd yn nes ymlaen gan ystâd anferth Baron Hill. Ni fu Gwastadannas erioed yn annedd i'w berchennog ac mae'r tŷ unllawr gwyngalchog, gyda'i simnai gwta, yn enghraifft dda o dŷ ffermwr deiliad. Yr annedd hon oedd y ffermdy hyd yr ugeinfed ganrif, pan godwyd y tŷ presennol. Fferm o 1050 erw oedd Gwastadannas yn 1839, gyda ffriddoedd eang. Casglwyd y traddodiadau niferus a gysylltid â'r ardal yn y bedwaredd ganrif ar bymtheg gan D. E. Jenkins a Glasynys.[17]

15 LlGC, Llsgr. Llanstephan 179B, t. 34 / NLW, Llanstephan MS 179B, p. 34.
16 T.C. Griffith, *Achau ac Ewyllysiau Teuluoedd De Sir Gaernarfon* (Chwilog, 1989), 36, 46.
17 D.E. Jenkins, *Bedd Gelert: Its Facts, Fairies, and Folk-lore* (Portmadoc, 1899), 288-92.

the later sixteenth century:[15] 1569: cattle, all ages 110; sheep 78.

Eighteenth-century inventories show striking changes in stocking figures: 1787: cattle of all ages 39; sheep 357.

These figures rather dramatically illustrate the shift in the farming economy from store cattle to sheep over 200 years. Several wills have survived that illustrate the relative prosperity of the tenants of Gwastadannas in the eighteenth century. In 1769 the estate of William Pierce, Gwastadannas, was valued at £239.14s.0d. including the stock of 350 sheep and five goats. In 1787 the estate of Hugh David, yeoman, was valued at £276.18s.0d. including the livestock.[16]

About 1681 Gwastadannas became part of the Nant (Betws Garmon) estate, which was later absorbed by the vast Baron Hill estate. Gwastadannas has never been owner-occupied and the single-storeyed limewashed house with stubby chimney is a good example of a tenant farmer's house. This dwelling served as the farmhouse until the twentieth century when the present house was built. In 1839 Gwastadannas was a farm of 1050 acres with large tracts of upland pasture. The many traditions associated with the locality were collected in the nineteenth century by D. E. Jenkins and Glasynys.[17]

Description

The house is in origin a stone-built hall-house with the baying defined by cruck-trusses felled in 1508. As built the house had four bays: outer bay, passage, hall, inner room. This type of hall-house, without ornament and with a large passage bay and single-bayed hall, is now recognized as a peasant hall-house. One substantially complete cruck-truss survives embedded in the front of the fireplace. This plain truss was at the entry to the hall. In a second phase, a fireplace was constructed in the passage against the surviving cruck-truss giving a lobby-entry plan. The fireplace is substantial with chamfered mantelbeam and stubby chimney (unlike the tall chimney of the freeholder's house). The fireplace was constructed at the latest in the 1570s. At the same time the hall ceiling was inserted, and the window openings adjusted and provided with hood-moulds.

Disgrifiad

Neuadd-dy gwaith cerrig fu hwn o'r cychwyn, a'r duadau wedi'u diffinio gan nenffyrch a gymynwyd yn 1508. Pan y'i codwyd, yr oedd yn y tŷ bedwar duad, sef: duad allanol, tramwyfa, neuadd, ystafell fewnol. Erbyn hyn, cydnabyddir y math hwn o neuadd-dy, diaddurn a chyda duad tramwy mawr a neuadd un duad, fel neuadd-dy gwerinol. Erys un nenfforch, yn gyfan i raddau helaeth, yn sownd ym mlaen y lle tân. Ceid y nenfforch blaen ddiaddurn hon wrth fynedfa'r neuadd. Mewn ail gyfnod, gosodwyd lle tân yn y dramwyfa, yn erbyn y nenfforch sydd wedi goroesi, gan greu cynllun 'mynedfa lobi'. Lle tan sylweddol ydyw, gyda thrawst simnai siamffrog a simnai gwta (yn annhebyg i simnai dal tŷ'r rhydd-ddeiliad). Gosodwyd y lle tân yn y 1570au, fan bellaf. Ar yr un pryd, codwyd nenfwd ar y neuadd ac addaswyd agoriadau'r ffenestri, gan ychwanegu cerrig diddos.

Dyddio

Prin iawn oedd coed addas. Profwyd samplau o ddau lafn nenfforch, a gwteuwyd rywbryd yn y gorffennol, trwy fynd â thafelli tenau o'u pennau agored (samplau 01 a 02). Profwyd samplau o ddwy nodwedd ddiweddarach, sef trawst y simnai (sampl 04) a choler y cwpl uwchben y lle tân (sampl 03). Mae dyddiadau dau lafn y nenfforch yn awgrymu cymynu yn 1508. Dyddiwyd cymynu trawst y simnai, sydd â ffin rhuddin/gwynnin bosibl, yn fras, i ystod o ddyddiadau rhwng 1539–75.

Dating

The number of suitable timbers available was very limited. Two cruck blades, truncated some time in the past, were sampled by taking thin slices from their exposed ends (samples 01 and 02). Two samples were taken from later features including the mantelbeam (sample 04), and the collar of the roof-truss over the fireplace (sample 03). Dating of both cruck blades indicate felling in 1508. The mantelbeam, with possible heartwood/sapwood boundary, has been dated to an estimated felling date range of 1539–75.

3.27
Gwastadannas:
lle tân y neuadd/gegin /
hall/kitchen fireplace

Gwastadannas: Adroddiad y Labordy / Laboratory Report
Crynodeb o'r samplau a ddyddiwyd / Summary of dated samples

Rhif y sampl Sample number	Lleoliad y sampl Sample location	Rhychwant y dyddiadau Date span	Cylchoedd gwynnin Sapwood rings	Cyfanswm y cylchoedd Total rings	Dyddiadau cymynu Felling dates
GA01	Eastern cruck	1322-1483	16	162	1483–1513
GA02	Western cruck	1302-1508	45C	207	Winter 1508/09
GA03	collar, truss over mantelbeam	-	-	-	-
GA04	mantelbeam	1335-1529	?h/s	195	?1539–75
					t-value:

Rhychwant dilyniannau'r cylchau / Span of ring sequences

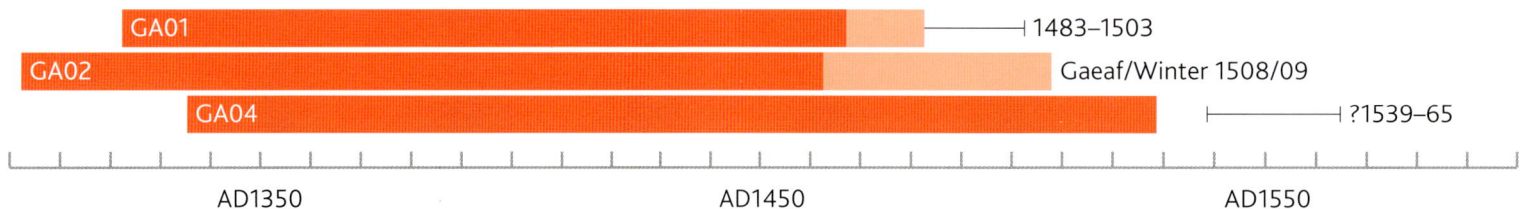

**3.28
Gwastadannas, 2014:**
yr hen dŷ a'r tŷ newydd /
old and new houses

Cyfeiriad grid: SH 6565 5361; *NPRN* 26549	*Grid reference*: SH 6565 5361; *NPRN* 26549
Plwyf a sir hanesyddol: Beddgelert, Sir Gaernarfon	*Historic parish and county*: Beddgelert, Caernarvonshire
Cymuned ac awdurdod cyfoes: Beddgelert, Gwynedd	*Modern community and authority*: Beddgelert, Gwynedd
Ymchwil: Cymdeithas Hanes Beddgelert (Margaret Dunn); *Arolwg*: CBHC; *Dyddio*: Nigel Nayling, Prifysgol Cymru Y Drindod Dewi Sant.	*Research*: Cymdeithas Hanes Beddgelert History Society (Margaret Dunn); *Survey*: RCAHMW; *Dating*: Nigel Nayling, University of Wales Trinity St David.

1518/19 BLAENGLASGWM-UCHAF, PENMACHNO

NEUADD-DY GWERINOL
A PEASANT HALL-HOUSE

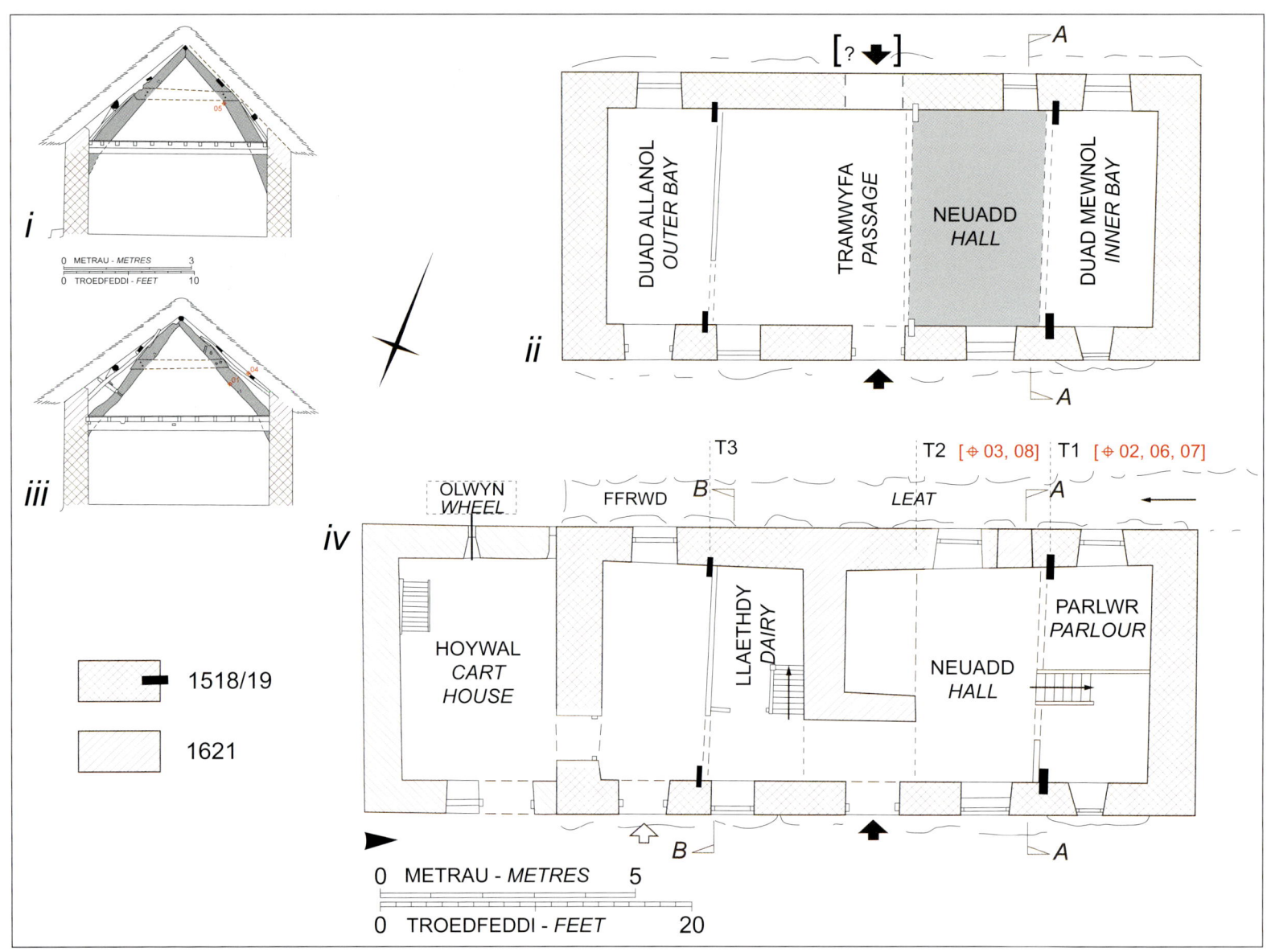

3.29
Blaenglasgwm-uchaf:
(i) croestoriad A–A; (ii) cynllun y neuadd-dy fel y byddai;
(iii) croestoriad B–B;
(iv) cynllun y llawr isaf /
(i) section A–A; (ii) reconstructed hall-house plan;
(iii) section B–B; (iv) ground-floor plan

Hanes

Mae i'r ffermdy mynydd hwn, yng nghwm Glasgwm, ddiddordeb neilltuol o ran y deunydd sy'n goroesi ac o ran y dogfennau hanesyddol, sy'n ei osod yn gadarn yn ei gyd-destun cymdeithasol. Fel y gwelsom (yn y bennod gan Frances Richardson) gynt y buasai ffermydd ochr ogleddol cwm Glasgwm, gan gynnwys Blaenglasgwm-uchaf, yn rhan o drefgordd

History

This upland farmhouse in the Glasgwm valley has extraordinary interest in terms of its surviving fabric and for the historical documentation which places the farmstead securely in its social context. As we have seen (in the chapter by Frances Richardson) the farmsteads on the north side of the Glasgwm valley, including Blaenglasgwm-

**3.30
Blaenglasgwm-uchaf, 2014:**
y tu blaen / front elevation

Dolwyddelan. Yn 1507 cafwyd siartr Henry VII, yn rhyddhau'r taeogion, a chafodd y rhai a fu gynt yn ddeiliaid caeth statws deiliaid rhydd, a dalai renti rhyddhau fel rhydd-ddeiliaid; y sefyllfa hon, ynghyd â'r sefydlogrwydd cymdeithasol yn ardal Penmachno a sicrhawyd gan Faredudd ap Ieuan ap Robert, a greoedd yr amodau iddynt godi tai parhaol newydd.

Dechreuodd gwaith adeiladu'r neuadd werinol hon gyda chymynu coed derw ar gyfer y nenffyrch yn hydref 1518, cwta deng mlynedd ar ôl rhyddhau'r taeogion. Nid oes modd bod yn sicr pwy gododd Flaenglasgwm-uchaf, ond gellir casglu o restrau rhenti diweddarach mai hen enw'r fferm oedd 'Tyddyn Isa yn Blaen Glasgwm', neu weithiau, yn syml, 'Tŷ-isa' neu 'Tai-isa'. Dim ond rhenti isel yn ôl defod a delid gan ddeiliaid Dolwyddelan i ystâd

uchaf, were historically part of the bond township of Dolwyddelan. Henry VII's charter freeing the bondmen in 1507, and the social stability in the Penmachno area established by Maredudd ap Ieuan ap Robert, created the conditions for building new, permanent houses by the former bond tenants who now had the status of free tenants paying quit rents like freeholders.

The building of this peasant hall began when oaks for crucks were felled in autumn 1518 barely a decade after the bondmen were freed. The identity of the builder of Blaenglasgwm-uchaf cannot be established, but it can be deduced from later rentals that the farmstead was formerly known as 'Tyddyn Isa yn Blaen Glasgwm', sometimes simply Tŷ-isa or Tai-isa. The Dolwyddelan tenants paid only small customary

3.31
Blaenglasgwm-uchaf, 1949:
y tu ôl / rear elevation

Gwydir, a ddaliai'r drefgordd gan y Goron. Pan geisiodd Syr John Wynn godi'r rhenti i lefelau mwy masnachol, cythruddwyd y deiliaid nes iddynt ddwyn achos yng Nghwrt y Siecr yn 1590 gan honni bod eu tiroedd yn rhydd-ddeiliadol. Cafodd y llys fod gwall ('imperfection') yn siartr 1507 a dyfarnu bod y drefgordd gynt yn dir y Goron o hyd ac y gallai'r deiliaid ddal eu prydlesi am byth, gan eu hadnewyddu bob un mlynedd ar hugain. Yn ôl pob tebyg yr oedd deiliaid Tyddyn-Isa yn ddisgynyddion i'r rhai a fu gynt yn daeogion ac fe enillasant ddeiliadaethau etifeddol dan ddyfarniad 1590 Cwrt y Siecr. Yn 1616 cadarnhawyd y dyfarniad unwaith eto ac yn 1621 aeth deiliaid rhydd Blaenglasgwm-uchaf ati i foderneiddio eu tŷ trwy adeiladu lle tân a chodi'r bargodion.[18]

Ni allai ystâd Gwydir godi ond rhenti yn ôl defod ar ddeiliadaethau a barhâi ym meddiant 'native tenants', sef disgynyddion y taeogion a ryddhawyd. Yn y ddeunawfed ganrif ysgrifennodd rhyw stiward o ystâd Gwydir (rhan o ystâd Ancaster erbyn hyn) na allai ddeall sut oedd 'nifer o bobl ... a elwir yn

rents to the Gwydir estate, which held the township from the Crown. An attempt by Sir John Wynn to raise rents to more commercial levels provoked the tenants in 1590 into bringing an Exchequer action with the claim that their lands were freehold. The court found that there was an 'imperfection' in the 1507 charter and held that the former bond township remained Crown land and that the tenants could hold their leases in perpetuity renewing their leases every twenty-one years. The tenants of Tyddyn-isa were presumably descendants of the former bond tenants and gained hereditary tenancies under the 1590 Exchequer ruling. In 1616 the decree was again upheld and in 1621 the free tenants at Blaenglasgwm-uchaf modernised their house by constructing a fireplace and raising the eaves.[18]

The Gwydir estate could charge only customary rents on holdings that remained in the occupation of 'native tenants', meaning the descendants of the freed bondmen. An eighteenth-century steward of the Gwydir estate (now part of the Ancaster

18 J. Gwynfor Jones, 'Sir John Wynn of Gwydir and his tenants: the Dolwyddelan and Llysfaen disputes', *Welsh History Review* 11:1 (1982), 1-30; T.I. Jeffreys Jones, *Exchequer Proceedings Concerning Wales* in tempore *James I* (Cardiff, 1955), 47-8, 50-1, 74.

Tai'r Oesoedd Canol • Medieval Houses

**3.32
Blaenglasgwm-uchaf, 2014:**
nenfforch (cwpl 1), 2014 /
cruck-truss (truss 1)

frodorion yn dal tiroedd ... yr honnant eu bod yn ddeiliadaethau rhydd o'u heiddo eu hunain a bod y symiau hyn [rhenti] yn rhyw fath o renti rhyddhau neu gymynediwiau. Y sôn yn y wlad yw ... yn yr amser gynt pan gâi ystâd teulu'r Wynniaid ei haflonyddu gan gyrchau yn y gymdogaeth, gosodid sawl un mewn gwahanol leoedd ar gyrion yr ystâd, i roi rhybudd pan fyddai'r gelyn yn nesáu, ac am y gwasanaeth hwn trosglwyddwyd y tiroedd hyn iddynt hwy [ac i'w hetifeddion].' Yr oedd disgynyddion y deiliaid caeth wedi parhau i amddiffyn eu hawliad i fod yn rhydd-ddeiliaid er gwaethaf dau archddyfarniad gan Gwrt y Siecr yn cadarnhau perchnogaeth y Goron. Yr oedd pawb a oedd â rhan yn y mater wedi colli golwg ar y ffaith mai Cwrt y Siecr oedd wedi gosod eu rhenti isel – y rhenti yn ôl defod ar gyfer disgynyddion taeogion. Canlyniad hyn oll oedd i'r 'natives' lwyddo i ddarbwyllo ystâd Ancaster eu bod yn rhydd-ddeiliaid. Sut bynnag, ni fyddai hyn yn parhau; yn y bedwaredd ganrif ar bymtheg ad-drefnwyd ffermydd Dolwyddelan. Adeg arolwg y degwm (1843) yr oedd Blaenglasgwm-uchaf yn fferm fach o 41 erw.[19]

Disgrifiad
O edrych ar Flaenglasgwm-uchaf o'r tu allan, mae modd ei adnabod o hyd fel adeilad o'r oesoedd canol diweddar: mae'n dŷ unllawr a muriau rwbel sy'n sefyll a saif ar oriwaered. Y tu mewn, ceir o hyd ddwy nenfforch blaen gyda choleri lapiedig. Pan

19 LlGC / NLW, Gwydir (B.R.A.) 2, t./p. 58.

estate) recorded his puzzlement that 'several people ... called natives hold land ... which they claim to be their own freeholds and that these sums [rents] are in the nature of quit rents or chief rents. The report in the country ... is that in former times when the estate of the Wynn family was disturbed by incursions of the neighbourhood several were stationed in different parts upon the outskirts of the estate, to give notice when the enemy was approaching; and that for this service these lands were assigned to them [and their heirs].' The descendants of the bond tenants had continued to maintain their claim to be freeholders despite two Exchequer decrees confirming Crown ownership. All parties had lost sight of the fact that their low rents – the customary rents for descendants of bondmen – had been imposed by the Exchequer Court. The upshot was that the 'natives' succeeded in persuading the Ancaster estate that they were freeholders. This was not to last, however, and in the nineteenth century the Dolwyddelan farms were reorganised. At the time of the tithe survey (1843) Blaenglasgwm-uchaf was a small farm of 41 acres.[19]

Description
Blaenglasgwm-uchaf presents an elevation that is still recognizably late medieval: the house is downslope sited, single-storeyed and rubble walled. Internally two plain cruck-trusses with lapped collars survive. The full complement of crucks originally defined a four-bay range: outer room – passage – single-bayed hall – inner room. A *crog-lofft* (half-loft) in the upper-end bay was lit by a gable window. The seventeenth-century roof raising is probably contemporary with the inserted fireplace. The inserted fireplace with cambered beam created a house of lobby-entry type with the large fireplace heating the former hall.

Dating
Ten samples were taken from eight timbers. One cruck blade retained complete sapwood and was felled in late summer or autumn 1518. All three dated purlins retained bark edge and were felled in winter 1518/19. The dated samples were distributed between the upper and lower parts of the house and

oedd y nenffyrch i gyd yn eu lle, amlinellent res o bedwar duad: ystafell allanol, tramwyfa, neuadd un duad, ystafell fewnol. Yr oedd croglofft yn nuad y pen uchaf, a honno â ffenestr dalcen yn ei goleuo. Codwyd y to yn yr ail ganrif ar bymtheg, ar yr un adeg, mae'n debyg, ag yr ychwanegwyd y lle tân. Crëwyd 'mynedfa lobi' trwy ychwanegu lle tân mawr, â thrawst crwm, sy'n gwresogi'r ystafell a fu gynt yn neuadd.

Dyddio

Profwyd wyth sampl o ddeg darn coed. Cadwai un llafn nenfforch ei holl wynnin, a chawsai honno ei chymynu yn hwyr yn haf 1518 neu yn yr hydref. Cadwai pob un o'r tair tulath ymyl y rhisgl, a chawsai'r rhain eu cymynu yng ngaeaf 1518/19. Cafwyd y samplau a ddyddiwyd ar wasgar rhwng rhannau uchaf ac isaf y tŷ; gellir casglu, felly, i'r adeilad gael ei godi yn 1519 neu'n fuan wedyn.

Cafwyd bod tair sampl arall yn cyfateb i'w gilydd ac fe'u cyfunwyd i greu prif gronoleg y safle, gyda 170 cylch, sef GLASGWM3; cafwyd dyddiadau ar gyfer honno yn rhychwantu'r blynyddoedd 1451–1620.

it can be concluded that the building was originally constructed in 1519 or shortly afterwards.

Three additional samples were found to match each other and were combined to form the 170-ring site master *GLASGWM3* which dated, spanning the

3.33
Blaenglasgwm-uchaf, 2014: nenfforch (cwpl 2), 2014 / cruck-truss (truss 2)

3.34
Blaenglasgwm-uchaf, 1949: y tu blaen / front elevation

**3.35
Blaenglasgwm-uchaf:**
y safle ar lan afon Glasgwm /
the siting alongside the river
Glasgwm

Cadwai dau ddarn coed eu holl wynnin, er bod cylchau gwynnin y ddau yn eithriadol o gul. Cymynwyd ceibr atodol yng ngaeaf 1619/20, tra cymunwyd tulath yng ngwanwyn 1621. Awgryma hyn i'r to gael ei godi a'i ail-lunio yn ystod 1621 neu'n fuan wedyn.

years 1451–1620. Two timbers retained complete sapwood, although the sapwood rings were exceptionally narrow. A packing rafter was felled in winter 1619/20, while a purlin was felled in spring 1621. This suggests that the roof was raised and reconstructed during or shortly after 1621.

Blaenglasgwm-uchaf: Adroddiad y Labordy / Laboratory Report
Crynodeb o'r samplau a ddyddiwyd / Summary of dated samples

Rhif y sampl / Sample number	Lleoliad y sampl / Sample location	Rhychwant y dyddiadau / Date span	Cylchoedd gwynnin / Sapwood rings	Cyfanswm y cylchoedd / Total rings	Dyddiadau cymynu / Felling dates
	PHASE I				
bgu1	Cruck blade (E truss)	undated	19¼C	72	unknown
bgu2	purlin	1468-1518	18C	51	Winter 1518/19
*bgu3	purlin	1469-1518	24C	50	Winter 1518/19
bgu5	Cruck blade (W truss)	1423-1517	23½C	95	Autumn 1518
bgu6	purlin	1476-1518	15C	43	Winter 1518/19
*bgu26	Same tree mean of bgu2 and bgu6	1468-1518	17C	51	Winter 1518/19
* = included in Site Master **GLASGWM2**		**1468-1518**		**51**	*t*-value: 7.4 (WALES97)
	PHASE II (roof reconstruction)				
†bgu4	Packing rafter	1451-1619	39C	169	Winter 1619/20
†bgu7	upper purlin	1470-1620	45¼C	151	Spring 1621
bgu8a	upper purlin	undated	25	117	-
†bgu8b	ditto	1475-1608	20	134	1609–29
† = included in Site Master **GLASGWM3**		**1451-1620**		**170**	*t*-value 6.2 DYLASAU1

Rhychwant dilyniannau'r cylchau / Span of ring sequences

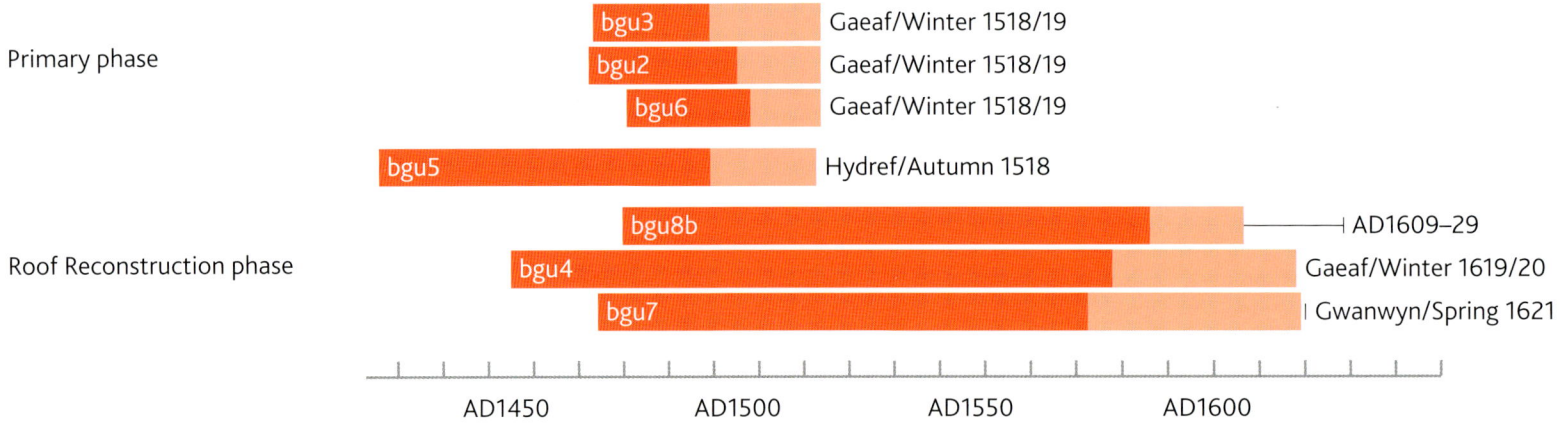

Cyfeiriad grid: SH 7661 4946; NPRN 26032	Grid reference: SH 7661 4946; NPRN 26032
Plwyf a sir hanesyddol: Penmachno, Sir Gaernarfon.	Historic parish and county: Penmachno, Caernarvonshire
Cymuned ac awdurdod cyfoes: Bro Machno, Conwy	Modern community and authority: Bro Machno, Conwy
Ymchwil: Prosiect Dendrocronoleg Gogledd Orllewin Cymru (Frances Richardson a Gill Jones); Arolwg: CBHC; Dyddio: Oxford Dendrochronology Laboratory.	Research: North-west Wales Dendrochronology Project (Frances Richardson and Gill Jones); Survey: RCAHMW; Dating: Oxford Dendrochronology Laboratory.

4
HANESION TAI II: TAI'R TRAWSNEWID
HOUSE HISTORIES II: TRANSITIONAL HOUSES

Neuadd-dai wedi'u cyfaddasu / **Hall-house conversions**

1529 & 1537–63 Tŷ-mawr (Nantmor) — 122

Heb ei ddyddio / **undated** & 1565 Tŷ-mawr (Wybrnant) — 128

1494/5 & Heb ei ddyddio / **undated** Oerddwr-isaf (Beddgelert) — 136

Neuadd agored gyda lle tân yn y talcen / **Open hall with gable-end fireplace**

1531/2 Cae-canol-mawr (Ffestiniog) — 142

1533 Gorllwyn-uchaf (Penmorfa) — 148

1531–46 Hafodruffydd-uchaf (Beddgelert) — 154

1529 & 1537–63 TŶ-MAWR, NANTMOR

NEUADD-DY A GYFADDASWYD
A CONVERTED HALL-HOUSE

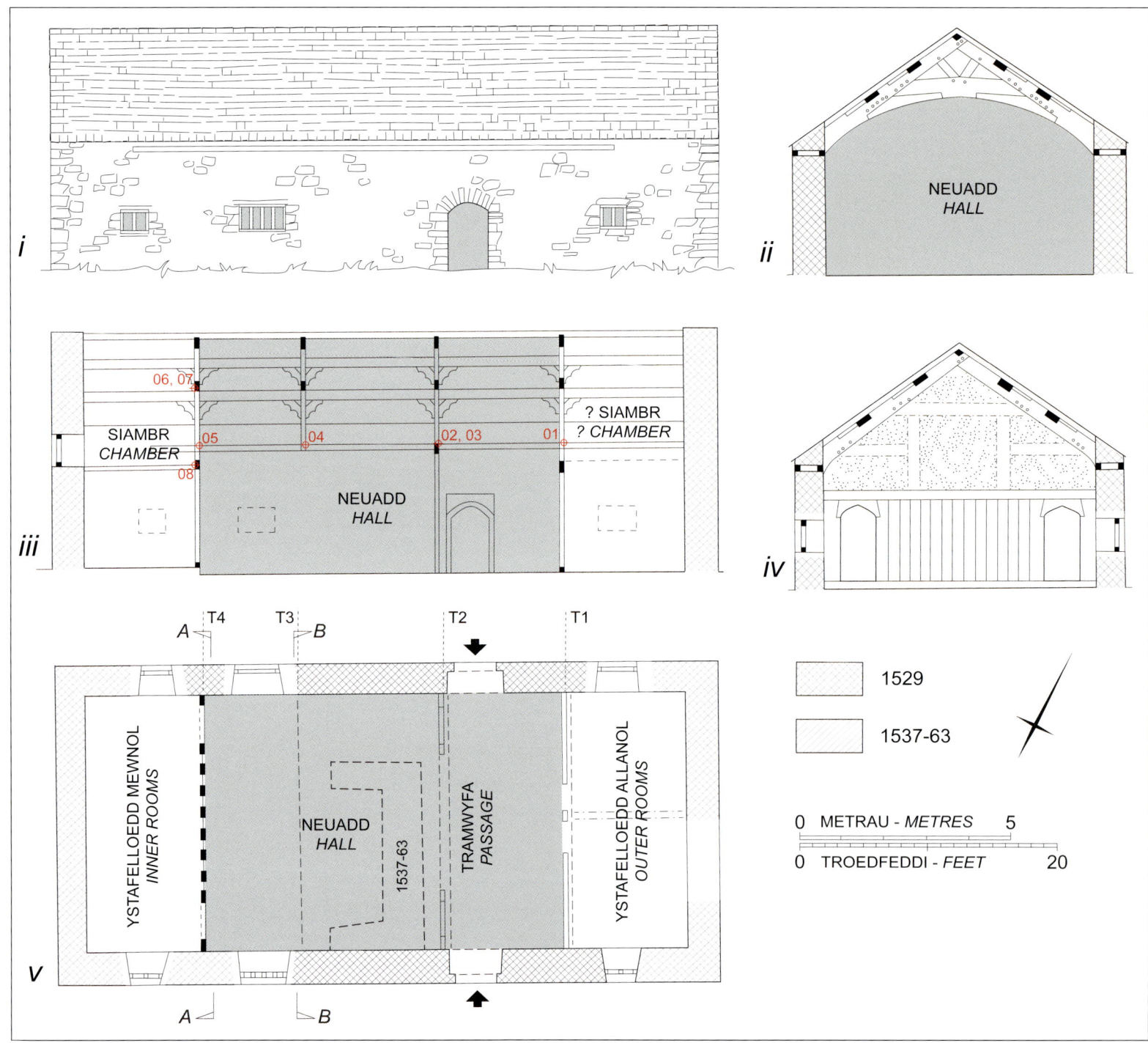

4.1 Tŷ-mawr (Nantmor): (i) y tu blaen fel y byddai; (ii) croestoriad B–B: cwpl canol y neuadd; (iii) croestoriad yn ei hyd, fel y byddai; (iv) croestoriad A–A: cwpl pared y llwyfan; (v) cynllun y llawr isaf fel y byddai / (i) reconstructed elevation; (ii) section B–B: central hall truss; (iii) reconstructed longitudinal section; (iv) section A–A: dais partition truss; (v) reconstructed ground-floor plan

Tai'r Trawsnewid • Transitional Houses

4.2
Tŷ-mawr:
y tu blaen (ochr ogleddol) /
the principal (north) elevation

Hanes

Tŷ-mawr yw'r tŷ cynharaf sy'n goroesi yn yr ardal fynyddig hon. Fe saif 110 metr uwchben datwm ordnans ar dir gwastad, cysgodol, mewn tirlun sydd yn gyffredinol arw. Neuadd-dy uchelwrol ydyw, ond fe'i cynhwysir yn yr adran hon am dai'r 'trawsnewid' gan ei fod yn dangos y broses o gyfaddasu neuadd agored yn dŷ sawl llawr gyda lle tân.

Ni wyddys pwy oedd y teulu a gysylltid â Tŷ-mawr er ei bod hi'n ymddangos yn debygol y byddai'r perchnogion wedi honni eu bod yn ddisgynyddion Collwyn ap Tangno, fel y gwnaeth eu cymdogion o uchelwyr. Dengys dogfennau sy'n goroesi o ganol yr ail ganrif ar bymtheg y daliwyd y tŷ gyda hanner tiroedd a elwid 'Gelli'r Cerddenu'. Ymddengys mai enw cynharach y ddeiliadaeth oedd

History

Tŷ-mawr is the earliest surviving house in this mountainous district. Tŷ-mawr is sited at 110 metres above O.D. on sheltered level ground in generally rugged terrain. It is a hall-house of 'gentry' type but is included in this 'transitional' section as it illustrates the process of conversion from open hall to storeyed house with fireplace.

The family associated with Tŷ-mawr has not been identified, although it seems probable that the owners would have claimed descent from Collwyn ap Tangno, as did their gentry neighbours. Documentary records surviving from the mid-seventeenth century show that the house was held with a moiety of lands called 'Gelli'r Cerddenu'. It appears that the earlier name for the holding was

Gelli'r Cerddeni, sef, o bosibl, celli 'cerddin' neu 'goed criafol'. Efallai y mabwysiadwyd yr enw Tŷ-mawr ar ôl codi'r neuadd-dy mawr yn nechrau'r unfed ganrif ar bymtheg.

Mae rhestr renti'r Goron yn Ardudwy (1623) yn enwi Lewis William fel perchennog 'Gelli Garddeni'. Erbyn 1647 yr oedd y ddeiliadaeth wedi'i rhannu, gyda'i hanner ym meddiant Lowri, gwraig weddw heb blant, a all fod wedi etifeddu Tŷ-mawr gan Lewis William. Etifeddwyd yr hanner hwn gan chwaer Lowri a'i disgynyddion, ond o 1716 daeth yn rhan o ystâd Hafodgaregog hyd nes y gwerthwyd yr ystâd yn 1920.[1] Erbyn dechrau'r ugeinfed ganrif fe ddefnyddid yr hen dŷ adfeiliedig fel storfa fferm. Oherwydd y cyplau cain daeth yn draddodiad i Tŷ-mawr fod ar un adeg yn gapel anwes i'r ardal.[2] Daeth Tŷ-mawr yn rhan o Garneddi, y ddeiliadaeth gyfagos a ffermiwyd gan y bardd Carneddog. Yn ddiweddarach prynodd Ruth Ruck, yr awdures, Garneddi a'i ffermio, gan adfer Tŷ-mawr yn y 1980au gydag Adam and Frances Voelcker, y penseiri.[3]

Disgrifiad

Neuadd-dy uchelwyr o fath clasurol yw Tŷ-mawr, gyda tho addurnol wedi'i lunio o goed a gymynwyd yn haf 1529. Saif y tŷ ar dir gwastad, a'i furiau rwbel ar seiliau o gerrig mawrion (sy'n amlwg ar yr ochr ogleddol). Mae'n dŷ pum duad gyda neuadd ddau dduad a duad ychwanegol ar gyfer y dramwyfa rhwng dau dduad deulawr, un ym mhob pen i'r tŷ. Mae gan adwyon drysau'r dramwyfa groes fwâu Tuduraidd a ddiffinnir gan feini bwa hirion gyda ffrâm drws cynnar ar yr ochr ddeheuol. Mae'r manylion pren yn cynnwys pared llwyfan pyst a phaneli gyda dwy adwy drws, un ohonynt yn cadw ei ben drws bwaog Tuduraidd. Trawstiau coler sydd i'r cyplau; mae'r cwpl canolog yn siamffrog, gyda bwâu

Gelli'r Cerddeni, possibly 'grove of the rowan trees'. The name Tŷ-mawr may have been adopted after the building of the large hall-house in the earlier sixteenth century.

The Crown rental of Ardudwy (1623) names Lewis William as the owner of 'Gelli Garddenni'. By 1647 the holding was divided with one moiety held by Lowri, a widow without children, who may have inherited Tŷ-mawr from Lewis William. This moiety was inherited by Lowri's sister and her

4.3
Tŷ-mawr:
golwg ar y neuadd o'r dramwyfa groes, fel y byddai (*Falcon Hildred*) / reconstructed view of the hall as seen from the cross-passage (*Falcon Hildred*)

Tai'r Trawsnewid • Transitional Houses

4.4
Tŷ-mawr:
cwpl canol yn erbyn simnai a ychwanegwyd / central truss against inserted chimney

4.5
Tŷ-mawr:
dyddiad sgriffiedig 1579 / 1579 graffiti date

cynnal, a dwy res o ategion cysbog rhwng y ceibrau a'r tulathau. Awgryma'r morteisiau yn y prif geibrau y bu, o bosibl, pyst sgrîn neu sgrîn mewn ffrâm yn diffinio mynedfa'r neuadd. Mae'r fynedfa ddramataidd i'r neuadd yn dystiolaeth bensaernïol bellach i statws uchel Tŷ-mawr.

Yn ystod yr ail gyfnod, ychwanegwyd lle tân yn erbyn y cwpl canol gyda'i fwâu cynnal. Mae'r dyddiad 1579 wedi'i sgriffio uwchben siamffer y lle tân. Mae dyddio blwyddgylchau wedi cadarnhau i'r lle tân gael ei ychwanegu'n gymharol gynnar, rhwng 1537–63, ond dengys y cyplau, sy'n ddu gan huddygl, iddo gymryd lle aelwyd agored.

Dyddio

Cafwyd sampl o'r to a roddodd union ddyddiad cymynu un o'r prif geibrau, sef haf 1529. Ystod dyddiadau cymynu trawst y simnai, a ychwanegwyd yn nes ymlaen, yw 1537–63.

1 Rhian Parry, 'An Ardudwy Crown rental of 1623', *CCHChSF / JMerHRS* XV (2009), 385; Colin A. Gresham, 'Nanmor Deudraeth', *CCHChSF /JMerHRS* VIII (1977–80), 114-16.
2 D.E. Jenkins, *Bedd Gelert: Its Facts, Fairies, and Folk-lore* (Portmadoc, 1899), 343.
3 Ruth Ruck, *Place of Stones* (London, 1961); Ruth Ruck, *Hill Farm Story* (London, 1966).

descendants, but from 1716 became part of the Hafodgaregog estate until the estate was sold in 1920.[1] By the early twentieth century the dilapidated old house was used as a farm store. The ornate trusses gave rise to a tradition that Tŷ-mawr was once the chapel of ease for the district.[2] Tŷ-mawr became part of Carneddi, the adjacent holding farmed by the poet Carneddog. Carneddi was latterly bought and farmed by the writer Ruth Ruck, who restored Tŷ-mawr in the 1980s with the architects, Adam and Frances Voelcker.[3]

Description

Tŷ-mawr is a classic gentry hall-house with an ornate roof fashioned from timber felled in summer 1529. The house is rubble-walled and set on boulder foundations (pronounced on the north side) on level ground. The five-bay house has a two-bay hall with additional passage bay set between upper and lower storeyed ends. The cross-passage doorways have Tudor arches defined by long voussoirs with an early doorframe on the south side. The timber detail includes a post-and-panel dais partition with two doorways, one retaining its Tudor-arched doorhead. The trusses are of collar-beam type with a chamfered and archbraced central truss and two tiers of cusped windbraces throughout. Mortices in the principal rafters suggest that the entrance to the hall may have been defined by spere-posts or a framed screen. The dramatized entry into the hall is further architectural evidence of the high status of Tŷ-mawr.

In a second phase a fireplace was inserted against the central archbraced truss. The fireplace has a graffiti date of 1579 cut above the chamfer. Tree-ring dating established that the fireplace was inserted relatively early, between 1537–63, but the smoke-blackened trusses show clearly that the fireplace replaced an open hearth.

Dating

Sampling of the roof yielded a precise felling date of summer 1529 for one principal rafter. The inserted mantelbeam has a felling date range of 1537–63.

4.6-4.7
Tŷ-mawr:
y tŷ o ran ei le yn y tirlun, cyn codi'r simnai (*isod*) ac wedyn (*uchod*) (*Falcon Hildred*) / the house in its landscape context before (*below*) and after (*above*) the construction of the chimney (*Falcon Hildred*)

Tŷ-Mawr, Nantmor: Adroddiad y Labordy / Laboratory Report
Crynodeb o'r samplau a ddyddiwyd / Summary of dated samples

Rhif y sampl / Sample number	Lleoliad y sampl / Sample location	Rhychwant y dyddiadau / Date span	Cylchoedd gwynnin / Sapwood rings	Cyfanswm y cylchoedd / Total rings	Dyddiadau cymynu / Felling dates
*bdgc1	principal rafter T1	1429-1498	1	70	1508-38
bdgc2a1	principal rafter T1	1447-1510	H/S	64	
bdgc2a2	ditto	ditto	+15½C	+15½C	(Summer 1529)
bdgc3	principal rafter T2	1434-1528	21½C	95	(1529-1530)
*bdgc23	Mean of bdgc2a1 + bdgc3	1434-1528	19½C	95	Summer 1529
*bdgc4	principal rafter T3	1439-1510	7	72	1514-44
*bdgc5	principal rafter T4	1440-1504	2	65	1513-43
*bdgc6a1	collar	1425-1503	1 (+20NM)	79	1524-43
*bdgc7	Mean of bdgc6a1 + 6a2 + 6b2	1427-1501	1	75	1511-41
*bdgc8	screen head-beam T4	1444-1506	H/S	63	1517-47
bdgc9	mantelbeam	1415-1528	6	114	OxCal 1537-63
* = **BDGC1** Site Master		1425-1528		104	t = 6.9 TRAWSFYN

Rhychwant dilyniannau'r cylchau / Span of ring sequences

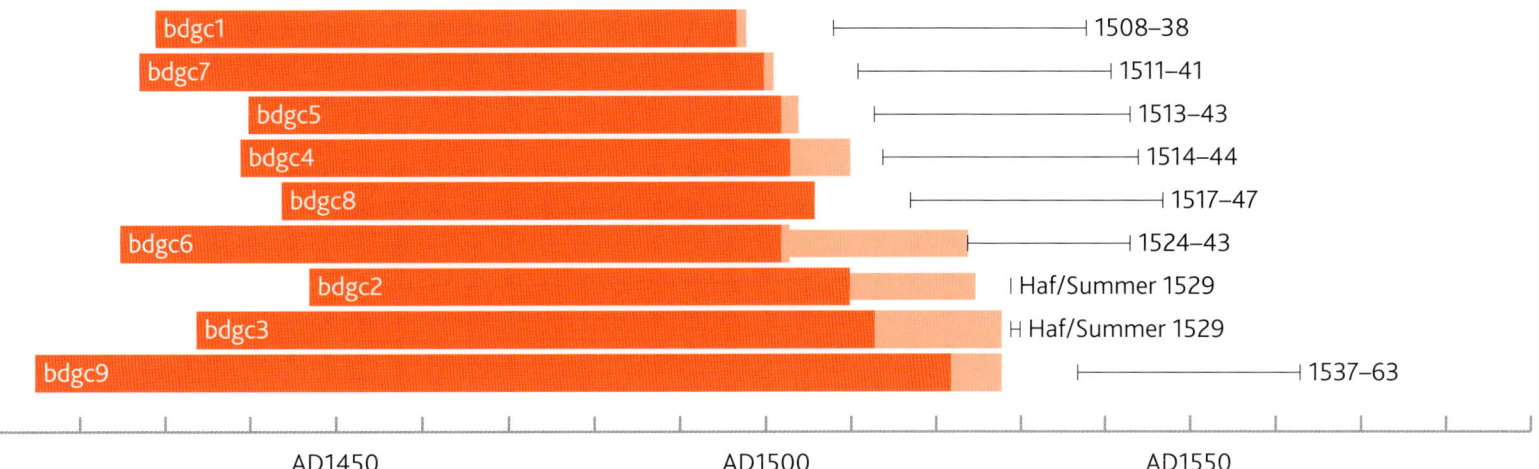

Cyfeiriad grid: SH 6103 4620; *NPRN* 16961	Grid reference: SH 6103 4620; *NPRN* 16961
Plwyf a sir hanesyddol: Beddgelert, Sir Gaernarfon	Historic parish and county: Beddgelert, Caernarvonshire
Cymuned ac awdurdod cyfoes: Beddgelert, Gwynedd	Modern community and authority: Beddgelert, Gwynedd
Ymchwil: Cymdeithas Hanes Beddgelert (Margaret Dunn); *Arolwg*: CBHC; *Dyddio*: Oxford Dendrochronology Laboratory.	Research: Cymdeithas Hanes Beddgelert History Society (Margaret Dunn); Survey: RCAHMW; Dating: Oxford Dendrochronology Laboratory.

1565 TŶ-MAWR, WYBRNANT

O DAEOGION I ESGOB – TŶ ERYRI O'R OESOEDD CANOL DIWEDDAR
FROM BONDMEN TO BISHOP – A SNOWDONIAN HOUSE OF LATE-MEDIEVAL ORIGIN

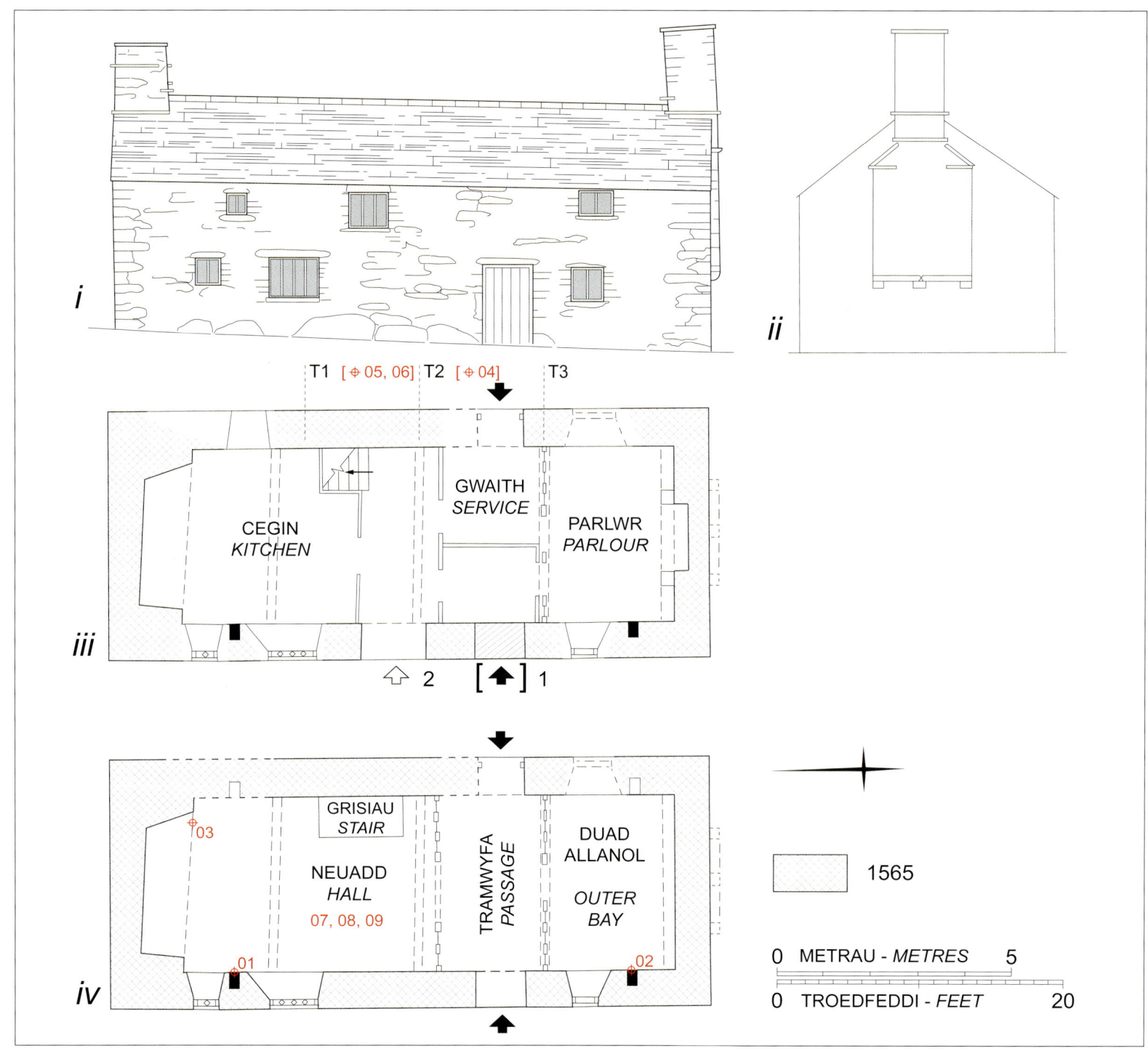

4.8 Tŷ-mawr (Wybrnant): (i) tu blaen y tŷ deulawr o 1565; (ii) talcen gyda simnai'r siambr; (iii) cynllun diweddarach y llawr isaf; (iv) cynllun y llawr isaf fel y byddai yn 1565 /
(i) elevation of 1565 storeyed house; (ii) gable end with chamber chimney; (iii) later ground-floor plan; (iv) reconstructed 1565 ground-floor plan

Tai'r Trawsnewid • Transitional Houses

4.9
Tŷ-mawr:
cyn ei adfer, 1950 / Tŷ-mawr before restoration, 1950

Hanes

Saif Tŷ-mawr ger blaenau cwm Wybrnant, ryw 2.75 cilometr i'r gogledd-orllewin o Benmachno; bu'n fferm fawr o ryw 300 erw. Yn ôl llyfr rhent cynharaf Gwydir, enw'r fferm oedd 'Tyddyn Mawr ym Mlaen Wybrnant'.[4] Mae Tŷ-mawr o ddiddordeb arbennig o ran ei bensaernïaeth, oherwydd iddo ddechrau fel neuadd-dy gwerinol, ac o ran ei hanes, fel cartref y Dr William Morgan (1545–1604), Esgob Llanelwy, cyfieithydd cyntaf y Beibl cyfan i'r Gymraeg. Mae stori enwog am Syr John Wynn yn sôn yn wawdlyd am William Morgan ei fod yn ddisgynnydd hil taeogion Dolwyddelan ('*the race of the bondmen*'), a fuasai'n weision teulu Gwydir. Nid sarhad di-sail

History

Tŷ-mawr is sited near the head of the Wybrnant valley about 2.75 kilometres north-west of Penmachno; it was a large farm of about 300 acres. The farmstead was called 'Tyddyn Mawr ym Mlaen Wybrnant' (*the large croft at the head of the Wybrnant valley*) in the earliest Gwydir rental.[4] Tŷ-mawr has special interest architecturally for its origin as a peasant hall-house, and historically as the home of Dr William Morgan (1545–1604), Bishop of St. Asaph, first translator of the entire Bible into Welsh. Sir John Wynn famously sneered that William Morgan was descended from 'the race of the bondmen' of Dolwyddelan, who were

---

4 LlGC / NLW, Llanstephan 179B.

4.10
Tŷ-mawr:
y tŷ o ran ei le yn y tirlun c.1870 cyn plannu'r goedwig, gyda (mewnosodiad) manylyn o'r tŷ / Tŷ-mawr in its landscape context c.1870 before afforestation, with (inset) a detail of the house

oedd hwn, fel y mae rhai wedi tybio, ac mae ymddyrchafiad y teulu, o daeogion i esgob, o ddiddordeb cymdeithasol eithriadol. Cafwyd eglurhad yn yr astudiaeth achos ragarweiniol ynghylch tarddiad Tŷ-mawr fel rhandir caeth, a statws arbennig *'native tenants'* Dolwyddelan (disgynyddion taeogion) ar ôl siartr rhyddfreiniau 1508. *Entrepreneur* cefn gwlad oedd John ap Morgan (tad William Morgan), yn rhentu sawl rhandir yn Nolwyddelan, ac efallai'n gweithredu fel stiward ystâd Gwydir yno. John ap Morgan a fu'n gyfrifol am ailadeiladu Tyddyn-mawr, neuadd werinol ffrâm gyplau a godwyd, yn fwy na thebyg, gan ei dad neu'i daid. Olynydd John ap Morgan fel *'native tenant'* Tŷ-mawr oedd ei fab, William Morgan, ond fe isosododd y Tŷ-mawr wedyn am elw sylweddol. Cafodd ystâd Gwydir brydles ar Ddolwyddelan, gan wrthdaro â'r *'native tenants'*, ond fe brynodd y drefgordd gan y Goron yn y diwedd yn 1626.[5] Yn ddiweddarach, aeth Tŷ-mawr i feddiant ystadau Wynnstay, Mostyn (1827) a'r Penrhyn (1854).

Wrth i ffermydd gael eu had-drefnu ni fu Tŷ-mawr yn ffermdy mwyach. Bu ymgyrch yn rhan olaf

servants of the house of Gwydir. This was not a gratuitous insult, as some have supposed, and the family's social mobility from bondmen to bishop is of extraordinary social interest. The origin of Tŷ-mawr as a bond tenement, and the special status of the 'native tenants' of Dolwyddelan (descendants of the bondsmen) after the 1508 charter of liberties, has been explained in the introductory case study. John ap Morgan (William Morgan's father) was a rural entrepreneur, renting several tenements in Dolwyddelan, and may have acted as the Gwydir estate steward there. The rebuilding of Tyddyn-mawr, the cruck-framed peasant hall probably built by his father or grandfather, is owed to John ap Morgan. William Morgan succeeded his father as 'native tenant' of Tŷ-mawr, but subsequently sub-let Tŷ-mawr at a substantial profit. The Gwydir estate leased Dolwyddelan, coming into conflict with the 'native tenants', but finally purchased the township from the Crown in 1626.[5] Tŷ-mawr subsequently passed to the Wynnstay, Mostyn (1827) and Penrhyn (1854) estates.

With farm reorganization Tŷ-mawr ceased to be a farmhouse. A campaign to save Tŷ-mawr from

5 Sir John Wynn, *History of the Gwydir Family and Memoirs*, gol./ed. J. Gwynfor Jones (Llandysul, 1990), 63; J. Gwynfor Jones, 'Bishop Morgan's dispute with John Wynn of Gwydir in 1603–1604', *Jnl. Hist. Soc. Church in Wales* XXII (1972), 49-78.

4.11
Tŷ-mawr:
simnai ymwthiol y siambr /
projecting chamber chimney

4.12
Tŷ-mawr:
simnai'r neuadd/gegin /
hall/kitchen chimney

y bedwaredd ganrif ar bymtheg, dan arweiniad Owen Gethin Jones, i achub Tŷ-mawr rhag esgeulustod yn enghraifft neilltuol gynnar o gadwraeth oherwydd cysylltiadau hanesyddol. Yn 1951, aeth Tŷ-mawr yn eiddo'r Ymddiriedolaeth Genedlaethol. Adferwyd y tŷ a'i ddodrefnu i nodi pedwar canmlwyddiant y Beibl Cymraeg yn 1988, gan ei gyflwyno mor debyg ag y byddai modd i'w gyflwr yn ystod oes Elisabeth.[6]

Disgrifiad

Adeilad hir yw Tŷ-mawr, gyda chonglfeini celfydd a rhai seiliau o feini mawrion. Mae'n hwy o dduad na'r rhan fwyaf o dai Eryri, gan haeddu'r disgrifiad Tŷ-mawr, ond mae'r cynllun yn nodweddiadol, gyda lle tân mawr iawn yn y talcen yn gwresogi'r neuadd, a lle tân llai ar y llawr cyntaf, yn gwresogi'r brif siambr. Saif lle tân ymwthiol y llawr cyntaf ar gorbelau, a chyfyd y simnai ar oleddf o dalog trawiadol. Mae'r tri chwpl trawst coler morteisiog yn rhai sylweddol ond yn ddiaddurn.

Yn ystod gwaith adfer yn 1988 daethpwyd o hyd i ddau lafn cwpl wedi'u torri'n gyfwyneb â'r muriau ym mhennau gogleddol a deheuol y tŷ. Mewn gwirionedd, ail-ddarganfyddiad fu hyn: gan mlynedd yn gynharach, yr oedd Owen Gethin Jones wedi nodi

---
6 *Tŷ Mawr, Wybrnant, Gwynedd* (Yr Ymddiriedolaeth Genedlaethol / The National Trust, 1988).

neglect was led by Owen Gethin Jones in the later nineteenth century in a notably early example of preservation because of historical associations. In 1951 Tŷ-mawr was acquired by the National Trust. To mark the fourth centenary of the Welsh Bible in 1988 the house was restored and furnished, and presented as near as possible to its Elizabethan state.[6]

Description

Tŷ-mawr is a long building with well-finished quoins and some large boulder footings. The building is longer by a bay than most Snowdonian houses, meriting the description Tŷ-mawr, but the plan is characteristic with a very large gable-end fireplace heating the hall, and a smaller first-floor fireplace heating the principal chamber. The projecting first-floor fireplace is set on corbels and the leaning chimney shaft springs from an eye-catching pediment. The three mortised collar-beam trusses are substantial but without decoration.

Restoration work in 1988 revealed two cruck blades cut off flush with the walls at the north and south ends of the house. This was actually a rediscovery: a hundred years earlier Owen Gethin Jones had noted that Tŷ-mawr was 'first made with

y 'gwnaed [Tŷ-mawr] yn gyntaf a'i gyplau yn mynd i lawr hyd o fewn tair careg i'r sylfaen'.⁷ Mae'n amlwg mai ail-luniad neuadd-dy â nenffyrch o'r oesoedd canol diweddar oedd tŷ cynllun Eryri'r Esgob Morgan. Gellir adnabod tri chyfnod, ond ni lwyddwyd i ddyddio ond un ohonynt. Cymynwyd y coed ar gyfer cyplau trawst coler y tŷ cynllun Eryri yn 1565, ac mae hyn yn profi'n sicr y bu gwaith gwella ar y Tŷ-Mawr yn ystod oes yr Esgob Morgan.

I. tua 1500. Neuadd-dy ffrâm gyplau, yn ôl pob tebyg o'r un cyfnod, yn fwy neu lai, â Blaenglasgwm-uchaf (1518/19) a feddai ar statws tebyg. Ni lwyddwyd i gael dyddiadau o ddarnau'r cyplau trwy ddendrocronoleg, ond cyflwynwyd enghreifftiau ar gyfer dyddio radio carbon manwl-gywir.

II. 1565. Mae dyddiad cymynu'r cyplau yn rhoi dyddiad ar gyfer ail-lunio'r neuadd-dy fel tŷ sawl llawr gyda simnai yn y talcen a thramwyfa fynediad lydan rhwng y neuadd a'r ystafelloedd allanol. Mae pedwar duad y tŷ cynllun Eryri yn cyfateb yn fras i drefn duadau'r tŷ canoloesol, gyda duad y fynedfa wreiddiol rhwng y neuadd a'r ystafell allanol. Helaethwyd y neuadd i gynnwys y duad mewnol, gan ddefnyddio prif siambr y llawr cyntaf yn lle'r duad hwnnw. Mae rhaid bod rhannau o waith cynnar o hyd yn y muriau ystlysol lle mae'r nenffyrch, ond ymddengys i'r talcenni newydd gael eu codi'r tu hwnt i linell y talcenni gwreiddiol, gan greu tŷ sy'n hir iawn yn ôl safonau tai Eryri.

III. tua 1700. Caewyd adwy'r drws gwreiddiol yn ystod y trydydd cyfnod, gan greu ystafell waith ganolog o dduad y fynedfa. Cyfunwyd y pâr o ystafelloedd allanol yn un parlwr. Crëwyd adwy drws newydd (gydag arysgrif sydd wedi diflannu erbyn hyn) yn nuad allanol y neuadd ynghyd â thramwyfa ar gyfer y grisiau. Efallai y byddai rhywbeth yn cynnal trawst y simnai sydd bellach yn ysigo. Ers hynny newidiwyd y tŷ yn ôl i'w gyflwr adeg yr ail gyfnod, ond mae cynllun y Comisiwn Brenhinol yn cofnodi trefniadau'r trydydd cyfnod.⁸

Dyddio

Ceir manylion y samplau, a'u lleoliadau, yn Nhabl 1. Cymharwyd y samplau o lafnau'r nenffyrch a chael

crucks (*cyplau*) descending to within three stones of the foundations'.⁷ Bishop Morgan's Snowdonian house was evidently a remodelling of a late-medieval cruck-trussed hall-house. Three building phases can be identified but only one phase has been successfully dated. The timber for the collar-beam trusses of the Snowdonian house were felled in 1565, establishing with certainty that Tŷ-mawr was improved during the lifetime of Bishop Morgan.

I. *c.*1500. A cruck-framed hall-house, probably more-or-less contemporary with Blaenglasgwm-uchaf (1518/19), which had a similar status. The cruck fragments failed to date dendrochronologically but samples have been submitted for precision radiocarbon dating.

II. 1565. The felling date for the trusses dates the remodelling of the hall-house as a storeyed house of end-chimney type with a wide entrance passage between hall and outer rooms. The four bays of the Snowdonian house approximately reproduced the baying of the medieval house with the original entrance bay set between hall and outer room. The hall has been extended to include the inner bay and the function of the inner bay transferred to the principal first-floor chamber. The lateral walls with the crucks must preserve sections of early walling but the new gables seem to have been rebuilt beyond the line of the original gables resulting in a house that was very long by Snowdonian standards.

II *c.*1700. In a third phase the original doorway was blocked and a central service-room created out of the entrance bay. The twin outer-rooms were combined into a single parlour. A new doorway (with inscription, since lost) and stair passage were created in the outer bay of the hall. The sagging fireplace beam may have been supported then. The house has since been converted back to phase II but the Royal Commission plan preserves the arrangements of phase III.⁸

Dating

Details of the samples, and their locations, are given in Table 1. The samples from the cruck blades

---

7. Owen Gethin Jones, *Gweithiau Gethin* (Llanrwst, 1884), 234-5.
8. RCAHMW, *An Inventory of … Caernarvonshire, Volume I: East* (London, 1956), 173-4.

4.13
Tŷ-mawr:
llafn nenfforch yn y neuadd wedi'i dorri'n gyfwyneb â'r mur / cruck blade in the hall cut back to the face of the wall

4.14
Tŷ-mawr:
wedi'i adfer / after restoration

eu bod yn cyfateb i'w gilydd, gan greu prif gronoleg i'r safle *wyb12*. Er hynny, nid oedd gan hon ond 51 o gylchau ac ni chafwyd dyddiadau ar ei gyfer. Tynnwyd dwy sampl o drawst y simnai er mwyn cael hyd i gymaint o gylchau ag y byddai modd, gan gyfuno'r samplau i ffurfio cymedr 88 cylch *wyb3*. Serch hynny, ni chafwyd dyddiadau o hwn ychwaith. Cafwyd dyddiadau ar gyfer pedair o'r chwe sampl a dynnwyd o brennau'r ail gyfnod. Yr oedd samplau *wyb4, wyb5, wyb6,* i gyd o'r prif geibrau, a *wyb9* un o ddistiau'r llawr, i gyd yn cyfateb i'w gilydd, ac fe'u cyfunwyd i ffurfio prif gronoleg y safle, gyda 128 o gylchau, sef *WYB*. Llwyddwyd i gael cyfatebiaeth ar gyfer hon i rychwantu'r blynyddoedd 1437–1564. Cadwai dau o'r prif geibrau eu holl wynnin, gan roi dyddiadau cymynu yng ngwanwyn 1559 a gaeaf 1564/5. Cafwyd dyddiadau o 1553–83 ac ar ôl 1504 ar gyfer y prif geibr arall a dist y llawr yn eu tro, sy'n

were compared and were found to match, forming the site master *wyb12*. However, this had only 51 rings and failed to date. The mantelbeam was sampled twice to obtain as many rings as possible and the samples combined to form the 88-ring mean *wyb3*. However this too failed to date. Four of the six samples taken from the second phase did date. Samples *wyb4, wyb5, wyb6,* all from principal rafters, and *wyb9* from a floor joist, matched each other and were combined to form the 128-ring site master *WYB*. This was successfully cross-matched to span the years 1437–1564. Two of the principal rafters retained complete sapwood, giving felling dates of spring 1559 and winter 1564/5. The dates of 1553–83 and after 1504 for the other principal rafter and floor joist respectively show that they are all likely to date from the same phase of building. The felling

**4.15
Tŷ-mawr:**
y tu ôl, 2010 /
rear elevation, 2010

dates show the house was remodelled in 1565 or shortly afterwards, coinciding with the date when William Morgan began his studies at St John's College, Cambridge.

Tŷ-mawr, Wybrnant: Adroddiad y Labordy / Laboratory Report
Crynodeb o'r samplau a ddyddiwyd / Summary of dated samples

Rhif y sampl / Sample number	Lleoliad y sampl / Sample location	Rhychwant y dyddiadau / Date span	Cylchoedd gwynnin / Sapwood rings	Cyfanswm y cylchoedd / Total rings	Dyddiadau cymynu / Felling dates
	PHASE I: CRUCKS				
wyb1	upper end cruck blade	undated	H/S	38	
wyb2	lower end cruck blade	undated	H/S	51	
wyb12	Mean of wyb1 + wyb2	undated	H/S	51	unknown
	PHASE II: RE-ROOFING				
wyb3	mantelbeam (upper end)	undated	H/S	88	unknown
*wyb4	principal rafter	1445-1558	28¼C	114	Spring 1559
*wyb5	principal rafter	1459-1564	20C	106	Winter 1564/65
*wyb6	principal rafter	1442-1545	3	104	1553–83
wyb7	beam	undated	14+1C NM	45	unknown
wyb8	joist	undated	-	40	unknown
*wyb9	joist	1437-1492		56+1 NM	after 1504
* = included in site mean WYB		**1437-1564**		**128**	t-value = 7.0 (Belfast Master Chronology)
wyb10	Re-used mantelbeam in cottage	1442-1515	5	74	1521–51

Rhychwant dilyniannau'r cylchau / Span of ring sequences

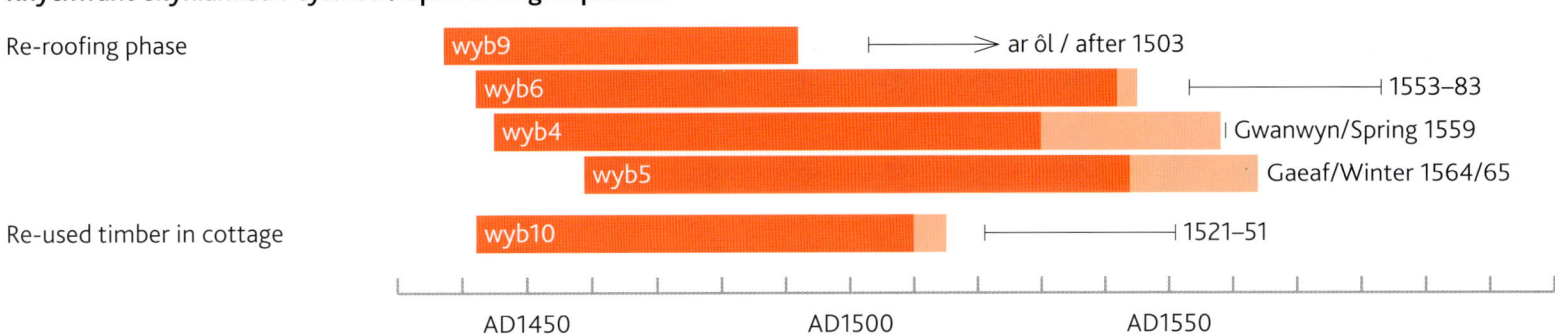

Cyfeiriad grid: SH 7700 5240; NPRN 16966

Plwyf a sir hanesyddol: Penmachno, Sir Gaernarfon.

Cymuned ac awdurdod cyfoes: Bro Machno, Conwy

Ymchwil: Prosiect Dendrocronoleg Gogledd Orllewin Cymru (Frances Richardson; Iola Wyn Jones; Tony Schärer); Arolwg: EAS Ltd ac CBHC; Dyddio: Oxford Dendrochronology Laboratory.

Grid reference: SH 7700 5240; NPRN 16966

Historic parish and county: Penmachno, Caernarvonshire

Modern community and authority: Bro Machno, Conwy

Research: North-west Wales Dendrochronology Project (Frances Richardson; Iola Wyn Jones; Tony Schärer); Survey: EAS Ltd & RCAHMW; Dating: Oxford Dendrochronology Laboratory.

1494/5 OERDDWR-ISAF, BEDDGELERT

FFERMDY O'R OESOEDD CANOL DIWEDDAR Â CHROGLOFFT
A FARMHOUSE OF LATE-MEDIEVAL ORIGIN WITH *CROG-LOFFT*

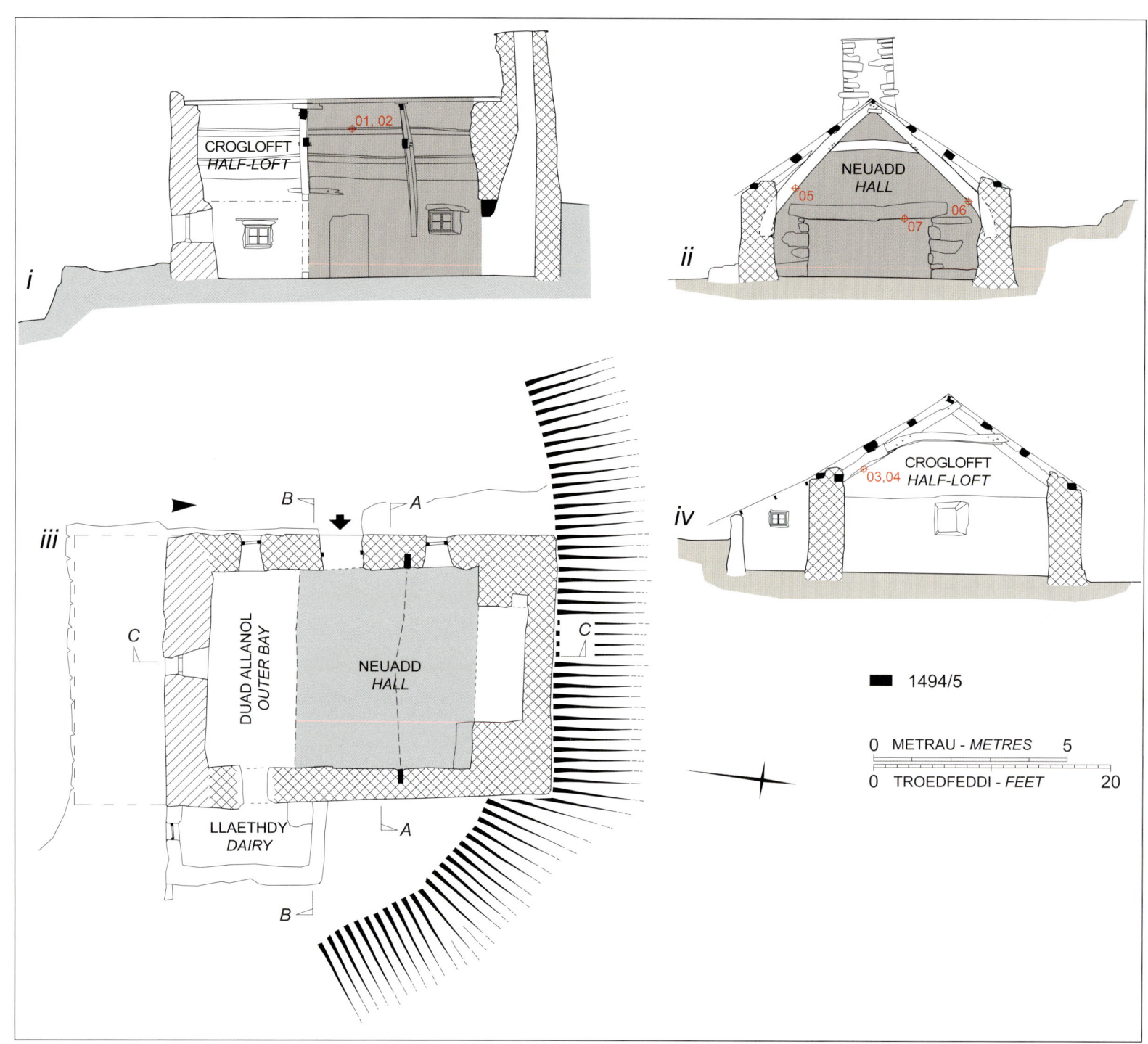

4.16 Oerddwr-isaf: (i) croestoriad yn ei hyd; (ii) croestoriad A–A: nenfforch; (iii) cynllun y llawr isaf; (iv) croestoriad B–B: cwpl pen tramwyfa'r neuadd /
(i) longitudinal section; (ii) section A–A: cruck-truss; (iii) ground-floor plan; (iv) section B–B: passage-end truss

Tai'r Trawsnewid • Transitional Houses

4.17
Oerddwr-isaf, 2014:
y tu allan / exterior

Hanes

Bwthyn-ffermdy o rwbel gyda chroglofft yw Oerddwr-isaf, yn cynnwys un nenfforch lawn a darnau o un arall. Mae'n dŷ anodd ei ddehongli, ond mae'n eglur ei fod yn tarddu o'r oesoedd canol, ac ymddengys iddo fod yn fferm â deiliad ers yr unfed ganrif ar bymtheg. Saif mewn man cysgodol yn wynebu tua'r de ar lethr serth ryw 120 metr uwchben datwm ordnans. Mae'n un o nifer o dai ar ymylon y comin uwch. Yn ystod yr unfed ganrif ar bymtheg bu anghydfod rhwng Iarll Caerlŷr a'r cominwyr ynghylch llechfeddiannu ar y comin. Mae tystiolaeth ysgrifenedig ynghylch hanes cynnar Oerddwr oherwydd iddo fod yn rhan o stad a grëwyd gan Faredudd ab Ieuan ap Robert (bu farw 1525) o Wydir. Codwyd Oerddwr – fel Gwastadannas – yn ystod oes Maredudd a bu'n rhan o etifeddiaeth John Wynn (tua 1492–1559), ei fab hynaf. Dengys llyfr rhent o ran olaf yr unfed ganrif ar bymtheg fod gwerth 'Oyr ddwr' yn bum swllt y flwyddyn a bod ei

History

Oerddwr-isaf is a rubble-built cottage-farmhouse with half-loft (*crog-lofft*) incorporating one full cruck-truss and fragments of another. It is a difficult house to interpret but is clearly of medieval origin and seems to have been a tenanted farm since the sixteenth century. It is sited in a sheltered spot on a steep south-facing hillslope about 120 metres above O.D. It is one of several houses fringing the higher common. In the late sixteenth century encroachments on the common were the subject of a dispute between the Earl of Leicester and the commoners. The early history of Oerddwr is documented because it was part of the estate built up by Maredudd ab Ieuan ap Robert (d.1525) of Gwydir. Oerddwr – like Gwastadannas – was built in the lifetime of Maredudd and was part of the inheritance of John Wynn (c.1492–1559), Maredudd's eldest son. A later sixteenth-century rental shows that 'Oyr

4.18
Oerddwr-isaf:
y tu allan c.1953 (gyda Peter Smith) / exterior c.1953 (with Peter Smith)

werth (gydag Aberglaslyn) yn parhau i fod yn bum swllt yn 1631. Aeth fferm Oerddwr o feddiant stad Gwydir i stad Wynnstay a chafodd ei gwerthu yn 1803 ond gan aros yn fferm â deiliad. Yn ôl rhestr y degwm yr oedd yn fferm 583 erw, y rhan fwyaf yn ffridd. Erbyn 1899 cawsai tŷ newydd ei godi; noda D. E. Jenkins fod yr hen dŷ'n dŷ allan i'r un newydd. Bu pobl yn byw yn Oerddwr-isaf bob hyn a hyn ers hynny, ond mae'n hynod am gadw ei gymeriad brodorol o'r ail ganrif ar bymtheg.[9]

Disgrifiad
Fel sy'n nodweddiadol o'r oesoedd canol diweddar, saif Oerddwr-isaf ar i oriwaered; swatia pen uchaf y tŷ yn y llechwedd ac ymestyn platfform y pen isaf y tu hwnt i'r tŷ tri duad presennol. Mae'r seiliau mawrion a'r platfform sy'n ymestyn y tu hwnt i'r bwthyn presennol yn awgrymu'n gryf fod annedd gynharach wedi'i hadlunio i greu'r tŷ presennol.

ddwr' was valued at 5 shillings yearly and (with Aberglaslyn) was still valued at 5 shillings in 1631. Oerddwr passed from the Gwydir estate to the Wynnstay estate and was sold in 1803 but remained a tenanted farm. The tithe schedule records it as having 583 acres, largely upland pasture. By 1899 a new house had been built; D. E. Jenkins notes that the old house was an outhouse to the new. Oerddwr-isaf has been occasionally inhabited since, but retains in a remarkable way its seventeenth-century vernacular character.[9]

Description
Oerddwr-isaf occupies a characteristic late-medieval downslope siting with the upper end of the house tucked into the hillslope and the lower end platform extending beyond the present three-bay house. The large footings, and the platform which extends beyond the present

[9] Colin Gresham, *Eifionydd* (Cardiff, 1973), 101, 385, 393; Jenkins, *Bedd Gelert: Its Facts, Fairies, and Folk-lore*, 331.

Mae'r gegin/neuadd yn agored hyd y to o hyd gyda nenfforch ganol a lle tân yn y talcen uchaf. Mae'r pen isaf, lle mae'r groglofft, wedi colli ei nenfwd a'i bared (mae ysgafell yn y talcen ar gyfer pennau'r distiau) ond erys cwpl gyda rhan o lafn nenfforch a ail-defnyddiwyd fel coler lapiedig. Saif estyniad penty bach ar y mur dwyreiniol. Dengys ffotograffau Cofnod Henebion Cenedlaethol Cymru, a dynnwyd yn 1953, fod gan Oerddwr-isaf do teils cerrig, a rhan ohono wedi'i rendro, a gollwyd o ganlyniad i ddaeargryn bychan tua 1984. Tŷ mynedfa uniongyrchol yw'r un presennol, gydag adwy drws ganolog â ffenestr fechan bob ochr iddo. Cadwodd Oerddwr-isaf ei olwg tŷ unllawr mewn modd hynod, gyda simnai dal yn y pen uchaf a tho teils cerrig gyda meini copa garw ar y talcenni. O ran y tu mewn, eir i mewn i'r tŷ gydag ochr cwpl y pared. Erys y neuadd/gegin yn agored hyd y to ac mae croglofft uwchben y duad allanol. Mae trawst mawr siamffrog i'r lle tân. Diddorol iawn yw'r cyplau. Yn y gegin ceir nenfforch lawn a choler morteisiog. Mae cwpl y pared yn ddiweddarach, gyda choler lapiedig (rhan, yn fwy na thebyg, o lafn

cottage, strongly suggest that the present house is a reconstruction of an earlier dwelling.

The cottage retains a kitchen/hall open to the roof with a central cruck-truss and upper gable-end fireplace. The lower *crog-lofft* end has lost its ceiling and partition (the gable end has a ledge for the joist ends) but retains a truss with a section of cruck-blade reused as a lapped collar. There is a small lean-to extension on the E. wall. NMRW photographs dating from 1953 show Oerddwr-isaf with a partly rendered stone-tiled roof lost after an earth tremor *c.* 1984. The present house is of direct-entry type with a central doorway flanked by two small windows. Oerddwr-isaf has preserved its early single-storey elevation in a remarkable way with a prominent upper-end chimney, and a stone-tiled roof between rough gable copings. Internally the house is entered alongside the partition truss. The hall/kitchen remains open to the roof and the outer bay is lofted. The fireplace has a large chamfered timber beam. The trusses are of considerable interest. The kitchen has a full cruck-truss with morticed collar. The partition truss

4.19
Oerddwr-isaf, 2014:
tu mewn y neuadd gyda nenfforch, 2014 / hall interior with cruck-truss

**4.20
Oerddwr-isaf, 2014:**
y tu mewn gyda chwpl pen tramwyfa'r neuadd, 2014 / interior with passage-end truss

nenfforch a ail-ddefnyddiwyd) a gymerodd le coler morteisiog. Ymddengys fod y tŷ presennol yn cynnwys rhan o adeiladwaith tŷ neuadd y mae ei blatfform yn ymestyn y tu hwnt i'r tŷ tri duad presennol. Yn fwy na thebyg y mae'r nenfforch bresennol yn dal i fod yn ei lle gwreiddiol ac mae'r tulathau uchaf hefyd wedi goroesi. Ymddengys yn debygol bod yr Oerddwr-isaf gwreiddiol yn neuadd-dy â phedwar duad, yr un fath ag sydd yn goroesi yng Ngwastadannas (1508), a fu hefyd yn eiddo stad Gwydir. Daeth y neuadd a'r ystafell fewnol yn gegin y tŷ newydd, gyda lle tân wedi'i ychwanegu yn y talcen. Daeth y dramwyfa'n ystafell allanol a chafodd y neuadd-dy ei gwteuo. Mae'n ddiddorol gwrthgyferbynnu'r gwaith addasu hwn gyda'r gwaith yng Ngwastadannas. Mae Oerddwr-isaf yn lled debyg i dŷ dwy uned cynllun Eryri. Erys y neuadd yn agored hyd y to, gan gadw'r nenfforch; mewn tŷ sawl llawr buasai hon wedi'i thorri'n gyfwyneb â'r muriau. Diddorol yw'r ffaith i rai bythynnod a ffermdai llai aros yn agored hyd y to, gan gadw'r cynllun gwreiddiol fel tai neuadd. Mae'n debyg bod trawst simnai Oerddwr-isaf yn dyddio o'r ail ganrif ar bymtheg.

is later with a lapped collar (probably a reused section of cruck blade) replacing a morticed collar. The present house appears to incorporate part of the fabric of a hall-house whose platform extends beyond the present three-bay house. The surviving cruck-truss is probably in its original position and the upper purlins have survived too. It seems likely that the original Oerddwr-isaf was a four-bay hall-house of the type which survives at Gwastadannas (1508), also owned by the Gwydir estate. The hall and inner room have become the kitchen of the new house with the addition of the gable-end fireplace. The passage has become the outer room and the hall-house truncated. It is interesting to contrast this adaptation with the conversion at Gwastadannas. Oerddwr-isaf is an approximation to the two-unit Snowdonian house. The hall remains open to the roof preserving the cruck-truss which in a storeyed house would have been cut off flush with the walls. It is interesting that some cottages and smaller farmhouses remained open to the roof preserving their hall-house origins. The fireplace beam at Oerddwr-isaf is probably of seventeenth-century date.

Oerddwr-isaf: Adroddiad y Labordy / Laboratory Report
Crynodeb o'r samplau a ddyddiwyd / Summary of dated samples

Rhif y sampl / Sample number	Lleoliad y sampl / Sample location	Rhychwant y dyddiadau / Date span	Cylchoedd gwynnin / Sapwood rings	Cyfanswm y cylchoedd / Total rings	Dyddiadau cymynu / Felling dates
*bdgv1	upper purlin	1424-1494	22C	71	Winter 1494/95
*bdgv2a1	upper purlin	1444-1474	H/S	31	
bdgv2a2	ditto	-	10+9 C NM	10	1493-98
bdgv3	principal rafter	-	H/S	26	
bdgv4	principal rafter	1418-1494	21C	77	Winter 1494/95
bdgv5	cruck blade (W)	1437-1494	20C	58	Winter 14949/5
bdgv6	cruck blade (E)	1437-1490	15+3 C NM	54	(Winter 1494/95)
bdgv7a1	mantelbeam			48	Undated
*bdgv56	Mean of **bdgv5** + **bdgv6**	1437-1494	20C	58	Winter 1494/95
* = site master (BDGV)		1424-1494		71	*t*-value = 7.3 ROYALHS3

Rhychwant dilyniannau'r cylchau / Span of ring sequences

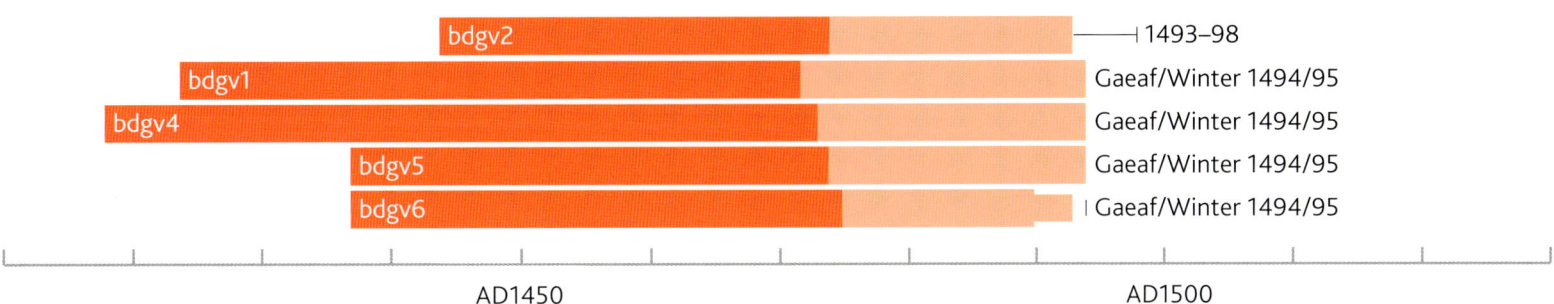

Dyddio
Dangosodd gwaith dadansoddi y cymynwyd y coed ar gyfer y cyplau a'r tulathau yn 1494/5. Nid oedd digon o gylchau gan y creiddiau a dynnwyd o gapan y lle tân i'w dyddio trwy ddendrocronoleg, ond mae rhannau o bob pen i un o'r creiddiau (y gwyddys y nifer o flynyddoedd rhyngddynt) wedi'u cyflwyno ar gyfer dadansoddiad radio carbon.

Cyfeiriad grid: SH 5907 4543; *NPRN* 16620

Plwyf a sir hanesyddol: Beddgelert, Sir Gaernarfon

Cymuned ac awdurdod cyfoes: Beddgelert, Gwynedd

Ymchwil: Cymdeithas Hanes Beddgelert (Margaret Dunn); *Arolwg*: CBHC; *Dyddio*: Oxford Dendrochronology Laboratory.

Dating
Analysis showed that the timber for the trusses and purlins was felled in 1494/5. Cores extracted from the fireplace lintel had too few rings for dendrochronological dating but sections from either end of a core (a known number of years apart) have been submitted for radiocarbon analysis.

Grid reference: SH 5907 4543; *NPRN* 16620

Historic parish and county: Beddgelert, Caernarvonshire

Modern community and authority: Beddgelert, Gwynedd

Research: Cymdeithas Hanes Beddgelert History Society (Margaret Dunn); *Survey*: RCAHMW; *Dating*: Oxford Dendrochronology Laboratory.

1531/2 CAE-CANOL-MAWR, FFESTINIOG   10
TŶ'R TRAWSNEWID GYDA NEUADD AGORED
A TRANSITIONAL SNOWDONIAN HOUSE WITH OPEN HALL

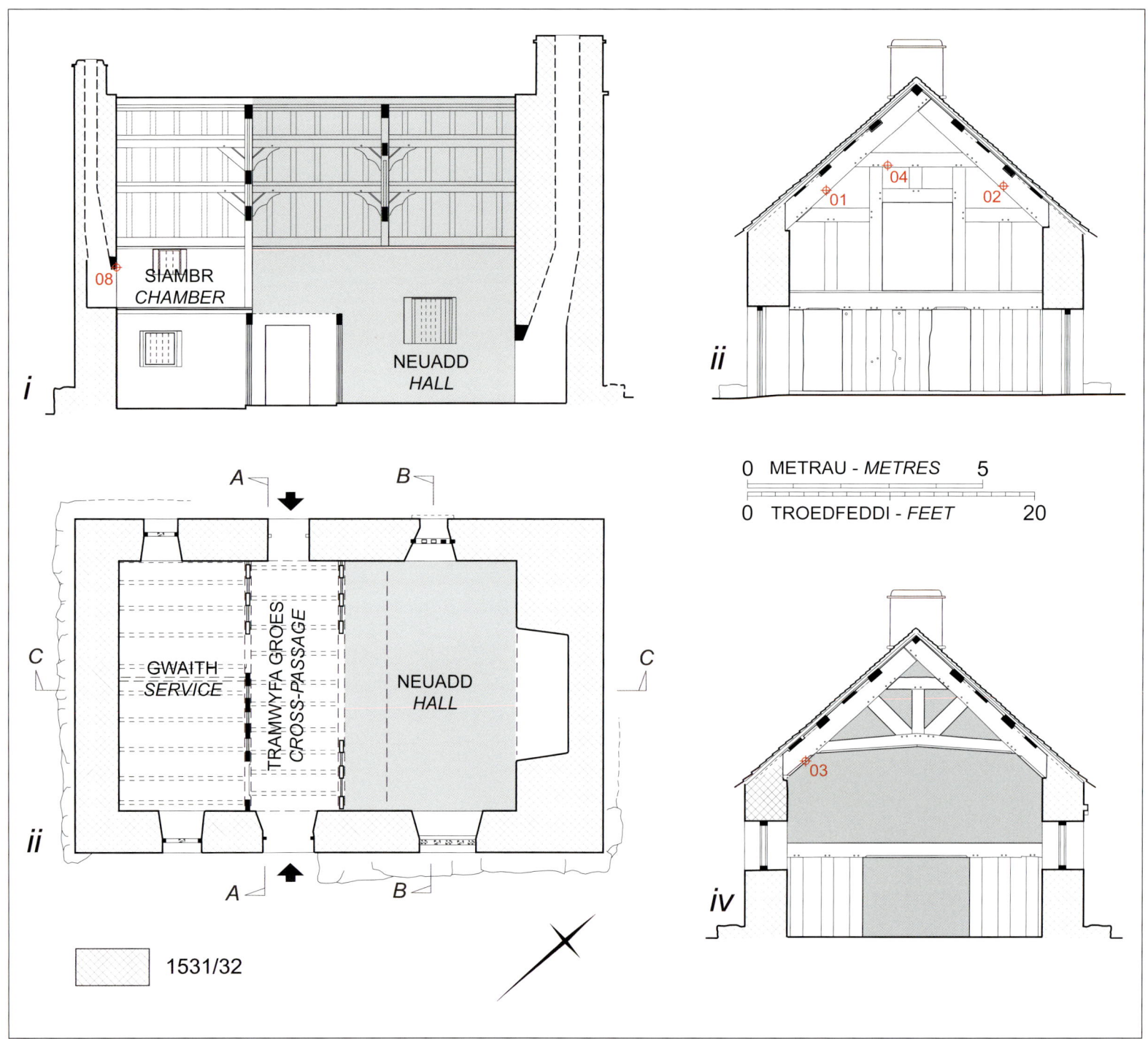

4.21 Cae-canol-mawr: (i) croestoriad yn ei hyd, fel y byddai; (ii) croestoriad A–A: pared y dramwyfa; (iii) cynllun fel y byddai; (iv) croestoriad B–B: cwpl a phared y neuadd fel y byddent / (i) reconstructed longitudinal section; (ii) section A–A: passage partition; (iii) reconstructed plan; (iv) section B–B: reconstructed hall truss and partition

4.22
Cae-canol-mawr: golygfa agos, 2014 / near view, 2014

Hanes

Saif Cae-canol-mawr ar y gyfuchlin 1000 troedfedd ar ochr ddeheuol y Manod Mawr a chaiff ei ddŵr o Gwm Teigl. Mae Cae-canol-mawr yn hynod ddiddorol ei bensaernïaeth, gan ei fod yn dŷ o fath trawsnewidiol, sef cynllun dwy uned gyda neuadd agored â lle tân yn y talcen. Gall 'cae-canol' gofnodi ad-drefnu'r caeau yn yr unfed ganrif ar bymtheg a sefydlu'r annedd barhaol hon. Er hynny, ni fu modd darganfod pwy oedd perchnogion Cae-canol yn yr unfed ganrif ar bymtheg. Mae dros 90 o flynyddoedd rhwng dyddiadau'r blwyddgylchau, sef 1531/2, a'r cofnod ysgrifenedig cyntaf yn 1623, pan dalodd Humffrey Pugh 10c o rent i'r Goron am 'Cae Kanol'.[10] Yn 1662 aseswyd Cae-canol ar sail ei ddwy aelwyd, ond nid oes modd darllen enw'r perchennog.[11] Rywbryd cyn 1817 prynwyd yr eiddo gan stad Tan-y-bwlch/Oakley a'i redeg fel fferm â deiliad. Yn arwerthiant y stad yn 1910 disgrifiwyd Cae-canol-mawr fel fferm o 65 erw gyda thir âr a ffridd yn meddu ar gynefin defaid o ryw 1433 erw ar y Manod Mawr.[12] Nid yr un lle â Chae-canol-mawr yw Cae-canol-bach, bwthyn o'r bedwaredd ganrif ar bymtheg sydd erbyn hyn yn adfail.

History

Cae-canol-mawr is located at the 1000 feet contour on the south side of Manod Mawr mountain and watered from Cwm Teigl. Cae-canol-mawr has extraordinary architectural interest as a house of transitional type having a two-unit plan with an open hall heated by a gable-end fireplace. The name *cae-canol* or 'middle field' may reflect the reorganisation of fields in the sixteenth century and the establishment of this permanent dwelling. However it has not proved possible to establish the sixteenth-century ownership of Cae-canol. There is over 90 years between the 1531/2 tree-ring dates and the first documentary record in 1623, when Humffrey Pugh paid 10d. Crown rent for 'Cae Kanol'.[10] In 1662 Cae-canol was assessed for two hearths but the name of its owner is illegible.[11] At some time before 1817 the property was acquired by the Tan-y-bwlch/Oakley estate and run as a tenant farm. In the 1910 estate sale Cae-canol-mawr was described as a farm of 65 acres with arable and rough pasture enjoying a sheepwalk of about 1433 acres on Manod Mawr.[12] Cae-canol-mawr is distinguished from Cae-canol-bach, a nineteenth-century cottage now ruined.

---

10 Rhian Parry, 'An Ardudwy Crown rental of 1623', *CCHChSF / JMerHRS* XV (2009), 384.
11 Owen Parry, 'The hearth tax of 1662 in Merioneth', *CCHChSF / JMerHRS* II (1953-6), 27.
12 Manylion Arwerthiant Ystâd Oakley, 1910. / Oakley Estate Sales Particulars, 1910.

Disgrifiad

Tŷ cerrig gyda sylfaen o feini mawrion yw Cae-canol-mawr a saif ar oriwaered, sy'n nodweddiadol o neuadd-dai. Mae cynllun y tŷ yn rhywle rhwng neuadd agored yr oesoedd canol a thŷ Eryri sawl

Description

Cae-canol-mawr is stone-built with boulder footings and has the downslope siting characteristic of a hall-house. The house is in plan transitional between the medieval open hall and the storeyed

4.23
Cae-canol-mawr:
cyplau'r to o'r siambr / the roof-trusses viewed from the chamber

4.24
Cae-canol-mawr:
y siambr, 2014 / the chamber, 2014

llawr gyda simneiau talcen. Cynllun neuadd-dy wedi'i gwteuo yw cynllun Cae-canol-mawr, gyda lle tân mawr yn nhalcen y tŷ yn cymryd lle duad y pen uchaf. Eid i mewn i'r tŷ trwy dramwyfa groes â phared rhyngddi a'r neuadd. Rhwng y dramwyfa a'r pâr o ystafelloedd allanol, gydag ystafelloedd uwch eu pennau, mae pared pyst a phaneli â dau ddrws ynddo. Dengys morteisiau yn nhrawst y pared yr eid i'r neuadd trwy adwy ganolog lydan (fel yn achos rhai tai cynnar eraill). Nid oes amheuaeth nad oedd y neuadd yn agored hyd y to. Erys o hyd ar yr ochr orllewinol y ffenestr uchel â myliynau gydag olion carreg ddiddos ar y tu allan. Mae pen uchaf y ffenestr gryn dipyn yn uwch na lefel y llawr a dybir yn ôl lleoliad trawst y pared. Mae'r cyplau wedi colli rhai darnau ond yr oedd gan gwpl y neuadd ewinbren elinog gyda phwyslathau ar ogwydd. Mae'n debyg i gwpl y pared gynnwys adwy drws yn ei ran uchaf er mwyn cyrraedd y groglofft. Mae rhywbeth i'w ddysgu gan yr ategion rhwng ceibrau a thulathau'r to: mae gan y rhai uwchben y neuadd gysbau, ond plaen yw'r rhai yn y pen deulawr. Cafodd y llofft ei hestyn dros y dramwyfa, ond yn wreiddiol (fel yr awgryma'r ategion) nid ymestynnai ond dros y duad allanol. Yr oedd i'r duad allanol ddau lawr, gyda lle tân yn y talcen yn gwresogi'r siambr ar y llawr cyntaf.

Gellir sylwi ar sawl ychwanegiad cymharol ddiweddar i Gae-canol-bach. Ychwanegwyd popty i'r pen uchaf. Ychwanegwyd llaethdy, yn adfail erbyn hyn, ar yr ochr orllewinol gyda pheirianwaith corddi a yrrid gan waith ceffyl. Dyddia'r ychwanegiadau

4.25
Cae-canol-mawr:
y neuadd agored, 2014 /
the open hall, 2014

Snowdonian house with end chimneys. Cae-canol-mawr has the plan of a truncated hall-house with the upper-end bay displaced by a large end fireplace. The house was entered via a fully-screened cross-passage. Twin storeyed outer rooms are screened by a two-door post-and-panel partition. Mortices in the partition beam show that the entrance into the hall was through a wide central doorway (as in some other early houses). There is no doubt that the hall was open to the roof. The tall mullioned window lighting the hall on the west side survives with the remains of an external drip-mould. The window head is set at a height considerably above a projected floor level taken from the partition beam. The trusses have lost some timbers but the hall truss originally had a cranked tie-beam with raking struts. The partition truss probably incorporated an upper doorway in a *crog-lofft* ('hanging' or half-loft) arrangement. The roof is windbraced in a revealing way: the windbraces are cusped over the hall but plain at the storeyed end. The loft has been extended over the passage but was originally (as the windbracing indicates) confined to the outer bay. The outer bay was storeyed with a gable-end fireplace heating the first-floor chamber.

Several relatively late additions to Cae-canol-bach may be noted. A bakehouse has been added to the upper end. A dairy now ruined was added on the west side with machinery for churning driven by a gin-wheel. These additions date from the

**4.26
Cae-canol-mawr:**
y tu ôl / rear elevation

**4.27
Cae-canol-mawr:**
y tŷ o ran ei le yn y tirlun, gan edrych tua'r gorllewin, 2014 / the house in its landscape setting looking west, 2014

hyn o'r bedwaredd ganrif ar bymtheg, pan oedd Cae-canol-mawr yn fferm â deiliad.

Dyddio

Dangosodd y samplau fod y cyplau a'r lle tân yr un oed: cafwyd dyddiadau ar gyfer pedwar darn coed o'r to a chapan y lle tân. Cafwyd bod dau o'r prif geibrau, o gyplau gwahanol, yn tarddu o'r un goeden. Cadwai un o'r prif geibrau ei holl wynnin ar ôl ei gymynu yng ngwanwyn 1530, tra cymynwyd coed capan y lle tân yng ngaeaf 1531/32. Mae'n debygol, felly, y cwblhawyd y gwaith adeiladu yn 1532, neu'n fuan wedyn.

Dating

Sampling demonstrated that the trusses and fireplace were coeval: four roof timbers and the fireplace lintel were dated. Two principal rafters from different trusses were found to have been derived from the same tree. One principal rafter retained complete sapwood after felling in spring 1530, while the timber for the fireplace lintel was felled in winter 1531/32. Construction is therefore likely to have been completed in 1532, or shortly after.

Cae-Canol-Mawr: Adroddiad y Labordy / Laboratory Report
Crynodeb o'r samplau a ddyddiwyd / Summary of dated samples

Rhif y sampl / Sample number	Lleoliad y sampl / Sample location	Rhychwant y dyddiadau / Date span	Cylchoedd gwynnin / Sapwood rings	Cyfanswm y cylchoedd / Total rings	Dyddiadau cymynu / Felling dates
*ccm01	principal rafter	1454–1524	7	71	1528–1538
ccm02	principal rafter	1427–1529	25¼C	103	Spring 1530
ccm03	principal rafter	1432–1501	H/S + 15NM	70	Spring 1530
*ccm23m	Mean of **02** and **03**	1427–1529	26¼C	103	Spring 1530
*ccm04	collar, W truss: mean of **04a** & **04b**	1417–1502	H/S	86	1513–1543
*ccm08	mantelbeam	1421–1531	31C	111	Winter 1531/32
* = included in Site Master **CAECANLM**		**1417–1531**		115	***t*-value = 8.4 (Pengwern)**

Rhychwant dilyniannau'r cylchau / Span of ring sequences

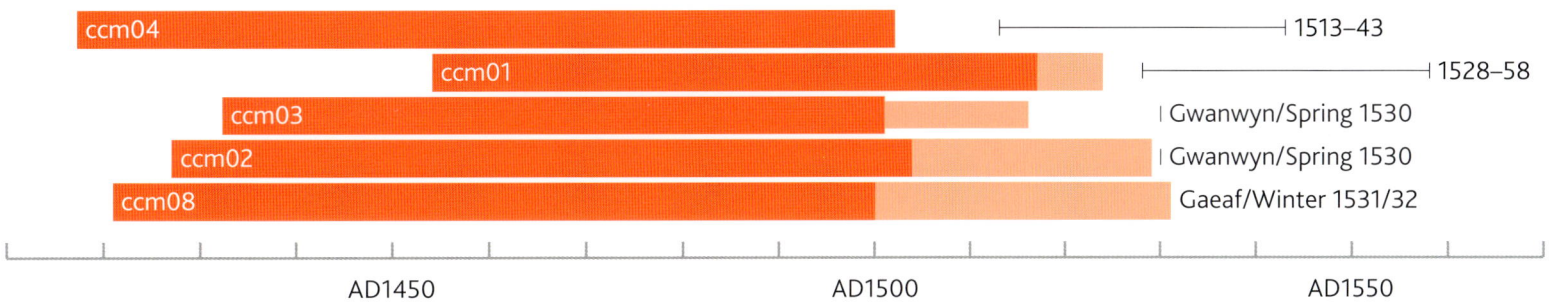

Cyfeiriad grid: SH 720 439; *NPRN* 28244
Plwyf a sir hanesyddol: Ffestiniog, Meirionnydd
Cymuned ac awdurdod cyfoes: Ffestiniog, Gwynedd
Ymchwil: Prosiect Dendrocronoleg Gogledd Orllewin Cymru (Anne Watt, John Townsend, ac Avis Reynolds); *Arolwg*: Ric Tyler; *Dyddio*: Oxford Dendrochronology Laboratory.

Grid reference: SH 720 439; *NPRN* 28244
Historic parish and county: Ffestiniog, Merioneth
Modern community and authority: Ffestiniog, Gwynedd
Research: North-west Wales Dendrochronology Project (Anne Watt, John Townsend, and Avis Reynolds); *Survey*: Ric Tyler; *Dating*: Oxford Dendrochronology Laboratory.

1533 GORLLWYN-UCHAF, PENMORFA

TŶ'R TRAWSNEWID
A TRANSITIONAL SNOWDONIAN HOUSE

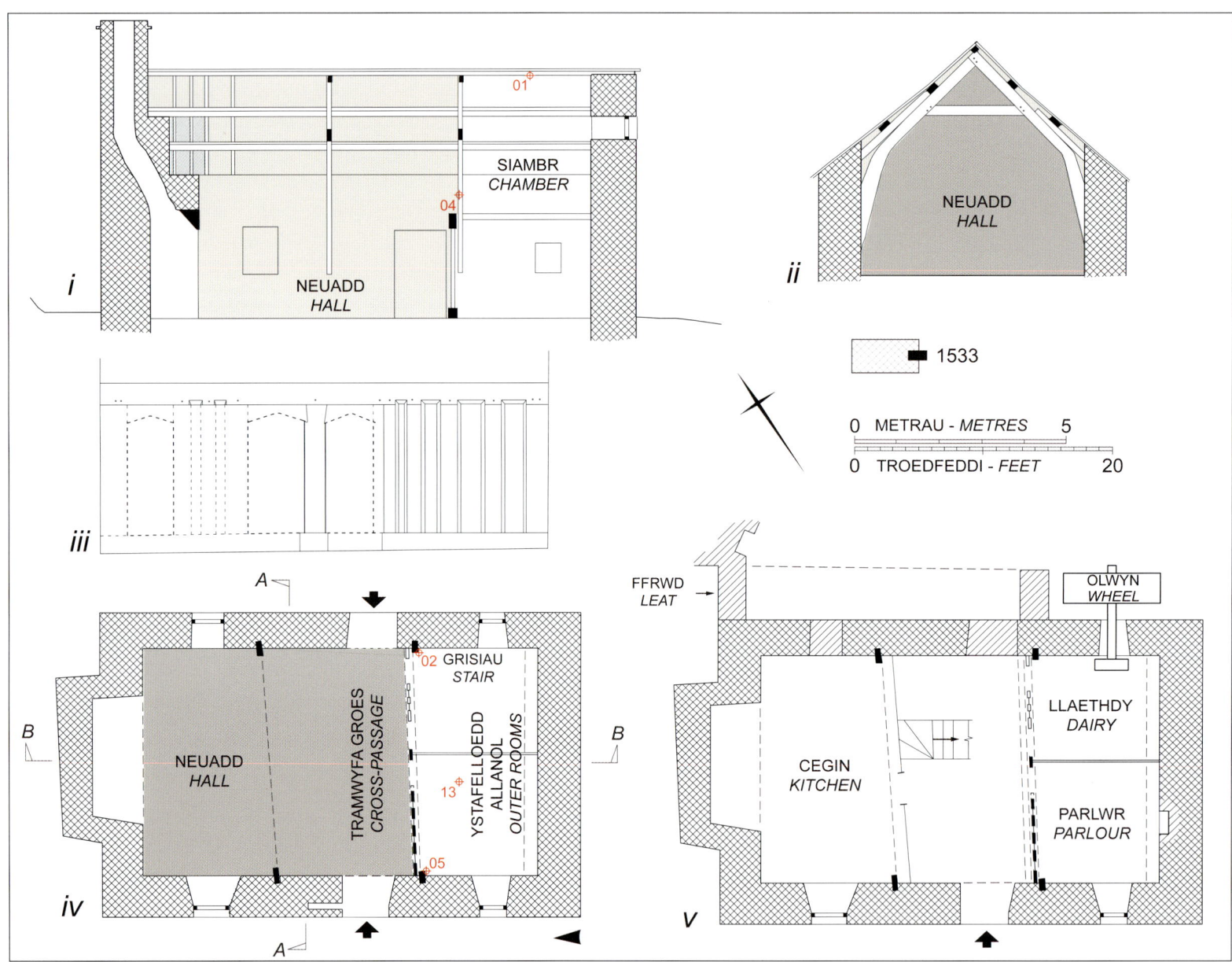

Hanes

Cefnen o dir uchel yw Mynydd Gorllwyn gyda phorfa dda ar y llechweddau. Ystyr 'Gorllwyn' yw llwyn mawr, cyfeiriad at goetir sydd wedi diflannu erbyn hyn ond a allai fod wedi darparu'r nenffyrch ar gyfer y tŷ presennol. Bu dwy ddeiliadaeth sylweddol ar y llethr a wynebai'r dwyrain, Y Gorllwyn a Thyddyn

History

Mynydd Gorllwyn is a ridge of high ground providing good upland grazing. 'Gorllwyn' means a large grove, a reference to woodland which has now disappeared but may have provided the crucks for the present house. There were two substantial holdings on the east-facing slope, Y

4.29 Gorllwyn-uchaf: y tŷ o ran ei le yn y tirlun (*Falcon Hildred*) / the house in its landscape setting (*Falcon Hildred*)

4.28 Gorllwyn-uchaf: (i) croestoriad yn ei hyd (*B–B*) fel y byddai; (ii) croestoriad *A–A*: nenfforch yn y neuadd; (iii) pared y dramwyfa fel y byddai; (iv) cynllun y llawr isaf fel y byddai; (v) cynllun y llawr isaf yn ôl yr arolwg / (i) reconstructed longitudinal section *B–B*; (ii) section *A–A*: cruck-truss in hall; (iii) reconstructed passage partition; (iv) reconstructed ground-floor plan; (v) ground-floor plan as surveyed

---

13 *Inventory of ... Caernarvonshire, Volume II: Central* (London, 1960), 70 (mon. 891), 92 (mon. 994).

Gorllwyn, a adwaenir erbyn hyn fel Gorllwyn-isaf a Gorllwyn–uchaf. Mae'r tiroedd caeëdig o gwmpas Gorllwyn-uchaf yn dyddio o'r un cyfnod â'r tŷ, ond mae tystiolaeth y bu amaethu cyn hynny; y tu hwnt i'r tiroedd caeëdig hyn yr oedd porfa agored. Gorllwyn-uchaf oedd y fferm bwysicaf ac, adeg arolwg y degwm, yr oedd yn ddeiliadaeth o 162 erw.[13] Erbyn 1953, pan y'i cofnodwyd gan y Comisiwn, yr oedd Gorllwyn yn anghyfannedd ac yn dechrau mynd yn adfail, ond ers hynny mae wedi'i adfer.

Nid tŷ gwerinol oedd hwn. Perchennog Tyddyn Gorllwyn ar ddiwedd y bymthegfed ganrif oedd Howell ap Rhys a honnai ei fod yn ddisgynnydd i Ririd Flaidd, a adwaenid fel arglwydd Penllyn. Mae Gresham yn disgrifio Howell fel priodor yn Llanfrothen yr oedd ei deulu wedi cael Gorllwyn trwy briodas, yn fwy na thebyg. Bu gan Howell ddau fab, sef David Lloyd a Robert. Yn 1581 rhoddodd David, yn 80 oed, dystiolaeth ynghylch tiroedd ei dad i'r comisiynwyr arbennig a arolygai lechfeddiannu yn Fforest yr Wyddfa. Etifeddodd Robert ap Howell diroedd ei dad yng Ngorllwyn a chreu deiliadaeth fawr, gan gymryd tair deiliadaeth

Gorllwyn and Tyddyn Gorllwyn, now known as Gorllwyn-isaf and Gorllwyn–uchaf. Enclosures centred on Gorllwyn-uchaf are contemporary with it but there is also evidence for older cultivation; beyond these enclosures was open grazing. Gorllwyn-uchaf was the more important farmstead and at the time of the tithe survey was a holding of 162 acres.[13] Gorllwyn was abandoned and beginning to fall into ruin in 1953 when recorded by the Commission but has since been restored.

This was not a peasant house. Howell ap Rhys owned Tyddyn Gorllwyn at the end of the fifteenth century and claimed descent from Rhirid Flaidd, styled lord of Penllyn. Gresham describes Howell as a *priodor* in Llanfrothen whose family had probably acquired Gorllwyn by marriage. Howell had two sons, David Lloyd and Robert. David in 1581, aged 80, gave evidence about his father's lands to the special commissioners surveying encroachments of the Forest of Snowdon. Robert ap Howell inherited his father's lands at Gorllwyn and built up a large holding, leasing three important holdings in Penyfed (1521) as well as

4.30
Gorllwyn-uchaf:
y tu blaen pan fu'n anghyfannedd, 1953 / front elevation when derelict, 1953

bwysig ym Mhenyfed ar brydlesi (1521) yn ogystal â dwy ddeiliadaeth yn Nanhwynan gan Abaty Aberconwy. Mae'n debyg y codwyd Gorllwyn gan Robert ap Howell; yn sicr yr oedd ei ddisgynyddion yn byw yno. Yn 1631 yr oedd Tythyn y Gorllwyn ym meddiant Robert ap William ap Richard, ei or-wyr, '*in tenure sua propria*'. Mae Gorllwyn-uchaf yn enghraifft ddadlennol o dŷ blaengar a godwyd gan deulu a fu'n llwyddiannus yn y farchnad dir leol. Yr oedd y teulu'n ddigon uchel ei barch i Lewys Dwnn gofnodi ei achres.[14]

Disgrifiad
Tŷ muriau rwbel yw Gorllwyn, gyda simnai amlwg, ymwthiol yn ei dalcen; saif ymhlith porfeydd geirwon a gyflëir yn berffaith yn nyluniad Falcon Hildred. Gyda'i leoliad ar oriwaered a'i nenffyrch, mae Gorllwyn yn nhraddodiad y neuadd-dy. Er hynny, daw gwres y neuadd agored o simnai sylweddol yn y talcen. Mae cynllun dwy uned y neuadd a'r ystafell allanol yn rhagflaenu tai Eryri.

two holdings in Nanhwynan from the Abbey of Aberconwy. It is likely that Gorllwyn-uchaf was built by Robert ap Howell, and his descendants certainly lived there. His great-grandson, Robert ap William ap Richard, held 'Tythyn y Gorllwyn' in 1631 'in tenure sua propria'. Gorllwyn-uchaf is a revealing example of an innovative house built by a family successful in the local land market. The family had sufficient standing for Lewys Dwnn to record their pedigree.[14]

Description
Gorllwyn-uchaf is a rubble-walled house with a prominent, projecting end-chimney, set in a rugged pastoral setting beautifully conveyed by Falcon Hildred's drawing. Gorllwyn has the downslope siting and cruck-trusses of the hall-house tradition. However the open hall is heated by a substantial end chimney. The two-unit plan of hall and outer-room looks forward to the Snowdonian house. Two cruck-trusses survive, each

14 Colin Gresham, *Eifionydd: a Study of Landownership from the Medieval Period to the Present Day* (Cardiff, 1973), 125-7; Lewys Dwnn, *Heraldic Visitations of Wales* (Llandovery, 1846), II, 88.

4.31
Gorllwyn-uchaf:
nenfforch / cruck-truss

4.32
Gorllwyn-uchaf:
pared pyst a phaneli /
post-and-panel partition

4.33
Gorllwyn-uchaf:
tu mewn y neuadd fel y byddai wrth edrych tua'r dramwyfa groes (*Falcon Hildred*) / reconstruction of the hall interior looking towards the cross-passage (*Falcon Hildred*)

Mae dwy nenfforch wedi goroesi, pob un â choler ag uniadau mortais, ond heb ewinbrenni. Mae'n eglur lle bu'r dramwyfa groes, gyda soced ar gyfer bar drws yn adwy'r prif ddrws. Mae pared y dramwyfa'n dda ei saernïaeth; erys darnau o bared pyst a phaneli gyda physt siamffrog a meitrau saer maen ar drawst uchaf y pared. Dengys morteisiau yn y trawst uchaf (sydd ar wahân i'r nenfforch) y bu tair adwy drws yn y pared, ar gyfer pâr o ystafelloedd allanol a grisiau. Ar y cychwyn, dim ond yr ystafell allanol oedd â llawr uwchben, ac erys ffenestr fechan yn y talcen o hyd. Rhaid pwysleisio, nid neuadd-dy wedi'i addasu yw Gorllwyn. Nid yw gwaith coed y nenffyrch yn

having a morticed collar but lacking tie-beams. The cross-passage is well defined with a draw-bar socket in the principal doorway. The passage partition is well carpentered with a fragmentary post-and-panel partition with chamfered posts and mason's mitres on the head-beam. Mortices in the head-beam (independent of the cruck) show that the partition had three doorways for twin outer-rooms and a stair. Only the outer room was originally floored over and a small gable window survives. Gorllwyn, it must be emphasized, is not a modified hall-house. The carpentry of the cruck-trusses does not define the baying of a hall-house.

diffinio duadau neuadd-dy. Nid yw'r nenffyrch yn ddu gan huddygl ac mae'r simnai'n rhan annatod o'r adeilad. Mae'n ymddangos i'r neuadd aros yn agored hyd y to nes ychwanegu nenfwd yn y bedwaredd ganrif ar bymtheg.

Dyddio
Daw'r dyddiadau cymynu manwl-gywir o bennau llifiau *ex situ* na wyddys eu hanes ac a ddaeth o waith trwsio. Er hynny, maent yn gyson ag ystodau'r dyddiadau cymynu a geir o lafnau'r nenffyrch.

The crucks are not smoke-blackened and the chimney is an integral part of the structure. The hall seems to have remained open to the roof until the nineteenth century when a ceiling was inserted.

Dating
The precise felling dates are from *ex situ* offcuts of uncertain provenance from repairs. However, they are consistent with the felling date ranges produced by the cruck blades.

Gorllwyn-uchaf: Adroddiad y Labordy / Laboratory Report
Crynodeb o'r samplau a ddyddiwyd / Summary of dated samples

Rhif y sampl Sample number	Lleoliad y sampl Sample location	Rhychwant y dyddiadau Date span	Cylchoedd gwynnin Sapwood rings	Cyfanswm y cylchoedd Total rings	Dyddiadau cymynu Felling dates
bdgb1	ridge (*ex situ*)	1437-1532	37¼C	96	Spring 1533
*bdgb4	S truss: E cruck blade (mean of **bdgb4a** + **bdgb4b**)	1456-1522	28	67	1523-35
*bdgb5	S truss: W cruck blade	1442-1529	28	88	1530-42
bdgb13	? joist (*ex situ*)	1437-1515	18	79	(Spring 1533)
*bdgb113	Mean of **bdgb1** + **bdgb13**	1437-1532	36¼C	96	
* = included in **BDGB Site Master**		1437-1532		96	*t*-value = 7.1 CEFNCAR1

Rhychwant dilyniannau'r cylchau / Span of ring sequences

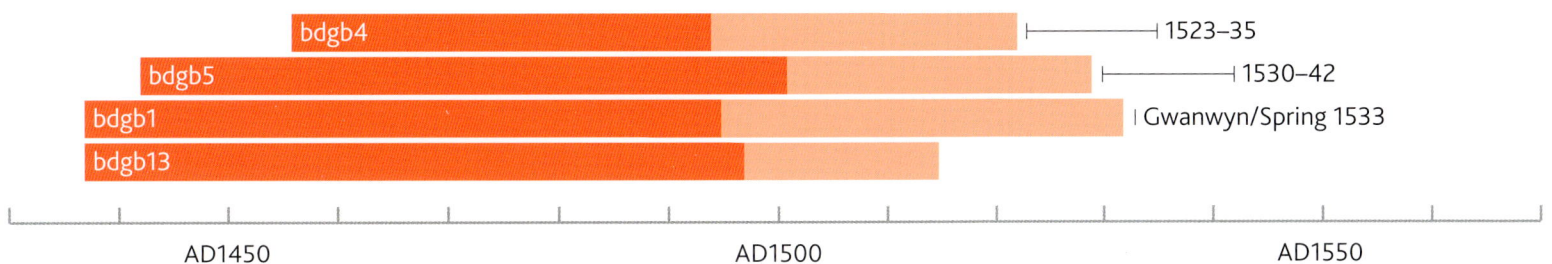

Cyfeiriad grid: SH 5762 4266; *NPRN* 26533

Plwyf a sir hanesyddol: Penmorfa, Sir Gaernarfon

Cymuned ac awdurdod cyfoes: Dolbenmaen, Gwynedd

Ymchwil: Cymdeithas Hanes Beddgelert (Margaret Dunn); *Arolwg*: CBHC; *Dyddio*: Oxford Dendrochronology Laboratory.

Grid reference: SH 5762 4266; *NPRN* 26533

Historic parish and county: Penmorfa, Caernarvonshire

Modern community and authority: Dolbenmaen, Gwynedd

Research: Cymdeithas Hanes Beddgelert History Society (Margaret Dunn); *Survey*: RCAHMW; *Dating*: Oxford Dendrochronology Laboratory.

1531–46 HAFODRUFFYDD-UCHAF, BEDDGELERT
TŶ'R TRAWSNEWID
A TRANSITIONAL SNOWDONIAN HOUSE

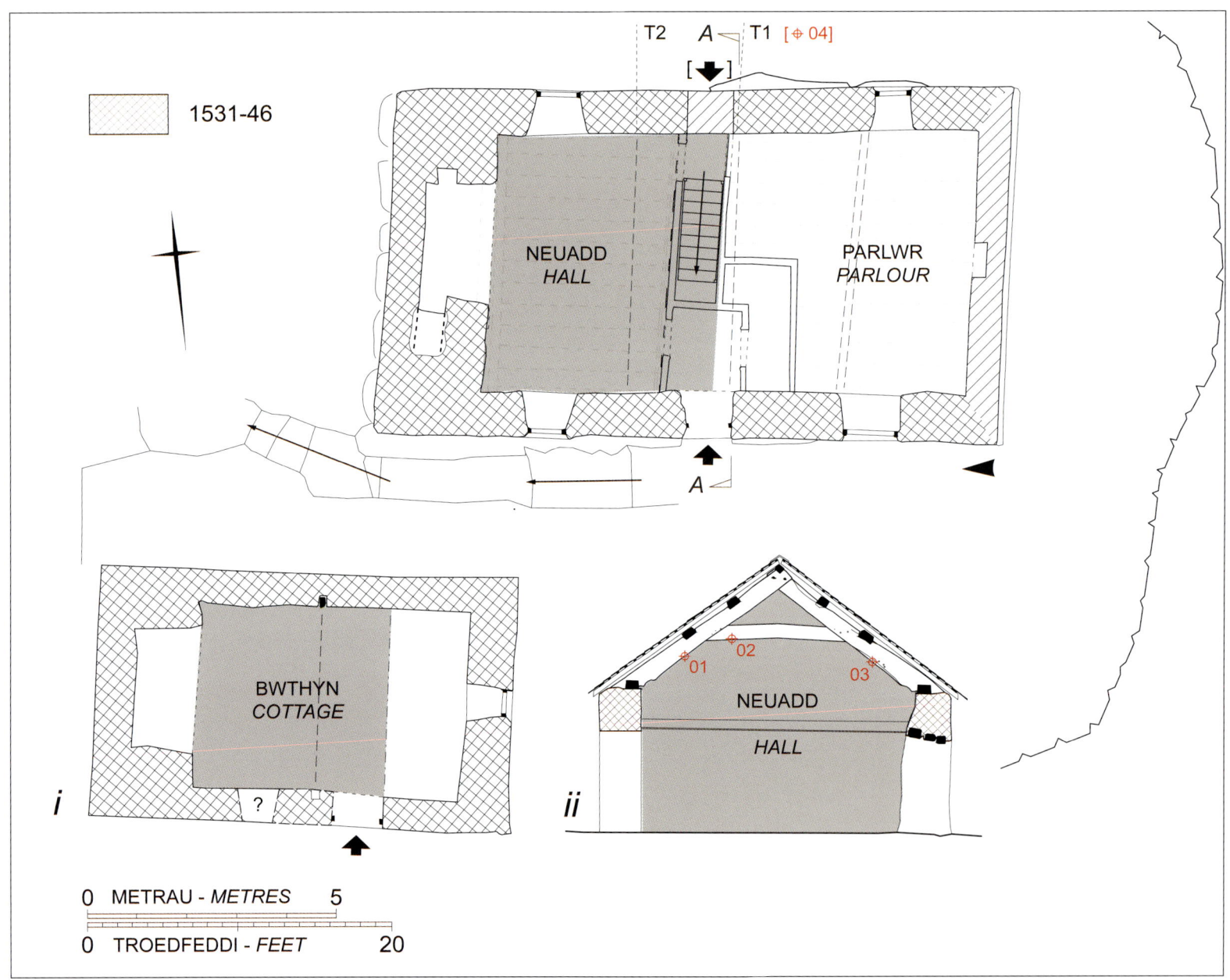

Hanes
Fferm fynydd yw Hafodruffydd-uchaf, a saif ryw 185 metr uwchben datwm ordnans yn edrych dros y Cwm Du tuag at gylch o fynyddoedd. Awgryma'r enw mai hafoty oedd ar y safle'n wreiddiol, ond yn sicr yr oedd rhywun yn byw yn Hafodruffydd trwy

History
Hafodruffydd-uchaf is an upland farmstead sited at about 185 metres above O.D. overlooking Cwm Du towards a ring of mountains. The name suggests that the site was in origin a summer-house (*hafod*) but Hafodruffydd was certainly permanently

4.34
Hafodruffydd-uchaf:
(i) cynllun llawr isaf y tŷ a'r bwthyn; (ii) croestoriad A–A yn dangos cwpl y neuadd / (i) ground-floor plan of house and cottage; (ii) section A–A showing hall truss

4.35
Hafodruffydd-uchaf, 2014:
y tŷ a'r bwthyn / house and cottage

gydol y flwyddyn yn ystod hanner cyntaf yr unfed ganrif ar bymtheg.

Bu Hafodruffydd yn eiddo priordy'r Awstiniaid ym Meddgelert, ond meddiannwyd tir y priordy gan y Goron adeg y Diwygiad. Ar ôl cyfres gymhleth o drosglwyddiadau, fe'i gosodwyd ar brydles i William Loveles, Henley-on-Thames. Cyn bo hir, cwynodd Loveles wrth Lys yr Ychwanegiadau (1547–8) ac wrth y Canghellys (1556–8) i Lewis ap Moris Gethin fynd i mewn i [H]avode Ruffyth, rhandir gyda 90 erw o dir, yn anghyfreithlon a'i feddiannu. Ateb Lewis oedd i David Conway, prior olaf Beddgelert, brydlesu'r rhandir i'w dad, Moris Gethin.[15] Y mae'r brydles, ddyddiedig 2 Ionawr 1530, yn bodoli o hyd, gan ddangos i'r prior brydlesu Hafodruffydd a thiroedd eraill am gyfnod o 101 o flynyddoedd a ddeuai i ben yn 1631.[16]

Yr oedd Moris Gethin ap Ieuan ap Rhys yn un o deulu hir-sefydlog; ei daid ar ochr ei fam oedd Rhys

occupied in the first half of the sixteenth century.

Hafodruffydd was a possession of the Augustinian priory of Beddgelert but the priory land was appropriated by the Crown at the Reformation. After a complicated series of transfers it was leased to William Loveles of Henley-on-Thames. Loveles soon complained to the Court of Augmentations (1547–8) and Court of Chancery (1556–8) that Lewis ap Moris Gethin had unlawfully entered and held [H]avode Ruffyth, a tenement with 90 acres of land. Lewis responded that David Conway, the last prior of Beddgelert, had leased the tenement to his father, Moris Gethin.[15] The lease dated 2 January 1530 survives, showing that the prior had leased Hafodruffydd and other lands for a term of 101 years expiring in 1631.[16]

Moris Gethin ap Ieuan ap Rhys belonged to a well-established family; his maternal grandfather

---

15 Gresham, *Eifionydd*, 67-8; *An Inventory of the Early Chancery Proceedings Concerning Wales*, gol./ed. E.A. Lewis (Cardiff, 1937), 23.
16 LlGC /NLW, Dolfriog 149.

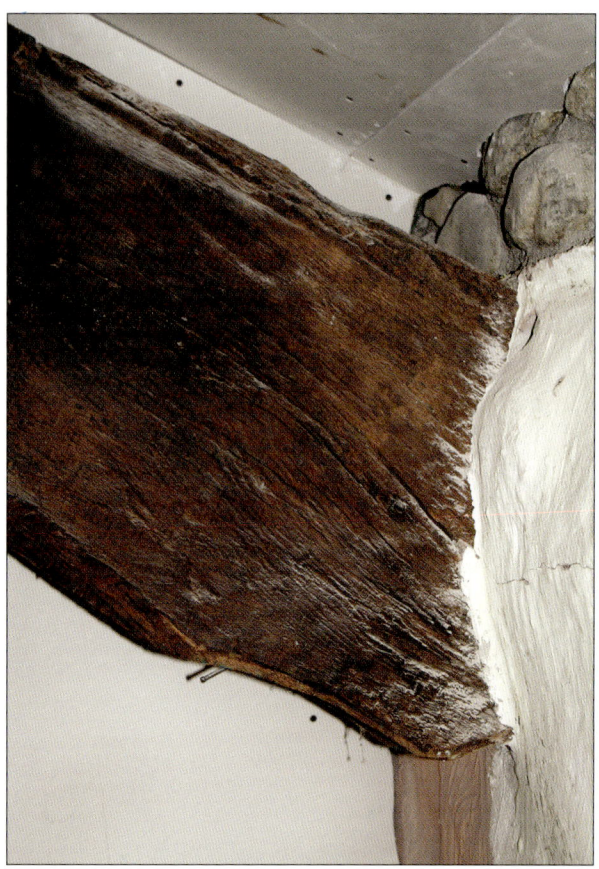

4.36
Hafodruffydd-uchaf:
prif geibr gyda chwsb amrwd / principal rafter with rudimentary cusp

was the renowned fifteenth-century poet, Rhys Goch Eryri. Tree-ring dating suggests that Hafodruffydd was built by Moris Gethin (or his son) between 1531–46, shortly after he obtained the 1530 lease and before the challenge to his title in 1556–57. A series of family disputes may have led to the partition of Hafodruffydd before the lease expired in 1631, with Hafodruffydd-isaf becoming the principal farm.[17] Hafodruffydd-uchaf became an outfarm but was reoccupied in the later nineteenth century when the farmhouse was altered considerably.[18] Hafodruffydd land was purchased by the Forestry Commission in the twentieth century and the house sold.

Description
Hafodruffydd-uchaf has a marked platformed siting with prominent boulder footings in the late-medieval tradition. The house is rubble-built with an upper-end chimney and remains a single-storey range with loft. There is a smaller domestic range parallel with the principal house. This

Goch Eryri, y bardd enwog o'r bymthegfed ganrif. Awgryma dyddio blwyddgylchau y codwyd Hafodruffydd gan Moris Gethin (neu gan ei fab) rhwng 1531–46, yn fuan ar ôl iddo sicrhau prydles 1530 a chyn yr her i'w deitl yn 1556–57. Efallai i sawl anghydfod ymhlith y teulu arwain at rannu Hafodruffydd cyn i'r brydles ddod i ben yn 1631, gyda Hafodruffydd-isaf yn mynd yn brif fferm.[17] Aeth Hafodruffydd-uchaf yn ddim ond adeilad fferm, ond daeth trigolion newydd i'r ffermdy yn rhan olaf y bedwaredd ganrif ar bymtheg pan newidiwyd cryn dipyn arno.[18] Prynwyd tir Hafodruffydd gan y Comisiwn Coedwigaeth yn yr ugeinfed ganrif ac fe werthwyd y tŷ.

Disgrifiad
Saif Hafodruffydd-uchaf ar blatfform amlwg ac mae ganddo seiliau o feini mawrion yn nhraddodiad yr oesoedd canol diweddar. Tŷ rwbel ydyw, gyda simnai yn y talcen uchaf; erys yn adeilad unllawr gyda chroglofft. Saif adeilad domestig llai yn gyfochrog â'r prif dŷ. Ceir bonyn llafn nenfforch yn yr adeilad

4.37
Hafodruffydd-uchaf:
llafn nenfforch yn y bwthyn, wedi'i gwteuo / truncated cruck blade in cottage

17 Gresham, *Eifionydd*, 67-8; LlGC / NLW, Dolfriog 524.
18 Jenkins, *Bedd Gelert: Its Facts, Fairies, and Folk-lore*, 147.

domestig atodol hwn sydd, mae'n rhaid, o fwy neu lai'r un cyfnod â'r prif dŷ. Codwyd y ddau, yn fwy na thebyg, ar yr un cynllun, sef cegin/neuadd fawr yn agored hyd y to, gyda lle tân yn y talcen, ac ystafell allanol ddeulawr.

Bu newidiadau mawr yn Hafodruffydd-uchaf yn y bedwaredd ganrif ar bymtheg, trwy ei newid i gynllun confensiynol o dramwyfa ar gyfer y grisiau gyda pharlwr allanol. Codwyd y grisiau yn y dramwyfa groes gan gau adwy'r drws gogleddol yn gelfydd. Y mae'r rhan fwyaf o'r trawstiau naill ai wedi'u cuddio, neu wedi'u hadnewyddu, ac mae'r nenfwd presennol uwchben yr hyn a fu'n neuadd yn weddol ddiweddar. Erys dau gwpl trawst coler morteisiog; mae gan yr un yn y pen uchaf gysbau amrwd wrth draed y prif geibrau, a fwriadwyd, mae'n debyg, i'w gweld o'r neuadd. Nid yw'r dystiolaeth yn ddigamsyniol, ond, at ei gilydd, mae'n debyg fod Hafodruffydd-uchaf yn un o dai cynharach y trawsnewid i gynllun Eryri, gyda lle tân

subsidiary domestic range retains the stub of a cruck blade and must be broadly contemporary with the principal house. Both probably had the same plan with a large kitchen/hall open to roof heated by an upper-end fireplace and a storeyed outer room.

Hafodruffydd-uchaf was substantially altered in the nineteenth century with conversion to a conventional stair-passage plan with outer parlour. The stair has been constructed in the cross-passage and the north doorway skilfully blocked. The beams are mostly concealed or renewed and the present ceiling over the former hall is late. Two morticed collar-beam trusses survive, the superior (upper-end) truss having rudimentary cusps at the feet of the principal rafters, presumably intended to be visible from the hall. The evidence is not conclusive but on balance it is probable that Hafodruffydd-uchaf is one of the earlier 'transitional' Snowdonian houses with an upper-

4.38
Hafodruffydd-uchaf:
y tŷ o ran ei le yn y tirlun, gan edrych tua'r de, 2014 / the house in its landscape setting looking south, 2014

yn y talcen uchaf a wresogai neuadd agored. Mae Hafodruffydd-uchaf yn safle neilltuol ddiddorol oherwydd y dystiolaeth ddogfennol yn ymwneud â chyfnod ei godi. Mae'r prif dŷ a'r annedd gyfagos â'i nenffyrch yn enghraifft gynnar o system yr unedau.

Dendrocronoleg
Llwyddwyd i ddyddio samplau o'r ddau gwpl, gan roi ystod rhwng 1531 a 1546 ar gyfer dyddiadau eu cymynu.

end fireplace heating an open hall. The documentary evidence relating to the period of construction makes Hafodruffydd-uchaf a site of particular interest. The principal house and the adjacent cruck-trussed dwelling are an early instance of the unit system.

Dendrochronology
Both trusses were successfully sampled giving a felling-date range of 1531–46.

Hafodruffydd-uchaf: Adroddiad y Labordy / Laboratory Report
Crynodeb o'r samplau a ddyddiwyd / Summary of dated samples

Rhif y sampl Sample number	Lleoliad y sampl Sample location	Rhychwant y dyddiadau Date span	Cylchoedd gwynnin Sapwood rings	Cyfanswm y cylchoedd Total rings	Dyddiadau cymynu Felling dates
bdgu1	S principal rafter T2	1417-1511	H/S	95	(1520-50)
***bdgu2**	collar T2	1416-1523	H/S	108	1534-64 (OxCal 1534-65)
bdgu3	N principal rafter T2	1425-1506	H/S	82	(1520-50)
bdgu4	truss 1: N principal rafter (mean of **bdgu4a** + **bdgu4b**)	1424-1503	H/S	80	1514-44 (OxCal 1512-38)
***bdgu13**	Mean of **bdgu1** + **bdgu3**	1417-1511	2	95	1520-60 (OxCal 1519-48) OxCal 1531-46
* = included in **BDGU Site Master**		1416-1523		108	**t-value = 7.0 PENGWERN**

Rhychwant dilyniannau'r cylchau / Span of ring sequences

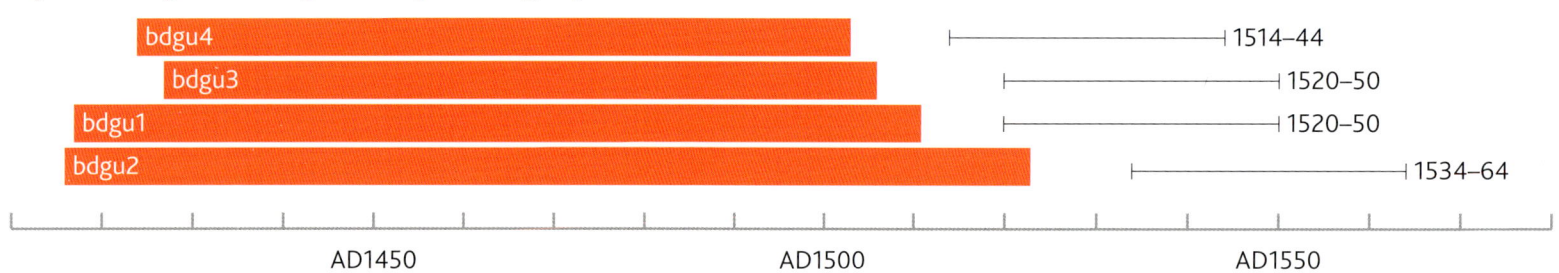

Cyfeiriad grid: SH 568 496; *NPRN* 406475

Plwyf a sir hanesyddol: Beddgelert, Sir Gaernarfon

Cymuned ac awdurdod cyfoes: Beddgelert, Gwynedd

Ymchwil: Prosiect Dendrocronoleg Gogledd Orllewin Cymru (Margaret Dunn); *Arolwg*: CBHC; *Dyddio*: Oxford Dendrochronology Laboratory.

Grid reference: SH 568 496; *NPRN* 406475

Historic parish and county: Beddgelert, Caernarvonshire

Modern community and authority: Beddgelert, Gwynedd

Research: North-west Wales Dendrochronology Project (Margaret Dunn); *Survey*: RCAHMW; *Dating*: Oxford Dendrochronology Laboratory.

5
HANESION TAI III: TAI CYNNAR CYNLLUN ERYRI
HOUSE HISTORIES III: EARLY SNOWDONIAN HOUSES

1516/17 Dugoed (Penmachno)	160
1530/31 Brongoronwy (Ffestiniog)	166
1537 Coedyffynnon (Penmachno)	172
1536–56 Tŷ-mawr (Nantlle)	178

1516/17 DUGOED, PENMACHNO   13
Y TŶ CYNHARAF A DDYDDIWYD, O GYNLLUN ERYRI
THE EARLIEST DATED SNOWDONIAN HOUSE

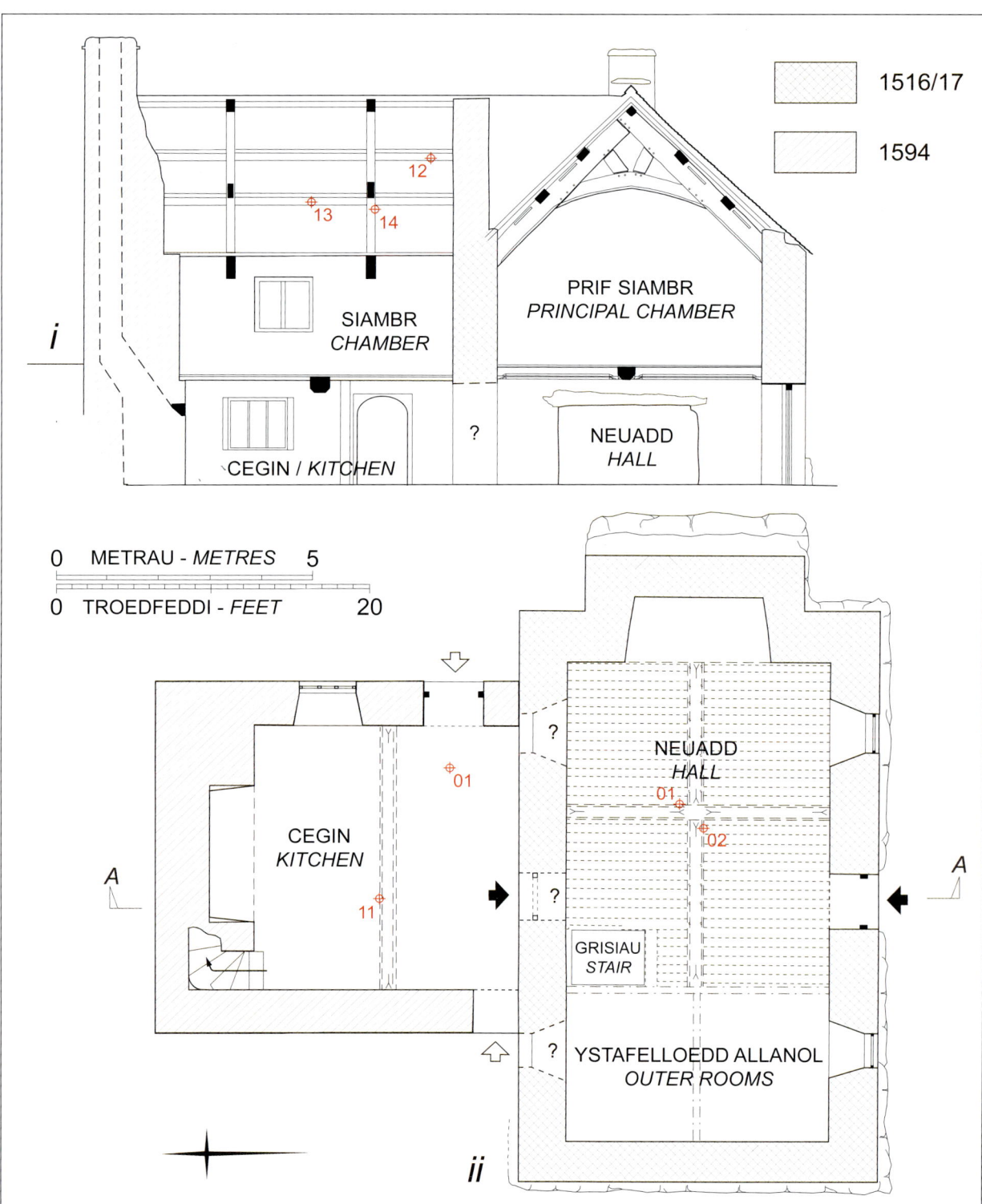

5.1
Dugoed:
(i) croestoriad A–A fel y byddai;
(ii) cynllun y llawr isaf fel y byddai / (i) reconstructed section A–A; (ii) reconstructed ground-floor plan

5.2
Dugoed, 2014:
y tu blaen / front elevation

Hanes

Saif Dugoed yn uchel ar lechwedd ddwyreiniol pen isaf dyffryn Machno. Os mai 'di' yw elfen gyntaf yr enw, yn hytrach na 'du', yna ystyr Dugoed yw lle heb goed. Yr oedd Dugoed yn y Betws, trefgordd rydd a ddelid o'r Goron.

Mae Dugoed yn arbennig o ddiddorol oherwydd ef yw'r tŷ cynharaf o gynllun Eryri sydd eto'n hysbys ac, hefyd, oherwydd bod ei darddiad cymdeithasol yn eglur. Fel yr eglurwyd eisoes (pennod 2), Dugoed oedd yr ystâd fach gyntaf a ddatblygwyd ym Mhenmachno. Yn 1500 dechreuodd Meredydd ap David ap Einion brynu tiroedd yn y Betws a

History

Dugoed has an elevated siting on the east side of the lower Machno valley. If the first element of the name is di (= without) rather than du (= black), then Dugoed means a place 'without wood'. Dugoed lay within Betws, a free township held from the Crown.

Dugoed has special interest because it is the earliest identified house of Snowdonian type and, additionally, because its social origin is clear. As already explained (chapter 2), Dugoed was the first small estate to develop in Penmachno. In 1500 Meredydd ap David ap Einion started to buy

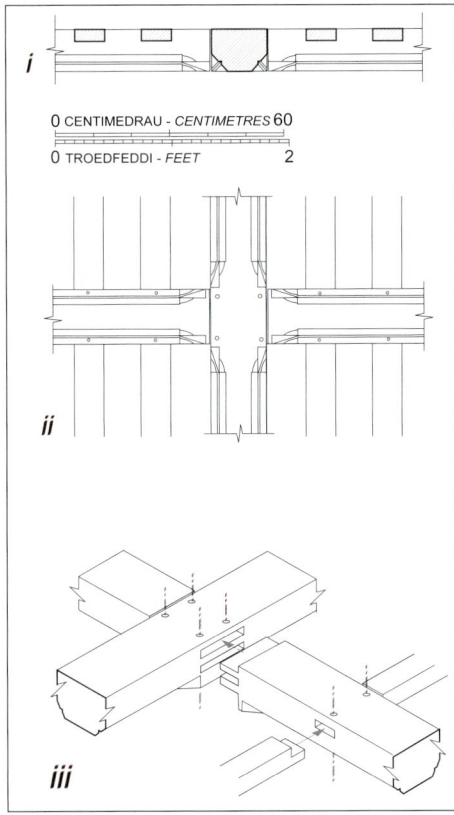

Phenmachno.¹ Yn 1517 cyfeiriwyd at Robert ap Meredydd, ei fab, fel deiliad rhydd y Brenin yn nhrefgordd y Betws. Yn 1525 rhoddodd Robert ei brif breswylfa, Dugoed, gyda'i breswylfeydd eraill yn y Betws a Phenmachno, mewn ymddiriedolaeth i Ffoulk ap Robert, ei fab a'i etifedd, ac i ddisgynyddion hwnnw. Gan fod cyfnod cyntaf Dugoed yn dyddio o dua 1517, mae'n debyg mai Robert ap Meredydd a'i gododd, efallai ar gyfer priodas Ffoulk ap Robert, a ymgartrefodd yn Nugoed.² Bu farw Ffoulk ap Robert cyn ei dad. Ar ôl marwolaeth Robert ap Meredydd, tua 1553, rhannwyd ei ystâd rhwng ei etifeddion gan gyflafareddwyr a rhoddwyd Dugoed i'w wyres, Jane ferch Foulk.³

Jane ferch Ffoulk oedd y cymeriad cryfaf yn Nugoed. Yn groes i ddymuniadau ei theulu, ymbriododd â Harry ap Robert, mab iau, amharchus 'Syr' Robert ap Rhys o Blas Iolyn, caplan Wolsey. Wrth briodi cafodd Harry '*gains*' a '*bravery*' [= dillad crand], a chyhoeddodd ef wrth ei gyfeillion ei fod yn 'falch o gael gwared â chymaint o ordderchadon a chariadon ag ... yr oedd ganddo', er, ym mhen yr hir a'r hwyr, yr oedd ar ei blant siawns eisiau rhan o'i

up lands in Betws and Penmachno.¹ His son, Robert ap Meredydd, was styled a free-tenant of the King in the township of Betws in 1517. In 1525 Robert granted the capital messuage of Dugoed with his other messuages in Betws and Penmachno in trust for his son and heir, Ffoulk ap Robert, and his descendants. As the first phase of Dugoed dates from *c*.1517, it is probable that the builder was Robert ap Meredydd, possibly at the marriage of Ffoulk ap Robert, who settled at Dugoed.² Ffoulk ap Robert predeceased his father. After Robert ap Meredydd's death *c*.1553 arbitrators divided his estate between his heirs and Dugoed was awarded to his granddaughter, Jane ferch Ffoulk.³

Jane ferch Ffoulk was the dominant personality at Dugoed. Despite her family's disapproval, she married Harry ap Robert, a disreputable younger son of 'Syr' Robert ap Rhys of Plas Iolyn, Wolsey's chaplain. With marriage Harry obtained 'gains' and 'bravery' [= fine clothes], and announced to his friends that he was 'happy to be ridd of so many concubines and lemmans [= lovers] as he ...

5.3
Dugoed:
darlun o fanylion nenfwd y neuadd: (i) prif drawstiau a thrawstiau eilaidd; (ii) cynllun tu isaf y nenfwd lle mae trawstiau'n cyfarfod; (iii) darlun ar daen (nid yn ôl graddfa) / drawn details of hall ceiling: (i) main and secondary beams; (ii) soffit plan; (iii) exploded view (not to scale)

5.4
Dugoed:
man cyfarfod trawstiau nenfwd y neuadd / intersection of the hall ceiling beams

1. LlGC/NLW, Wigfair 277; Wigfair 22.
2. LlGC/NLW, Wigfair 319; *Report on Manuscripts in the Welsh Language, Vol. I, Part II* (London, 1899), 842: 'Plant Ffwk ap Rob., Y Dvgoed, Tre'r B[e]tws' *c*. 1550.
3. LlGC/NLW, Wigfair 412; Wigfair 118.

ystâd. Bu Jane a Harry'n byw yn 'nhŷ ardderchog' Dugoed a ganwyd dwy ferch iddynt. Ar ôl i Harry farw, rhoddodd Janes Ddugoed mewn ymddiriedolaeth at ei defnydd ei hun yn ystod ei hoes, ac wedyn i'w merch Margaret a'i hetifeddion.[4] Tua'r adeg hon, codwyd y croesty yn Nugoed.

Ymbriododd Margaret â Roger Lloyd, Hafodunos, ond dychwelodd i Ddugoed yn weddw. Gwerthwyd Dugoed i ystâd Dylasau gan ei mab yn 1639 gan fynd yn fferm â deiliad. Fe brynwyd y fferm (212 erw yn 1839) gan ystâd y Penrhyn yn 1862/3, a'i throsglwyddo i'r Ymddiriedolaeth Genedlaethol yn 1951.

Mae ewyllysiau sawl deiliad wedi goroesi. Yn 1692 gadawodd Griffith Lloyd, Dugoed, ei ystâd i'w 'landlord' (sef ei frawd?) Bleddyn Lloyd, hefyd o Dugoed. Gadawodd John Lloyd, Dugoed, nwyddau a da byw a brisiwyd yn £158 yn 1729. Gadawodd John Owen, Dugoed, nwyddau a da byw a brisiwyd yn £177 yn 1792. Mae rhestr eiddo ei weddw, Anne Jones, a wnaethpwyd flwyddyn yn ddiweddarach, yn rhestru nwyddau a da byw a brisiwyd yn £259, gan gynnwys nwyddau tŷ yn y gegin, y neuadd a'r bwtri ac yn y llofftydd uwchben yr ystafelloedd hyn ('Lloft y Gegin, Lloft y Butry, Lloft y Neyadd'). Nid rhestr fesul ystafell yw hon, ond cedwir tair cist flawd yn llofft y bwtri.[5]

Disgrifiad
Tŷ cerrig yw Dugoed, gyda simnai ymwthiol, fawr yn y talcen. Yn y brif annedd ddwy uned ceir tramwyfa groes rhwng yr ystafelloedd allanol (sydd wedi'u newid dipyn) a neuadd

then had', though his illegitimate children eventually wanted a share of his estate. Jane and Harry lived at the 'capital house' of Dugoed and had two daughters. After Harry's death Jane placed Dugoed in trust for her own use during her lifetime, and afterwards to her daughter Margaret and her heirs.[4] About this time the wing at Dugoed was built.

Margaret married Roger Lloyd of Hafodunos but returned to Dugoed as a widow. Her son sold Dugoed to the Dulasau estate in 1639 and it became a tenanted farm. The farm (212 acres in 1839) was purchased by the Penrhyn estate in 1862/3, passing to the National Trust in 1951.

The wills of several tenants have survived. In 1692 Griffith Lloyd of Dugoed left his estate to his 'landlord' (and brother?) Bleddyn Lloyd, also of Dugoed. John Lloyd of Dugoed left goods and stock valued at £158 in 1729. John Owen of Dugoed left stock and household goods valued at £177 in 1792. The inventory of his widow, Anne Jones, made a year later, lists goods and stock valued at £259, including household goods in the kitchen, hall, and buttery and the lofts over these rooms ('Lloft y Gegin, Lloft y Butry, Lloft y Neyadd'). This is not a room-by-room inventory but three meal chests were kept in the buttery loft.[5]

Description
Dugoed is a stone-built house with a large, projecting end chimney. The two-unit principal range has a cross-passage between outer-rooms

5.5 Dugoed:
drws seiclopaidd y croesty (1594) / the cyclopean doorway of the cross-wing (1594)

---
4   LlGC/NLW, Wigfair 792; Wigfair 2751.
5   LlGC Cofnodion Profeb Bangor / NLW Bangor Probate Records: B/1694/61; B/1729/174; B/1792/95; B/1793/153.

5.6
Dugoed:
y ffermdy o ran ei lle yn y tirlun, 2014 / the farmstead in its landscape context, 2014

fawr. Uwchben y neuadd mae nenfwd cain â'i fframwaith o drawstiau gyda siamfferi llydain a stopiau cywrain (stop pyramidaidd rhwng stopiau crymion) lle mae'r prif drawstiau'n cwrdd. Yr oedd grisiau ysgol yn y dramwyfa, er mwyn cyrraedd y brif siambr uwchben y neuadd. Mae i'r siambr hon le tân a chwpl agored hyd y to; mae'r cwpl yn siamffrog, gyda choler elinog, a gynt bu ategion rhyngddo a choed y to. Mae yn y croesty gogleddol, a ychwanegwyd i'r tŷ, simnai yn y talcen gyda grisiau lle tân; mae i'r croesty hefyd ei adwy drws ei hun i'r tu allan ac iddi ben seiclopaidd. Efallai y defnyddid y croesty fel annedd ar wahân, gyda mynedfa annibynnol mewn trefniant system unedau. Fe'i defnyddid fel cegin yn y deunawfed ganrif, ac mae llaethdy wedi'i ychwanegu yn erbyn y mur gorllewinol. Dugoed yw'r tŷ cynharaf o gynllun Eryri sy'n hysbys, ond nid yw fawr gwahanol i dai cynnar eraill o gynllun Eryri. Y grisiau ysgol, y simnai ymwthiol, nenfwd y neuadd gyda'i waith coed celfydd, a'r cwpl agored yn y brif siambr gydag ategion rhyngddo a choed y to – y mae'r rhain i gyd yn nodweddu tai cynllun Eryri o fath cynnar.

(rather altered) and a large hall. The hall is spanned by a fine framed ceiling with broad chamfers and elaborate stops at the intersection of the main beams (a broach stop between curved stops). There was a ladder stair in the passage giving access to the principal chamber over the hall. The open truss of this heated chamber is chamfered with a cranked collar and was formerly windbraced. The added north wing has an end chimney with fireplace stair, and a separate external doorway with cyclopean head. The wing may have functioned as a separate dwelling with independent access in a unit system arrangement. In the eighteenth century it was a kitchen, and a dairy has been added against the west wall. Dugoed is the earliest identified house of Snowdonian plan-type but it does not differ significantly from other early Snowdonian houses. The ladder stair, projecting chimney, finely carpentered hall ceiling, and open truss with windbraces in the principal chamber are all characteristic features of storeyed Snowdonian houses of early type.

Dyddio

Dyddiwyd cyfanswm o bum sampl. Daeth y samplau a dynnwyd o nenfwd yr adeilad deheuol o goed a gymynwyd yng ngaeaf 1515/16 ac yn 1516/17 y naill a'r llall. Mae'r coed o do'r adeilad gogleddol yn ffurfio grŵp ac yn dangos yn glir mai yn rhan olaf yr unfed ganrif ar bymtheg y codwyd y gegin groes.

Dating

A total of five samples were dated. Samples from the south range ceiling derived from trees felled in winter 1515/16 and 1516/17 respectively. Timbers from the north range roof form a group and clearly indicate a later sixteenth-century date for the construction of the kitchen wing.

Dugoed: Adroddiad y Labordy / Laboratory Report
Crynodeb o'r samplau a ddyddiwyd / Summary of dated samples

Rhif y sampl / Sample number	Lleoliad y sampl / Sample location	Rhychwant y dyddiadau / Date span	Cylchoedd gwynnin / Sapwood rings	Cyfanswm y cylchoedd / Total rings	Dyddiadau cymynu / Felling dates
	Phase I: south range				
*dug1	hall ceiling: transverse beam	1413-1515	39C	103	Winter 1515/16
*dug2	hall ceiling: longitudinal beam	1433-1516	24C	84	Winter 1516/17
	Phase II: north wing				
dug11	kitchen ceiling beam	undated	12?C	52	unknown
*dug12	upper purlin	1424-1593	64¼C	170	Spring 1594
*dug13	lower purlin	1397-1545	H/S	149	1556–86
*dug14	principal rafter S truss	1443-1551	H/S	109	1562–92
* = included in site mean **DUGOED**		**1397-1593**		**197**	**t-value = 7.4 (St Gwyddelan's church)**

Rhychwant dilyniannau'r cylchau / Span of ring sequences

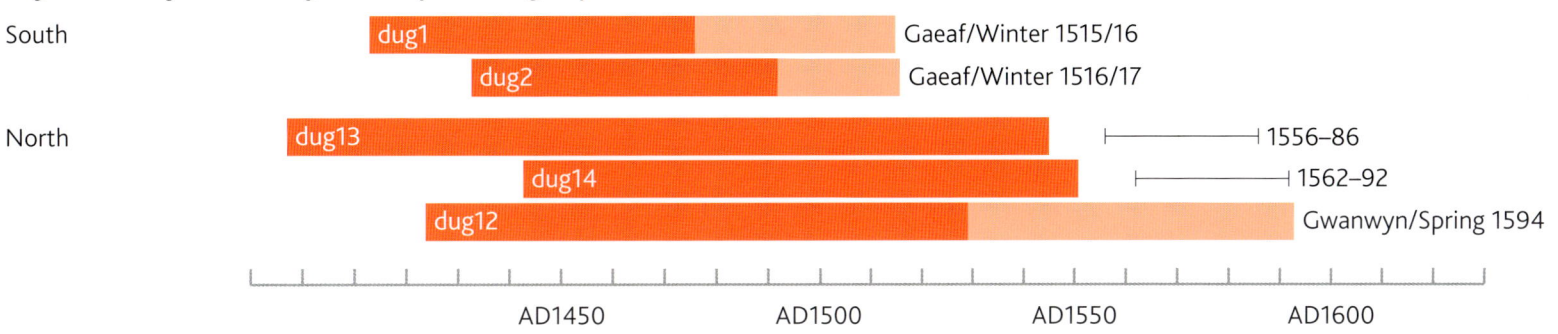

Cyfeiriad grid: SH 8062 5218; *NPRN* 26415	*Grid reference*: SH 8062 5218; *NPRN* 26415
Plwyf a sir hanesyddol: Penmachno, Sir Gaernarfon	*Historic parish and county*: Penmachno, Caernarvonshire
Cymuned ac awdurdod cyfoes: Penmachno, Conwy	*Modern community and authority*: Penmachno, Conwy
Ymchwil: Prosiect Dendrocronoleg Gogledd Orllewin Cymru (Olwen Morris, Gill Jones, a Frances Richardson); *Arolwg*: Ric Tyler; *Dyddio*: Oxford Dendrochronology Laboratory.	*Research*: North-west Wales Dendrochronology Project (Olwen Morris, Gill Jones, and Frances Richardson); *Survey*: Ric Tyler; *Dating*: Oxford Dendrochronology Laboratory.

1530/31 BRONGORONWY, FFESTINIOG

TŶ CYNLLUN ERYRI CYNNAR
AN EARLY SNOWDONIAN HOUSE

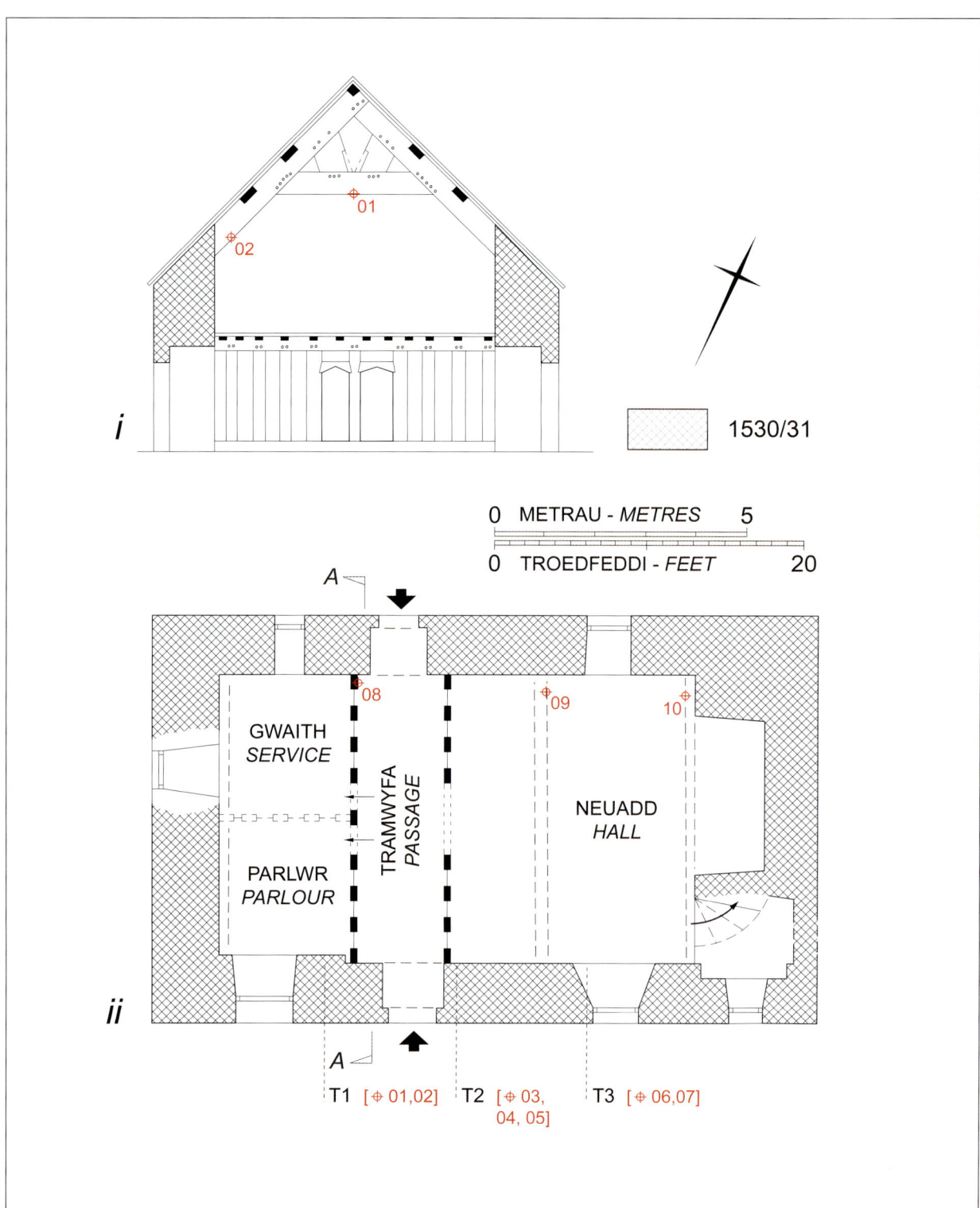

5.7
Brongoronwy:
(i) pared y dramwyfa a'r brif siambr (croestoriad A–A); (ii) cynllun y llawr isaf fel y byddai / (i) passage partition and principal chamber at section A–A; (ii) reconstructed ground-floor plan

5.8
Brongoronwy:
y tu blaen, 1963 /
front elevation, 1963

Hanes

Fferm fynydd sylweddol oedd Brongoronwy ar lechwedd yng Nghwm Cynfal. Mae Brongoronwy, fel enw sefydledig, yn weddol hwyr, o 1870 ymlaen; Bron-ronw ac, yn llawnach, Bron-ronw-goch (1611) yw'r ffurfiau cynharach. Mae'r tŷ cynllun Eryri hwn yn un nodweddiadol o ran ei gynllun a'i fanylion, ond mae hefyd yn syndod o gynnar. Codwyd y tŷ sawl llawr cynnar â choed a gymynwyd yn 1530/31, yn ôl pob tebyg gan un o uchelwyr y plwyf, ond nid

History

Brongoronwy was a substantial upland farm with a hillside siting ('bron') in Cwm Cynfal. The settled name Brongoronwy is relatively late, from 1870 onwards; the earlier forms are Bron-ronw and, more fully, Bron-ronw-goch (1611). This Snowdonia house has a characteristic plan and details but it is also surprisingly early. The early storeyed house was built with timber felled in 1530/31, presumably by one of the parish gentry but it cannot be established

5.9
Brongoronwy:
adwy gaeedig drws y dramwyfa groes / blocked cross-passage doorway

by whom. In 1611 John Owen of Ffestiniog, gent (possibly a descendant of the builder), sold Bron-ronw-goch with another holding and two *ffriddoedd* for £30. The purchaser was Evan Lloyd of London (and probably Dylasau).[6] The farm was already tenanted, and Brongoronwy remained a tenanted farm passing through a succession of estates (Dôl-y-moch, Bennar, Soughton Hall, Pengwern) until its sale in the early twentieth century. When mapped in 1803 Bron-ronw had 173 acres.[7]

Description

Brongoronwy has many of the features of an early Snowdonian house. The cross-passage doorways have voussoir heads. The passage was flanked on both sides by post-and-panel partitions with separate doorways into the twin outer rooms and a large central doorway into the hall. The hall has a large end fireplace and it is probable that the fireplace stair (now removed) was primary. The first floor had two intercommunicating chambers each having an open truss with high collar, raking struts

oes modd darganfod pwy. Yn 1611 gwerthwyd Bron-ronw-goch, gyda deiliadaeth arall a dwy ffridd, gan John Owen, Ffestiniog, bonheddwr (disgynnydd yr adeiladydd, o bosibl), am £30. Evan Lloyd, Llundain (a Dylasau, yn ôl pob tebyg) a'i prynodd.[6] Yr oedd deiliad yn y fferm eisoes, ac arhosodd Brongoronwy yn fferm â deiliad gan gael ei throsglwyddo o'r naill ystâd i'r llall (Dôl-y-moch, Bennar, Plas Sychdyn, Pengwern) nes ei gwerthu yn nechrau'r ugeinfed ganrif. Adeg ei fapio yn 1803 yr oedd gan Bron-ronw 173 erw.[7]

Disgrifiad

Mae gan Brongoronwy lawer o nodweddion tŷ cynllun Eryri cynnar. Mae pennau o feini bwa i adwyon y dramwyfa groes. Ar ddwy ochr y dramwyfa yr oedd parwydydd pyst a phaneli, gyda drysau ar wahân i'r pâr o ystafelloedd allanol ac adwy fawr ganolog i'r neuadd. Mae lle tân mawr ym mhen y neuadd, ond nid yw'n eglur a oedd grisiau'r lle tân (sydd wedi'u tynnu erbyn hyn) yn rhan o'r tŷ gwreiddiol. Yr oedd dwy siambr yn cysylltu â'i gilydd ar y llawr cyntaf, pob un â chwpl agored â cholar

5.10
Brongoronwy:
pared y dramwyfa / passage partition

6 Archifdy Sir y Flint/Flintshire R.O., D/SH/504.
7 Archifdy Sir y Flint / Flintshire R.O., D/SH/824.

5.11
Brongoronwy:
tu mewn y neuadd /
hall interior

uchel, pwyslathau ar ogwydd a thulathau gwastad. Er hynny, yn wahanol i dai cynnar cynllun Eryri eraill, nid yw cwpl y brif siambr i'w weld yn geinach na'r cyplau eraill, ac nid oes simnai ar letraws i le tân y siambr.

Dyddio
Dyddiwyd naw darn o goed yn llwyddiannus yn yr adeilad hwn. Daeth coler a ailddefnyddiwyd o goeden a gymynwyd yn haf 1477, ond ymddengys fod holl goed eraill y to, a thrawst uchaf sgrîn y llawr isaf, yn ffurfio un grŵp o goed a gymynwyd yn ôl pob tebyg ar yr un pryd. Cadwai un pren ei holl wynnin, a daeth o goeden a gymynwyd yng ngaeaf 1530/31. Felly fe ymddengys yn debygol y codwyd yr adeilad yn 1531 neu'n fuan wedyn.

and flat purlins. However, unlike other early Snowdonian houses, the truss in the principal chamber is not noticeably finer than the other trusses, nor does the chamber fireplace have a diagonally-set chimney.

Dating
Nine timbers dated successfully in this building. A reused collar was from a tree felled in summer 1477, but all the other roof timbers, and the head-beam of the ground-floor screen, appear to form a single group of timbers, most likely felled at the same time. One timber retained complete sapwood, and derived from a tree felled in winter 1530/31. It seems likely therefore that construction took place in 1531 or soon after.

**5.12
Brongoronwy:** cwpl to / roof-truss

**5.13
Brongoronwy:** y tu ôl gyda'r beudy wedi'i ychwanegu / rear elevation with added cowhouse

Brongoronwy: Adroddiad y Labordy / Laboratory Report
Crynodeb o'r samplau a ddyddiwyd / Summary of dated samples

Rhif y sampl / Sample number	Lleoliad y sampl / Sample location	Rhychwant y dyddiadau / Date span	Cylchoedd gwynnin / Sapwood rings	Cyfanswm y cylchoedd / Total rings	Dyddiadau cymynu / Felling dates
*mrnb01	truss 1: collar,	1412-1506	H/S	95	1517–47
*mrnb02	truss 1:S principal rafter	1428-1505	H/S	78	1516–46
*mrnb03	head-beam upper screen	1456-1514	H/S	59	1525–55
*mrnb04	truss 2: collar	1424-1476	17½C	53	Summer 1477
*mrnb05	truss: S raking strut	1446-1521	7	76	1525–55
*mrnb06	lower purlin	1436-1508	H/S	73	1519–49
mrnb07	truss 3: N principal rafter	undated	-	100	unknown
*mrnb08	head-beam lower screen	1463-1530	18C	68	Winter 1530/31
*mrnb09	W ceiling beam, ground floor (mean of 09a and 09b)	1433-1506	1	74	1516–46
mrnb10	E ceiling beam, ground floor	1433-1498	6+12NM	66	1510–33
* = included in site mean MRNB		1412-1530		119	*t*-value = 7.5 (Trefechan Barn)

Rhychwant dilyniannau'r cylchau / Span of ring sequences

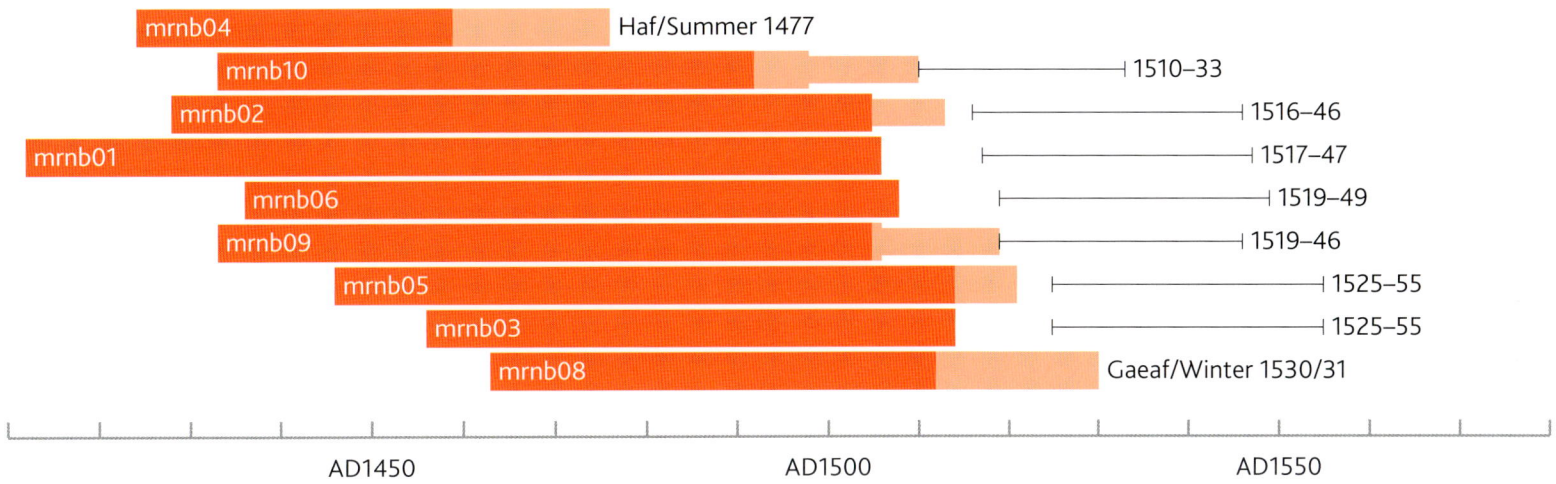

Cyfeiriad grid: SH 7182 4113; NPRN 28200	Grid reference: SH 7182 4113; NPRN 28200
Plwyf a sir hanesyddol: Ffestiniog, Meirionnydd	Historic parish and county: Ffestiniog, Merioneth
Cymuned ac awdurdod cyfoes: Ffestiniog, Gwynedd	Modern community and authority: Ffestiniog, Gwynedd
Ymchwil: Prosiect Dendrocronoleg Gogledd Orllewin Cymru (Dinah Pickard); Arolwg: CBHC ac EAS Ltd; Dyddio: Oxford Dendrochronology Laboratory.	Research: North-west Wales Dendrochronology Project (Dinah Pickard); Survey: RCAHMW & EAS Ltd; Dating: Oxford Dendrochronology Laboratory.

1537 COEDYFFYNNON, PENMACHNO
TŶ CYNLLUN ERYRI CYNNAR
AN EARLY SNOWDONIAN HOUSE

15

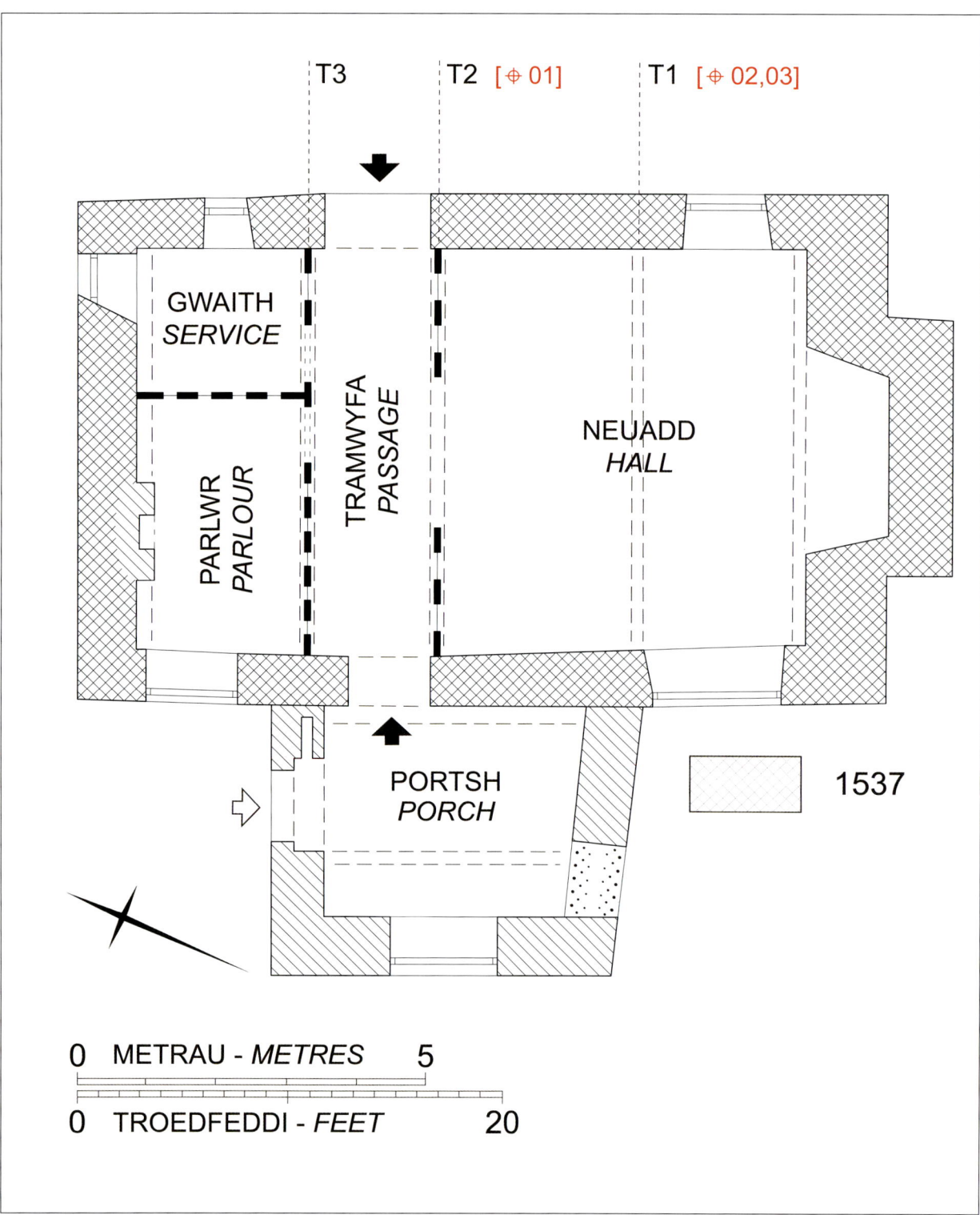

5.14
Coedyffynnon:
cynllun y llawr isaf fel y byddai / reconstructed ground-floor plan

5.15
Coedyffynnon, 2014:
y tu blaen gyda'r portsh a simnai ymwthiol y neuadd / front elevation with porch and projecting hall chimney

8 O. Gethin Jones, *Gweithiau Gethin* (Llanrwst, 1884), 239.

Hanes

Mae Coedyffynnon yn dŷ cynllun Eryri deniadol iawn. Yng nghanol y bedwaredd ganrif ar bymtheg soniodd Owen Gethin Jones yn werthfawrogol am Goedyffynnon fel un o'r tai cryfaf a feddai'r ardal, gyda 'nen o dderw mawr anferth ac wedi'u haddurno ... yn sefyll ar un o'r lleoedd hyfrytaf yn y plwyf'.[8] Coedyffynnon hefyd yw un o dai cynharaf cynllun Eryri, gan ddefnyddio coed a gymynwyd yn 1537. Yn rhyfeddol, mae dogfennau o'r cyfnod yn profi y codwyd y tŷ ar gyfer Richard ap Ieuan ap John of Betws, neu ganddo. Yn 1532 ymbriododd Richard â Jane ferch William Lloyd ap Howell. Yn rhan o gytundeb y briodas, cytunodd Ieuan ap John ap Heilyn y byddai Richard a Jane yn dal Tyddyn Coedyffynnon (gwerth 41 swllt y flwyddyn) ar rent gostyngol o 21 swllt y flwyddyn, y byddai Jane yn cael defnydd Coedyffynnon yn ddi-rent fel gweddw,

History

Coedyffynnon is a most appealing Snowdonian house. Owen Gethin Jones in the mid-nineteenth century appreciated Coedyffynnon as one of the best-built houses in the district with a roof 'of huge oak beams and decorated', standing in one of the loveliest spots in the parish.[8] Coedyffynnon is also one of the earliest Snowdonian houses, utilising timber felled in 1537. Remarkably, documentation from the period establishes that the house was built for or by Richard ap Ieuan ap John of Betws. In 1532 Richard married Jane ferch William Lloyd ap Howell. As part of the marriage settlement, Ieuan ap John ap Heilyn agreed that Richard and Jane would hold Tyddyn Coedyffynnon (worth 41 shillings yearly) at the reduced rent of 21 shillings yearly, that Jane would enjoy Coedyffynnon rent free as a widow, and that their

a'u hetifeddion hwy fyddai'n etifeddu Coedyffynnon a holl diroedd eraill Ieuan yn y Betws.[9] Codwyd Coedyffynnon yn fuan wedyn ac ymddengys iddo fynd yn dŷ i'r etifedd yn ystod oes ei dad, neu'n dŷ agweddi, gan mai Bennar a aeth yn brif dŷ. Yn nechrau'r ddeunawfed ganrif trosglwyddwyd ystâd Bennar trwy briodas i Wynniaid Plas Sychdyn, Sir Fflint, a'i gwerthu ym mhen yr hir a'r hwyr i'r Comisiwn Coedwigaeth yn 1946. Dangosir Coedyffynnon ar fap ystâd o ddechrau'r bedwaredd ganrif ar bymtheg fel fferm fawr o ryw 355 erw, ond erbyn arolwg y degwm (1839) yr oedd wedi crebachu i 208 erw.[10]

Disgrifiad
Saif Coedyffynnon ar safle gwastad ryw 200 metr uwchben datwm ordnans. Tŷ ar gynllun L ydyw yn y bôn; gyda thŷ cynllun Eryri yn gorwedd o'r de i'r gogledd yn graidd iddo, cegin groes wedi'i hychwanegu ar yr ochr orllewinol, a phortsh deulawr yn y dwyrain. Mae i'r tŷ cynllun Eryri simnai fawr ymwthiol yn y talcen, heb le i risiau lle tân. Safai pared llawn rhwng y dramwyfa groes a'r neuadd ac

heirs would inherit Coedyffynnon and all Ieuan's other lands in Betws.[9] Coedyffynnon was built shortly afterwards and seems to have become a house for the heir-in-waiting, or a dower-house, as

5.16
Coedyffynnon:
addurn pennau hoelion / nail-head decoration

5.17
Coedyffynnon:
tu mewn y neuadd / hall interior

9 Archifdy Sir y Flint / Flintshire R. O., D/SH/7.
10 Archifdy Sir y Flint / Flintshire R. O., D/SH/824.

**5.18
Coedyffynnon:**
panel arfbeisiol / armorial panel

adwy ganolog fawr ynddo; yn ochr arall y dramwyfa ceid pâr o ystafelloedd allanol. Yn y neuadd y ceid y grisiau i'r ddwy siambr ar y llawr cyntaf. Uwchben y lle tân ym mhrif siambr y de ceir arfbais blastr gyda chwarteriadau herodrol cerfweddol. Mae cwpl canolog i'r ddwy siambr; cwpl trawst coler ceinach sydd yn y brif siambr. Ceir dwy res o ategion rhwng y ceibrau a'r tulathau, y rhan fwyaf ohonynt yn gysbog, peth a awgrymodd i ymchwilwyr y Comisiwn Brenhinol y gall Coedyffynnon ar un adeg fod wedi bod yn neuadd agored. Er hynny, mae i Goedyffynnon gynllun sawl llawr confensiynol, ac nid oes amheuaeth nad yw prif drawst y neuadd, sydd â'r un addurniadau pennau hoelion ag a geir yn y Cwm (Cwm Cynfal) hefyd, o gyfnod cynnar. Eto mae patrwm nodedig i'r ategion rhwng y ceibrau a'r tulathau, gydag ategion cysbog yn pwysleisio statws uwch y brif siambr.

Mae rhestr eiddo o 1623 yn enwi'r ystafelloedd a rhai o'u cynnwys: neuadd (un bwrdd ystlysol a dwy fainc), bwtri (un bwrdd), siambr uwchben y neuadd (gwely ar goesau a gwely treigl), [prif] siambr uwchben y bwtri (gwely ar goesau a chwpwrdd). Ceid un gwely yn yr ysgubor, ar gyfer y gweision.[11]

Yn yr ail ganrif ar bymtheg, yn ystod yr ail gyfnod, ychwanegwyd portsh deulawr ar ochr ddeheuol yr adeilad, gydag adwy dan feini bwa a drws gyda bar. Yn ystod y trydydd cyfnod, tua 1700, ychwanegwyd cegin groes yn erbyn adwy'r dramwyfa groes a'r ystafell waith ar yr ochr orllewinol.

11 Archifdy Sir y Flint / Flintshire R. O,. D/SH/885.

Bennar became the principal house. In the early eighteenth century the Bennar estate passed by marriage to the Wynnes of Soughton Hall, Flintshire, and was eventually sold to the Forestry Commission in 1946. An early-nineteenth-century estate map shows that Coedyffynnon was a large farm of about 355 acres, reduced to 208 acres at the tithe survey (1839).[10]

Description
Coedyffynnon occupies a level site about 200 metres above O.D. The house is essentially L-plan, with a Snowdonian house ranged north-south at its core, an added west kitchen wing and a storeyed east porch. The Snowdonian house has a large projecting end chimney without provision for a fireplace stair. The house had a fully screened cross-passage with twin outer-rooms and a large central doorway into the hall. The stairs to the two first-floor chambers lay within the hall. Over the fireplace of the south principal chamber there is a plaster shield with armorial quartering in relief. Both chambers have a central truss; the principal chamber truss is a more refined collar-beam truss. There are two tiers of (mostly) cusped windbraces, which suggested to the Royal Commission investigators that Coedyffynnon may once have had an open hall. However, Coedyffynnon has a conventional storeyed plan, and the principal hall beam is undoubtedly early with the nailhead decoration also found at Cwm (Cwm Cynfal). Nevertheless the pattern of windbracing is distinctive with cusped braces emphasizing the superior status of the principal chamber.

An inventory of 1623 names the rooms with some of their contents: hall (one side table and two forms), buttery (one table), chamber over hall (standing bed and truckle bed), [principal] chamber over buttery (standing bed and cupboard). In the barn there was one bed for servants.[11]

In a second, seventeenth-century, phase a storeyed porch was added on the east elevation with the doorway having voussoirs and a door with drawbar. In a third phase of c.1700 a kitchen wing was added against the west cross-passage doorway and service-room.

Dyddio

Cafwyd dyddiadau o bedair sampl a'u cyfuno'n brif ddilyniant 91 o flynyddoedd ar gyfer y safle; cyfatebai hyn yn dda i ddeunydd cyfeiriadol a ddyddiwyd. Yn ddiddorol, mae'r rhan fwyaf o'r cyfatebiaethau i safleoedd i'r dwyrain, yn hytrach nag i ddeunydd lleol, sy'n awgrymu, o bosibl, y daethpwyd â'r coed o fannau eraill. Cadwai un o goed y to ei holl wynnin: daeth o goeden a gymynwyd yng ngwanwyn 1537; cynhwyswyd yr un dyddiad mewn ystod debygol ar gyfer dyddiadau cymynu coedyn arall yn y to. Cafwyd dyddiadau ar gyfer dau bren arall o'r llawr, ond yn anffodus ni chadwai'r naill na'r llall ei holl wynnin ar y rhuddin. Efallai i un trawst, a gymynwyd yn y 1520au o bosibl, gael ei gadw wrth gefn cyn ei ddefnyddio. Ni chafwyd dyddiadau ar gyfer prennau eraill y tŷ.

Dating

Four samples dated and were combined into a 91-year site master sequence, which matched well with dated reference material. Interestingly, most of the matches are with sites to the east, rather than with local material, perhaps indicating the wood was brought in from elsewhere. One timber from the roof retained complete sapwood, and was from a tree felled in spring 1537, a second roof timber having a likely felling date range incorporating this date. Two timbers from the floor dated, but unfortunately neither retained complete sapwood on the core. One beam, possibly felled in the 1520s, may have been stockpiled before use. Other elements of the house did not date.

5.19
Coedyffynnon:
adeiladau fferm ar wahân i'r tŷ / detached farm range

Coedyffynnon: Adroddiad y Labordy / Laboratory Report
Crynodeb o'r samplau a ddyddiwyd / Summary of dated samples

Rhif y sampl / Sample number	Lleoliad y sampl / Sample location	Rhychwant y dyddiadau / Date span	Cylchoedd gwynnin / Sapwood rings	Cyfanswm y cylchoedd / Total rings	Dyddiadau cymynu / Felling dates
*cff01	Roof of Primary Phase central truss: collar	1446–1507	h/s	62	1518–48
cff02	south truss: W vertical strut	undated	20½C	61	-
*cff03	south truss: W principal rafter	1450–1536	19¼C	87	Spring 1537
cff04	Roof over West extension S principal rafter	undated	?h/s	111	-
cff05	collar	undated	h/s	71	-
cff06	N purlin	undated	h/s	150	-
*cff07	Floor to Primary Phase outer room: main axial beam	1450–1515	15+4NM	66	1520–25
*cff08	hall: decorated beam	1446–1519	3	74	1527–57
cff09	hall: main axial beam	undated	18	67	-
cff10	Porch axial beam	undated	11½C	126	-
cff11	window lintel	undated	9	42	-
* = included in Site Master **COEDYFNN**		**1446–1536**	-	**91**	*t*-value = 8.6 (Welsh Master Chronology)

Rhychwant dilyniannau'r cylchau / Span of ring sequences

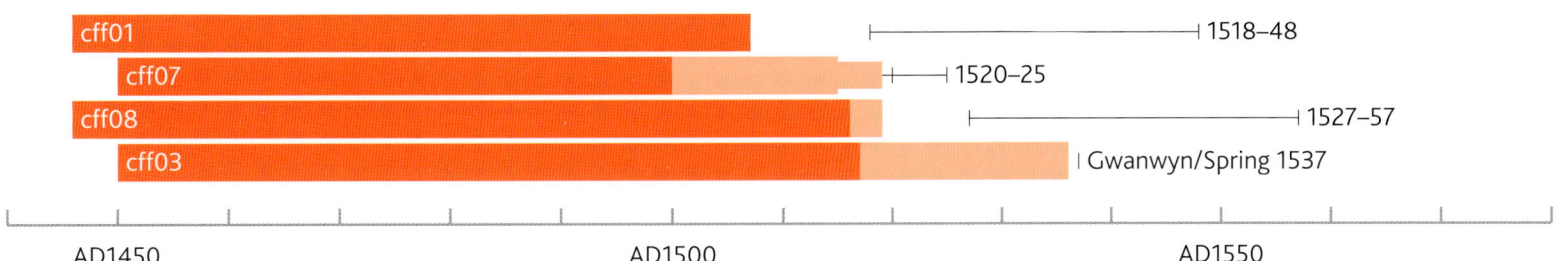

Cyfeiriad grid: SH 8038 5303; NPRN 26304	Grid reference: SH 8038 5303; NPRN 26304
Plwyf a sir hanesyddol: Penmachno, Sir Gaernarfon.	Historic parish and county: Penmachno, Caernarvonshire
Cymuned ac awdurdod cyfoes: Bro Machno, Conwy	Modern community and authority: Bro Machno, Conwy
Ymchwil: Prosiect Dendrocronoleg Gogledd Orllewin Cymru (Gill Jones ac eraill); Arolwg: CBHC ac EAS Ltd; Dyddio: Oxford Dendrochronology Laboratory.	Research: North-west Wales Dendrochronology Project (Gill Jones and others); Survey: RCAHMW & EAS Ltd; Dating: Oxford Dendrochronology Laboratory.

1536–56 TŶ-MAWR, NANTLLE (Y PLASNEWYDD, LLANDWROG) 16

TŶ CYNLLUN ERYRI CYNNAR
AN EARLY SNOWDONIAN HOUSE

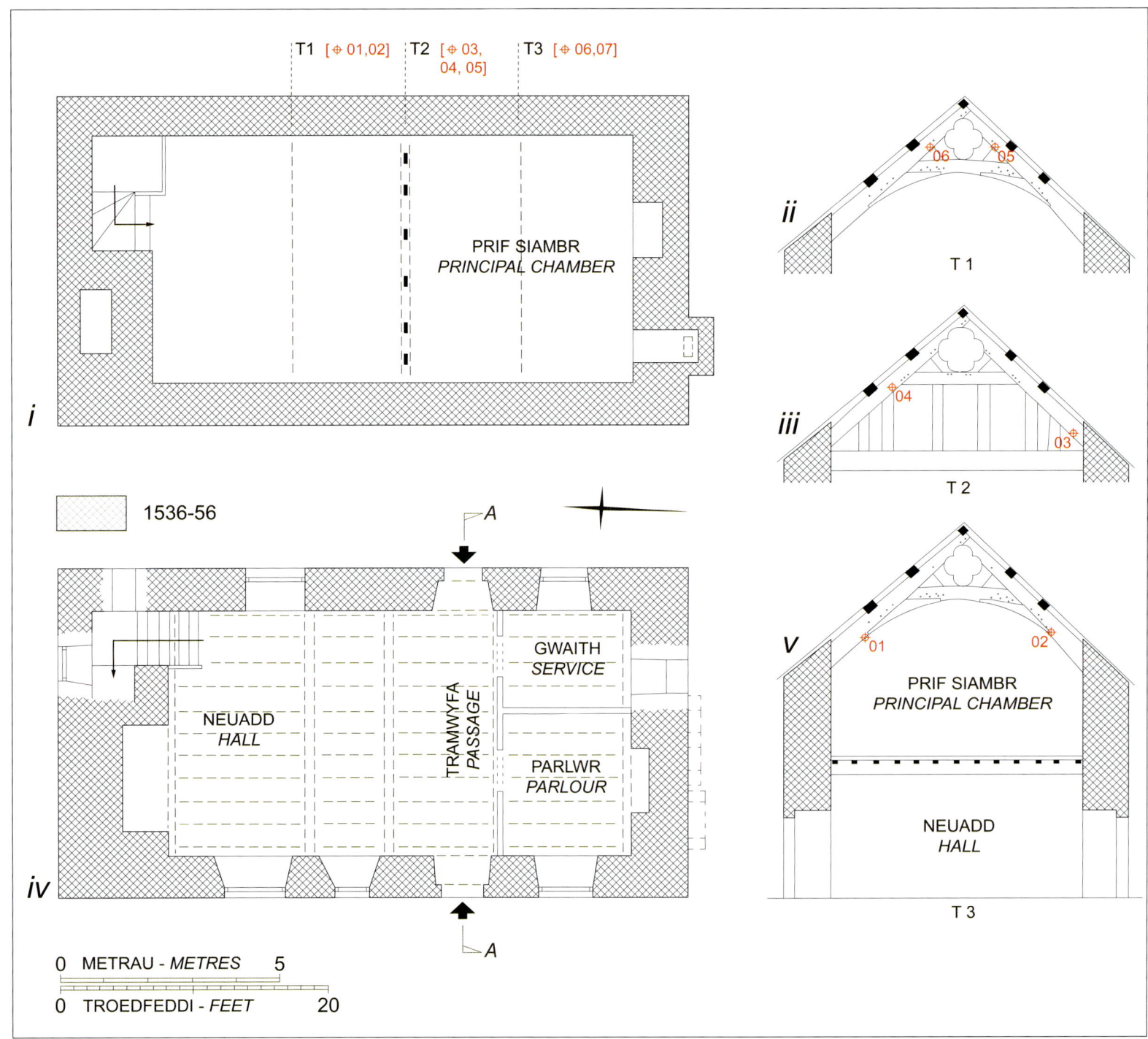

5.20 Tŷ-mawr (Nantlle): (i) cynllun y llawr cyntaf; (iv) cynllun y llawr isaf fel y byddai; (ii, iii, v) cyplau 1–3 gyda lleoliadau'r samplau / (i) first-floor plan; (iv) reconstructed ground-floor plan; (ii, iii, v) trusses 1–3 with locations of samples

**5.21
Tŷ-mawr, 2014:**
y tŷ o ran ei le yn y tirlun /
the house in its landscape
context

Hanes

Tŷ uchelwyr cynllun Eryri o ansawdd uchel, a berthyn i ail chwarter yr unfed ganrif ar bymtheg, yw'r Tŷ-mawr. Cyn datblygu pentref chwarelyddol Nantlle, enw'r Tŷ-mawr oedd Plas (yn) Nantlle, a chyn hynny'r Plasnewydd. Mae gan y Tŷ-mawr gysylltiadau hanesyddol diddorol iawn. Ceir tystiolaeth gref i'r ddeiliadaeth gynnwys safle Baladeulyn, un o lysoedd brenhinol tywysogion Gwynedd yn y drydedd ganrif ar ddeg, llys a gipiwyd

History

Tŷ-mawr is a Snowdonian gentry house of high quality dating from the second quarter of the sixteenth-century. Before the development of the quarrying village of Nantlle, Tŷ-mawr was called Plas (yn) Nantlle and (earlier still) Plasnewydd. Tŷ-mawr or 'great house' has historical associations of great interest. There is strong evidence that the holding included the site of Baladeulyn, one of the royal courts of the thirteenth-century princes of

gan Goron Lloegr yn 1284.¹² Ymddengys y rhoddodd y Goron diroedd ym Maladeulyn i filwr o Gymro, Tudur ap Gronw (Tudur Goch), yn wobr am wasanaethau ym mrwydrau Crécy a Poitiers, ganol y bedwaredd ganrif ar ddeg. Tudur Goch oedd hynafiad Glynniaid, Wynniaid yn nes ymlaen, Glynllifon. Rhannwyd yr ystâd ar ôl marwolaeth Robert ap Meredydd o Lynllifon yn 1509, pan gafodd Edmund Lloyd Lynllifon (lle parhâi ei ddisgynyddion i fyw hyd 1949) tra cafodd Richard ap Robert, ei frawd Nantlle.¹³

Yn ôl yr ymholiad adeg ei farwolaeth, bu farw Richard yn 1539. Mae ystod y dyddiadau cymynu ar gyfer y Tŷ-mawr, sef 1536-56, yn awgrymu'n gryf mai William ap Richard, mab Richard, a anwyd yn 1520, a gododd y tŷ presennol.¹⁴ Ymwelodd Lewys Dwnn, yr arwyddfardd, â'r Plasnewydd yn 1588 a chofnodi llinach William ap Richard. Mabwysiadodd ei blant yr enw Glyn, a hwn, wedi'i sillafu mewn sawl modd, a barhaodd yn gyfenw'r teulu. Tua 1632, mudodd Thomas Glynn, ŵyr William, o'r Tŷ-mawr i'r Plasnewydd, tŷ cynllun Eryri newydd helaeth.¹⁵ Bu farw John Glynn, yr olaf o Glynniaid y Plasnewydd, yn 1681 heb blant. Yr oedd gan ei weddw fudd am oes yn ei diroedd yn Nantlle ond disgynnodd yr ystâd i ran perthnasau John Glynn o ochr ei fam, Oweniaid Bodeon ac Orielton. Yn 1808 fe brynwyd Nantlle mewn ocsiwn gan y Parch. Edward Hughes, gan barhau'n rhan o ystâd Cinmel hyd ail hanner yr ugeinfed ganrif.¹⁶

Disgrifiad

Tŷ sawl llawr cynnar o fath Eryri clasurol yw'r Tŷ-mawr. Mae i'r muriau rwbel blinth o gerrig mawrion a chonglfeini lluniaidd. Mae'r tu blaen yn wynebu'r gorllewin, ac ynddo adwy drws bengron o gerrig nadd. Yr oedd cynllun gwreiddiol y llawr isaf yn nodweddiadol: ceid tramwyfa groes lawn rhwng y neuadd a'r pâr o ystafelloedd allanol. Erbyn hyn bu llawer o foderneiddio ar y tu mewn ac mae'r manylion wedi'u cuddio. Mae'r prif drawst i'r dde o'r dramwyfa yn siamffrog, gyda stopiau crwm. Mae lle tân y neuadd wedi'i gau erbyn hyn, ac efallai nad yw'r grisiau cerrig wrth ei ochr, gyda'u tu uchaf modern, yn wreiddiol. Byddai'r llawr cyntaf gynt yn agored hyd y to gyda phared pyst a phaneli (a

Gwynedd seized by the Crown in 1284.¹² Lands at Baladeulyn were apparently granted by the Crown to a Welsh soldier, Tudur ap Gronw (Tudur Goch), as a reward for services at the mid-fourteenth-century battles of Crécy and Poitiers. Tudur Goch was the progenitor of the Glynns, later Wynns, of Glynllifon. The estate was divided following the death of Robert ap Meredydd of Glynllifon in 1509, when Edmund Lloyd acquired Glynllifon (where his descendants continued until 1949) while his brother, Richard ap Robert, received Nantlle.¹³

Richard died in 1539 according to the inquisition taken upon his death. The felling date range of 1536-56 at Tŷ-mawr strongly suggests that Richard's son, William ap Richard, born 1520, built the present house.¹⁴ In 1588 Lewys Dwnn, the herald-bard, visited Y Plasnewydd and registered William ap Richard's lineage. His children adopted the name Glyn, and this, with varying spellings, remained the family surname. Around 1632 William's grandson, Thomas Glynn, moved from Tŷ-mawr to Plasnewydd, a newly-constructed Snowdonian house of generous plan.¹⁵ John Glynn, the last of the Glynns of Plasnewydd, died childless in 1681. His widow had a life interest in his Nantlle lands but the estate devolved to John Glynn's maternal relatives, the Owens of Bodeon and Orielton. In 1808 Nantlle was purchased at auction by the Rev. Edward Hughes and remained part of the Kinmel estate until the second half of the twentieth century.¹⁶

Description

Tŷ-mawr is an early storeyed house of classic Snowdonian type. The rubble-built walls have a boulder plinth and well-formed quoins. The main elevation, facing west, has a round-headed dressed-stone doorway. The original ground-floor plan was characteristic: a full cross-passage separated the hall from twin outer-rooms. The interior has been much modernised and the detail obscured. The main beam to the south of the passage is chamfered with curved stops. The hall fireplace is now blocked, and the stone stair alongside, with modern treads, may not be original. The first floor was originally open to the roof with a (partly restored) post-and-panel partition

---

12 Neil Johnstone, '*Llys* and *Maerdref*: The Royal Courts of the Princes of Gwynedd', *Studia Celtica* XXXIV (2000), 175-6.
13 Glyn Roberts, *Aspects of Welsh History* (Cardiff, 1969), 161-2; J.E. Griffith, *Pedigrees of Anglesey and Carnarvonshire Families* (Horncastle, 1914), 172, 266; *Y Bywgraffiadur Cymreig Hyd 1940* (Llundain, 1959), tt. 262 [Glyn (teulu)] / *The Dictionary of Welsh Biography Down to 1940* (London, 1959), pp. 280-1 (Glyn, also Glynne, family of Glynllifon).
14 Lewys Dwnn, *Heraldic Visitations of Wales*, gol./ed. S.R. Meyrick (Llandovery, 1846), II, 149.
15 RCAHMW, *Caernarvonshire, Volume II: Central* (London, 1960), 183.
16 Archifau Gwynedd/Gwynedd Archives, XSC/362; Poole 1845.

5.22–5.23
Tŷ-mawr:
cyplau'r to / roof-trusses

Ty-Mawr: Adroddiad y Labordy / Laboratory Report
Crynodeb o'r samplau a ddyddiwyd / Summary of dated samples

Rhif y sampl Sample number	Lleoliad y sampl Sample location	Rhychwant y dyddiadau Date span	Cylchoedd gwynnin Sapwood rings	Cyfanswm y cylchoedd Total rings	Dyddiadau cymynu Felling dates
*gwyb1	Truss 3: principal rafter (E)	1456-1515	5	60	1521-1551
*gwyb2	Truss 3: principal rafter (W)	1455-1520	1	66	1530-1560
*gwyb3	Truss 2: principal rafter (E)	1428-1509	H/S	82	1520-1550
*gwyb4	Truss 2: principal rafter (W)	1444-1518	5	75	1524-1554
*gwyb5	Truss 1: principal rafter (E)	1443-1535	7	93	1539-1569
*gwyb6	Truss 1: principal rafter (W)	1436-1515	5	80	1521-1551
* = GWYB Site Master		**1428-1535**		**108**	***t* = 8.3 PLASMAWR**

Rhychwant dilyniannau'r cylchau / Span of ring sequences

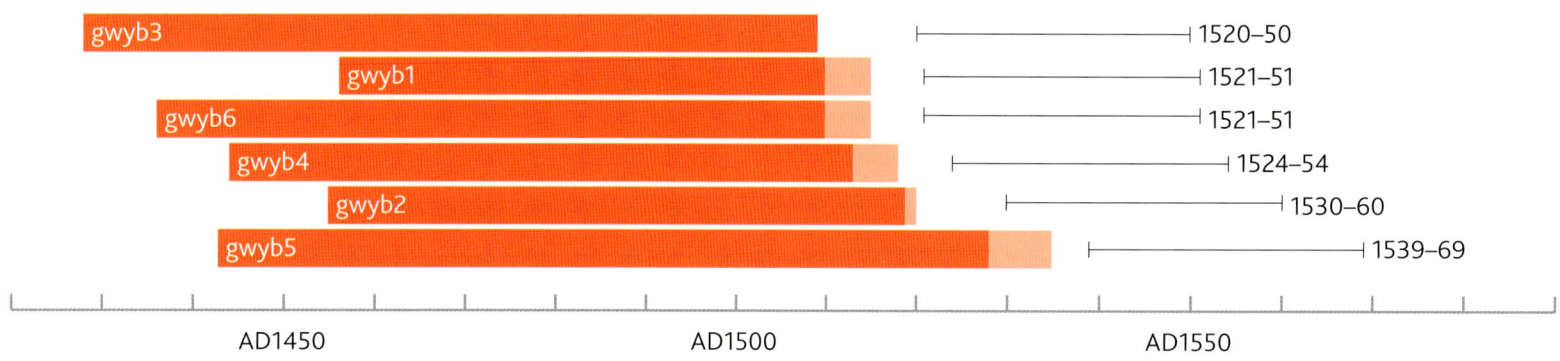

adferwyd i ryw raddau) yn ymestyn hyd du isaf y cwpl. Bob ochr i gwpl cysbog y pared ceir cyplau'r siambrau, â'u bwâu cynnal, bob un o'r ddau gwpl â phatrwm pedair dalen yn ei frig. Ym mhrif siambr y llawr cyntaf mae lle tân ar gorbelau; wrth ei ochr ceir arllwysfa sy'n dangos i'r ystafell feddu ar foethusrwydd geudy. Mae cadw elfennau'r to canoloesol addurnol yn nodweddiadol o dai cynharach cynllun Eryri.

extending from the first floor to the soffit of the truss. The archbraced trusses of the chambers, with quatrefoil apexes, flank the cusped partition truss. The principal first-floor chamber has a corbelled fireplace and the chute alongside indicates that that the room enjoyed the luxury of a latrine. The retention of elements of the ornate medieval roof is characteristic of the earlier houses of Snowdonian plan-type.

Dyddio

Codwyd samplau o'r prif geibrau, gan roi prif gronoleg o 1428–1535 ar gyfer y safle; fe gyfatebai hon yn dda i gronolegau eraill o ogledd Cymru. Ystod dyddiadau cymynu: 1536–56.

Dating

The principal rafters were sampled giving a site master 1428–1535, which matched well against other north Wales chronologies. Felling date range: 1536–56.

Cyfeiriad grid: SH 5086 5333; *NPRN* 16960	*Grid reference*: SH 5086 5333; *NPRN* 16960
Plwyf a sir hanesyddol: Llandwrog, Sir Gaernarfon	*Historic parish and county*: Llandwrog, Caernarvonshire
Cymuned ac awdurdod cyfoes: Llanllyfni, Gwynedd	*Modern community and authority*: Llanllyfni, Gwynedd
Ymchwil: Prosiect Dendrocroneg Gogledd Orllewin Cymru (J. Dilwyn Williams); *Arolwg*: CBHC ac Adam Voelcker; *Dyddio*: Oxford Dendrochronology Laboratory.	*Research*: North-west Wales Dendrochronology Project (J. Dilwyn Williams); *Survey*: RCAHMW & Adam Voelcker; *Dating*: Oxford Dendrochronology Laboratory.

6

HANESION TAI IV: TAI CYNLLUN ERYRI DIWEDDARACH
HOUSE HISTORIES IV: LATER SNOWDONIAN HOUSES

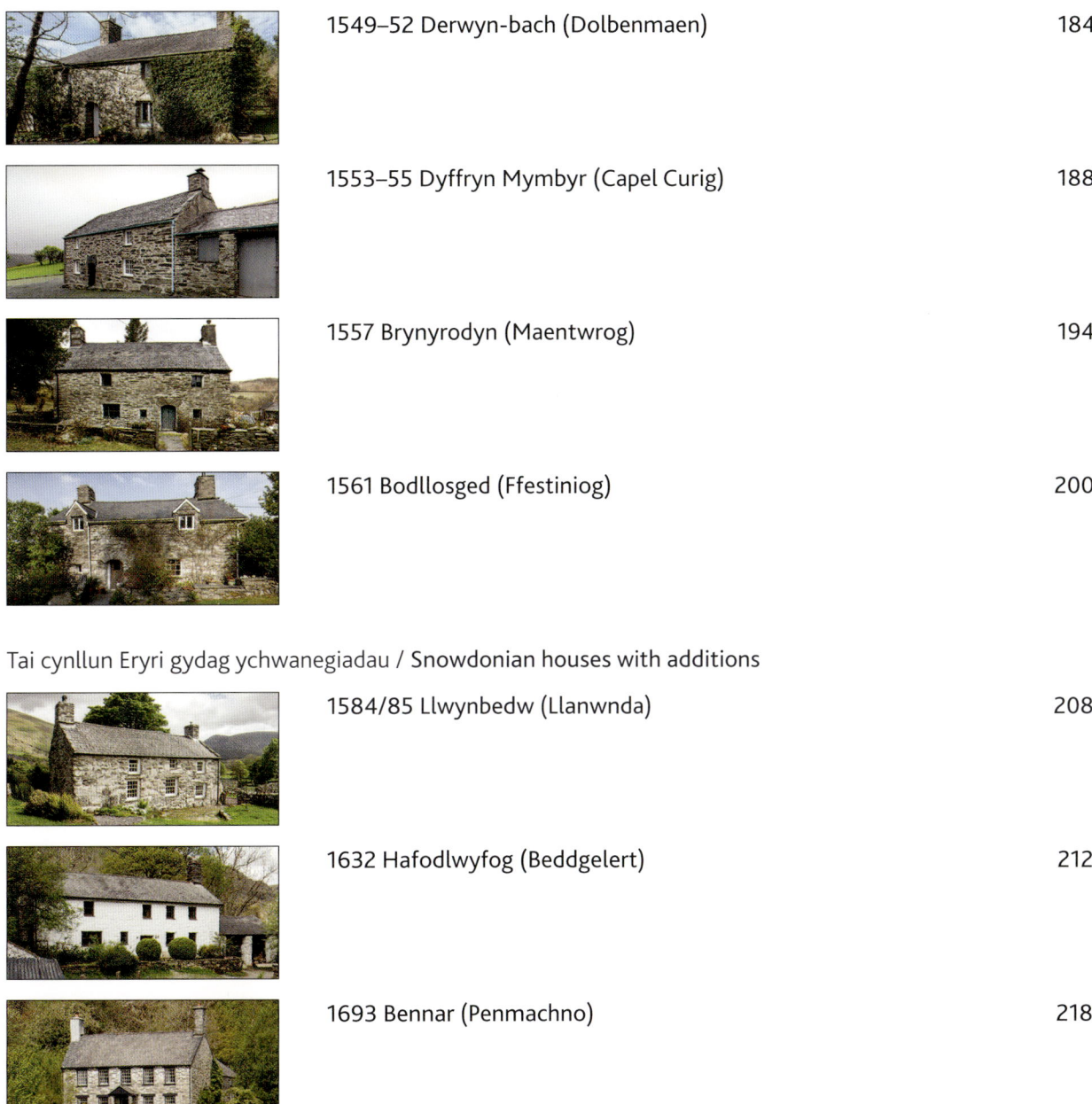

Tai cynllun Eryri dwy uned / Two-unit Snowdonian houses

	1549–52 Derwyn-bach (Dolbenmaen)	184
	1553–55 Dyffryn Mymbyr (Capel Curig)	188
	1557 Brynyrodyn (Maentwrog)	194
	1561 Bodllosged (Ffestiniog)	200

Tai cynllun Eryri gydag ychwanegiadau / Snowdonian houses with additions

	1584/85 Llwynbedw (Llanwnda)	208
	1632 Hafodlwyfog (Beddgelert)	212
	1693 Bennar (Penmachno)	218

1549–52 DERWYN-BACH, DOLBENMAEN

FFERMDY CYNLLUN ERYRI O GANOL YR UNFED GANRIF AR BYMTHEG
A MID-SIXTEENTH-CENTURY SNOWDONIAN FARMHOUSE

17

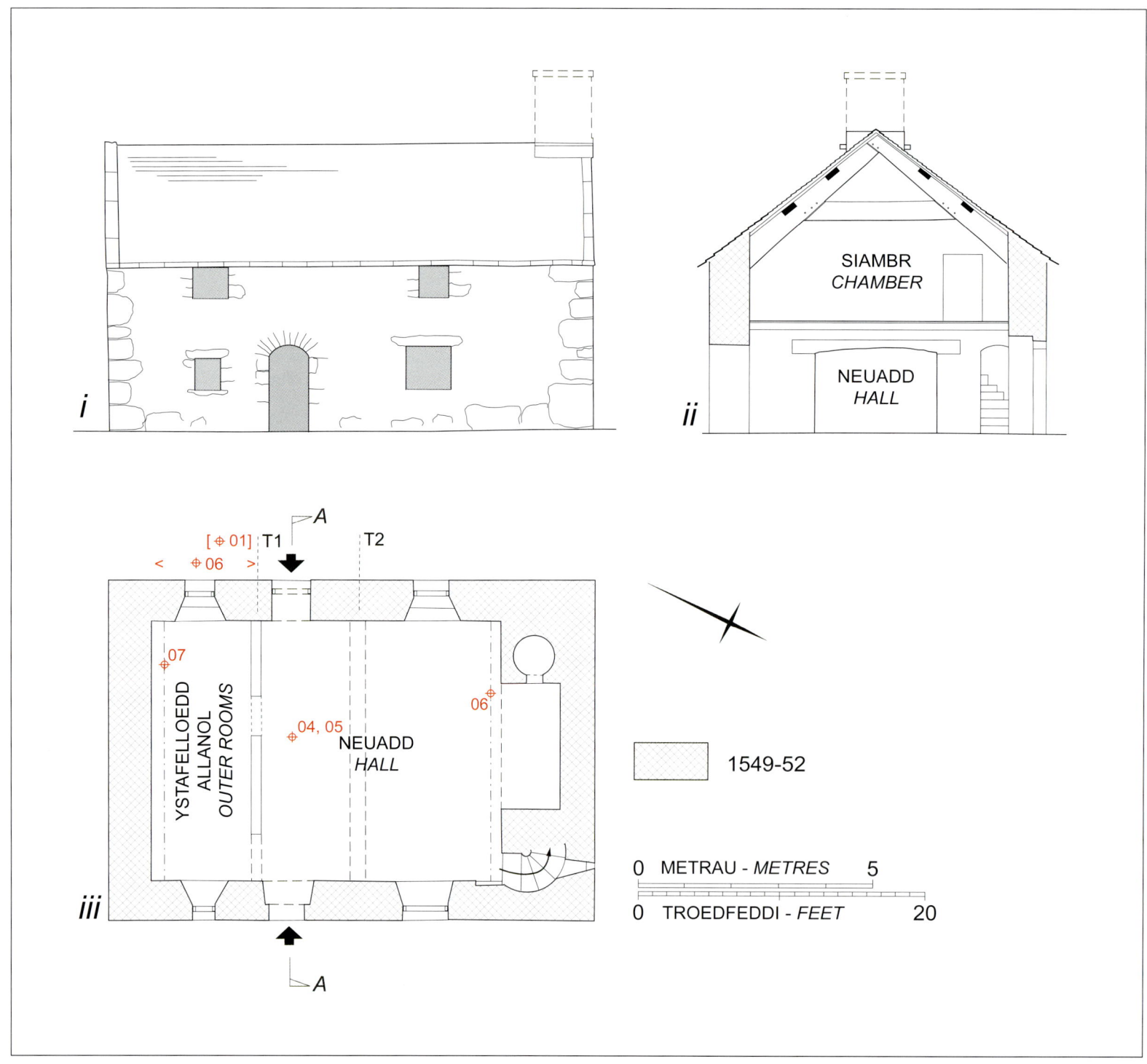

6.1 Derwyn-bach: (i) y tu blaen wedi'i adfer; (ii) croestoriad o A–A; (iii) cynllun y llawr isaf wedi'i adfer / (i) restored elevation; (ii) cross-section at A–A; (iii) restored ground-floor plan

6.2
Derwyn-bach, 2014:
y tu allan wedi'i adfer / restored exterior

Hanes

Disgrifiad Myrddin Fardd o Dderwyn-bach oedd ''hen amaethdy mawr oedranus, hollol ddiaddurn'. Saif 110 metr uwchben datum ordnans ac, fel llawer o dai cynllun Eryri hŷn, fe'i codwyd â'i dalcen mewn tipyn o lethr. Ni fu modd olrhain hanes cynnar y ddeiliadaeth. Ymddengys yn debygol bod perchen-ddeiliaid Derwyn-bach yn rhydd-ddeiliaid na honnent fod yn fonheddig ond a oedd ag awydd byw mewn tŷ cyfforddus ond plaen.[1] Yr oedd y ddeiliadaeth yn un o sylweddol – 80 erw yn ôl rhestr y degwm (1839) – a chymerai ei henw o'r drefgordd o'i chwmpas, er iddi newid o Dderwyn-isaf i Dderwyn-bach ar ôl codi Derwyn-fawr.[2] Awgryma'r cyfeiriad ysgrifenedig cyntaf ato mai tŷ croesawgar oedd Derwyn-bach. Yn 1654 fe arestiwyd Hugh ap William ap Evan a'i deulu am gynnal 'anterliwt' yn 'Derwynfechan'.[3] Yn y ddeunawfed ganrif, bu

History

Myrddin Fardd described Derwyn-bach as a large, ancient and 'unadorned' farmhouse. It stands 110 metres above O.D. and, like many older Snowdonian houses, was built gable-end into a slight slope. The early history of the holding has not been traced. It seems likely that the owner-occupiers of Derwyn-bach were freeholders who did not claim gentry status but aspired to live in a comfortable but plain house.[1] The holding was reasonably substantial – 80 acres in the tithe schedule (1839) – and took its name from the surrounding township, though it changed from Derwyn-isaf to Derwyn-bach after Derwyn-fawr was built.[2] The earliest documentary reference suggests that Derwyn-bach was a sociable house. In 1654 Hugh ap William ap Evan and family were arrested for holding an 'interlude' at 'Derwynfechan'.[3] In the eighteenth century

---

1 John Jones (Myrddin Fardd), *Enwogion Sir Gaernarfon* (Caernarfon, 1922), 2-3; C.A. Gresham, *Eifionydd* (Cardiff, 1973), 306-7.
2 Jones, *Enwogion Sir Gaernarfon*, 2-3.
3 Gareth Haulfryn Williams, 'Anterliwt Derwyn Fechan, 1654', *Trafodion Cymdeithas Hanes Sir Gaernarfon/Trans. Caernarvonshire Hist. Soc.* 44 (1983), 53-8.

Derwyn-bach yn eiddo i deuluoedd Griffith a Williams o Ddolwgan yn eu tro gyda deiliaid go lewyrchus. Prisiwyd nwyddau William Hughes o Dderwyn-bach (a fu farw 1815) yn werth £93.15s.[4] Cafodd Derwyn-bach ei adfer yn rhan olaf yr ugeinfed ganrif.

Yn 1955, pan wnaethpwyd arolwg o'r tŷ hwn ar gyfer y *Caernarvonshire Inventory*, yr oedd yn anghyfannedd. Bu Rhys ap Rhisiart, a oedd yn fachgen bach bryd hynny, yn helpu Peter Smith i wneud arolwg o gartref ei hynafiaid. Trwy hyn, fe'i taniwyd â'r penderfyniad i adfer yr hen dŷ; cwblhawyd y gwaith adfer ugain mlynedd wedyn.[5]

Disgrifiad

Tŷ rwbel yw Derwyn-bach, gyda chonglfeini anferth, a chedwir rhai o'r tyllau ffenestr sgwâr, bychain, gwreiddiol. Mae i adwy'r prif ddrws ben crwm o feini bwa wedi'u torri'n fras. Mae simnai sgwâr y talcen gogleddol wedi'i hailadeiladu. Ceir onglfeini (*kneelers*) lletgrwn dan y bondo, ac mae ychydig o ôl bras naddu ar haen y bondo.

Mae'r cynllun yn un nodweddiadol, gyda neuadd/chegin fawr a phâr o ystafelloedd allanol. Mae siamffrau â stopiau i drawstiau a distiau'r nenfwd. Yn ôl pob tebyg cymerodd y pared cerrig modern le pared pren cynharach. Wrth ymyl y lle tân, gyda'i

Derwyn-bach was owned successively by the Griffith and Williams families of Dolwgan with moderately prosperous tenants. The goods of William Hughes (d. 1815) of Derwyn-bach were valued at £93.15s.[4] Derwyn-bach was restored in the later twentieth century.

This house was derelict in 1955 when surveyed for the *Caernarvonshire Inventory*. Rhys ap Rhisiart, then a small boy, helped Peter Smith survey his ancestral home. This survey fired Rhys with the determination to restore the old house; the restoration was achieved twenty years later.[5]

Description

Derwyn-bach is rubble-built with massive quoins and retains some original, small, square window openings. The principal doorway has a rounded head of roughly cut voussoirs. The shaft of the square chimney on the north gable has been rebuilt. There are rounded kneelers at the eaves, and a roughly-tooled eaves' course.

The plan is characteristic with a large hall/kitchen and twin outer-rooms. The ceiling has stop-chamfered beams and joists. The modern stone partition probably replaces an earlier timber partition. Beside the fireplace, which has a chamfered timber lintel, is the opening to a winding stone stair, which was lit by a slit window.

6.3
Derwyn-bach:
yn 1957 cyn ei adfer /
in 1957 before restoration

6.4
Derwyn-bach:
mortar o 1664 / 1664 mortar

4 T. Ceiri Griffith, *Achau ac Ewyllysiau Teuluoedd De Sir Gaernarfon* (Chwilog, 1989), 85-6, 94.
5 *Pais*, Chwefror 1982, 201.

lintel bren siamffrog, ceir adwy i risiau tro cerrig a oleuid gan agen ffenestr. Erbyn hyn, arweinia grisiau modern i'r llawr cyntaf; mae i hwnnw dri duad gyda dau gwpl trawst coler morteisiog. Nid yw cwpl y brif siambr i'w weld yn uwch ei safon na'r lleill.

Cofnododd RCAHMW ddarganfyddiad diddorol yn Nerwyn-bach, sef breuan garreg nadd yn dwyn y dyddiad 1664.[6]

Dyddio
Llwyddwyd i ddyddio chwe sampl o'r to a'r nenfwd, gan roi ystod dyddiadau cymynu o 1549–52.

The first floor, now reached by a modern flight of steps, has three bays with two morticed collar-beam trusses. The truss of the principal chamber is not noticeably superior.

RCAHMW recorded an interesting find at Derwyn-bach: a domestic mortar of dressed stone inscribed 1664.[6]

Dating
Six samples from the roof and the ceiling were successfully dated, giving a felling date range of 1549–52.

Derwyn-bach: Adroddiad y Labordy / Laboratory Report
Crynodeb o'r samplau a ddyddiwyd / Summary of dated samples

Rhif y sampl / Sample number	Lleoliad y sampl / Sample location	Rhychwant y dyddiadau / Date span	Cylchoedd gwynnin / Sapwood rings	Cyfanswm y cylchoedd / Total rings	Dyddiadau cymynu / Felling dates
*bdgp1	S truss: collar	1434-1520	H/S	87	1531-61
*bdgp2	rafter	1385-1516	H/S	132	1527-57
bdgp3a1	rafter	-		27	
*bdgp3a2	ditto	1446-1516	H/S+23 NM	71	1540-57
*bdgp4	joist (middle bay)	1455-1525	H/S	71	1536-66
*bdgp5	joist (middle bay)	1457-1516		60	
*bdgp6	half-beam (*ex situ*)	1454-1548	30	95	1549-59
*bdgp7	half-beam (*ex situ*)	1474-1523	1	50	1531-61
* = BDGP Site Master		**1385-1548**		**164**	***t*-value = 9.6 GWYNEDD5**

Rhychwant dilyniannau'r cylchau / Span of ring sequences

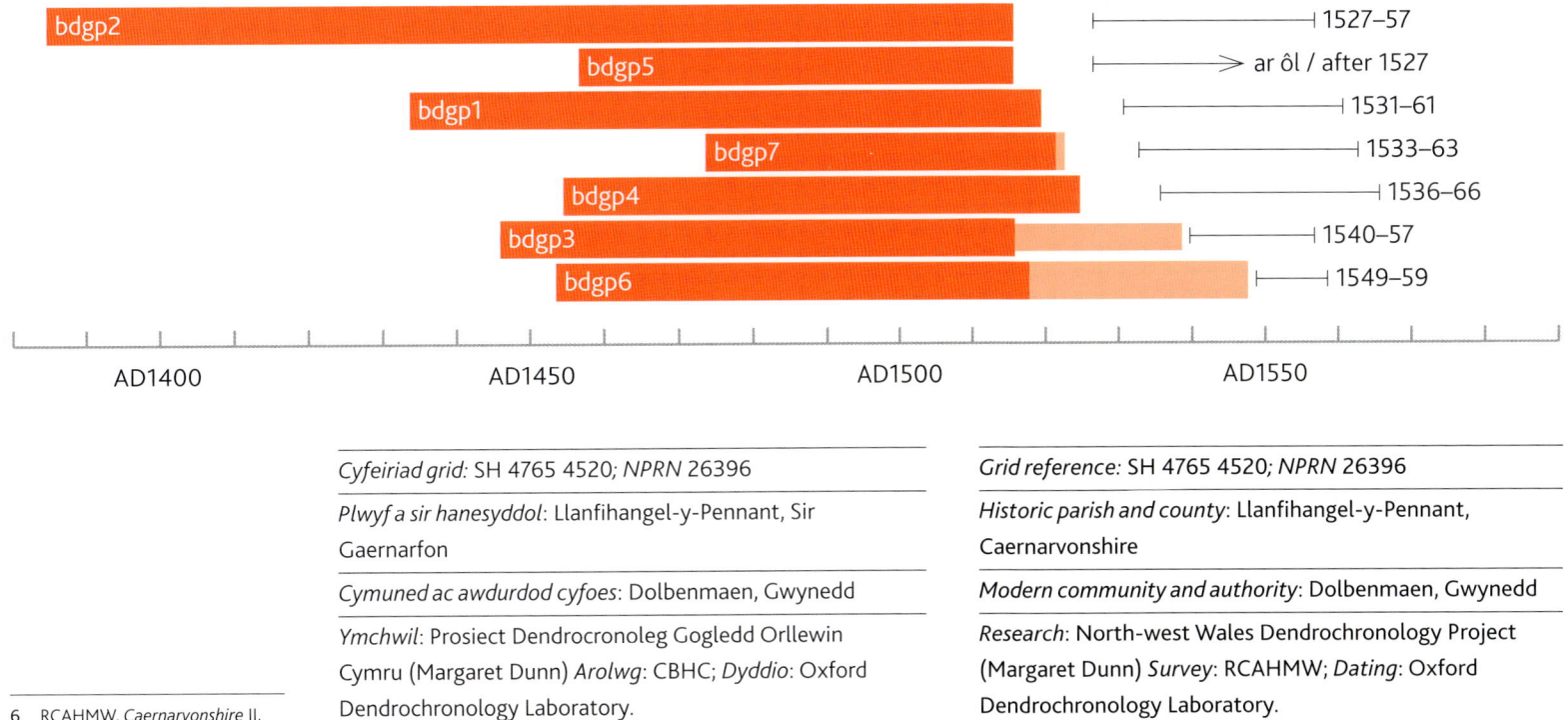

Cyfeiriad grid: SH 4765 4520; *NPRN* 26396

Plwyf a sir hanesyddol: Llanfihangel-y-Pennant, Sir Gaernarfon

Cymuned ac awdurdod cyfoes: Dolbenmaen, Gwynedd

Ymchwil: Prosiect Dendrocroneleg Gogledd Orllewin Cymru (Margaret Dunn) *Arolwg:* CBHC; *Dyddio:* Oxford Dendrochronology Laboratory.

Grid reference: SH 4765 4520; *NPRN* 26396

Historic parish and county: Llanfihangel-y-Pennant, Caernarvonshire

Modern community and authority: Dolbenmaen, Gwynedd

Research: North-west Wales Dendrochronology Project (Margaret Dunn) *Survey:* RCAHMW; *Dating:* Oxford Dendrochronology Laboratory.

6 RCAHMW, *Caernarvonshire* II, 71b (893).

1553–55 DYFFRYN MYMBYR, CAPEL CURIG

FFERMDY CYNLLUN ERYRI O GANOL YR UNFED GANRIF AR BYMTHEG
A MID-SIXTEENTH-CENTURY SNOWDONIAN FARMHOUSE

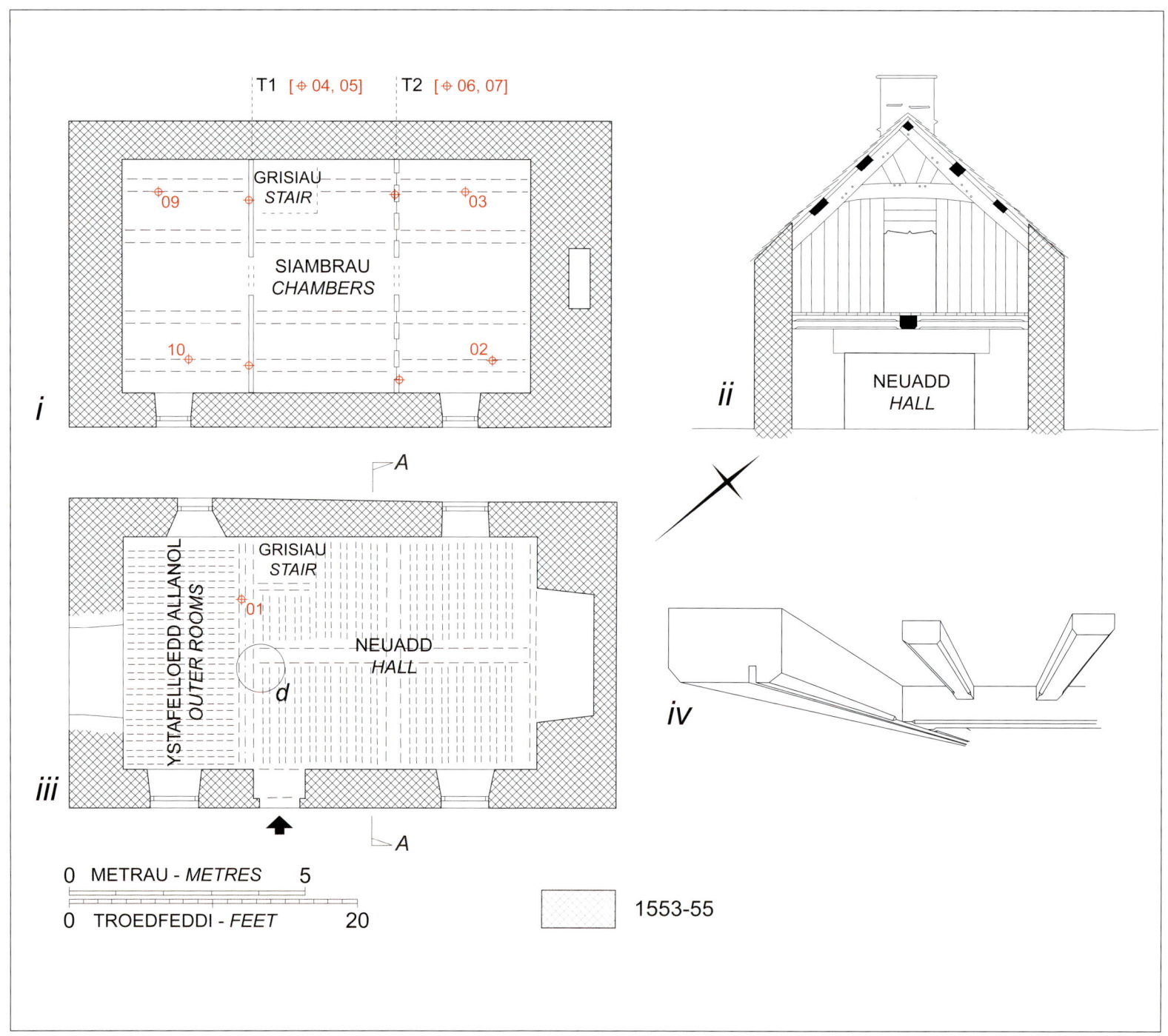

6.5 Dyffryn Mymbyr: (i) cynllun y llawr cyntaf fel y byddai; (ii) croestoriad o A–A; (iii) cynllun y llawr isaf fel y byddai; (iv) braslun o fan cyfarfod trawst y neuadd â thrawst y dramwyfa gyda rhigol ar gyfer pared pyst a phaneli / (i) reconstructed first-floor plan; (ii) section at A–A; (iii) reconstructed ground-floor plan; (iv) sketch of intersection of hall beam with passage beam grooved for post-and-panel partition

6.6
Dyffryn Mymbyr:
y tu allan, 2014 / exterior, 2014

Hanes

Fferm fynydd fawr yw Dyffryn Mymbyr yn yr hyn a fu gynt yn drefgordd Cororion (Creuwrion). Tŷ deulawr o gynllun clasurol Eryri yw'r tŷ presennol, gyda manylion gwaith coed da, ond heb risiau lle tân. Amcanodd y *Caernarvonshire Inventory* ddyddiad yn nechrau'r ail ganrif ar bymtheg ar ei gyfer, ond erbyn hyn dengys dyddio blwyddgylchau iddo gael ei godi yng nghanol yr unfed ganrif ar bymtheg.[7] Mae dyddio'r blwyddgylchau'n ddigon manwl-gywir i ganiatáu adnabod pwy, yn ôl pob tebyg, a'i cododd.

Yn ôl y *Record of Caernarvon* yr oedd trefgordd ganoloesol Creuwrion ym meddiant wyth gafael rydd. Cynhwysid Dyffryn Mymbyr, yn ôl pob tebyg, yng Ngafael Griffri, un o'r rhain. O dipyn i beth daeth deiliadaethau yn y drefgordd hon yn rhan o ystâd y Penrhyn. Datblygodd cysylltiad agos rhwng 'Tyddyn Dyffryn Mymbyr' a Margaret Griffith, merch Syr William Griffith o'r Penrhyn (bu farw 1531). Ymbriododd Margaret dair gwaith, a gosodwyd Dyffryn Mymbyr ar brydles i bob un o'i gwŷr yn ei

History

Dyffryn Mymbyr is a large upland farmstead in the former township of Cororion (Creuwrion). The present house is a classic storeyed Snowdonian house with good timber detail but lacks a fireplace stair. An early-seventeenth-century date was conjectured in the *Caernarvonshire Inventory* but tree-ring dating now shows it was built in the mid-sixteenth century.[7] The tree-ring dating is sufficiently precise to allow the identification of the probable builder.

The medieval township of Cororion was occupied by eight free *gafaelion*, according to the Record of Caernarvon. One of these, Gafael Griffri, probably included Dyffryn Mymbyr. Holdings in this township were progressively acquired by the Penrhyn estate. 'Tyddyn Dyffryn Mymbyr', became closely associated with Margaret Griffith, daughter of Sir William Griffith of Penrhyn (d.1531). Margaret married three times and Dyffryn Mymbyr was leased in turn by her husbands. Her first husband, Piers Mutton, leased

---

7 RCAHMW, *Caernarvonshire* I, 106, ffig./fig. 105 (334).

dro. Cafodd Piers Mutton, ei gŵr cyntaf, brydles ar y fferm am £4 y flwyddyn ac ar ôl iddo farw aeth y fferm i Thomas Mutton, ei fab anghyfreithlon, am gyfnod byr. Awgryma'r dyddiad (1553–5), a gafwyd o'r blwyddgylchau, y codwyd y tŷ gan Margaret a'i hail ŵr, Thomas Griffith, 'iwmon y gwarthol i'w fawrhydi'r Brenin', a helaethodd y fferm yn 1554 trwy gymryd prydlesi ar dir ychwanegol a thrwy brynu buddiant Thomas Mutton yn 1557. Efallai i Margaret a Thomas fyw yno; yn y ddeunawfed ganrif ystyrid Dyffryn Mymbyr fel tŷ a fuasai'n dŷ uchelwyr. Erbyn 1565 yr oedd ail ŵr Margaret wedi marw ac fe ymbriododd hi â thrydydd gŵr, sef Simon Thelwall, AS, o Blas-y-ward.[8]

Daeth Dyffryn Mymbyr i feddiant ystâd Plas-y-ward yn 1609 pan fethodd Syr Piers Griffith o'r Penrhyn ad-dalu morgais, ond yn 1621 fe'i gwerthwyd yn ei dro gan y Thelwalliaid i Ysgol Rad ac Ysbyty Biwmares. Gosodid y fferm fawr hon am £44 y flwyddyn, er y gostyngwyd y rhent yn nes ymlaen. Pobl gweddol lewyrchus oedd y deiliaid ond iddynt weithiau gynnig tlodi fel esgus i'r ymddiriedolwyr. Yn 1677 gadawodd Cadwaladr Owen o Ddyffryn Mymbyr, ffermwr, nwyddau gwerth £117, gan gynnwys 63 o wartheg, 11 ceffyl, 100 o ddefaid a geifr; yn anffodus ni restrwyd nwyddau'r tŷ, gwerth £10, fesul eitem.[9]

Cafodd y fferm ei gwella gan ymddiriedolwyr yr Ysgol Rad; dengys map o 1783 glawdd cerrig saith milltir o hyd 'a godwyd gan y ffeodedigion' o gwmpas y fferm. Dyma enghraifft gynnar o glawdd mynydd a godwyd gyda'r bwriad o amddiffyn y caeau gwair a phorfa'r ffridd – buddsoddiad pwysig a ganiataodd gryn gynnydd yn niferoedd y defaid.[10]

Mewn cyfnewid a ganiatawyd gan ddeddf seneddol breifat, daeth Richard Pennant, Arglwydd Penrhyn, â'r fferm yn ôl i ystâd y Penrhyn yn 1789, ac arhosodd y fferm yn rhan ohoni nes chwalu'r ystâd yn y 1920au. Yn ddiau yr oedd y fferm yn llewyrchus; gadawodd Anne Evans o Ddyffryn Mymbyr, gweddw deiliad cyntaf ystâd y Penrhyn, ystâd werth y swm syfrdanol o £900.[11] Codwyd ffermdy newydd yn y bedwaredd ganrif ar bymtheg ac aeth yr hen dŷ yn dŷ allan. Yn yr ugeinfed ganrif daeth Dyffryn Mymbyr yn enwog fel lleoliad llyfr hunangofiannol Thomas Fairbank *I Bought a Mountain* (1940). Daeth Dyffryn Mymbyr yn eiddo i'w wraig, Esmé Kirby, sylfaenydd

the farm for £4 annually and after his death it passed briefly to his illegitimate son, Thomas Mutton. The tree-ring dating of 1553–5 suggests that the house was built by Margaret and her second husband, Thomas Griffith, 'yeoman of the stirrup to the King's majesty', who consolidated the farm in 1554 by leasing additional land and buying out Thomas Mutton's interest in 1557. It is possible that Margaret and Thomas lived there; in the eighteenth century Dyffryn Mymbyr was regarded as a house that had had gentry status. By 1565 Margaret's second husband was dead and she had married a third husband, Simon Thelwall, MP, of Plas-y-ward.[8]

Ownership of Dyffryn Mymbyr passed to the Plas-y-ward estate in 1609 when Sir Piers Griffith of Penrhyn was unable to redeem a mortgage, but in 1621 the Thelwalls sold it on to Beaumaris Free School and Hospital. This large farm was let for £44 annually, although the rent was subsequently reduced. The tenants were reasonably prosperous but sometimes pleaded poverty to the trustees. In 1677 Cadwaladr Owen of Dyffryn Mymbyr, farmer, left goods worth £117, including 63 cattle, 11 horses, 100 sheep and goats; unfortunately his household goods worth £10 were not itemised.[9]

The Free School trustees improved the farm; a map of 1783 shows a stone wall 'built by the feoffees' running the seven-mile circumference of the farm. This was an early example of a mountain wall designed to protect the hayfields and grazing on the *ffridd* – an important investment that allowed a significant increase in sheep numbers.[10]

Richard Pennant, Lord Penrhyn, in an exchange sanctioned by private act of Parliament, brought the farm back into the Penrhyn estate in 1789, where it remained until the break-up of the estate in the 1920s. The farm was undoubtedly prosperous; Anne Evans of Dyffryn Mymbyr, the widow of the first Penrhyn tenant, left an estate worth an astonishing £900.[11] In the nineteenth century a new farmhouse was built and the old house became an outhouse. In the twentieth century Dyffryn Mymbyr became famous as the setting for Thomas Fairbank's autobiographical *I Bought a Mountain* (1940). Dyffryn Mymbyr passed to his wife, Esmé Kirby, founder of the

---

8 *The Record of Caernarvon*, gol./ed. H. Ellis (London, 1839), 12-13; *Y Bywgraffiadur Cymreig (1941–1950) gydag atodiad i'r Bywgraffiadur Cymreig hyd 1940* (Llundain, 1970), 95-98 Griffith (teulu) Penrhyn / *Dictionary of Welsh Biography down to 1940* (London, 1959), 1123-6 (Griffith of Penrhyn); Bangor, Llsgrau Penrhyn /Penrhyn MS 70 & MS 185; PFA/1/208; LlGC, Blwch Wynnstay / NLW, Wynnstay Box 93/22-24, 27.

9 Archifau Môn, Llsgr. David Hughes / Anglesey Archives, David Hughes MS WQSA/CHA/120; LlGC, Cofnodion Profeb Bangor / NLW, Bangor Probate Records B1677/38.

10 Archifau Môn, Llsgr. David Hughes / Anglesey Archives, David Hughes MS WQSA/CHA/3/414.

11 *Acts of Parliament Concerning Wales, 1714–1901*, gol./ed. T.I. Jeffreys Jones (Cardiff, 1966), 11, rhif/no. 65; Yr Archifau Gwladol/TNA, IR/26/287.

**6.7
Dyffryn Mymbyr:**
adwy drws seiclopaidd /
cyclopean doorway

6.8
Dyffryn Mymbyr:
pen drws deu-ogifol /
double-ogee doorhead

Cymdeithas Eryri, ac erbyn hyn yr Ymddiriedolaeth Genedlaethol yw perchennog y fferm.

Disgrifiad
Tŷ cerrig deulawr yw Dyffryn Mymbyr, ar gynllun Eryri, gyda seiliau o feini mawrion ac adwy seiclopaidd i'r prif ddrws Yn y neuadd ceir lle tân llydan gyda thrawst simnai anferth o bren a nenfwd o drawstiau â siamffrau dwfn yn fframio pedwar panel. Lle bu gynt tramwyfa groes, ceir morteisiau yn nhrawst y pared ar gyfer pared pyst a phaneli; ymddengys y symudwyd rhan o'r pared i'r llawr cyntaf ynghyd â'r pen drws deu-ogifol. Mae pwyslathau ar ogwydd i'r cyplau trawst coler. Mae'r dyddiad yng nghanol yr unfed ganrif ar bymtheg yn gyson â manylion y gwaith coed a'r ffaith nad oes grisiau lle tân.

Dyddio
Llwyddwyd i ddyddio saith o'r ddeg sampl o goed. Efallai bod yr amrywiaeth wrth groesbaru'r samplau'n dangos i'r coed ddod o sawl ffynhonnell. Cyfunwyd y dilyniannau a ddyddiwyd yn gronoleg (*DYFMYM*) 149

Snowdonia Society, and is now owned by the National Trust.

Description
Dyffryn Mymbyr is a stone-built storeyed house of Snowdonian plan-type with boulder footings and a principal doorway of cyclopean type. The hall has a wide fireplace with a massive timber mantelbeam and a framed ceiling of four panels with deeply-chamfered beams. The partition beam at the former cross-passage has mortices for a post-and-panel partition, apparently partly relocated to the first floor with the double-ogee doorhead. The collar-beam trusses have raking struts. The mid-sixteenth-century date is consistent with the absence of a fireplace stair and the timber detail.

Dating
Seven of the ten timbers sampled dated. The variable cross-matching of samples may indicate that the timbers came from several sources. The dated sequences were combined into a 149-year

o flynyddoedd ar gyfer y safle, yn rhychwantu 1383–1531. Cadwai dau ddarn coed eu holl wynnin, ond daeth hwn yn rhydd wrth dynnu'r creiddiau ac efallai y collwyd rhai o'r cylchoedd. Felly rhoddir ystodau'r dyddiadau cymynu o 1553–55 ar gyfer y ddau ddarn hwn, ac mae ystodau'r dyddiadau cymynu ar gyfer y coed eraill yn gyson â hyn, sy'n arwydd mai 1553–55 yw dyddiad tebycaf codi'r adeilad.

site chronology (*DYFMYM*) spanning 1383–1531. Two timbers retained complete sapwood, but this became detached on coring with the possible loss of some rings. The felling date ranges for these two timbers are therefore given as 1553–55, and the felling date ranges of the other timbers are consistent with this, indicating that the most likely date of construction is 1553–55.

Dyffryn Mymbyr: Adroddiad y Labordy / Laboratory Report
Crynodeb o'r samplau a ddyddiwyd / Summary of dated samples

Rhif y sampl / Sample number	Lleoliad y sampl / Sample location	Rhychwant y dyddiadau / Date span	Cylchoedd gwynnin / Sapwood rings	Cyfanswm y cylchoedd / Total rings	Dyddiadau cymynu / Felling dates
*bcdm01	ceiling beam	1436-1526	15+26NM	91	c1553–55
*bcdm02	lower S purlin (mean of bcdm02a and bcdm02b)	1427-1525	8+19NM	99	1544–58
*bcdm03	lower N purlin	1422-1523	3+18NM	102	1541–61
bcdm04	W truss: principal rafter	undated	-	<40	unknown
bcdm05	W truss: principal rafter	undated	-	<40	unknown
bcdm06	E truss: principal rafter	1383-1521	H/S	139	1532–62
*bcdm07	E truss, collar	1461-1522	H/S+31NM	62	c1553–55
bcdm08	plank in first-floor screen	undated	14	60	unknown
*bcdm09	lower purlin	1448-1513	-	66+5NM	c1529–59
*bcdm10	lower purlin	1438-1531	7+2NM	94	1535–65
* = included in site master **DYFMYM**		1383-1531		149	*t*-value = 6.6 (Cae'nycoed-uchaf)

Rhychwant dilyniannau'r cylchau / Span of ring sequences

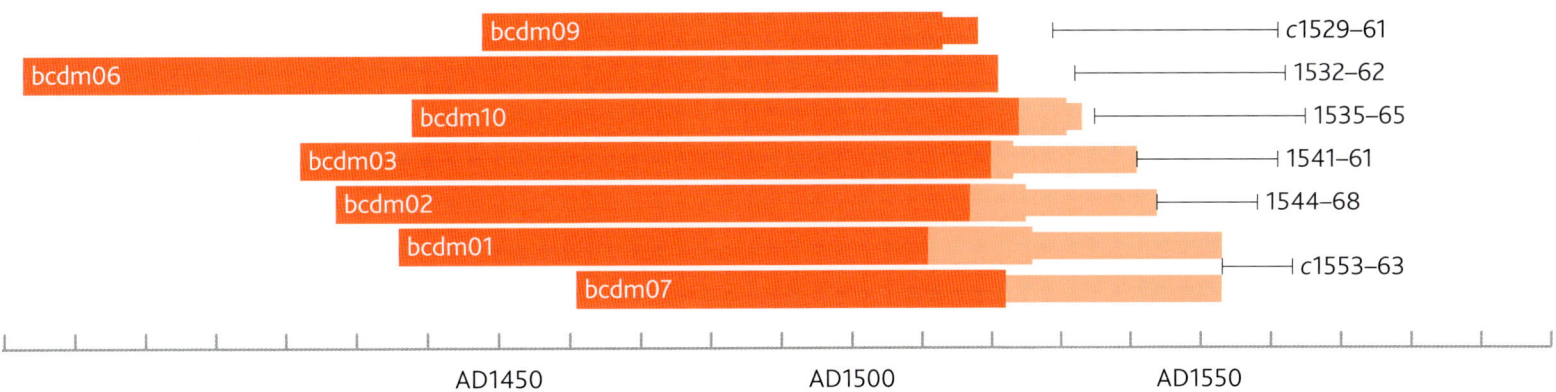

Cyfeiriad grid: SH 6951 5727; *NPRN* 26417

Plwyf a sir hanesyddol: Llandygái, Sir Gaernarfon

Cymuned ac awdurdod cyfoes: Capel Curig, Conwy

Ymchwil: Prosiect Dendrocronoleg Gogledd Orllewin Cymru (Frances Richardson); *Arolwg*: CBHC ac EAS Ltd; *Dyddio*: Oxford Dendrochronology Laboratory.

Grid reference: SH 6951 5727; *NPRN* 26417

Historic parish and county: Llandegai, Caernarvonshire

Modern community and authority: Capel Curig, Conwy

Research: North-west Wales Dendrochronology Project (Frances Richardson); *Survey*: RCAHMW & EAS Ltd; *Dating*: Oxford Dendrochronology Laboratory.

1557 BRYNYRODYN (BRYN'RODYN), MAENTWROG

TŶ PORTHMON
A DROVER'S HOUSE

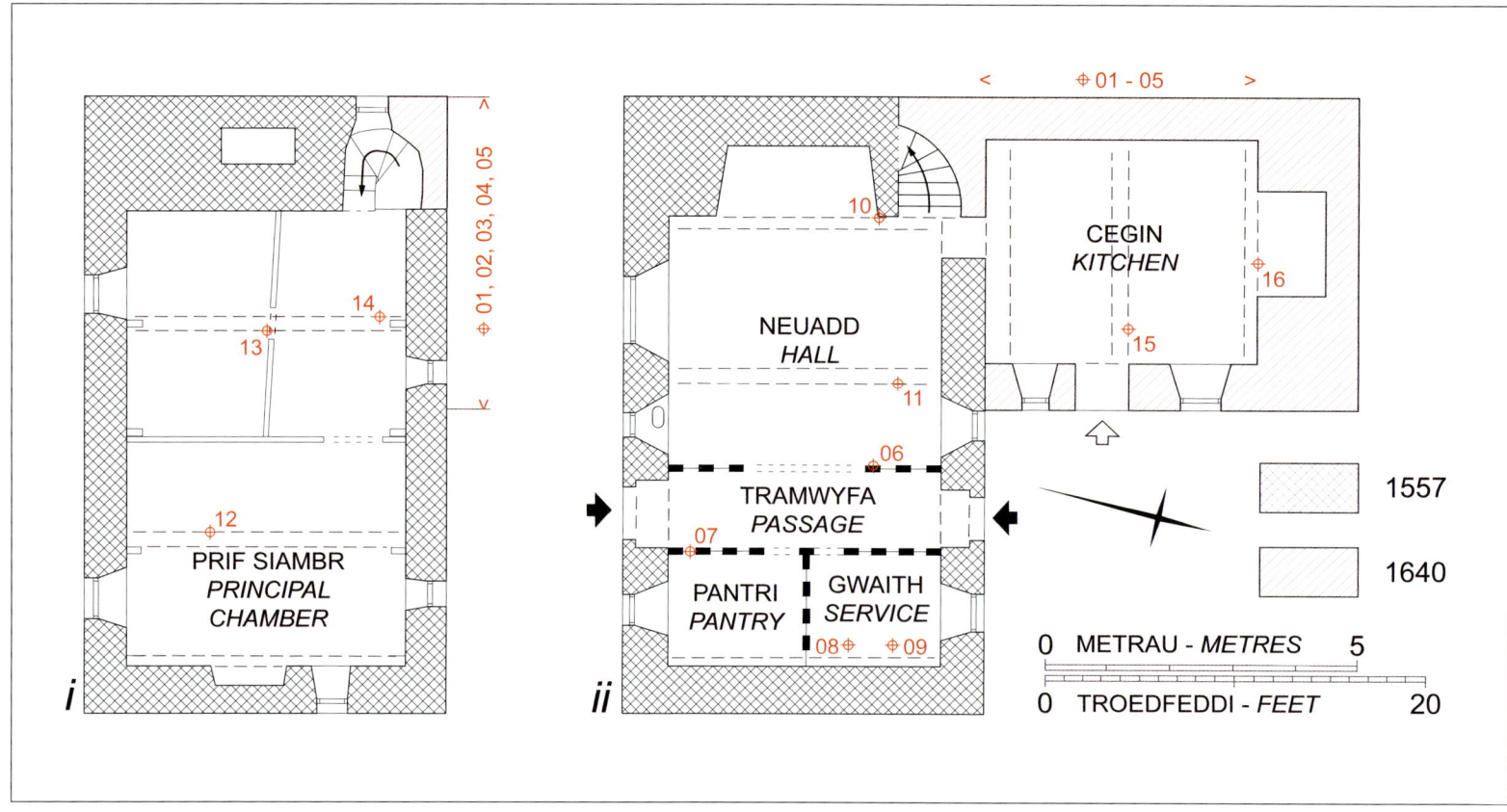

6.9 Brynyrodyn:
(i) cynllun y llawr cyntaf;
(ii) cynllun y llawr isaf fel y byddai / (i) first-floor plan;
(ii) reconstructed ground-floor plan

Hanes

Saif Brynyrodyn mewn cwm diarffordd llydan i'r de o Lan Ffestiniog. Tŷ cynllun Eryri yn ei anterth ydyw, gyda grisiau lle tân a chyplau plaen i'r to. Yr oedd Brynyrodyn yn ddeiliadaeth sylweddol, ac fe'i nodwyd fel un o dri phrif dŷ Maentwrog ddiwedd yr ail ganrif ar bymtheg.[12] O ddiwedd yr unfed ganrif ar bymtheg, cyfeirir at y perchnogion preswyl fel porthmyn *a* bonheddwyr.

Cyfeirir ato mewn dogfen am y tro cyntaf yn 1593, gyda morgeisio hanner Brynyrodyn gan Hugh ap Thomas ap Ieuan, bonheddwr; perchennog yr hanner arall oedd John ap Thomas ap Ieuan, ei frawd. Ymddengys yn debygol i'r brodyr ei etifeddu gan eu tad, Thomas ap Ieuan. Ymddengys mai porthmyn oeddynt ill tri, galwedigaeth allweddol yng Ngwynedd yn yr unfed ganrif ar bymtheg, a allai

History

Brynyrodyn is situated in a wide, secluded valley south of Llan Ffestiniog. The house is a 'mature' Snowdonian house with fireplace stair and plain roof-trusses. Brynyrodyn was a substantial holding, and noted as one of three principal houses in Maentwrog at the end of the seventeenth century.[12] From the end of the sixteenth century successive owner-occupiers are styled drovers *and* gentlemen.

Documentation begins in 1593 with the mortgage of a moiety of Brynyrodyn by Hugh ap Thomas ap Ieuan, gent.; the other moiety was owned by his brother, John ap Thomas ap Ieuan. It seems likely that the brothers had inherited from their father Thomas ap Ieuan. All three seem to have been drovers, a key occupation in sixteenth-

---

12 *Parochialia*, gol./ed. Rupert H. Morris (*Archaeologia Cambrensis Supplements*, 1909–11), II, 104.

**6.10
Brynyrodyn:**
y tu blaen, 2010 /
front elevation, 2010

13 LlGC, Gweithredoedd a Dogfennau Bachymbyd / NLW, Bachymbyd Deeds and Documents 105, 765, 196; Nanhoron 288; Rhian Parry, 'An Ardudwy Crown rental of 1623', *CCHChSF /JMerHRS* XV: 4 (2009), 379.

ddod â gwobrwyon sylweddol – â cholledion hefyd. Cliriwyd y morgais ar Frynyrodyn yn 1607 gan Hugh Thomas, y cyfeiriwyd ato fel porthmon, a helaethodd yr ystâd. Yn ôl rhestr rhenti'r Goron ar gyfer 1623, talodd gymynediwiau ar gyfer Brynyrodyn a saith llain arall o dir yn Ardudwy hefyd, gan gynnwys tir pori. Yn 1619 darparwyd trwy gytundeb priodas ar gyfer cynhysgaeth ei wraig yn gyfnewid am £144 mewn nwyddau priodas. Efallai y codwyd croesty yn y cefn tua 1640 ar ei chyfer hi'n weddw.[13]

 Arhosodd Brynyrodyn ym meddiant disgynyddion Hugh Thomas hyd ddechrau/ganol y ddeunawfed ganrif. Bonheddwr diwylliedig oedd Howell Hughes, a gohebydd Morgan Llwyd o Gynfal, y cyfrinydd ac awdur o Biwritan (1619–59). Hugh Hughes, bonheddwr (a fu farw 1721), a'i chwaer Gaynor Hughes, merch ddibriod (a fu farw 1741), fu'r olaf o'r

century Gwynedd with the potential for considerable rewards as well as losses. Brynyrodyn was redeemed in 1607 by Hugh Thomas, styled drover, who consolidated the estate. The 1623 Crown rental records that he paid chief rents for Brynyrodyn and seven other parcels of land in Ardudwy besides, including grazing land. In 1619 a marriage settlement provided for his wife's dower in return for £144 in marriage goods. The construction of a rear wing in c.1640 may have been for her widowhood.[13]

 Descendants of Hugh Thomas remained in possession of Brynyrodyn until the early/mid-eighteenth century. Howell Hughes was a cultured gentleman who corresponded with the Puritan mystic and author Morgan Llwyd (1619–59) of Cynfal. Hugh Hughes, gent. (d. 1721), and his sister Gaynor Hughes, spinster (d. 1741), were the last of

**6.11
Brynyrodyn:**
y tu blaen yn 1941 gyda'r simneiau gwreiddiol / front elevation in 1941 with original chimneys

teulu i fyw ym Mrynyrodyn.[14] Erbyn 1745, fferm â deiliad oedd Brynyrodyn, ym meddiant Thomas Kyffin o Faenan. Dengys map ystâd fod Brynyrodyn erbyn hynny'n fferm o 261 erw gydag ysgubor sylweddol.[15] Wedyn, fe brynwyd y fferm gan ystâd Mostyn.

Disgrifiad

Tŷ cynllun Eryri sylweddol yw Brynyrodyn â phennau o feini bwa i adwyon y dramwyfa groes sydd â phared rhyngddi a'r neuadd. Yn y lle cyntaf, yr oedd dwy adwy i'r ystafelloedd allanol yn un o'r parwydydd paneli a physt, ac adwy ganolog fawr i'r neuadd yn y llall. Rhennir y neuadd fawr yn ddwy ran anghyfartal gan drawst siamffrog, mawr (er bod y duadau'n gyfartal os cymerir hanner duad y dramwyfa i ystyriaeth). Yn rhan o gilfach y ffenestr nesaf at y pared ceir dysgl lechfaen a oedd, efallai, yn olchlestr. Mae lintel y lle tân mawr yn y talcen yn un gynnar sydd wedi'i hailddefnyddio ac wedi'i haddasu i wneud lle i risiau lle tân.

Ceid dwy siambr ar y llawr cyntaf, gyda phared pyst a phaneli rhyngddynt; yr oedd lle tân ag

the family resident at Brynyrodyn.[14] By 1745 Brynyrodyn was a tenanted farm owned by Thomas Kyffin of Maenan. An estate map shows that Brynyrodyn was then a farm of 261 acres with a substantial barn.[15] It was subsequently acquired by the Mostyn estate.

Description

Brynyrodyn is a substantial house of Snowdonian type with voussoir-headed doorways to the fully-screened cross-passage. Originally, there were two doorways into the outer rooms in one post-and-panel partition, and a large central doorway into the hall in the other passage partition. The large hall is unequally divided by a large plain chamfered beam (although the baying is restored by the half bay of the passage). The window recess nearest the partition incorporates a slate bowl, which may have functioned as a laver. The large end fireplace has an early, reused lintel which has been adjusted to accommodate the fireplace stair.

There were two first-floor chambers divided by a post-and-panel partition with the principal

14 LlGC, Cofnodion Profeb Bangor / NLW, Bangor Probate Records: B/1721/86; B/1725/87; B/1741/79.
15 Prifysgol Bangor / Bangor University, Mostyn M5859.

Tai Cynllun Eryri Diweddarach • Later Snowdonian Houses

6.12 Brynyrodyn: adeiladau fferm ar wahân i'r tŷ yn 1942 / detached farmbuildings in 1942

addurniadau diweddarach yn nhalcen y brif siambr. Rhai sylweddol yw'r cyplau trawst coler, gyda phwyslathau ar ogwydd. Mae'n debygol fod y siambrau llawr cyntaf wedi'u bwriadu, yn y lle cyntaf, i fod yn agored hyd y to. Er hynny, gosodwyd trawstiau nenfwd yn fuan wedyn a goleuwyd y nenlofft gan ffenestr yn y talcen.

Dengys tystiolaeth saernïol mai ychwanegiad yw'r gegin groes unllawr yn y gogledd-orllewin. Cafwyd canlyniadau annisgwyl o gymhleth o'r dyddio blwyddgylchau, gan awgrymu naill ai fod y gegin yn gynharach, o'r un cyfnod â'r prif dŷ, neu fod y coed wedi'u hailddefnyddio. Awgryma'r dyddiad a gafwyd o'r blwyddgylchau ar gyfer trawst y nenfwd y cafodd cegin agored gynt ei chyfaddasu'n adeilad deulawr yn 1640.

Dyddio

Profwyd samplau o do'r prif adeilad a tho'r croesty (gogleddol) yn y cefn, o barwydydd y dramwyfa groes, o nenfydau llawr isaf y prif adeilad a lintel lle tân yn y neuadd. Lintel y lle tân oedd y pren hynaf a ddyddiwyd – yr oedd ynddi 36 o gylchau yn y gwynnin, efallai'n cynnwys y cylch mwyaf allanol, er bod hyn yn ansicr; felly rhoddir ei ddyddiad cymynu fel tua 1503. Dros gyfnod o aeaf 1555/6 hyd haf

chamber heated by an end fireplace with later decoration. The trusses are substantial collar-beam trusses with raking struts. It seems likely that the first-floor chambers were originally intended to be open to the roof. However, at an early date ceiling beams were inserted and the loft lit by a window in the gable.

Structural evidence indicates that the single-storey north-west kitchen wing has been added. Tree-ring dating gave unexpectedly complex results suggesting that it has an earlier origin (or reused timbers) contemporary with the main house. The tree-ring date for the axial beam suggests that a former open kitchen was converted to a storeyed building in 1640.

Dating

Samples were taken from the roofs of the main range and rear (north) wing, the cross-passage screens, the ground-floor ceilings of the main range and a fireplace lintel in the hall. The fireplace lintel was the earliest timber dated – it had 36 sapwood rings, possibly including the outermost ring, although this is uncertain; its felling date is therefore given as *c.*1503. Eleven timbers, including roof timbers from the main range and some north wing roof timbers, two from the cross-passage screens, two ceiling timbers from the main range, and a rear range mantelbeam, were felled over a period from winter 1555/56 to summer 1557, and appear to represent a single phase of construction, most likely in 1557. The north (rear) range roof appears to have been reconstructed using some original purlins and a principal rafter with an outer heartwood ring formed in 1586, giving a likely felling date after 1597, which may be of the same date as that of the axial beam felled in summer 1640.

Grid reference: SH 7077 4085; *NPRN* 28229

Historic parish and county: Maentwrog, Merioneth

Modern community and authority: Maentwrog, Gwynedd

Research: North-west Wales Dendrochronology Project (Nan Griffiths and Gwenda Paul); *Survey*: RCAHMW & David Longley; *Dating*: Oxford Dendrochronology Laboratory.

1557 cymynwyd 11 darn o bren, gan gynnwys coed o do'r prif dŷ a rhai darnau o'r croesty gogleddol, dau ddarn o barwydydd y dramwyfa groes, dau ddarn o nenfwd y prif adeilad, a thrawst simnai o'r adeilad yn y cefn; maent fel pe'n tystio i un cyfnod o waith adeiladu, yn ôl pob tebyg yn 1557. Ymddengys yr adluniwyd to'r croesty gogleddol (yn y cefn) gan ddefnyddio rhai o'r tulathau gwreiddiol a phrif geibr y ffurfiwyd cylch allanol ei ruddin yn 1586; dyry hyn ddyddiad cymynu tebygol ar ôl 1597, a all fod yr un dyddiad â dyddiad trawst y nenfwd a gymynwyd yn haf 1640.

Cyfeiriad grid: SH 7077 4085; *NPRN* 28229

Plwyf a sir hanesyddol: Maentwrog, Meirionnydd

Cymuned ac awdurdod cyfoes: Maentwrog, Gwynedd

Ymchwil: Prosiect Dendrocronoleg Gogledd Orllewin Cymru (Nan Griffiths a Gwenda Paul); *Arolwg:* CBHC a David Longley; *Dyddio*: Oxford Dendrochronology Laboratory.

6.13 Brynyrodyn: tramwyfa groes gyda pharwydydd / **cross-passage with partitions**

6.14 Brynyrodyn: y tu ôl gyda'r gegin groes, 1963 / **rear elevation with kitchen wing, 1963**

Brynyrodyn: Adroddiad y Labordy / Laboratory Report
Crynodeb o'r samplau a ddyddiwyd / Summary of dated samples

Rhif y sampl Sample number	Lleoliad y sampl Sample location	Rhychwant y dyddiadau Date span	Cylchoedd gwynnin Sapwood rings	Cyfanswm y cylchoedd Total rings	Dyddiadau cymynu Felling dates
	Rear (North) Wing				
byr01	SW upper purlin	1450-1526	2	77	1536-66
byr02	E principal rafter	undated	-	NM	unknown
byr03	NW lower purlin	1420-1525	H/S	106	1536–66
*byr04	Wt principal rafter	1458-1586	-	129(+5NM)	after 1597
*byr05	SE upper purlin	1454-1531	H/S	78 (+24NM)	1555–60
*byr13m	Mean of **01** and **03**	1450-1526	H/S	107	1536–66
	Principal range: ground floor				
*byr06	W screen: S door jamb	1421-1533	H/S	113	1544–74
*byr07	E screen: head-beam	1436-1518	25NM	83 (+38NM)	c1556
byr08	outer room: joist	undated	H/S	87	unknown
*byr09	outer room: joist	1414-1515	H/S	102	1526–56
*byr11	hall: principal beam (mean of **11a** and **11b**)	1423-1552	37 (+4NM)	130	c1556
*byr10	hall: mantelbeam	1388-1503	36 ?C	116	1503?
	Principal range: roof timbers				
byr12	E truss: collar	1410-1556	33½C	147	Summer 1557
byr13	W truss: collar	1408-1555	29½C	148	Summer 1556
byr14	W truss: north principal rafter	1388-1516	H/S+32NM	129	soon after 1549
	Rear (North) Wing: additional				
byr15	axial beam	1424-1639	33½C	215	Summer 1640
byr16	mantelbeam	1436-1555	37C	120	Winter 1555/56
* = included in site master **BRYNRDYN**		1414-1586		173	
New site master **BRNRDYN2**		1388–1639		252	*t*-value = **11.1** PENGWERN

Rhychwant dilyniannau'r cylchau / Span of ring sequences

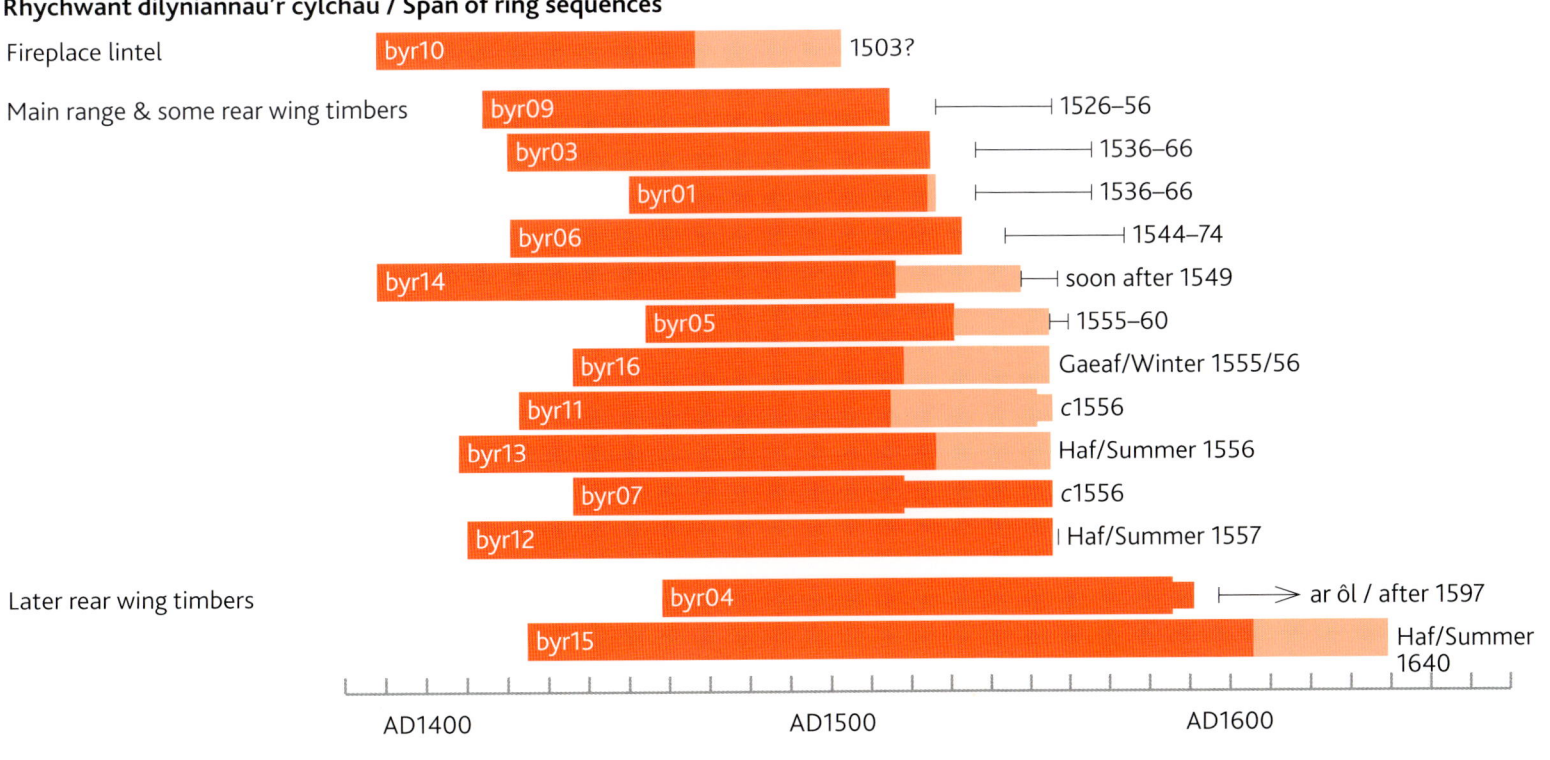

1561 BODLLOSGED, FFESTINIOG

TŶ CYNLLUN ERYRI AR EI ANTERTH
A MATURE SNOWDONIAN HOUSE

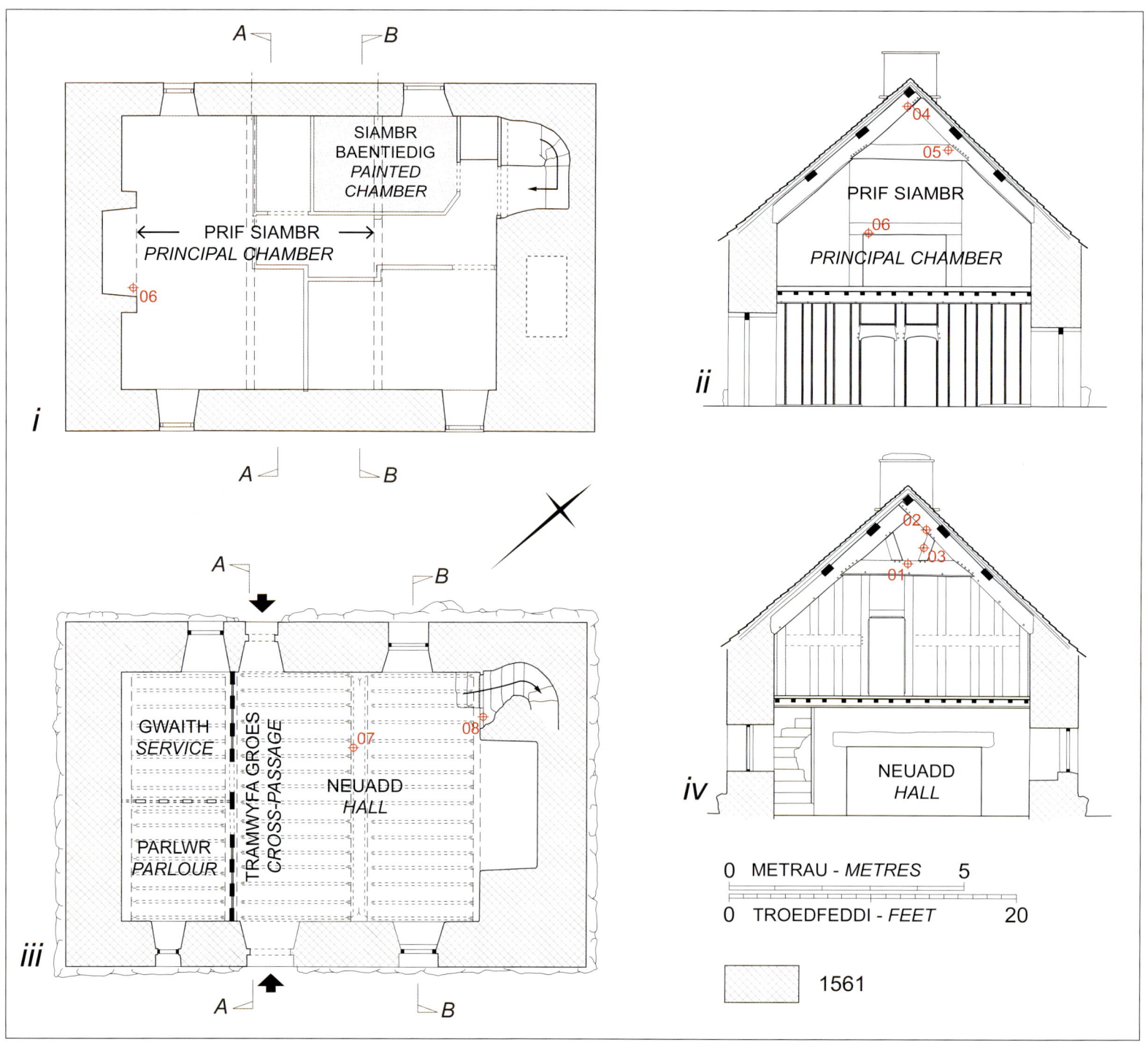

6.15 Bodllosged: (i) cynllun y llawr isaf fel y byddai; (iii) cynllun y llawr cyntaf; (ii, iv) croestoriadau o A–A (cwpl 1) ac o B–B (cwpl 2) fel y byddent / (i) reconstructed ground-floor plan; (iii) first-floor plan; (ii, iv) reconstructed sections at A–A (truss 1) and B–B (truss 2)

6.16
Bodllosged:
y tu blaen, 2014 /
front elevation, 2014

16 *Merioneth Lay Subsidy Roll, 1292-3*, gol./ed. Keith Williams-Jones (Cardiff, 1976), 65; Rhian Parry, 'An Ardudwy Crown rental of 1623', *CCHChSF /JMerHRS* XV: 4 (2009), 384; LlGC/NLW, Elwes 670, 1064-5.

17 Archifdy Meirionnydd, ZF/45: Catalog Arwerthiant Ystâd Pengwern / Merioneth R. O., ZF/45: Pengwern Estate Sale Catalogue.

Hanes

Saif Bodllosged mewn lle go anghysbell ar lethr ogleddol Cwm Cynfal ryw 195 metr uwchben datwm ordnans. Ceir tystiolaeth ar gyfer yr enw o'r drydedd ganrif ar ddeg (1292–93, 'Botlosked') ond mae ei ystyr yn aneglur a'i sillafiadau'n amrywiol. Mae'r dyddiad 1561, o ddyddio blwyddgylchau, gryn dipyn yn gynharach na'r dogfennau cyntaf sy'n ymwneud â'r fferm bresennol. Yn ôl rhestr rhenti'r Goron ar gyfer 1623 talodd Griffyth ap Ieuan ap Phivion ddeuswllt am 'Bodloskedd'. Yn yr ail ganrif ar bymtheg, aelodau o ddosbarth uchelwyr y plwyf oedd yn berchen Bodllosged ac yn byw ynddo. Ymddengys i Fodllosged ddisgyn trwy ferch Gruffydd ap Ieuan i'w mab, David Lloyd, a'i ddisgynyddion. Gwerthwyd Bodllosged gan Howell Lloyd a Hugh Lloyd, y cyfeiriwyd atynt ill dau fel bonheddwyr, i Owen Wynne o Bengwern yn 1690.[16] Arhosodd Bodllosged yn fferm â deiliad ar ystâd Pengwern hyd ddechrau'r ugeinfed ganrif. Adeg gwerthu'r ystâd yn 1919 yr oedd Bodllosged yn fferm o 44 erw gyda sawl beudy ag enw.[17]

History

Bodllosged has a relatively isolated siting on the north side of Cwm Cynfal at about 195 metres above O.D. The names is evidenced from the thirteenth century (1292–93, 'Botlosked') but its meaning is obscure and the spellings various. The tree-ring date of 1561 predates considerably the earliest documentation relating to the present farm. In the 1623 Crown rental Griffyth ap Ieuan ap Phivion paid two shillings for 'Bodloskedd'. In the seventeenth century Bodllosged was owned and occupied by members of the parish gentry class. Bodllosged seems to have descended through Gruffydd ap Ieuan's daughter to her son, David Lloyd, and his descendants. Howell Lloyd and Hugh Lloyd, both styled gentlemen, sold Bodllosged to Owen Wynne of Pengwern in 1690.[16] Bodllosged remained a tenanted farm on the Pengwern estate until the early twentieth century. At the estate sale in 1919 Bodllosged was a farm of 44 acres with several named cowhouses (*beudai*).[17]

6.17
Bodllosged:
y tu blaen yn 1963 /
front elevation in 1963

Disgrifiad

Tŷ dwy uned ar gynllun clasurol Eryri yw Bodllosged; mae iddo ddrysau gyferbyn â'i gilydd, simneiau talcen, a siambrau ar y llawr cyntaf a oleuir gan ffenestri hanner-dormer. Mae cynllun arbennig o glir i'r tŷ, a ddyddiwyd erbyn hyn trwy flwyddgylchau i 1561, ac mae manylion y gwaith coed yn arwydd o statws y gwahanol ystafelloedd. Tŷ o haenau rwbel yw Bodllosged, â phennau adwyon y dramwyfa groes yn hanner cylchoedd, fwy neu lai, o feini bwa. Un fawr yw'r neuadd, gyda lle tân talcen a grisiau yn y mur. Mae i bared pyst a phaneli'r dramwyfa adwyon i'r pâr o ystafelloedd allanol. Ceir gwaith mowldin ar ochr y dramwyfa i'r pared; mae'r ochr arall yn blaen yn y bwtri ond gyda gwaith mowldin yn y parlwr mwy. Yn yr un modd, mae gwaith mowldin ar y distiau uwchben y neuadd a'r parlwr, ond uwchben y bwtri maent yn blaen.

Fel arfer mae prif siambr a siambr eilaidd ar y llawr cyntaf, y naill yn arwain at y llall gyda phared rhyngddynt. Mae ffrâm ddrws (diweddarach) â stopiau pigfain (ogifol) yn y pared. Mae siambr â lle tân ar y llawr cyntaf, uwchben y dramwyfa a'r ystafelloedd allanol; mae iddi gwpl trawst coler

6.18
Bodllosged:
adwy prif ddrws y dramwyfa groes / principal cross-passage doorway

6.19 Bodllosged: y tu ôl yn 1963 / rear elevation in 1963

6.20 Bodllosged: adwy gaeedig drws cefn y dramwyfa groes / blocked rear cross-passage doorway

Description

Bodllosged is a classic two-unit Snowdonian house with opposed doorways, end chimneys, and first-floor chambers lit by half-dormers. The house, now tree-ring dated 1561, has a particularly clear plan with timber detail signalling the status of different rooms. Bodllosged is built of coursed rubble with roughly semicircular heads of voussoirs over the cross-passage doorways. The hall is large with an end fireplace and mural stair. The post-and-panel passage partition has doorways for twin outer rooms. The passage partition is moulded on the passage side; the reverse side is plain in the buttery but moulded in the larger parlour. Similarly, the joists over the hall and parlour are moulded, but plain over buttery.

The first floor has the usual intercommunicating principal and subsidiary chambers separated by a partition. The partition has a (later) ogee-stopped door-frame. The heated first-floor chamber over passage and outer rooms has a central chamfered collar-beam truss with raking struts and multiple pegging. The first floor was divided into several

6.21
Bodllosged:
tu mewn y neuadd gyda grisiau'r lle tân / **hall interior with fireplace stair**

6.22
Bodllosged:
siambr gydag addurniadau stensiliedig ar y bordiau / **chamber with stencilled boarding**

Tai Cynllun Eryri Diweddarach • Later Snowdonian Houses

6.23
Bodllosged:
distiau â gwaith mowldin (y parlwr) a rhai plaen (yr ystafell waith) / moulded (parlour) and plain (service-room) joists

6.24
Bodllosged:
dist â gwaith mowldin yn y neuadd / moulded joist in hall

6.25
Bodllosged:
(i) croestoriad dist yn y neuadd; (ii) croestoriad y pared pyst a phaneli â mowldin / (i) joist profile in hall; (ii) section of moulded post-and-panel partition

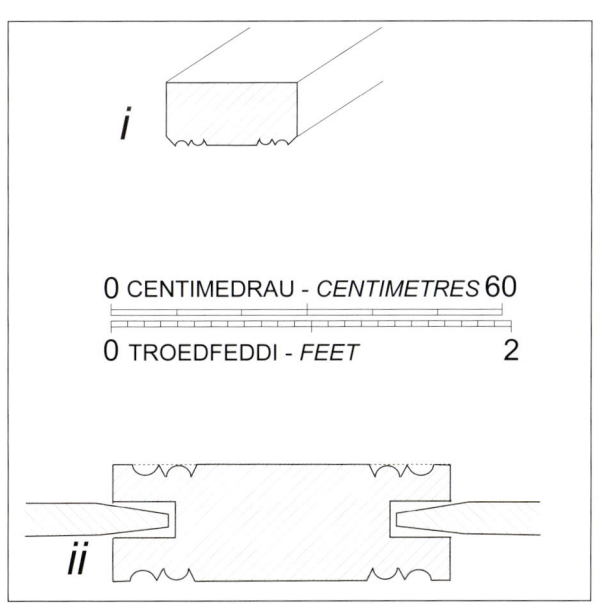

siamffrog canolog gyda phwyslathau ar ogwydd a llawer o hoelbrennau. Rhannwyd y llawr cyntaf yn nifer o siambrau tua 1800 ac ychwanegwyd nenfwd. Erys bordiau'r pared a'r nenfwd mewn un siambr ag arnynt addurniadau stensiliedig helaeth (a atgynhyrchir yma fel tudalennau gweili).

chambers c.1800 and a ceiling inserted. The surviving boarding in one chamber has extensive stencilled decoration (reproduced here as the end papers).

Dyddio

Mae saith darn o goed o'r to ac o nenfwd y llawr isaf yn cyfateb i'w gilydd, gan roi prif gronoleg ar gyfer y safle o 1368–1560. Cadwai un trawst o'r nenfwd ei holl wynnin a chafodd ei gymynu yng ngwanwyn 1561. Mae'r ffin rhwng y rhuddin a'r gwynnin yn bresennol ar lintel lle tân y llawr cyntaf ac mae ystod debygol y dyddiadau cymynu yn cynnwys y dyddiad hwnnw. Felly mae'n debygol y codwyd yr adeilad yn 1561 neu'n fuan wedyn.

Dating

Seven timbers from the roof and ground-floor ceiling matched each other, giving a site master chronology 1368–1560. One ceiling beam retained complete sapwood, and was felled in spring 1561. The first-floor fireplace lintel with the heartwood-sapwood boundary present has a likely felling-date range incorporating this date. It is probable therefore that construction took place in 1561 or soon after.

6.26 Bodllosged, 2014: Bodllosged o ran ei le yn y tirlun: caeau, ffridd a mynydd-dir / Bodllosged in landscape setting: fields, *ffridd* and mountain

Bodllosged: Adroddiad y Labordy / Laboratory Report
Crynodeb o'r samplau a ddyddiwyd / Summary of dated samples

Rhif y sampl / Sample number	Lleoliad y sampl / Sample location	Rhychwant y dyddiadau / Date span	Cylchoedd gwynnin / Sapwood rings	Cyfanswm y cylchoedd / Total rings	Dyddiadau cymynu / Felling dates
*blg01	E truss: collar	1418-1515	-	98	after 1526
*blg02	E truss: principal rafter:	1404-1500	-	97	after 1511
*blg03	E truss: strut	1399-1508	-	110	after 1519
blg04	W truss: principal rafter	-	H/S+21NM	64	-
*blg05	W truss: collar	1378-1517	H/S	140	1528–1558
*blg06	Mantelbeam first floor	1380-1540	H/S	161	1551–1581
*blg07	beam ground floor	1386-1560	38¼C	175	Spring 1561
*blg08i	beam ground floor	1368-1435	-	68	after 1446
* = included in Site Master **BODLSYGD**		**1368-1560**		**193**	***t*-value = 10.1** Pengwern

Rhychwant dilyniannau'r cylchau / Span of ring sequences

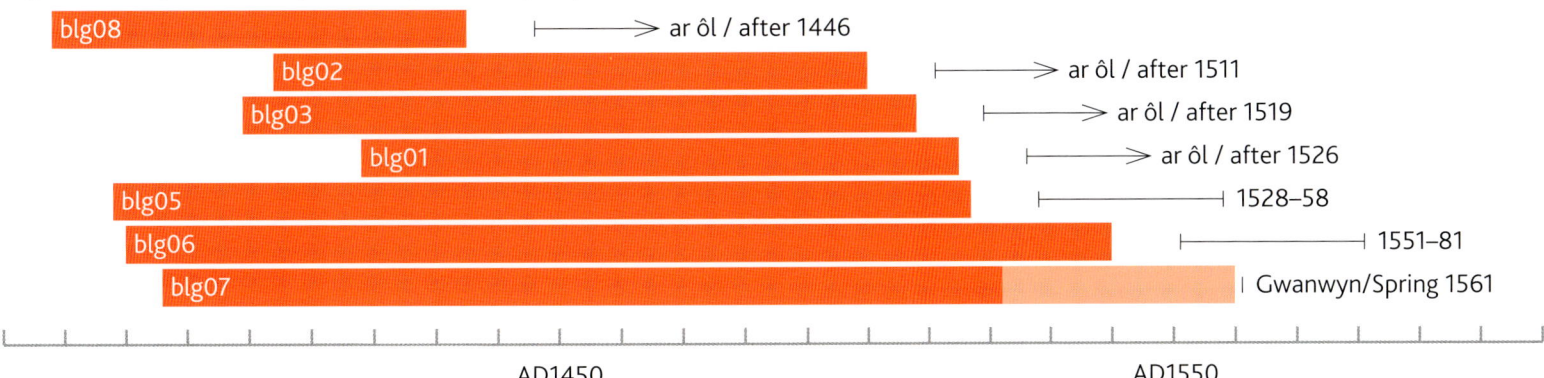

Cyfeiriad grid: SH 7095 4110; *NPRN* 28181	*Grid reference*: SH 7095 4110; *NPRN* 28181
Plwyf a sir hanesyddol: Ffestiniog, Meirionnydd	*Historic parish and county*: Ffestiniog, Merioneth
Cymuned ac awdurdod cyfoes: Ffestiniog, Gwynedd	*Modern community and authority*: Ffestiniog, Gwynedd
Ymchwil: Cymdeithas Hanes Beddgelert (Avis Reynolds); *Arolwg*: Ric Tyler; *Dyddio*: Oxford Dendrochronology Laboratory.	*Research*: Cymdeithas Hanes Beddgelert History Society (Avis Reynolds); *Survey*: Ric Tyler; *Dating*: Oxford Dendrochronology Laboratory.

1584/5 LLWYNBEDW, LLANWNDA

TŶ CYNLLUN ERYRI GYDA PHARLWR CROES
A SNOWDONIAN HOUSE WITH PARLOUR WING

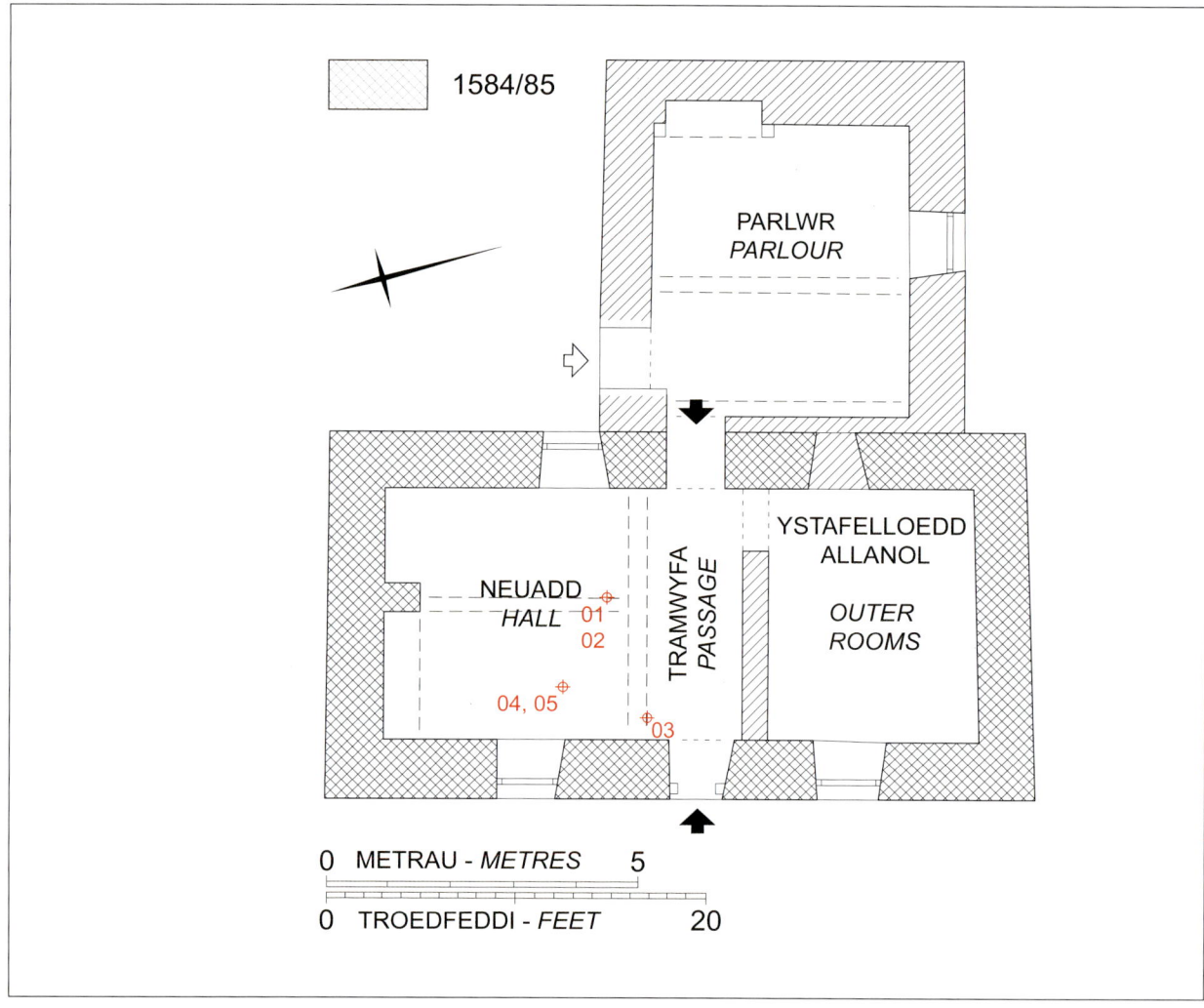

6.27
Llwynbedw:
cynllun y llawr isaf fel y byddai / reconstructed ground-floor plan

Hanes

Tŷ mân uchelwyr ar gynllun Eryri oedd Llwynbedw, yn sefyll 130 metr uwchben datum ordnans ger bryncyn uwchben llawr y cwm. Cafwyd dyddiad o 1584/5 ar gyfer y tŷ trwy ddyddio blwyddgylchau, ac mae hynny o dystiolaeth ysgrifenedig sydd wedi goroesi yn dyddio o ychydig cyn hynny, yn ôl pob tebyg o adeg codi'r tŷ presennol. Yn 1583 trawsgludodd Roland ap William ap John, rhydd-ddeiliad y Frenhines yn nhrefgordd Dinlle, ei brif breswylfa (*y lloyne Bedw*) i ffeodedigion, at ei ddefnydd ei hun ac, ar ôl ei farwolaeth, i'w fab ac etifedd, Henry ap Roland ap

History

Llwynbedw was a minor gentry house of Snowdonian type situated by a knoll at 130 metres above O.D. above the valley bottom. The house is dated 1584/5 by dendrochronology and the surviving documentation begins shortly before, presumably as the present house was being built. In 1583 Roland ap William ap John, freeholder of the Queen in the township of Dinlle, conveyed to feoffees his capital messuage (*y lloyne Bedw*) for his own use and after his death to his son and heir, Henry ap Roland ap William. The family had

6.28
Llwynbedw:
y tu blaen, 2014 /
front elevation, 2014

18 Dwnn, *Heraldic Visitations*, 338; Dogfennau ystâd Llwynbedw yn LlGC, Gweithredoedd a Dogfennau Llanfair Brynodol / Llwynbedw estate documents in NLW, Llanfair Brynodol Deeds & Docs, D 364-5; D 894-915; C163-4.

William. Yr oedd y teulu'n ddigon uchel ei barch i Lewys Dwnn gofnodi ei achres. Yn ei dro, yn 1643, gadawodd Henry Rowlands Lwynbedw i'w fab hynaf, Rowland Parry. Arhosodd Llwynbedw yn eiddo'r un teulu hyd farwolaeth John Rowlands yn 1734, a gwerthwyd ef wedyn gan ei chwiorydd i John Griffith o Gaernarfon, a gasglodd lawer o dir yr ychwanegwyd ato'n nes ymlaen ac a adwaenid fel ystadau Llanfair a Brynodol. O 1734 ymlaen, am y tro cyntaf, bu deiliad yn byw yn y tŷ. Ail-luniwyd y ffermdy'n hwyr yn y ddeunawfed ganrif, ac erbyn rhan olaf y bedwaredd ganrif ar bymtheg yr oedd yno olwyn ddŵr i droi buddai.[18] Fe'i gwerthwyd gan yr ystâd yn 1876.

sufficient standing for Lewys Dwnn to record their pedigree. In 1643 Henry Rowlands in turn left Llwynbedw to his eldest son, Rowland Parry. Llwynbedw continued in the same family until the death of John Rowlands in 1734, and was after sold by his sisters to John Griffith of Caernarvon, who acquired much land later augmented and known as the Llanfair and Brynodol estates. From 1734 the house was tenanted for the first time. The farmhouse was remodelled in the late eighteenth century, and by the later nineteenth century had a waterwheel for churning.[18] It was sold by the estate in 1876.

Disgrifiad

Tŷ Eryri confensiynol ei gynllun yw Llwynbedw: mae'n dŷ deulawr gyda simneiau talcen ond wedi'i newid yn y ddeunawfed ganrif a'r bedwaredd ganrif ar bymtheg. Yn y neuadd ceir nenfwd gyda thrawstiau trymion, nenfwd pedwar panel yn y dechrau yn ôl pob tebyg. Saif y lle tân i'r naill ochr ac efallai y byddai grisiau lle tân. Rhai trawst coler yw'r cyplau. Y peth mwyaf diddorol ynghylch Llwynbedw yw parlwr croes ar ei ochr ddwyreiniol. Gall hwn gynnwys rhan o adeilad cynharach (dyna fu dehongliad RCAHMW) ond, os felly, addaswyd ef yn barlwr ac mae ynddo drawst nenfwd trwm a distiau'n debyg i rai'r neuadd. Lle tân llydan sydd yn y parlwr, gyda lintel bren, wedi'i blastro ar un adeg, ac uwch ei ben frest simnai difrodedig gyda rhan o darian blastr ac arni arfbais Collwyn ap Tangno, gan gynnwys fflŵr-dy-lis du.[19]

Dyddio

O drawst derw ar draws lled yr adeilad cafwyd dyddiad cymynu manwl-gywir o aeaf 1584/5. Yr oedd sawl darn o goed ynn nad oedd modd eu dyddio.

Description

Llwynbedw is a Snowdonian house of conventional plan: storeyed with end chimneys but altered in the eighteenth/nineteenth centuries. The hall has a heavy beamed ceiling, probably originally having four panels. The fireplace is offset and there may have been a fireplace stair. The trusses are of collar-beam type. The special interest of Llwynbedw lies in the parlour wing on the east side. This may incorporate part of an earlier range (this was the interpretation of RCAHMW) but, if so, it has been adapted as a parlour and has a heavy spine beam and joists similar to those of the hall. The parlour has a wide fireplace with timber lintel, formerly plastered, above which is a mutilated plaster overmantel with part of a shield bearing the coat of arms of Collwyn ap Tangno, including a black fleur-de-lis.[19]

Dating

An oak beam across the width of the building gave a precise felling date of winter 1584/5. Several ash timbers could not be dated.

6.29
Llwynbedw:
y tŷ a'r parlwr croes, 1953 / house and parlour wing, 1953

6.30
Llwynbedw:
panel arfbeisiol / armorial panel

---

19 RCAHMW, *Caernarvonshire II*, 34 (785).

6.31 Llwynbedw: y tŷ a'r parlwr croes, 2014 / Llwynbedw: house and parlour wing, 2014

Llwynbedw: Adroddiad y Labordy / Laboratory Report
Crynodeb o'r samplau a ddyddiwyd / Summary of dated samples

Rhif y sampl / Sample number	Lleoliad y sampl / Sample location	Rhychwant y dyddiadau / Date span	Cylchoedd gwynnin / Sapwood rings	Cyfanswm y cylchoedd / Total rings	Dyddiadau cymynu / Felling dates
bdgl1	secondary beam	1506-1584	42C	79	Winter 1584/5
bdgl2	secondary beam	-	47C	80	Winter 1584/85
bdgl3	axial beam (ash)	-	½C	64	Undated
bdgl4	joist (ash)	-	+2C NM	62	Undated
bdgl5	joist (reused)	-	27¼C	69	Undated
* = included in Site Master		1504-1584			*t*-value = 5.5 DENBY1

Rhychwant dilyniannau'r cylchau / Span of ring sequences

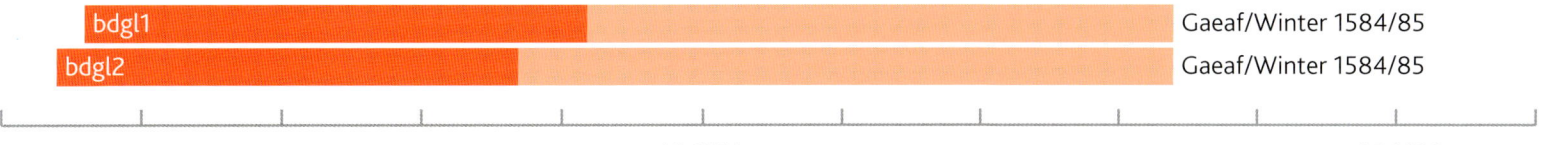

Cyfeiriad grid: SH 5300 5826; *NPRN* 26729

Plwyf a sir hanesyddol: Llanwnda, Sir Gaernarfon

Cymuned ac awdurdod cyfoes: Betws Garmon, Gwynedd

Ymchwil: Prosiect Dendrocronoleg Gogledd Orllewin Cymru (Margaret Dunn); *Arolwg:* CBHC; *Dyddio:* Oxford Dendrochronology Laboratory.

Grid reference: SH 5300 5826; *NPRN* 26729

Historic parish and county: Llanwnda, Caernarvonshire

Modern community and authority: Betws Garmon, Gwynedd

Research: North-west Wales Dendrochronology Project (Margaret Dunn); *Survey:* RCAHMW; *Dating:* Oxford Dendrochronology Laboratory.

1632 HAFODLWYFOG, BEDDGELERT   22

TŶ UCHELWYR AR GYNLLUN ERYRI O GANOL YR UNFED GANRIF AR BYMTHEG A GAFODD EI FODERNEIDDIO
A MODERNISED MID-SIXTEENTH-CENTURY SNOWDONIAN GENTRY HOUSE

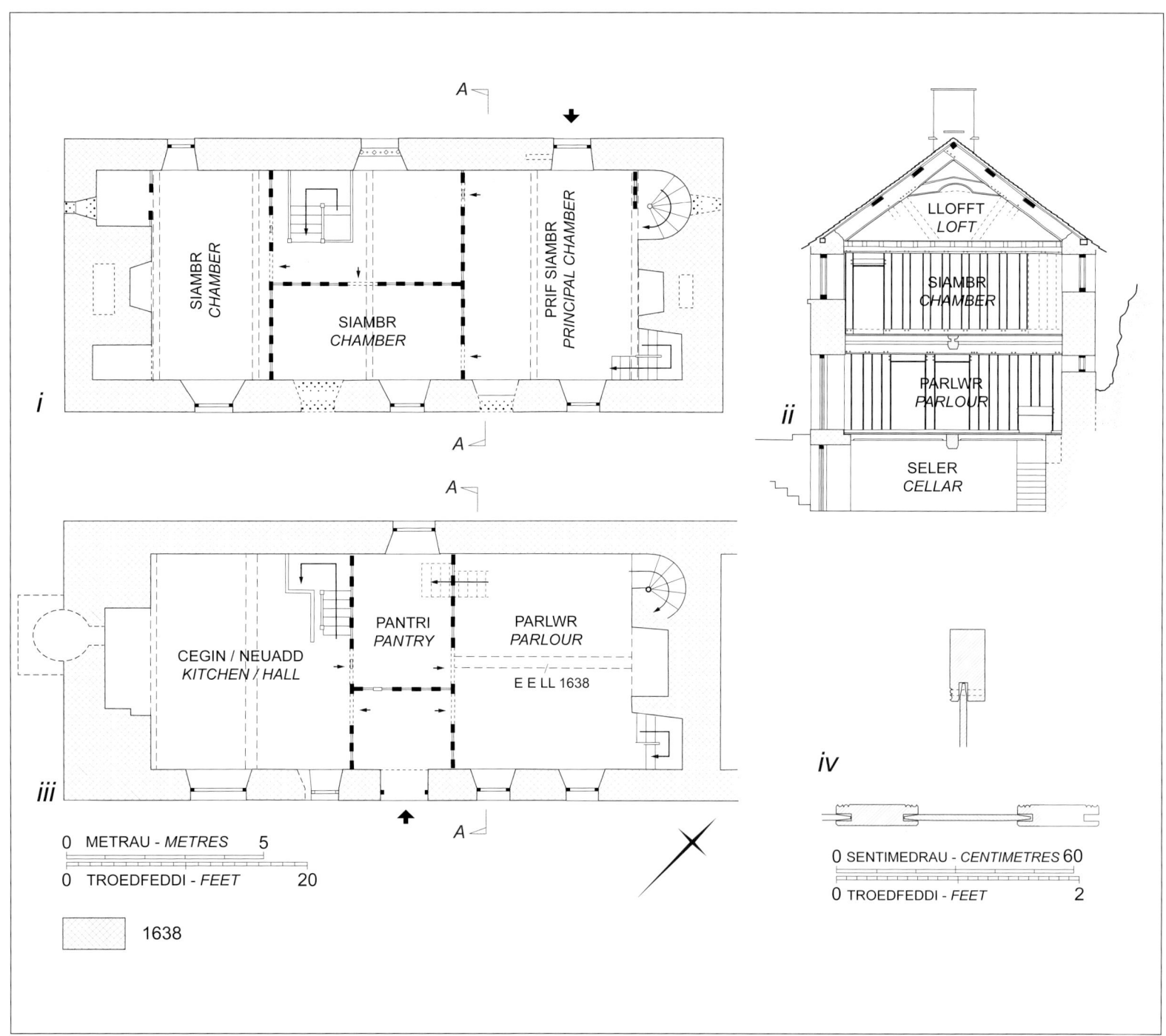

6.32 Hafodlwyfog: (i) cynllun y llawr cyntaf fel y byddai; (ii) croestoriad o A–A fel y byddai; (iii) cynllun y llawr isaf fel y byddai; (iv) trawst uchaf sgrîn y llawr cyntaf a chroestoriad o'r pared pyst a phaneli / (i) reconstructed first-floor plan; (ii) reconstructed section at A–A; (iii) reconstructed ground-floor plan; (iv) head-beam of first-floor screen and section of post-and-panel partition

6.33
Hafodlwyfog:
y tu allan, 2014 / exterior, 2014

Hanes

Saif Hafodlwyfog mewn pant ar lethr ddeheuol Nant Gwynant ryw 150 metr uwchben datwm ordnans, heb fod ymhell o'r llwybr grisiog o Nantgwynant i Ddolwyddelan. Saif ar draws y llethr ar safle wedi'i dorri i mewn iddi. Yn draddodiadol, cysylltir y tŷ â John Williams, gof aur Iago I, er i Syr John Wynn honni'n falch y ganwyd ei berthynas yn Nolwyddelan 'o fewn 5 milltir i'm tŷ ac ar fy nhir'.[20] Mae'n dŷ diddorol iawn gan ei fod yn dŷ cynllun Eryri datblygedig sy'n cadw tystiolaeth i darddiad cynharach.

Yr oedd Hafodlwyfog yn rhan o ystâd fynachaidd Aberconwy yn Nanhwynan a gynhwysai Wastadannas (Hanesion Tai 5, tt.108–13). Yn 1536, yn union cyn Diddymiad y Mynachlogydd, yr oedd John Wynn of Gwydir, stiward yr ystâd, mewn lle da i godi prydlesi ar y rhan fwyaf o ddeiliadaethau Nanhwynan, gan gynnwys Hafod-y-rhisgl a Hafodlwyfog. Fe brynwyd Hafodlwyfog beth amser ar ôl y Diddymiad, gan aros yn eiddo i berthnasau'r

History

Hafodlwyfog is sited in a hollow on the south side of the Gwynant valley at about 150 metres above O.D., not far from the stepped trackway from Nantgwynant to Dolwyddelan. It is sited across the slope and cut into it. The house is traditionally associated with John Williams, James I's goldsmith, although Sir John Wynn proudly claims that his kinsman was born in Dolwyddelan 'within 5 miles of my house on my land'.[20] The house has considerable interest as a developed Snowdonian house retaining evidence for an earlier origin.

Hafodlwyfog was part of the Aberconwy monastic estate in Nanhwynan that included Gwastadannas (House History 5, pp.108–13). In 1536, immediately preceding the Dissolution, John Wynn of Gwydir, as steward of the estate, was well placed to lease most of the Nanhwynan holdings, including Hafod-y-rhisgl and Hafodlwyfog. Hafodlwyfog was purchased sometime after the Dissolution and remained in the possession of

---

20 *History of the Gwydir Family and Memoirs [by] Sir John Wynn*, gol./ed. J Gwynfor Jones (Llandysul, 1990), 76.

6.34
Hafodlwyfog:
tu mewn y parlwr, 1953 /
parlour interior, 1953

Wynniaid. Yn 1638, fe ailadeiladwyd y tŷ gan Evan Lloyd (1600–78), y cyfeiriwyd ato fel 'yswain', a osododd arfbais Owain Gwynedd (cywion eryr y Wynniaid) uwchben lle tân y parlwr. Ymadawodd Humphrey Meredith, ysw., aelod olaf y teulu, â'r tŷ tua 1750 a deiliaid a fu'n byw yno wedyn.[21] Yn hwyr yn y bedwaredd ganrif ar bymtheg dywedwyd bod y 'bryncynnau gleision o gwmpas y tŷ, ac olion llwybrau a rhodfeydd gwneud o'u cwmpas, y gellir eu gweld o hyd, yn galw i'r cof ddyddiau pan roddwyd chwaeth ac arian ar waith i harddu'r breswylfa hon'. Ond 'mae llaw amser, natur wledig llawer o'i ddeiliaid yn y gorffennol, a'r ffaith iddi fynd yn ddim byd ond fferm, wedi cydweithio'n llwyddiannus iawn i ddileu'r olion hynny o chwaeth a choethni'.[22]

Disgrifiad

Ystyriai hanesydd Beddgelert yn niwedd oes Fictoria, mai adluniad o dŷ cynharach oedd Hafodlwyfog, tŷ a godwyd ryw '80 o flynyddoedd cyn' y dyddiad 1638 ar drawst y parlwr, h.y. tua 1558.[23] Mae hyn yn

kinsmen of the Wynns. In 1638 the house was rebuilt by Evan Lloyd (1600–78), styled esquire, who set the arms of Owain Gwynedd (the Wynn eaglets) over the parlour fireplace. The last member of the family, Humphrey Meredith, esq., left the house c.1750 and the holding was afterwards tenanted.[21] In the late nineteenth century it was said that 'the green mounds about the house, and the traces of artificial walks and drives around them which may still be seen, speak of days when taste and expenses were applied to the beautifying of this residence.' But 'the hand of time, the rusticity of many of the past tenants, and its having become exclusively a farm, have very successfully co-operated in obliterating those traces of taste and refinement.'[22]

Description

Hafodlwyfog was considered by the late-Victorian historian of Beddgelert a reconstruction of an earlier house built some '80 years before' the 1638 on the parlour beam, i.e. about 1558.[23] This is

21 Llsg. LLGC / NLW MS 2594E (Caernarvonshire).
22 D.E. Jenkins, *Bedd Gelert: Its Facts, Fairies, and Folk-lore* (Portmadoc, 1899), 281.
23 Jenkins, *Bedd Gelert*, 281.

6.35
Hafodlwyfog:
tu mewn y neuadd, 1953 /
hall interior, 1953

gyson â chanlyniadau dyddio'r blwyddgylchau, sy'n dangos y lluniwyd y cyplau o goed a gymynwyd rhwng 1541–50. Mae'n anodd ail-lunio cynllun y tŷ cynharach gydag unrhyw sicrwydd ond efallai i'r pedwar cwpl trawst coler ddiffinio tŷ cynllun Eryri cynnar gyda duad mawr ar gyfer y dramwyfa. Yn ystod yr adlunio yn 1638 fe godwyd y cyplau a'u haddasu ac ail-gynlluniwyd y tŷ yn dŷ â sawl llawr trwyddo, gyda siambrau yn y nenlofft a chyda seleri. Yr oedd tu blaen y tŷ ar ei newydd wedd yn gymesur, gydag adwy drws ganolog, simneiau uchel yn y ddeupen a threfn y ffenestri'n rheolaidd, er bod honno wedi'i newid erbyn hyn.

Cafodd y cynllun ei foderneiddio trwy greu sbens neu ystafell waith yn y dramwyfa rhwng y neuadd a'r parlwr mawr ym mhen y tŷ. Nid oedd cynllun gyda phantri canolog yn anarferol mewn rhannau o ogledd Cymru yng nghanol yr ail ganrif ar bymtheg a rhan olaf y ganrif honno, nac ychwaith yn Sir Fynwy a'r Cotswolds (a bu iddo ragflaenydd nodedig ym Mhlas-mawr, Conwy, 1576).[24] Pyst a phaneli yw'r

consistent with the tree-ring dating results, which show that the trusses were constructed from timber felled between 1541–50. The plan of the earlier house is difficult to reconstruct with any certainty but the four collar-beam trusses may have defined an early Snowdonian house with large passage bay. In the reconstruction of 1638 the trusses were raised and adjusted and the house replanned as a fully storeyed house with attic chambers and a cellar. The rebuilt house with central doorway and tall end-chimneys had a symmetrical elevation with regular fenestration that has been altered.

The plan was modernised by creating a central spence or service-room in the passage between hall and large end parlour. The plan-type with central pantry was not uncommon in parts of mid- and later seventeenth-century north Wales, as well as Monmouthshire and the Cotswolds (and has a notable precursor at Plas-mawr, Conwy, 1576).[24] The partitions between the ground-floor

---

24 Peter Smith, *Houses of the Welsh Countryside* (London, 1988), 229; R.W. Brunskill, *Houses and Cottages of Britain* (London, 1997), 70-1.

6.36
Hafodlwyfog:
cwpl to / roof-truss

parwydydd rhwng ystafelloedd y llawr isaf, gyda gwaith mowldin cyrs. Yn yr ystafell waith ceir balwstrau turniedig uwchben y pared er mwyn awyru. Ceir dyddiad ar gyfer y gwaith adlunio o'r arysgrif a dorrwyd yn nhrawst nenfwd y parlwr – E E LL 1638 – sef llythrennau cyntaf enwau Evan Llwyd a'i wraig. Dangosir statws arbennig y parlwr gan y darian blastr uwchben y lle tân, sy'n arddangos arfau Owain Gwynedd.

Fel rhan o'r gwaith adlunio, helaethwyd y parlwr yn brif ystafell o'r un faint â'r neuadd/gegin. Yn ôl y cynllun gwreiddiol, defnyddiwyd y pantri at wasanaeth y parlwr yn ogystal â'r gegin; hefyd, ceid grisiau o'r pantri i'r seler islaw'r parlwr. Nodweddir y trawstiau a lleoedd tân o'r ail ganrif ar bymtheg gan eu gwaith mowldin ofolo. Efallai y ceidw'r neuadd/gegin fanylion cynharach o'r unfed ganrif ar bymtheg. Cyfyd grisiau lle tân at y siambr uwchben. Ystyriodd y RCAHMW nad oedd y distiau a pharwydydd y llawr cyntaf yn ffitio'n dda, a'u bod wedi'u hail-osod.[25] Mae tarianau eraill ar y llawr cyntaf yn wag, ond gynt efallai yr oeddent wedi'u peintio.

Mae'n ddiddorol sut mae'r llwybrau tramwy o gwmpas y tŷ wedi newid. Ceir y prif risiau (yn eu

rooms are of post-and-panel type with reed moulding. The service-room has turned balusters for ventilation above the partition. The remodelling is dated by the inscription cut in the parlour ceiling beam – E E LL 1638 – the initials being those for Evan Llwyd and his wife. The special status of the parlour is shown by the plaster shield over the fireplace displaying the arms of Owain Gwynedd.

Remodelling enlarged the parlour into a principal room the same size as the hall/kitchen. As originally planned, the pantry served parlour as well as kitchen; steps from the pantry also led to the cellar under the parlour. The seventeenth-century beams and fireplaces are distinguished by ovolo mouldings. The hall/kitchen may preserve earlier sixteenth-century detail. A fireplace stair leads to the chamber above. The joists and first-floor partitions were considered by RCAHMW ill-fitting and to have been re-set.[25] Further shields on the first floor are blank but were perhaps formerly painted.

The circulation has changed in an interesting way. The principal stair (eighteenth-century in its present form) is sited within the hall; the hall fireplace (which may be earlier) does not have a

25 RCAHMW, *Caernarvonshire II*, 21.

6.37
Hafodlwyfog:
arysgrif dyddiad 1638 / 1638 date inscription

fireplace stair but the (later) parlour does. The parlour fireplace stair led directly to the principal chamber with its ovolo mouldings. The principal chamber was subsequently divided and an external doorway with barred door created, which was reached from the bank at the back of the house. This doorway appears to have been contrived for servants, who made their way up the stone staircase to the attic chambers; the stair from the parlour was blocked.

Dating
Three timbers from the roof-trusses in Hafodlwyfog (a collar and two principal rafters) dated. None of the ceiling timbers from the later phase dated. Dating of the sampled principal rafters indicates felling of the parent tree in 1527–62. Dating of a collar (*01*) allows this to be refined to 1541–50.[26]

ffurf bresennol o'r ddeunawfed ganrif) y tu mewn i'r neuadd; nid oes i le tân y neuadd (a all fod yn gynharach) risiau, ond mae grisiau lle tân yn y parlwr (sy'n hwyrach). Arweiniai grisiau lle tân y parlwr yn syth i'r brif siambr gyda'i waith mowldin ofolo. Yn nes ymlaen, rhannwyd y brif siambr a chrëwyd adwy i'r tu allan gyda drws â bar, y cyrhaeddid ati o'r llethr y tu ôl i'r tŷ. Ymddengys y crëwyd yr adwy hon ar gyfer gweision, iddynt ddringo'r grisiau cerrig i siambrau'r nenlofft; caewyd y grisiau o'r parlwr.

Grid reference: SH 6526 5225; *NPRN* 26578

Historic parish and county: Beddgelert, Caernarvonshire

Modern community and authority: Beddgelert, Gwynedd

Research: Cymdeithas Hanes Beddgelert History Society (Margaret Dunn); *Survey:* RCAHMW; *Dating:* Nigel Nayling, University of Wales Trinity St David.

Dyddio
Cafwyd dyddiadau ar gyfer tri darn o goed o gyplau to Hafodlwyfog (coler a dwy brif geibr). Ni chafwyd dyddiadau ar gyfer yr un o goed y nenfwd o'r cyfnod diweddarach. Awgryma dyddio'r samplau o'r prif geibrau y cymynwyd y goeden wreiddiol yn 1527–62. Mae dyddiad coler (*01*) yn caniatáu priodoli dyddiad manwl-gywirach, rhwng 1541–50.[26]

6.38
Hafodlwyfog:
panel arfbeisiol / armorial panel

Cyfeiriad grid: SH 6526 5225; *NPRN* 26578

Plwyf a sir hanesyddol: Beddgelert, Sir Gaernarfon

Cymuned ac awdurdod cyfoes: Beddgelert, Gwynedd

Ymchwil: Cymdeithas Hanes Beddgelert (Margaret Dunn); *Arolwg:* CBHC; *Dyddio:* Nigel Nayling, Prifysgol Cymru Y Drindod Dewi Sant.

26 Nigel Nayling, University of Lampeter Dendrochronology Report 2005 (HARP Report).

1693 BENNAR, PENMACHNO 23

TŶ CYNLLUN ERYRI O 1564 GYDA THŶ DIWEDDARACH O'I FLAEN
A 1564 SNOWDONIAN HOUSE REFRONTED

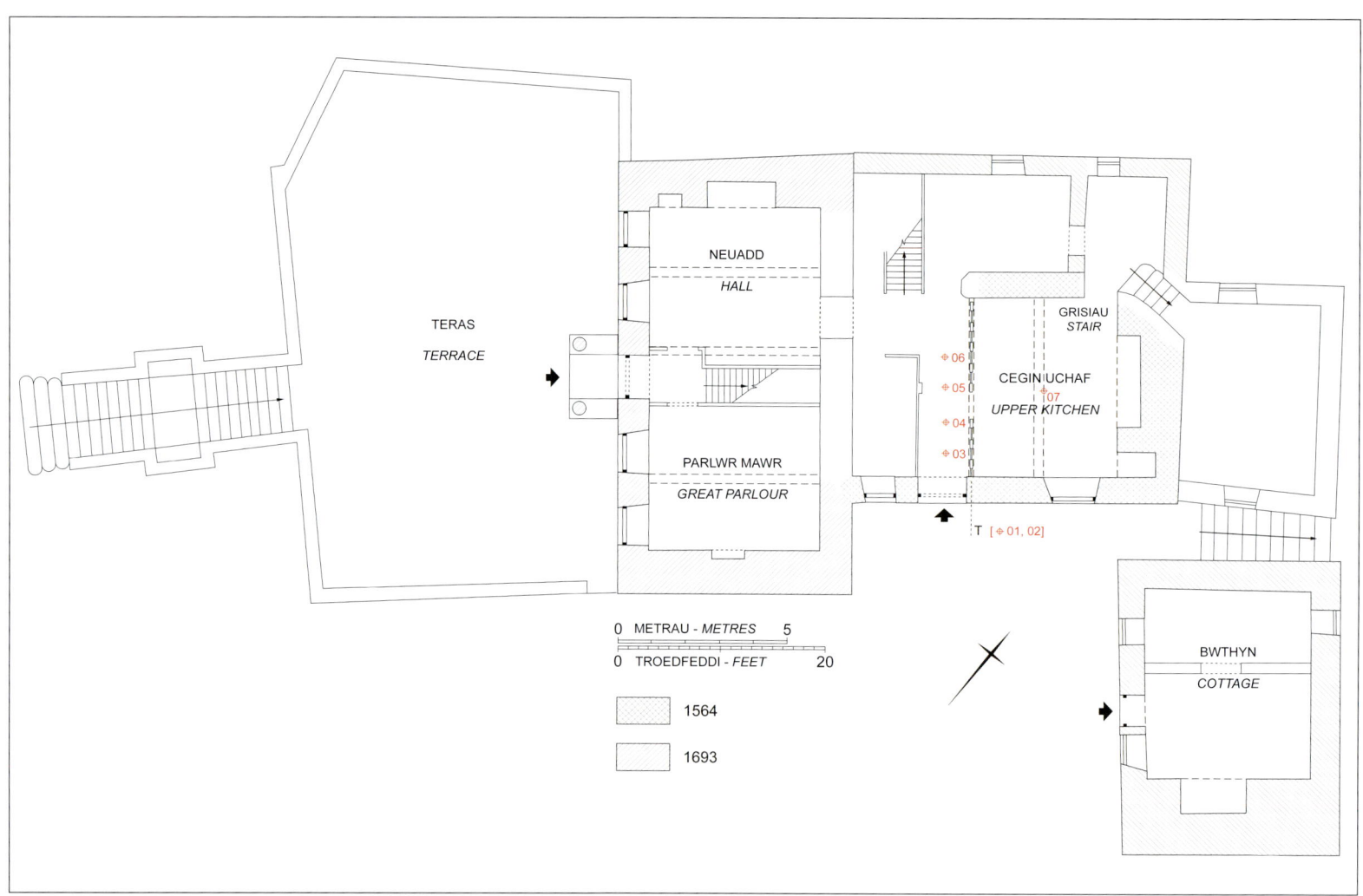

6.39
Bennar:
cynllun y llawr isaf /
ground-floor plan

Hanes
Saif Bennar (weithiau Bennarth) mewn man amlwg ar lechwedd uwchben Afon Machno. Yn 1594 cofnododd Lewys Dwnn achau John ap Hugh ap Richard o'r Bennardd, bonheddwr, tad saith o blant, a disgynnydd, yn ôl y gred, i Owain Gwynedd. Ymddengys yn debygol mai tad neu daid John ap Hugh Bennar a gododd Bennar, a ddyddiwyd trwy flwyddgylchau i 1564. Cynhwysai'r ystâd Goedyffynnon (1527) a gedwid fel arfer ar gyfer gweddw Bennar neu'r mab a fyddai'n ei etifeddu. Bennar oedd y prif dŷ, ond mae'n gymharol

History
Bennar (sometimes Bennarth) is sited on a prominent hillside site above Afon Machno. In 1594 Lewys Dwnn recorded the lineage of John ap Hugh ap Richard of Pennardd, gent, who had seven children, and was credited with descent from Owain Gwynedd. It seems likely that John ap Hugh's father or grandfather built Bennar, which has been tree-ring dated 1564. The estate included Coedyffynnon (1527) which was generally reserved for the widow or inheriting son of Bennar. Bennar was the principal house but the scale is relatively

218

6.40
Bennar, 2014:
y tu blaen, 1693 /
principal 1693 elevation

gymedrol ei faint. Ni chofnodwyd ond tair aelwyd yn 1689, ar gyfer y tŷ cynllun Eryri a'r 'bwthyn' cyfagos. Arhosodd teulu'r Puwiaid yn Bennar am y rhan fwyaf o'r ail ganrif ar bymtheg. Daeth y llinach i ben gydag etifeddes, Ann, merch Robert Pugh, cyfreithiwr o'r Deml Ganol. Y flwyddyn y ganed Ann, cwblhaodd Robert Pugh y gwaith o adeiladu ail dŷ, crandiach, o flaen hen dŷ Bennar. Ar y drws blaen, dwy astell o drwch gyda hoelion clopa, ceir yr arysgrif RP 1693 ar golfach strap addurnol. Ymbriododd Ann Pugh â John Wynne, a ddaeth wedyn yn esgob Caerfaddon a Wells, ac aeth Bennar i feddiant eu disgynyddion. Bu Bennar yn blasty arall a aeth yn anial er, yn ôl stori a oedd yn gyffredin yn y bedwaredd ganrif ar bymtheg, cerddai ysbryd Robert Pugh y tŷ, yn methu gorffwys nes y deuid o hyd i arian a ddygwyd o'r ystâd.[27]

modest. Only three hearths are recorded in 1689, serving the Snowdonian house and the adjacent 'cottage'. The Pugh family remained at Bennar for most of the seventeenth century. The line ended in an heiress, Ann, daughter of Robert Pugh, a lawyer of the Middle Temple. In the year Ann was born, Robert Pugh completed refronting Bennar with a second, grander house. The double-planked and studded front door has the inscription RP 1693 on an ornate strap hinge. Ann Pugh married John Wynne, subsequently bishop of Bath and Wells, and Bennar passed to their descendants. Bennar became another deserted gentry seat although, according to a ghost story current in the nineteenth century, Robert Pugh haunted the property unable to rest until money embezzled from the estate had been found.[27]

27 Lewys Dwnn, *Heraldic Visitations of Wales 1586–1613*, gol./ed. Meyrick (Llandovery, 1846), II, 255-6; Owen Gethin Jones, *Gweithiau Gethin* (1884), 243-4.

6.41
Bennar:
grisiau yn yr asgell ôl, c.1953 /
stair in rear wing, c.1953

Disgrifiad

Tŷ ar gynllun T yw Bennar, yn perthyn i sawl cyfnod, ac yn enghraifft o fath o ddatblygiad a ddeuai'n fwyfwy cyffredin yn y ddeunawfed ganrif a'r bedwaredd ganrif ar bymtheg. Codwyd adeilad newydd o flaen yr hen dŷ ar ddiwedd yr ail ganrif ar bymtheg (1693), ac aeth yr hen dŷ'n gegin waith ar gyfer hwnnw. Tŷ ar gynllun Eryri oedd y tŷ cynharach ac mae ynddo o hyd ei drawstiau sylweddol â siamffrau â stopiau, a bu parwydydd pyst a phaneli ar y llawr isaf (cafodd y pared hwnnw ei dynnu) ac ar y llawr cyntaf. Nid oedd i Bennar risiau lle tân a gellir gweld lle bu'r grisiau ysgol o leoliad distyn fframio ger lle tân y neuadd. Ni thynnwyd samplau o'r popty/gegin allan o'r ail ganrif ar bymtheg a saif ar ongl union i'r tŷ o'r unfed ganrif ar bymtheg. Efelychodd y tŷ newydd gynllun yr hen dŷ, ond mewn modd mwy uchelgeisiol, gyda neuadd a pharlwr ar y naill ochr a'r llall i dramwyfa ganolog y grisiau. Mae tu blaen pum duad cymesur i dŷ 1693,

Description

Bennar is a multi-period T-plan house, and an early example of a type of development that was to become increasingly common in the eighteenth and nineteenth centuries. The old house was refronted in the late seventeenth century (1693), becoming the working kitchen for the new range. The earlier house was of Snowdonian type and retains substantial stop-chamfered beams, and had post-and-panel partitions on the ground floor (removed) and first floor. Bennar did not have a fireplace stair and the site of a ladder-stair is indicated by a trimmer near the hall fireplace. A seventeenth-century bakehouse/outside kitchen set at right-angles to the sixteenth-century house was not sampled. The new house replicated in a more ambitious way the plan of the old house but with hall and parlour on either side of a central stair passage. The 1693 house has a symmetrical five-bay front with tall chimneys and is set on an

Tai Cynllun Eryri Diweddarach • Later Snowdonian Houses

6.42
Bennar:
drws o 1693 / 1693 door

6.43
Bennar:
y dyddiad 1693 ar golfach /
1693 date on hinge

6.44
Bennar:
colfach gyda llythrennau cyntaf
enw / hinge with initials

gyda simneiau uchel, a saif ar deras gardd a gyrhaeddir o risiau cerrig sydd â chilfachau ar gyfer seddau. Dywed Gethin yr atgyweiriwyd Bennar yn 1852 pryd y tynnwyd y wensgod a llawr y parlwr: 'yr oedd y llawr yn dderw tua 2 fodfedd o drwch, ac wedi ei hoelio â hoelion coed, can braffed o'r bron a bysedd, yr oedd yr olwg arno yn debyg i ystlys llong'.[28]

Dyddio
Cafwyd dyddiadau ar gyfer pum darn coed o'r tŷ hŷn: coler cwpl, tri dist yn y dramwyfa groes, a thrawst nenfwd yn y neuadd (y gegin). Ymddangosai iddynt ffurfio un grŵp o goed, ond dangosodd dadansoddiad gofalus y bu cymynu dros fwy nag un

garden terrace approached by a flight of stone steps with recesses for seats. Gethin notes that Bennar was modernised in 1852 with the removal of the wainscoting and the parlour floor: 'the oak floor was about two inches thick and fastened with wooden dowels ... almost as thick as fingers; it looked like the side of a ship'.[28]

Dating
Five timbers from the older house dated: a truss collar, three joists in the cross-passage, and an axial beam in the hall (kitchen). All appeared to form a single group of timbers but careful analysis showed that felling took place over a few seasons. Two timbers retained complete sapwood and derived

---

28 Jones, *Gweithiau Gethin*, 243-4.

tymor. Cadwai dau ddarn eu holl wynnin, a daeth y rhain o goed a gymynwyd yng ngwanwyn 1563 a gaeaf 1563/64. Felly y dyddiad tebycaf ar gyfer codi'r tŷ yw 1564, neu'n fuan wedyn.

from trees felled in spring 1563 and winter 1563/64 respectively. The most likely date of construction is therefore 1564, or shortly after this date.

Bennar: Adroddiad y Labordy / Laboratory Report
Crynodeb o'r samplau a ddyddiwyd / Summary of dated samples

Rhif y sampl / Sample number	Lleoliad y sampl / Sample location	Rhychwant y dyddiadau / Date span	Cylchoedd gwynnin / Sapwood rings	Cyfanswm y cylchoedd / Total rings	Dyddiadau cymynu / Felling dates
bnr01	truss: collar	undated	h/s + 17NM	99	-
***bnr02**	truss: W principal rafter	1441–1516	h/s	76	1527–57
bnr03	4th joist	undated	25½C	97	-
***bnr04**	6th joist	1443–1556	33 + c5NM	114	1561–64
***bnr05**	11th joist	1460–1536	h/s	77	1547–77
***bnr06**	13th joist	1474–1563	27C	90	Winter 1563/64
***bnr07**	kitchen (hall): axial beam	1449–1562	33¼C	114	Spring 1563
* = included in Site Master **BENNAR**		**1441–1563**		**123**	***t*-value = 10.1** Dylasau-isaf

Rhychwant dilyniannau'r cylchau / Span of ring sequences

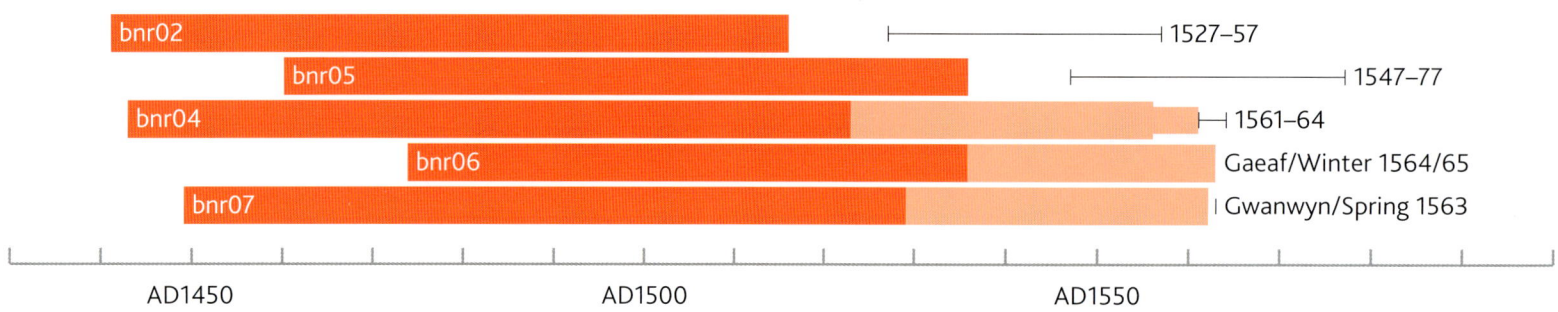

Cyfeiriad grid: SH 7942 5177; *NPRN* 26006

Plwyf a sir hanesyddol: Penmachno, Sir Gaernarfon

Cymuned ac awdurdod cyfoes: Penmachno, Gwynedd

Ymchwil: Prosiect Dendrocroneg Gogledd Orllewin Cymru (Geraldine Thomas); *Arolwg*: CBHC; *Dyddio*: Oxford Dendrochronology Laboratory.

Grid reference: SH 7942 5177; *NPRN* 26006

Historic parish and county: Penmachno, Caernarvonshire

Modern community and authority: Penmachno, Gwynedd

Research: North-west Wales Dendrochronology Project (Geraldine Thomas); *Survey*: RCAHMW; *Dating*: Oxford Dendrochronology Laboratory.

7

HANESION TAI V: CYFADEILADAU ERYRI
HOUSE HISTORIES V: SNOWDONIAN COMPLEXES

System yr unedau / **The unit system**

1540 & 1618–19 Gronant (Llanfachreth, Môn) — 224

1547/8 a'r 16eg ganrif / **16th century** Cae-glas (Llanfrothen) — 232

Amrywiol / **Various** Y Parc (Llanfrothen) — 238

tua/c.1540 & 1618-19 GRONANT, LLANFACHRAETH

SYSTEM UNEDAU AR YNYS MÔN
A UNIT-SYSTEM ON ANGLESEY

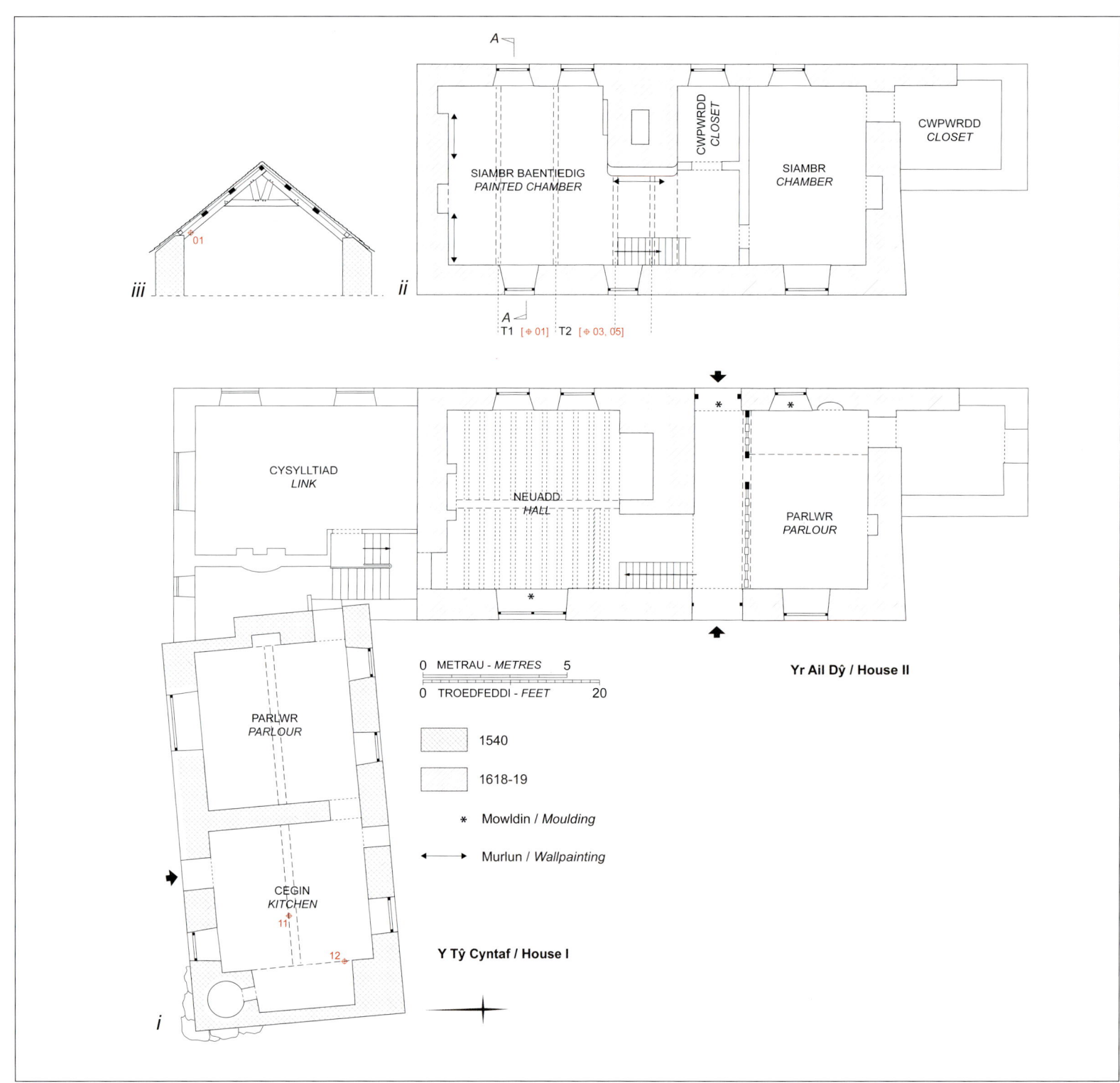

7.2
Gronant:
tŷ 1618/19 / 1618/19 house

7.1
Gronant:
(i) cynllun y llawr isaf fel y byddai; (ii) cynllun llawr cyntaf tŷ 1618/19, gyda (iii) chwpl / (i) reconstructed ground-floor plan; (ii) first-floor plan of 1618/19 house, with (iii) truss

Hanes

Ystâd sylweddol oedd Gronant, yn eiddo i deulu o fân uchelwyr, a'i chraidd pensaernïol yn drefn unedau drawiadol, yn dyddio o dua 1540 a thua 1620. Mae adeiladau fferm sylweddol a melin hefyd yn gysylltiedig â'r tŷ, a cheir peth ymddigrifwch hynafiaethol, gan gynnwys stelin laeth ar ffurf cromlech fach a ysbrydolwyd, mae'n siŵr, gan ddiddordeb rhamantaidd yn hanes derwyddon Môn.

Hanes un teulu yw hanes Gronant, Llanfachraeth, mewn sawl modd. Yr oedd teulu Bulkeley Gronant yn gangen iau o deulu Bulkeley pwerus Biwmares. Dyry *Heraldic Visitations* Lewys Dwnn achres fer sy'n cychwyn â Robert Bulkeley, sylfaenydd teulu Gronant, ŵyr William Bulkeley o swydd Gaer, Cwnstabl Castell Biwmares. Efelychodd Robert Bulkeley ei daid trwy briodi gwraig o deulu sefydlog o dirfeddianwyr Cymreig. Yr oedd Sioned, ei wraig, yn ferch i Forus ap Rhys o Blas-yn-Glyn, Llanfwrog, a'i hetifeddiaeth hi, yn ôl pob tebyg, oedd y tiroedd a gysylltid â Gronant. Mae'r dyddiad 1541, a gafwyd

History

Gronant was a substantial minor gentry estate with a striking unit system arrangement, dating from *c.*1540 and *c.*1620, forming its architectural core. Substantial farmbuildings and a mill are also associated with the house and there are some antiquarian indulgences, including a churn-stand in the form of a cromlech, inspired no doubt by romantic interest in Anglesey's druidic past.

The history of Gronant, Llanfachraeth, is in many ways the history of one family. The Bulkeleys of Gronant were a cadet branch of the powerful Bulkeleys of Beaumaris. Lewys Dwnn's *Heraldic Visitations* gives a short pedigree beginning with Robert Bulkeley, who founded the Gronant family, the grandson of William Bulkeley, the Cheshire-born Constable of Beaumaris Castle. Robert Bulkeley emulated his grandfather by marrying into an established, land-owning Welsh family. His wife, Sioned, was the daughter of Morus ap Rhys of Plas-yn-glyn, Llanfwrog, and the lands associated

7.3
Gronant:
man cyfarfod y ddau adeilad yn y cwrt / courtyard junction of ranges

ar gyfer y Tŷ Cyntaf trwy ddyddio blwyddgylchau, yn awgrymu y codwyd y tŷ hwn yn ystod blynyddoedd cynnar eu bywyd priodasol.¹

Bu un genhedlaeth ar ddeg o deulu Bulkeley yng Ngronant, yn rhychwantu cyfnod o dros 300 mlynedd, a daethant yn deulu dylanwadol yn ymwneud â gweinyddiaeth y sir, gyda sawl un yn gwasanaethu fel siryf, gan gynnwys Robert Bulkeley yn 1557. Yr oeddent hefyd yn dirfeddianwyr sylweddol, yn berchnogion ffermydd mewn o leiaf bedwar plwyf, ond nid oes dogfennau yn cofnodi proses helaethu'r ystâd. Pan werthodd yr olaf o deulu Bulkeley ystâd Gronant yn 1888, maint y demenau yn Llanfaethlu a Llanfachreth oedd 206 o erwau.² Ers hynny y mae'r tai a'r tir amaethyddol ill dau wedi newid dwylo sawl tro.

Disgrifiad
Mae Gronant yn enghraifft nodedig o gartrefi deublyg, gyda dau dŷ, gornel yng nghornel yn nhrefn glasurol system unedau. Yr unig beth a gyfunai'r tai oedd adeilad cyswllt o'r bedwaredd ganrif ar bymtheg a gynhwysai dŵr cloch yn nodi amserau

with Gronant were probably her inheritance. The tree-ring dating of about 1540 for House I suggests that this house was constructed during the early years of their marriage.¹

There were eleven generations of Bulkeleys at Gronant spanning a period of more than 300 years and they became an influential family involved in county administration, several serving as sheriffs, including Robert Bulkeley in 1557. They were also substantial landowners, owning farms in at least four parishes, but there is no documentation recording the consolidation of the estate. When the last of the Bulkeleys sold the Gronant estate in 1888 the demesne lands amounted to 206 acres in Llanfaethlu and Llanfachreth.² Since then ownership – both of the houses and the farm land – has changed a number of times.

Description
Gronant is a notable example of dual housing having two houses set corner-to-corner in a classic unit system arrangement. The houses were

---

1. Lewys Dwnn, *Heraldic Visitations of Wales*, gol./ed. S.R. Meyrick (Llandovery, 1846), II, 93; J.E. Griffith, *Pedigrees of Anglesey and Carnarvonshire Families* (Horncastle, 1914), 121.
2. Archifau Môn /Anglesey Archives, WF / 190.

gorchwylion y gweision. Mae dendrocronoleg wedi cadarnhau dyddiadau cymharol y tai.

Dangosodd mai'r *Tŷ Cyntaf*, sydd wedi'i foderneiddio'n fwy na'r llall, yw'r uned hynaf, yn perthyn i genhedlaeth gyntaf tai sawl llawr o fath Eryri. Cafodd y tŷ sawl llawr hwn ei newid a'i ailadeiladu'n rhannol yn y bedwaredd ganrif ar bymtheg, ond ceidw'r simnai talcen sylweddol a'r cynllun dwy uned ac mae'n debyg y bu tramwyfa groes rhwng y neuadd a'r ystafell allanol. Ceir trawst siamffrog plaen yn y neuadd, ac mae hwnnw wedi'i ddyddio'n llwyddiannus, ond nid y rhai gwreiddiol yw cyplau'r to.

Ceidw'r *Ail Dŷ* fwy o fanylion brodorol o safon uchel, ac mae'n eglur mai hwn a aeth yn brif dŷ. Mae'r cynllun â phenllawr, a ddefnyddiwyd yn aml ar gyfer tai sawl llawr cynnar yn ne Cymru, yn anghyffredin yn y gogledd. Hynodir y tu blaen gan simnai ganolog amlwg wedi'i gosod ar letraws. Ar y naill ochr i'r dramwyfa groes saif y simnai, ac ar y llall ceir pared pyst a phaneli'r parlwr. Mae'r parlwr mawr wrth y fynedfa yn ddyfais nodweddiadol yng nghynlluniau'r ail ganrif ar bymtheg. Saif lle tân y parlwr fel petai i'r naill ochr gan fod yr ystafell bresennol yn cynnwys yr hyn a oedd gynt yn ystafell waith wrth ochr y parlwr. Ceir gwaith mowldin ar y manylion coed yn y neuadd, gan gynnwys linteli'r

integrated only by a nineteenth-century link incorporating a bell-turret for marking the routines of the servants. Dendrochronology has established the relative dating of the houses.

House 1, the more modernised house, was shown to be the earlier unit, belonging to the first generation of storeyed houses of Snowdonian type. This early storeyed house was altered and partly rebuilt in the nineteenth century but retains the very substantial end chimney and the two-unit plan with probable cross-passage between hall and outer room. A plain chamfered beam (successfully dated) survives in the hall but the roof trusses have been replaced.

House 2 retains more vernacular detail of high quality and clearly became the principal house. The hearth-passage plan-type, often adopted for early storeyed houses in south Wales, is rare in north Wales. The elevation is distinguished by a prominent diagonally-set central chimney. The cross-passage is flanked by the chimney-stack and the post-and-panel partition of the parlour. The large parlour at the entry is a characteristic seventeenth-century planning innovation. The parlour fireplace appears offset as the present room includes what was originally a service-room alongside the parlour. The timber detail within the

7.4 Gronant: cwpl to yn y siambr baentiedig / roof-truss in painted chamber

7.5 Gronant: murluniau yn y siambr baentiedig, gyda manylion / wallpaintings in painted chamber with details

ffenestri. I gychwyn yr oedd y brif siambr uwchben y neuadd wedi'i phaentio, ac erys darnau mawr o'r dyluniad (sydd wedi'i adfer yn rhannol).

Pa berthynas oedd rhwng y ddau dŷ? Yn unol â chynllun clasurol system yr unedau saif y Tŷ Cyntaf a'r Ail Dŷ yn agos at ei gilydd. Yn ôl pob tebyg,

hall is moulded, including the window lintels. The principal chamber above the hall was originally painted and large sections of the design (partly restored) survive.

What was the relationship between the two houses? Houses 1 and 2 have the classic proximity

7.6
Gronant:
murlun yn wynebu'r grisiau / wallpainting facing stairs

3 Prifysgol Bangor / Bangor University, Plas Coch 190.

adeiladwyd y Tŷ Cyntaf yn 1618/19, yn dilyn priodas Robert Bulkeley (ŵyr sylfaenydd y teulu) a merch Humphrey Meredith o Fynachdy-gwyn, ger Clynnog, yn 1613. Cynhwysodd cytundeb y briodas y brif breswylfa, Gronant, gyda rhestr hir o randiroedd.[3] Rhaid tybio i ddwy genhedlaeth o deulu Bulkeley fyw yn y ddau dŷ, gyda'r genhedlaeth iau'n byw yn y tŷ newydd a addurnwyd yn ôl y ffasiwn ddiweddaraf.

Dyddio

Yr unig goed a oedd ar gael i'w samplo yn Nhŷ I oedd trawst y nenfwd a thrawst y simnai. Dyddiad mesuredig olaf trawst y nenfwd, a gynhwysai 23 cylch o wynnin, oedd 1538. Pan dynnwyd y sampl, ystyrid bod y gwynnin yn gyflawn, ond wedi'i harchwilio dan y microsgop cafwyd bod y rhan fwyaf

but separation of the unit system. It seems likely that House 2 was built in 1618/19 following the marriage in 1613 of Robert Bulkeley (grandson of the founder of the family) with the daughter of Humphrey Meredith of Mynachdy-gwyn, near Clynnog. The marriage settlement included the capital messuage of Gronant with a long list of tenements.[3] The two dwellings presumably housed junior and senior generations of the Bulkeleys, with the new house occupied by the junior generation and decorated in the latest fashion.

Dating

In House I an axial beam and mantelbeam were the only timbers available for sampling. The beam had a last measured date of 1538, which included 23 rings of sapwood. This was thought complete on

7.7
Gronant:
y tu allan gyda'r adeilad cyswllt / exterior with link

o wyneb pen y craidd wedi'i lyfnu pan gafodd y tŷ ei addasu; gan hynny, rhoddir dyddiad cymynu tua 1540 ar gyfer y darn hwn o bren. Dyddiad mesuredig olaf cylchau trawst y simnai oedd 1519; cynhwysai hyn 9 cylch o wynnin, gan roi ystod dyddiadau'r cymynu o 1524–54, sy'n gyson â thrawst y nenfwd. Y ddau ddarn pren hwn oedd yn cyfateb orau i gronolegau gogledd Cymru.

Ychydig iawn o wynnin oedd ar gael ar goed yr Ail Dŷ, er y cyfrifwyd nifer sylweddol o gylchau yn rhai ohonynt. Cafwyd samplau o bum darn coed o'r cyplau sydd wedi goroesi, un ohonynt â thros 200 o gylchau. Cafwyd dyddiadau ar gyfer tri darn pren yn yr adeilad hwn, gan gynhyrchu dyddiad cymynu o dua 1618–19 neu'n fuan wedyn. Nid oes modd rhoi dyddiad mwy manwl-gywir gan fod cylchau'r gwynnin ar gyfer yr ugain mlynedd diwethaf mor gul

sampling, but inspection under the microscope revealed that most of the end surface of the core had been shaved during conversion; therefore a felling date of *circa* 1540 is given for this timber. The mantelbeam had a last measured ring date of 1519, which included 9 rings of sapwood, giving a felling date range of 1524–54, which is consistent with the axial beam. These two timbers matched best with north Welsh chronologies.

In House 2 very little sapwood was available on the timbers, although many had substantial ring counts. Five timbers from the roof-trusses were sampled, one with over 200 rings. Three timbers from this range dated, and produced a felling date of *c.*1618–19 or shortly thereafter. It is not possible to give a more accurate date as the last two decades of sapwood rings were so narrow as to be

fel mai prin y gellid eu mesur. Dengys dendro-darddu y daeth rhai o'r coed o Iwerddon yn ogystal ag o Gymru.

almost unmeasurable. Dendro-provenancing shows that the timbers originated from Ireland as well as Wales.

Gronant: Adroddiad y Labordy / Laboratory Report
Crynodeb o'r samplau a ddyddiwyd / Summary of dated samples

Rhif y sampl / Sample number	Lleoliad y sampl / Sample location	Rhychwant y dyddiadau / Date span	Cylchoedd gwynnin / Sapwood rings	Cyfanswm y cylchoedd / Total rings	Dyddiadau cymynu / Felling dates
	House 2				
angc1	Truss 1: E principal rafter	1506-1590	12	85	1591-1619 (Welsh)
angc2	Truss 1: W principal rafter	-	H/S	109	-
***angc3**	Truss 2: E principal rafter (mean)	1405-1589	-	185	c.1618/19 (Irish)
angc4	Truss 2: W principal rafter	-	33¼C	99	-
***angc5**	Truss 2: W V-strut	1442-1573	H/S	132	1590-1630 (Irish)
	House 1				
angc11	Axial beam, kitchen	1427-1538	23 ?C	*112	c. 1540 (Welsh)
angc12	Mantelbeam, kitchen	1441-1519	9	79	1521-51 (Welsh)
* = ANGC Site Master (Irish)		**1405-1589**		**185**	***t*-value 5.9 WALES97**

Rhychwant dilyniannau'r cylchau / Span of ring sequences

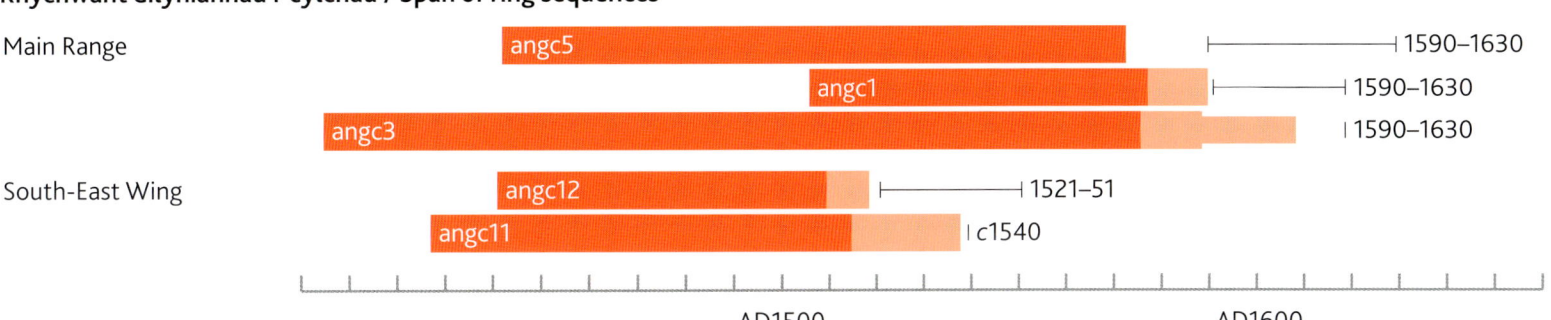

Cyfeiriad grid: SH 327 852; *NPRN* 261	*Grid reference*: SH 327 852; *NPRN* 261
Plwyf a sir hanesyddol: Llanfachraeth, Môn	*Historic parish and county*: Llanfachraeth, Anglesey
Cymuned ac awdurdod cyfoes: Llanfachraeth, Ynys Môn	*Modern community and authority*: Llanfachraeth, Isle of Anglesey
Ymchwil: Prosiect Dendrocronoleg Gogledd Orllewin Cymru (H. Llew Williams, Margaret Dunn ac eraill); *Arolwg*: Ymddiriedolaeth Archeolegol Gwynedd a CBHC; *Dyddio*: Oxford Dendrochronology Laboratory.	*Research*: North-west Wales Dendrochronology Project (H. Llew Williams, Margaret Dunn and others); *Survey*: GAT & RCAHMW; *Dating*: Oxford Dendrochronology Laboratory.

1547/8 CAE-GLAS, LLANFROTHEN

CYFADEILAD CYNLLUN ERYRI CYNNAR
AN EARLY SNOWDONIAN COMPLEX

Hanes

Saif ffermdy Cae-glas ar dir gwastad o flaen esgair greigiog gyda golygfa ddramataidd i'r gogledd-ddwyrain, tua Chnicht. Cyflea enw Cae-glas y gwrthgyferbyniad trawiadol rhwng y tir caeedig gwyrddlas ger y tŷ a'i gefndir creigiog. Mae Cae-glas yn enghraifft arwyddocaol o dŷ cynllun Eryri cynnar ac yr oedd y fferm, yn ôl rhestr y degwm, yn un sylweddol o 340 o erwau Cafwyd samplau o holl brif adeiladau'r fferm: y tŷ, y 'bwthyn' a'r beudy. Mae dyluniadau Falcon Hildred yn syml ac yn rhydd er

History

Cae-glas is a farmstead sited on level ground in front of a rocky ridge with a dramatic view north-east towards Cnicht. The name Cae-glas conveys the striking contrast between the verdant enclosed ground near the house and the rocky backdrop to the house. Cae-glas is a significant example of an early Snowdonian house and the farm was a substantial 340 acres according to the tithe schedule. The principal buildings of the farmstead were all sampled: the house, the 'cottage', and the

7.8
Cae-glas:
y tŷ a'r bwthyn: golygfeydd fel y byddent (*Falcon Hildred*) / house and cottage: reconstructed views (*Falcon Hildred*)

7.9
Cae-glas:
gan edrych tua Chnicht /
looking towards Cnicht

7.10
Cae-glas:
golwg ar y ffermdy gyda beudy o 1704 (*Falcon Hildred*) / view of farmstead with 1704 cowhouse (*Falcon Hildred*)

4 Colin Gresham, 'Nanmor Deudraeth', *CCHChSF /JMerHRS* VIII (1977–80), 116; Rhian Parry, 'An Ardudwy Crown rental of 1623', *CCHChSF/JMerHRS* XV:4 (2009), 383.

mwyn cyfleu lleoliad a 'naws' y ffermdy hwn ar gynllun Eryri.

Tŷ cynllun Eryri uchelgeisiol, o ganol yr unfed ganrif ar bymtheg, yw Cae-glas, a godwyd yn ôl pob tebyg gan un o deuluoedd uchelwyr Llanfrothen. Mae ei hanes yn aneglur, er y bu awgrym bod cysylltiad â'r Parc. Yn ôl rhestr rhenti'r Goron ar gyfer 1623, perchennog Cae-glas (yn talu 2s 4c) a rhyw eiddo arall oedd Owen ap Rhydderch. Trosglwyddwyd Cae-glas trwy briodas i Evan Thomas, a dengys ei ewyllys o 1728 a rhestr ei eiddo fod y fferm yn un lewyrchus. Gadawodd Thomas gymynroddion o £245 ac yr oedd wedi rhoi benthyg £350 ar log. Gwerth ei dda byw oedd £114, a gwerth nwyddau'r tŷ oedd £40. Yn ôl pob tebyg, cedwid y gwartheg yn y beudy a godwyd yn 1704. Erbyn 1772 yr oedd Cae-glas wedi mynd yn fferm â deiliad, rhan o ystâd Berthlwyd a chwalwyd tua 1940.[4]

cowhouse. The drawings by Falcon Hildred are simple and free to convey the setting and 'mood' of this Snowdonian farmstead.

Cae-glas is an ambitious mid-sixteenth-century Snowdonian house, presumably built by one of the gentry families of Llanfrothen. Its early history is obscure, although a connection with Parc has been suggested. The 1623 Crown rental records that Owen ap Rhydderch owned Cae-glas (paying 2s 4d) and another property. Cae-glas passed by marriage to Evan Thomas, whose 1728 will and inventory show that it was a prosperous farm. Thomas left legacies of £245 and had £350 lent at interest. His stock was valued at £114, and household goods at £40. The stock of cows was presumably stalled in the cowhouse built in 1704. By 1772 Cae-glas had become a tenanted farm, part of the Berthlwyd estate which was dispersed about 1940.[4]

Disgrifiad
Tŷ sawl llawr cynnar ar gynllun clasurol Eryri yw Cae-glas, gyda phen o feini bwa i adwy drws y dramwyfa groes, a simnai ymwthiol yn y talcen. Ceid parwydydd pyst a phaneli rhwng y dramwyfa groes a'r pâr o ystafelloedd allanol (dwy adwy drws) a rhyngddi a'r neuadd (adwy fawr ganolog).

Description
Cae-glas is an early storeyed house of the classic Snowdonian plan-type, with a voussoir-headed cross-passage doorway and a projecting end chimney. The cross-passage was fully screened with post-and-panel partitions between the twin outer rooms (two doorways) and the hall (large

7.11
Cae-glas:
Cae-glas yn 2014 /
Cae-glas in 2014

7.12
Cae-glas:
cwpl y brif siambr gydag ategion to cysbog / principal chamber truss with cusped windbraces

Yr oedd drws a droai ar golyn *(harr)* yn adwy drws ôl y dramwyfa groes. Mae lle tân llydan yn y neuadd gyda thrawst simnai siamffrog â stop ceugrwm a ffiled. Nid oes i'r tŷ cynllun Eryri cynnar risiau lle tân, ac yr oedd y grisiau y tu mewn i'r neuadd. Yr oedd y llawr cyntaf yn agored hyd y to, gyda chyplau trawst coler sylweddol â phwyslathau ar ogwydd. Yn y brif siambr ceir lle tân sy'n ymwthio allan ar gorbelau, ac mae'r rhesi o ategion cysbog yn y to'n arwydd o statws uwch yr ystafell. Yr oedd y datblygiadau yn y ddeunawfed ganrif yn cynnwys ychwanegu croesty gwaith nodweddiadol yn y cefn a chreu parlwr mawr yn y duad allanol. Mae adwy'r prif ddrws wedi'i symud i greu tu blaen cymesurach i'r tŷ. Erbyn hyn mae stabl o'r bedwaredd ganrif ar bymtheg yn cuddio'r simnai ymwthiol yn y talcen.

central doorway). The rear cross-passage doorway had a pivoting (harr-hung) door. The hall has a wide fireplace with chamfered mantelbeam with curved stop and fillet. This early Snowdonian house does not have a fireplace stair, and the stair was within the hall. The first floor was open to the roof with substantial trusses of collar-beam type with raking struts. The principal chamber over the outer room has a corbelled-out fireplace and its superior status signaled by tiers of cusped windbraces. Eighteenth-century development included the characteristic addition of a rear service wing and the creation of a large parlour in the outer bay. The principal doorway has been moved to give a more symmetrical front elevation. A nineteenth-century stable now obscures the projecting end chimney.

'Bwthyn' rwbel tri duad yw Bwthyn Cae Glas, a saif, yn rhannol, ar y graig, o flaen y prif dŷ ac i'r de-ddwyrain ohono. Yn ddiweddar defnyddid y bwthyn fel adeilad fferm, ond mae adwyon drws canolog gyferbyn â'i gilydd, agoriadau ffenestri â phefelau, ac mae'n cynnwys dwy nenfforch lawn. Ymddengys y codwyd yr adeilad yn y lle cyntaf fel annedd, a hynny'n rhannol oherwydd ei gynllun ac yn rhannol am fod olion mwg ar y cyplau. Y ddamcaniaeth am y tro yw y bu'n annedd isradd (tŷ agweddi) mewn trefniant system unedau Eryri. Yn ôl pob tebyg yr oedd yn annedd â chroglofft, gyda neuadd/cegin agored; mae lleoliad plinth y tu mewn yn awgrymu y bu simnai dalcen neu lwfer tân. Mae'n ddiddorol bod y nenffyrch yn wahanol i'w gilydd; bu coler lapiedig (wedi'i dynnu erbyn hyn) yn rhan o'r naill, a choler morteisiog yn rhan o'r llall. Dangosodd dyddio blwyddgylchau nad oedd llafnau'r nenffyrch yr un oed â'i gilydd. Mae dau ohonynt rywfaint yn gynharach na'r lleill, sy'n awgrymu y codwyd yr adeilad gan ailddefnyddio llafnau nenffyrch o wahanol ffynonellau. Awgryma ystod diweddarach y dyddiadau, sef 1541–71, y gallai Bwthyn Cae-glas fod o fwy neu lai'r un cyfnod â'r prif dŷ ac nad hwn yw'r tŷ cynharaf.

Dyddio

Cafwyd dyddiadau cymynu o'r cyplau, o drawst y simnai ac o'r pared, yn rhychwantu'r cyfnod o aeaf 1545/6 i aeaf 1547/8; profodd y rhain i sicrwydd mai'n hwyr yn y 1540au y codwyd y tŷ sawl llawr cynnar hwn. Rhoddodd dyddio blwyddgylchau ystod o ddyddiadau cymynu ar gyfer y nenffyrch yn y tŷ isradd. Cafwyd dyddiadau cymynu manwl-gywir, sef haf 1703 (prif geibr) a gwanwyn 1704 (tulath), o do'r trydydd adeilad, beudy ar wahân, gyda'i drawstiau coler lapiedig.

Bwthyn Cae-glas is a three-bay rubble-built 'cottage' on part-rock foundations in front of and to the south-east of the principal house. The range has been latterly used as a farmbuilding but has opposed central doorways, splayed window openings, and incorporates two full cruck-trusses. The range appears to have been domestic in origin, partly from the plan and partly because the crucks are smoke-stained. It is provisionally interpreted as a secondary dwelling (dower-house) in a Snowdonia unit-system arrangement. The dwelling was probably of *crog-lofft* (half-loft) type with an open hall/kitchen, and an end chimney or fire-hood is suggested by the location of an internal plinth. The cruck-trusses are interestingly different with one having a lapped collar (removed) and the other a morticed collar. Tree-ring dating showed that the cruck-trusses were not contemporary and that one truss had blades and a collar with differing date ranges. Two are somewhat earlier than the others suggesting that this range has been built reusing cruck blades from different sources. The later date range 1541–71 suggests that Bwthyn Cae-glas may be broadly contemporary with the principal house and is not the predecessor house.

Dating

Tree-felling dates ranging from winter 1545/6 to winter 1547/8 obtained from the roof-trusses, mantelbeam, and screen conclusively established that this early storeyed house was constructed in the late 1540s. Tree-ring dating gave a range of felling dates for the cruck-trusses in the subsidiary house. A third building, a detached cowhouse, gave precise felling dates of summer 1703 (principal rafter) and spring 1704 (purlin) from the lapped collar-beam roof.

Cae-glas: Adroddiad y Labordy / Laboratory Report
Crynodeb o'r samplau a ddyddiwyd / Summary of dated samples

Rhif y sampl / Sample number	Lleoliad y sampl / Sample location	Rhychwant y dyddiadau / Date span	Cylchoedd gwynnin / Sapwood rings	Cyfanswm y cylchoedd / Total rings	Dyddiadau cymynu / Felling dates
	Cae-glas				
bdgg1	principal rafter T1		25½C	49	
bdgg2	principal rafter T2	1399-1547	27C	149	Winter 1547/8
bdgg3	principal rafter T3	1402-1547	28C	146	Winter 1547/8
*__bdgg23__	Mean of **bdgg2** + **bdgg3**	1399-1547	27C	149	
*__bdgg4__	collar T3 (mean of **bdgg4a1** + **4b** + **4c**)	1407-1546	38C	140	Winter 1546/7
*__bdgg5__	mantelbeam	1475-1547	27C	73	Winter 1547/8
*__bdgg6__	screen head-beam	1459-1545	26C	87	Winter 1545/6
*__bdgg7__	screen head-beam	1453-1545	28½C	93	Summer 1546
	Bwthyn Cae-glas				
bdgg11	cruck blade T1	1387-1482	H/S	96	(1497-1527)
bdgg12	cruck blade T1	1386-1489	H/S	104	(1497-1527)
*__bdgg112__	Mean of **bdgg11** + **bdgg12**	1386-1489	3	104	1497-1527
*__bdgg13__	cruck blade T2	1438-1517	2	80	1526-56
*__bdgg14__	cruck blade T2	1440-1530	H/S	91	1541-71
*__bdgg15__	collar T2	1428-1508	H/S	81	1519-49
* = BDGW Site Master		**1386-1547**		**162**	*t*-value = 10.4 GWYNEDD5

Rhychwant dilyniannau'r cylchau / Span of ring sequences

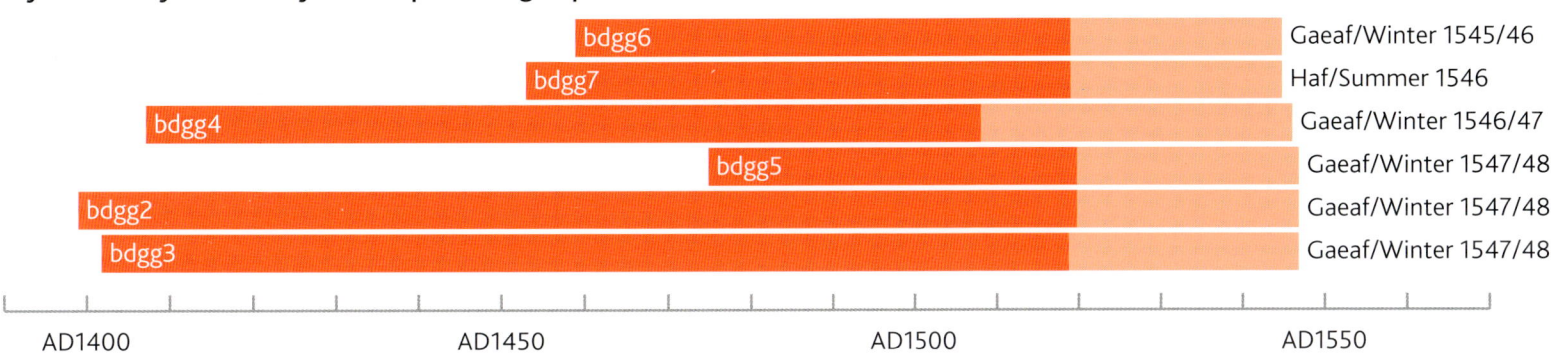

Cyfeiriad grid: SH 6275 4470; *NPRN* 404888

Plwyf a sir hanesyddol: Llanfrothen, Sir Gaernarfon

Cymuned ac awdurdod cyfoes: Llanfrothen, Gwynedd

Ymchwil: Cymdeithas Hanes Beddgelert (Margaret Dunn); *Arolwg*: CBHC; *Dyddio*: Oxford Dendrochronology Laboratory.

Grid reference: SH 6275 4470; *NPRN* 404888

Historic parish and county: Llanfrothen, Caernarvonshire

Modern community and authority: Llanfrothen, Gwynedd

Research: Cymdeithas Hanes Beddgelert History Society (Margaret Dunn); *Survey*: RCAHMW; *Dating*: Oxford Dendrochronology Laboratory.

Y PARC, LLANFROTHEN

A SYSTEM YR UNEDAU
AND THE UNIT SYSTEM

26

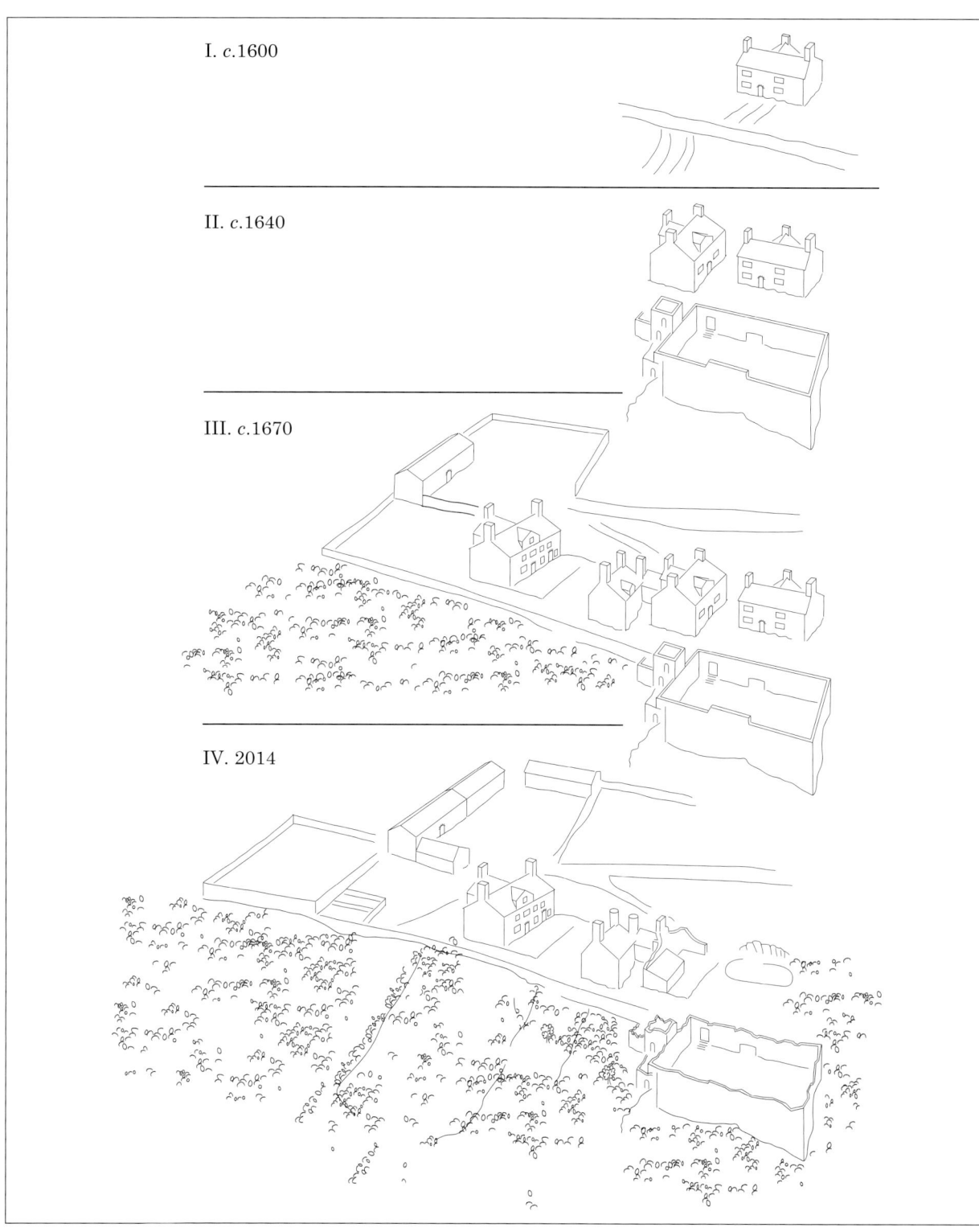

I. c.1600

II. c.1640

III. c.1670

IV. 2014

7.13
Y Parc: cyfnodau datblygu. I. Y Prif dŷ (y Tŷ Cyntaf); II. Ychwanegu tŷ agweddi (Yr Ail Dŷ), creu terasau'r ardd gydag amgaefa a rhaeadr. III. Ychwanegu tŷ 1671 (Y Pedwerydd Tŷ) gyda thŷ atodol (Y Trydydd Dŷ) wedi'i godi gornel yng nghornel â'r Ail Dŷ; hefyd Ysgubor. IV. Parc yn 2014 gyda safle'r prif dŷ, adfeilion y tŷ agweddi, terasau dan ordyfiant ac amgaefa adfeiliedig /
phases of development. I. Principal house (House 1); II. Addition of dower-house (House 2), construction of garden terraces with enclosure and cascade. III. Addition of 1671 house (House 4) with subsidiary house (House 3) built corner-to-corner with House 2; also Barn. IV. Parc in 2014 with the site of the principal house, ruins of dower-house, overgrown terraces and dilapidated enclosure

7.14
Y Parc:
Y Pedwerydd Tŷ'n wynebu'r Ail Dŷ a'r Trydydd Tŷ / House 4 facing Houses 2 and 3

Mae'r Parc, Llanfrothen, o ddiddordeb arbennig gan mai dyma'r safle lle disgrifiwyd system yr unedau am y tro cyntaf. Mae'n safle anodd ei ddehongli, gyda phedwar adeilad domestig, mewn tirlun cynlluniedig eithaf cymhleth a leolir mewn tirlun ucheldirol, yn agos at y môr i'r gorllewin, ond dan olwg mynyddoedd, gan gynnwys Cnicht, fel arall. Dyry'r cylch o fynyddoedd deimlad bod y Parc yn bell o bobman, ond nid yw hyn yn wir. Ymestynnai cysylltiadau teulu'r Anwyliaid trwy ogledd Cymru, gan gynnwys masnachwyr gyda chysylltiadau ar y Cyfandir. Ar un adeg yr oedd y Parc yn ganol ystâd sylweddol, ond cafodd ei forgeisio yn 1748 a'i drosglwyddo yn fuan ar ôl 1761, gan fynd yn fferm â deiliad. Ni fu rhyw lawer o addasu ar yr adeiladau, ac aeth rhai ohonynt yn fwyfwy â'u pennau iddynt. Prynwyd y safle gan Clough Williams-Ellis yn y 1930au ac fe atgyweiriodd ef sawl un o'r adeiladau.

Parc, Llanfrothen, has special interest as the site where the unit system was first described. It is a challenging site to interpret, with four domestic structures, in a designed landscape of some complexity, set within an upland landscape that was close to the sea on the west but otherwise overlooked by mountains, including Cnicht. The ring of mountains gives Parc a feeling of remoteness but this is a false impression. The connections of the Anwyl family extended throughout north Wales, and included merchants with continental connections. Parc was once the centre of a considerable estate but was mortgaged in 1748 and alienated soon after 1761, becoming a tenanted farm. Few modifications were made to the buildings and some became progressively ruined. The site was acquired in the 1930s by Clough Williams-Ellis, who repaired several

7.15
Y Parc:
tu blaen y prif dŷ dyddiedig 1671 / front elevation of principal house dated 1671

Yn ei hanfod, ceidw'r safle ei gynllun o'r ail ganrif ar bymtheg.[5]

Disgrifiwyd y safle'n dda gan Gresham a Hemp. Saif y Parc ar lwyfan o dir rhwng dwy nant: 'ffurfiai werddon o dir trin a phorfa ymhlith y cribau creigiog gwyllt sy'n rhedeg i lawr o'r Moelwyn a Chnicht i wastadoedd y Traeth Mawr, a arhosai'n dywod a morfa nes cwblhau cob Porthmadog yn 1811'. Bu gan yr Anwyliaid gysylltiad â'r Parc o ganol yr unfed ganrif ar bymtheg, ac ychwanegodd y naill berchennog ar ôl y llall at y casgliad o adeiladau. Amgaeir 710 erw'r demenau gan glawdd cerrig gyda gatws yn y gogledd-orllewin. Codwyd system gymhleth o derasau gyda setiau o risiau islaw'r tŷ. Yn ogystal, ceir dwy ardd â muriau o'u cwmpas, un ohonynt gyda phafiliwn ynghlwm wrthi.

Y tu mewn i ddemên y Parc ceir casgliad o adeiladau sy'n dipyn o ddirgelwch o ran eu trefn gronolegol a'u pwrpas. Dau blatfform, i'r gogledd-orllewin o'r tai presennol, sy'n dangos safle'r anheddiad hynaf. Efallai mai platfformau yw'r rhain ar gyfer neuadd-dai o'r oesoedd canol diweddar, wedi eu codi â'u pennau at y llethr o gynllun

buildings. The site retains in essentials its seventeenth-century layout.[5]

The site has been well described by Gresham and Hemp. Parc occupies a green plateau isolated by two streams: 'it forms an oasis of cultivated and grazing land among the wild rocky ridges which run down from Moelwyn and Cnicht to the flats of the Traeth Mawr, which remained sand and marsh until the completion of the Porthmadoc embankment in 1811.' The Anwyl family were associated with Parc from the mid-sixteenth century and successive owners contributed to the accumulation of buildings. The demesne of 710 acres is enclosed by a stone wall with a lodge (*gatws*) on the north-east side. An elaborate system of terraces with flights of steps has been constructed below the house. In addition there are two walled gardens, one with an attached pavilion.

Within Parc demesne there is a chronologically and functionally puzzling accumulation of structures. The oldest settlement site is represented by two platforms north-west of the present houses. These are possibly late-medieval

5 W. J. Hemp & Colin Gresham, 'Park, Llanfrothen, and the unit system', *Archaeologia Cambrensis* 1943, 98-112; *Y Bywgraffiadur Cymreig hyd 1940* (Llundain, 1950), 11-2, 'Anwyl (teulu), Parc'/*The Dictionary of Welsh Biography down to 1940* (London, 1950), 12, 'Anwyl family, of Park'.

7.16
Y Parc:
yr Ail Dŷ a'r Trydydd Tŷ, sydd yn gysylltiedig â'i gilydd, gyda'r pwll / linked Houses 2 and 3 with pool

7.17
Y Parc:
gatws / lodge

hall-house platforms, characteristically constructed end-on to the slope. The successor buildings at Parc lie further down the slope. The earliest (House I) became ruined at an unknown date and is now an archaeological site. Flanking House I is a substantial house of Snowdonian type with a lateral fireplace and rear wing (House 2). Another, smaller house (House 3) has been built corner-to-corner with House 2 and is clearly subsidiary to it. Finally House 4 has been built at some distance to the west. It is a substantial house of Snowdonian type with a rear stair wing, but seems to have been originally planned as a series of apartments, with two ground-floor doorways and external first-floor and attic doorways in the upper gable end, presumably accessed by external steps. The doorways have heads of long voussoirs and the principal fireplace opening is spanned by voussoirs. The final phase of this puzzling building is marked by a 1671 date inscription in the upper gable.

Much of the building of the complex at Parc seems to have been undertaken in the first half of the seventeenth century by William Lewis Anwyl (d.1642). He took a leading part in county

nodweddiadol. Saif adeiladau diweddarach y Parc yn is i lawr y llethr. Aeth y tŷ cynharaf (y Tŷ Cyntaf) â'i ben iddo ar adeg anhysbys, ac erbyn hyn mae'n safle archeolegol. Ochr yn ochr â'r Tŷ Cyntaf mae tŷ sylweddol cynllun Eryri gyda lle tân ystlysol a chroesty cefn (yr Ail Dŷ). Mae tŷ arall, llai, wedi'i godi gornel yng nghornel â'r Ail Dŷ, ac mae'n amlwg yn atodol iddo. Yn olaf, codwyd y Pedwerydd Tŷ ychydig bellter i'r gorllewin. Mae'n dŷ sylweddol ar gynllun Eryri, gydag asgell risiau y tu ôl iddo, ond ymddengys iddo gael ei gynllunio yn y lle cyntaf fel cyfres o randai, gyda dwy fynedfa ar y llawr isaf a mynedfeydd yn y talcen uchaf, i'r llawr cyntaf ac i'r nenlofft, y cyrhaeddid atynt o risiau ar y tu allan yn ôl pob tebyg. Meini bwa hirion sy'n ffurfio pennau adwyon y drysau ac agoriad y prif le tân. Nodir cyfnod olaf y gwaith ar yr adeilad dyrys hwn gan arysgrif dyddiad 1671 yn rhan uchaf y talcen.

Ymddengys mai yn hanner cyntaf yr ail ganrif ar bymtheg y gwnaed llawer o waith codi'r cyfadeilad yn y Parc, a hynny gan William Lewis Anwyl (a fu farw 1642). Bu ganddo ran bwysig yng ngweinyddiaeth y sir, yr oedd yn gefnog, priododd yn dda, a chafodd un ar bymtheg o blant. Yr oedd Anwyl yn noddwr y beirdd, fel ei dad o'i flaen. Mae'r farwnad iddo gan Huw Machno yn disgrifio safle'r Parc a sut y bu Anwyl, ychydig cyn hynny, wedi bod yn archwilio'r 'parciau a'r tyrau teg':

A thŷ newydd, maith wnïad,
Yn un â'r tŷ a wnâi'r tad,
Garddau, perllannau ar lled,
A gwal yn hardd ei gweled,
A rhoi'n ei dai ar iawn don,
Seigiau fal hen d'wysogion.[6]

Cafwyd sefyllfa gymhleth yn y teulu yn dilyn marwolaeth William Lewis Anwyl. Gadawodd weddw, Elizabeth, a nifer fawr o blant. Robert, ei ail fab, fu'r etifedd. Priododd Robert Anwyl â Katherine, merch Syr John Owen o Glenennau, y milwr a'r brenhinwr. Bu farw Robert Anwyl yn ifanc yn 1653 gan adael dau fab, Lewis (a anwyd yn 1652) ac Owen (a anwyd yn 1653). 'Madam' Katherine Anwyl fu'n gweinyddu'r ystâd nes i'w mab, Lewis Anwyl, ddod i'w etifeddiaeth, a gwnaeth hi gyfraniad sylweddol i'r gwaith adeiladu yn y Parc.

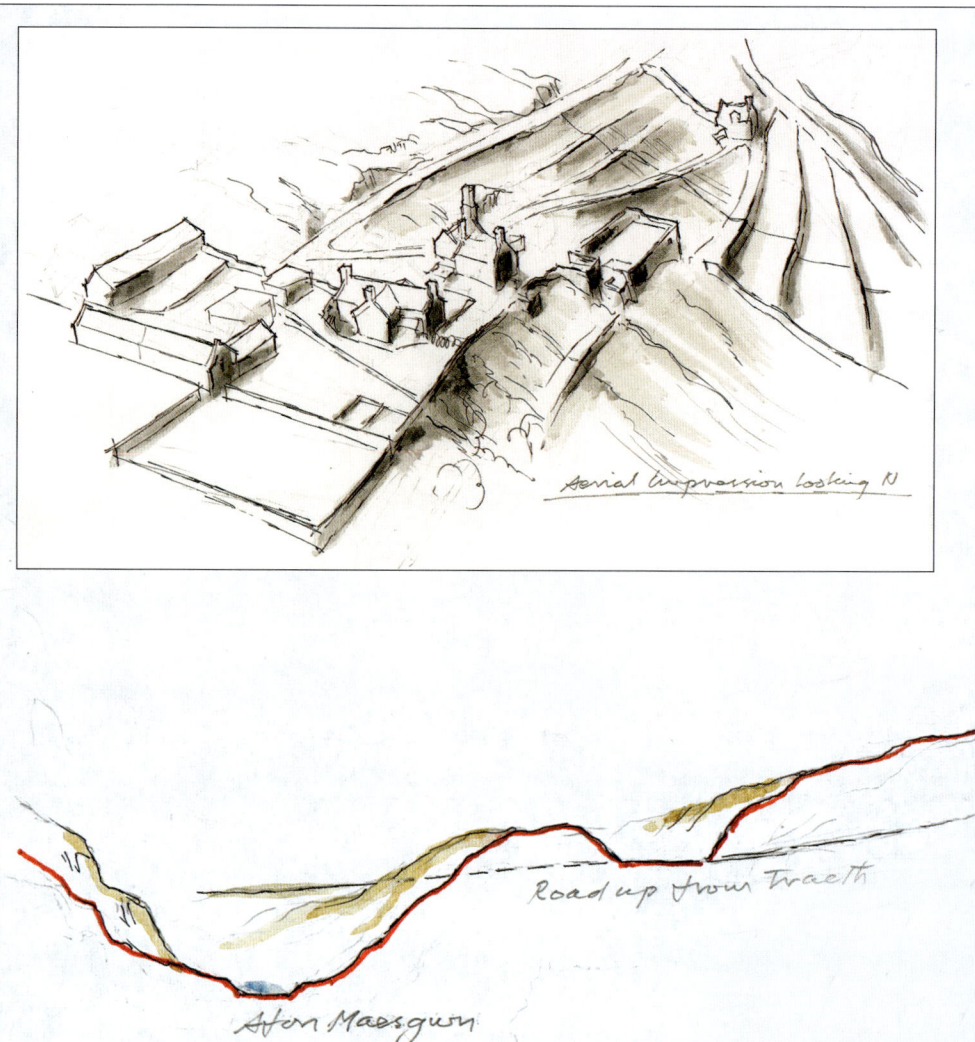

administration, was wealthy, married well, and had sixteen children. Anwyl was a patron of the bards, as was his father. His funeral elegy by Huw Machno describes the setting of Parc and how, shortly before, Anwyl had been inspecting the 'park and fair towers':

A thŷ newydd, maith wnïad,
Yn un â'r tŷ a wnâi'r tad,
Garddau, perllannau ar lled,
A gwal yn hardd ei gweled,
A rhoi'n ei dai ar iawn don,
Seigiau fal hen d'wysogion.[6]

(And the new house of immense construction, as one with the house built by his father, the

6 Glenys Davies, *Noddwyr Beirdd ym Meirion* (Dolgellau, 1974), 166-72, ar gyfer y cerddi a gysylltir â'r Parc / for the poetry associated with Parc.

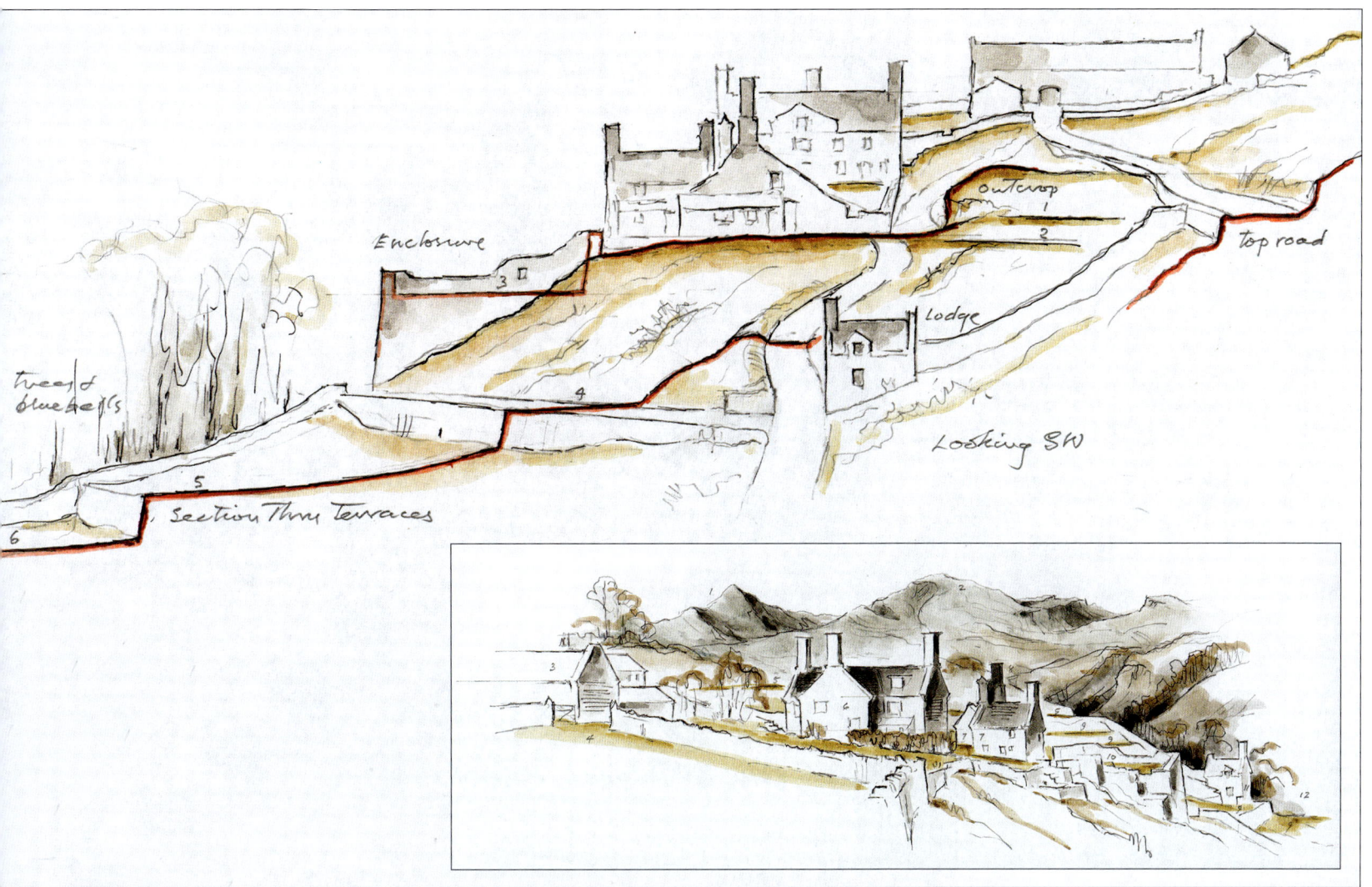

7.18
Y Parc:
golygfa gyffredinol fel y'i gwelir o'r gatws gyda chroestoriad trwy'r terasau. Mewnosodiad (*uchod*): argraff o'r olygfa o'r awyr, gan edrych tua'r gogledd. Mewnosodiad (*isod*): golygfa gyffredinol o'r de (*Darluniau gan Falcon Hildred*) / general view as seen from the lodge with a section through the terraces. Inset (*top*): aerial impression looking north. Inset (*bottom*) general view from the south. (*Drawings by Falcon Hildred*)

Tabl: Achau Anwyliaid y Parc ar ffurf syml.

ROBERT AP MORIS (†1576)
|
LEWIS ANWYL (†1605)
|
WILLIAM LEWIS ANWYL (†1642)
|
ROBERT ANWYL (†1653) = KATHERINE (†1700)
|
LEWIS ANWYL (†1678) = KATHERINE

Dehongliad

Anodd yw deall y cyfadeilad yn y Parc heb gronoleg eglur. Mae cyfuniad o waith arolygu, dendrocronoleg, a'r dystiolaeth lenyddol wedi egluro trefn yr adeiladu:

1. 16eg ganrif Y Tŷ Cyntaf (wedi'i ddymchwel)
2. 1617/18 (dyddiad blwyddgylchau) Y Gatws

extensive gardens [and] orchards, and a wall, beautiful to behold, and he gave in his house[s] [located] on the wave's crest feasts ['dishes'] like those of the old princes.)

There was a complex family situation after William Lewis Anwyl's death. He left a widow, Elizabeth, and numerous children. Robert, his second son, inherited. Robert Anwyl married Katherine, daughter of Sir John Owen of Clenennau, the Royalist soldier. Robert Anwyl died young in 1653 leaving two sons, Lewis (b.1652) and Owen (b.1653). 'Madam' Katherine Anwyl administered the estate until her son, Lewis Anwyl, came into his inheritance, and she made a significant contribution to the buildings at Parc.

**7.19
Y Parc:**
golwg ar y terasau o'r ochr draw i'r cwm (*Falcon Hildred*) / looking across the valley to the terraces (*Falcon Hildred*)

3. 17eg ganrif Yr Ail Dŷ (yn ôl pob tebyg cyn 1642)
4. 1654/5 (dyddiad blwyddgylchau) Y Trydydd Tŷ
5. 1666 (arysgrif) Beudy-newydd
6. 1671 (arysgrif; dyddiad blwyddgylchau olaf 1669/70) Y Pedwerydd Tŷ

Mae'r cyfnodau cymharol yn gymorth inni ddeall trefn yr adeiladu mewn perthynas â chylch datblygu teulu'r Anwyliaid yn y Parc. Y sawl a fu'n gyfrifol am y rhan fwyaf o'r gwaith adeiladu fu William Lewis Anwyl, y nodwyd ei waith yn datblygu'r demên trwy adeiladu'r gatws yn 1617/18. Y Tŷ Cyntaf oedd y prif dŷ a etifeddwyd ganddo oddi wrth ei dad, Lewis Anwyl (a fu farw 1605), mab Robert ap Moris (a fu farw 1576), sylfaenydd teulu'r Parc. Mae'r Ail Dŷ, ochr yn ochr â'r Tŷ Cyntaf, yn y lleoliad disgwyliedig ar gyfer tŷ agweddi, ac mae'n dŷ â rhywfaint o statws. Rhaid mai at y tŷ hwn y cyfeiria disgrifiad barddonol tŷ newydd Lewis Anwyl, 'yn un' â'r prif dŷ (neu ynghlwm wrtho). Cafodd y Trydydd Dŷ ei ychwanegu at yr Ail Dŷ; mae'n cyffwrdd ag ef, gornel yng nghornel, ac yn atodol iddo. Dengys dyddio blwyddgylchau iddo gael ei godi â choed a gymynwyd yn 1654/5, hynny yw, ar ôl marwolaeth Robert Anwyl, pan fu, o bosibl, ddwy weddw'n byw yn y Parc. Mae'n adeilad atodol ac mae'n rhaid y byddai'n gwasanaethu'r Tŷ Cyntaf a'r Ail Dŷ. Ceir pwll â grisiau y tu ôl i'r Trydydd Tŷ; yn ôl pob tebyg nid addurn ydoedd ond pwll â defnydd iddo.

Mae'r Pedwerydd Tŷ'n astrus o ran ei gronoleg a'i swyddogaeth ill dwy. Mae'n dŷ mawr, ac mae'r tŷ presennol yn addasiad o adeilad a godwyd gyda sawl mynedfa iddo. Beth oedd swyddogaeth yr adeilad hwn, a godwyd yn y lle cyntaf gyda phedair mynedfa? Byddai'n hollol resymol ei weld fel llety ar gyfer gwesteion, o gofio statws William Lewis Anwyl

Table: Simplified genealogy of the Anwyls of Parc.

ROBERT AP MORIS (†1576)
LEWIS ANWYL (†1605)
WILLIAM LEWIS ANWYL (†1642)
ROBERT ANWYL (†1653) = KATHERINE (†1700)
LEWIS ANWYL (†1678) = KATHERINE

Interpretation

It is difficult to make sense of the complex at Parc without a clear chronology. Survey, dendrochronology, and the literary evidence in combination have clarified the building sequence:

1. 16th-century House I (demolished)
2. 1617/18 (tree-ring date) The Lodge or Gatehouse
3. 17th-century House 2 (probably before 1642)
4. 1654/5 (tree-ring date) House 3
5. 1666 (inscription) Beudy-newydd
6. 1671 House 4 (inscription; last tree-ring date 1669/70).

The relative phasing helps us to understand the building sequence in relation to the development cycle of the Anwyl family at Parc. Building work is largely attributable to William Lewis Anwyl, whose development of the demesne was marked by the building of the gatehouse in 1617/18. House I was the principal house inherited from his father, Lewis Anwyl (d.1605), son of Robert ap Moris (d. 1576), the founder of the family at Parc. House 2, flanking House I, is in the expected position of a dower house and is a house of some status. The poetic description of Lewis Anwyl's new house 'as one' with (or joined to) the principal house must refer to this house. House 3 has been added to House 2

7.20
Y Parc:
arysgrif dyddiad 1671 /
1671 date inscription

ymhlith boneddigion y sir a'r tebyg y câi ymweliadau gan bwysigion eraill gogledd Cymru a fyddai'n teithio, yn ddiau, gyda gweision. Er hynny, rhaid hefyd ddeall yr adeilad newydd mewn perthynas â chylch datblygu'r teulu. Cafodd William Lewis Anwyl ac Elizabeth Herbert 16 o blant. Adeg marwolaeth William, yr oedd sawl un o'i blant mewn oed yn ddibriod, ac efallai ar eu cyfer hwy y bwriadwyd y tŷ newydd. Yn ogystal, mae'n eglur y byddai pâr priod weithiau'n byw am gyfnod gyda rhieni'r naill neu'r llall cyn iddynt 'ddechrau byw'.

Yn rhyfeddol, erys nodiadau teuluol gan Lewis Anwyl (1596–42), mab hynaf William Lewis Anwyl, sy'n cadarnhau i barau priod dreulio cyfnodau sylweddol yn y cartref teuluol cyn 'dechrau byw'. Priododd Lewis yn y Faenol yn 1627 ond dychwelodd ef a'i wraig i dŷ ei dad yn y Parc o fis Tachwedd (Gŵyl Galan Gaeaf) 1628 hyd fis Mai 1630 pan ddechreusant ymgartrefu yn Sir Drefaldwyn, gan godi tŷ yng Nghemaes. Mewn man arall, mae'n cofnodi y priodwyd ei chwaer Gwen yn breifat yn y Parc â Richard Pool, ac y ganwyd eu mab yn y Parc flwyddyn yn ddiweddarach yn 1633. Yr oedd dwy o chwe merch William yn byw yn y Parc adeg ei farwolaeth a rhaid tybio i'w ferched priod dreulio rhywfaint o amser yn y Parc ar ôl iddynt briodi.[7]

Ymddengys y codwyd y Pedwerydd Tŷ fel lletty. Er hynny, efallai y trowyd ef yn dŷ agweddi wrth i

[7] W.W.E.W.,'The Anwill manuscript', *Montgomeryshire Collections* IX (1876), 357-64.

and touches it corner-to-corner and is subsidiary to it. Tree-ring dating shows that it was built from timber felled in 1654/5, that is after the death of Robert Anwyl when there may have been two widows in residence at Parc. It is a subsidiary building and must have had a service function in relation to Houses 1 and 2. The stepped pool behind House 3 was probably not ornamental but had a service function.

House 4 is the puzzle both in terms of its chronology and function. It is a large house and the present house is an adaptation of a range originally built with several doorways. What was the function of this range, originally planned with four doorways? An accommodation or guest range is entirely appropriate given the position of William Lewis Anwyl in county society and the likelihood that he was visited by other leading members of north Wales society who, no doubt, travelled with servants. However, the new building has also to be understood in relation to the family cycle. William Lewis Anwyl and Elizabeth Herbert had 16 children. At the time of William's death he had several unmarried adult children and the new house could have been intended for them. Moreover, it is clear that marriage was sometimes followed by a period of residence with parents or parents-in-law before the couple 'kept house'.

Remarkably, family memoranda of Lewis Anwyl (1596–42), eldest son of William Lewis Anwyl, survive and confirm that married couples spent considerable periods in the family home before they kept house. Lewis was married at Faenol in 1627 but he and his wife returned to his father's house at Parc from November (All-Hallows) 1628 until May 1630 when they began to keep house in Montgomeryshire, building a house at Cemaes. Elsewhere he records that his sister Gwen was married privately at Parc to Richard Pool, and that their son was born at Parc a year later in 1633. Two of William's six daughters were resident at Parc at the time of his death and his married daughters presumably spent some time at Parc after marriage.[7]

It seems likely that House 4 was built as an accommodation range. However it may have been turned into a dower house as the heir of Parc

**7.21
Y Parc:**
adwy prif ddrws y Pedwerydd Tŷ gyda meini bwa, dyddiedig 1671 gan arysgrif / the principal doorway with voussoirs of House 4, dated 1671 by inscription

8 Trafodir cist gysylltiedig, gyda'r arysgrif LA KA 1671, gan John Ellis Jones / An associated chest inscribed LA KA 1671 is discussed by John Ellis Jones, 'Two late seventeenth-century Welsh chests, one pair of hands?', *CCHChSF/JMerHRS* XVI:2 (2012), 230-46.

etifedd y Parc agosáu at ei 21 oed. Caewyd pob un ond un o'r adwyon niferus, ychwanegwyd asgell ar gyfer grisiau, addaswyd to'r tŷ, neu fe osodwyd un newydd, ac ychwanegwyd pediment i'r tu blaen. Coffawyd y gwaith gan garreg ddyddiad gyda llythrennau cyntaf enwau Lewis Anwyl a'i wraig Katherine: LA KA 1671. Yr oeddent wedi priodi yn 1668, pan oedd Lewis Anwyl yn un ar bymtheg oed, ac mae'n eglur iddynt 'ddechrau byw' yn 1671. Ymhlith y rhai a oedd yn byw yn y Parc bryd hynny, yn annibynnol ar ei gilydd yn ôl pob tebyg, oedd Lewis a Katherine Anwyl, Katherine Anwyl yr hynaf, a Richard Anwyl, mab iau William Lewis Anwyl.[8]

Yr oedd Katherine Anwyl (mam Lewis) wedi goruchwylio'r ddeuddyn ifanc nes iddynt 'ddechrau byw'. Mae ei brwdfrydedd personol dros adeiladu'n amlwg o'r garreg ddyddiad ar y beudy mawr, lle ceir 'K A 1666', a'r ysgubor fawr sy'n debyg i'r beudy, a'r

approached 21. All but one of the multiple doorways were blocked up, the stair wing added, the roof was adjusted, and the elevation given a pediment. The work is commemorated by a date stone with the initials of Lewis Anwyl and his wife Katherine: LA KA 1671. They had married in 1668, when Lewis Anwyl was sixteen, and evidently started keeping house in 1671. Residents at Parc, probably maintaining independent households, then included Lewis and Katherine Anwyl, Katherine Anwyl the elder, and Richard Anwyl, younger son of William Lewis Anwyl.[8]

Katherine Anwyl (mother of Lewis) had supervised the young couple until they began to keep house. Her own passion for building is apparent from the datestone on the great cowhouse which is inscribed K A 1666, and the great barn which resembles the cowhouse, and the house

Parc: Adroddiad y Labordy / Laboratory Report
Crynodeb o'r samplau a ddyddiwyd / Summary of dated samples

Rhif y sampl / Sample number	Lleoliad y sampl / Sample location	Rhychwant y dyddiadau / Date span	Cylchoedd gwynnin / Sapwood rings	Cyfanswm y cylchoedd / Total rings	Dyddiadau cymynu / Felling dates
	PARC NEWYDD (PARC 4) Principal House				
*bdgw1	principal rafter N truss: (mean 2 cores)	1451-1633	17	183	1661-68
*bdgw2a1	principal rafter N truss	1489-1644	23	156	
bdgw2a2	ditto		+21	21	OxCal 1665-87
*bdgw3	collar N truss	1520-1619	1	100	1629-59
*bdgw4	N truss: strut (mean 2 cores)	1482-1659	37½C	178	Summer 1660
bdgw5a1	upper purlin	-	-	51	
bdgw6	principal rafter centre truss	-	34½C	146	
*bdgw7	collar centre truss	1466-1650	30	185	1651-61
bdgw8a1	principal rafter S truss	1511-1620	8	110	
bdgw8a2	ditto	-	26+18 NM	26	(Spring 1668)
bdgw9	principal rafter S truss	1528-1667	58¼C	140	Spring 1668
*bdgw89	Mean of **bdgw8** + **bdgw9**	1511-1667	56¼C	157	
*bdgw10	collar S truss	1464-1669	52C	206	Winter 1669/70
	PARC HENDY (PARC 3)				
*bdgw11	transverse beam	1486-1654	36C	169	Winter 1654/5
bdgw12	transverse beam over stairs	-	47¼C	153	
*bdgw13	Upper lintel over stairs	1409-1583		175	after 1594
	PARC GATWS, Gatehouse				
bdgw21b	W principal rafter	1495-1614	53	120	(Winter 1617/18)
bdgw22b	E principal rafter	1488-1617	50C	130	Winter 1617/18
*bdgw212	Mean of 4 cores **bdgw21-22**	1461-1617	54C	157	
bdgw23	collar	-	40+4 NM	122	
*bdgw24	W lower purlin	1386-1588	H/S	203	1599-1629
bdgw25a1	transverse beam	-	H/S	149	
bdgw25a2	ditto	-	+37½C	37	
* = BDGW Site Master		**1386-1669**		**284**	*t*-value = 13.8 GWYNEDD5

tŷ lle bu'n byw yn nes ymlaen, ym Mhlas-newydd, Llanfrothen, lle ceir carreg ddyddiad arall â phriflythrennau ei henw.

Bwriad y darluniau yma yw rhoi argraff o wahanol elfennau'r safle a naws y Parc. Mae'r safle'n gymhleth, ac mae modd ei ddehongli mewn sawl modd. Mae disgrifiad Richard Haslam yn neilltuol werthfawr.[9]

Dyddio
Bu gwaith samplo llwyddiannus i gadarnhau trefn cyfnodau adeiladu'r cyfadeilad hwn ar gynllun Eryri.

where she lived latterly at Plas-newydd, Llanfrothen, which has a further datestone with her initials.

The drawings included here are intended to give an impression of the different elements of the site and the mood of Parc. The site is complex and different interpretations of it are possible. The description by Richard Haslam is particularly valuable.[9]

Dating
Sampling was successfully undertaken to establish the relative phasing of this Snowdonian complex.

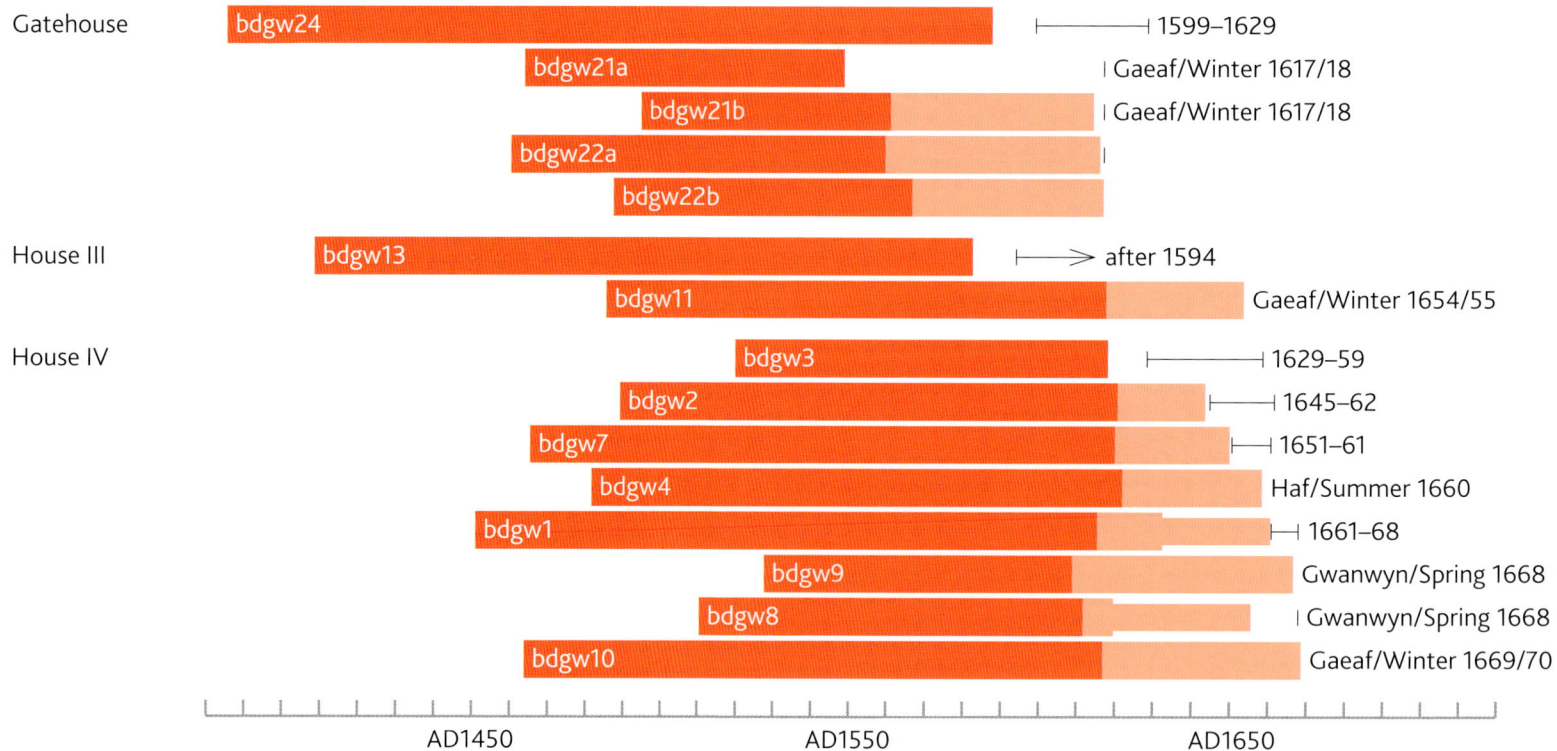

Rhychwant dilyniannau'r cylchau / Span of ring sequences

Cyfeiriad grid: SH 626 439; *NPRN* 404989	*Grid reference*: SH 626 439; *NPRN* 404989
Cymuned ac awdurdod cyfoes: Llanfrothen, Gwynedd	*Modern community and authority*: Llanfrothen, Gwynedd
Plwyf a sir hanesyddol: Llanfrothen, Sir Gaernarfon	*Historic parish and county*: Llanfrothen, Caernarvonshire
Ymchwil: Cymdeithas Hanes Beddgelert (Margaret Dunn) a CBHC; *Arolwg*: CBHC; *Dyddio*: Oxford Dendrochronology Laboratory.	*Research*: Cymdeithas Hanes Beddgelert History Society (Margaret Dunn) & RCAHMW; *Survey*: RCAHMW; *Dating*: Oxford Dendrochronology Laboratory.

9 Richard Haslam et al., *The Buildings of Wales: Gwynedd* (London, 2009), 578-9.

8
CYFLWYNO PROSIECT YN Y GYMUNED: 'O FESEN FACH DAW DERWEN IACH ...'
INTRODUCING A COMMUNITY-BASED PROJECT: 'GREAT OAKS FROM LITTLE ACORNS ...'

Cyflwyniad

Tyfodd y prosiect hwn o ganlyniad i frwdfrydedd llond llaw o aelodau Cymdeithas Hanes fechan Beddgelert yng nghanol Eryri, a datblygodd yn brosiect sy'n cynnwys cannoedd o bobl ledled gogledd Cymru.

Rhwng 2000 a 2004 cynhaliwyd cloddfa archeolegol dan arweiniad gwirfoddolwyr ar dŷ fferm adfeiliedig o'r unfed ganrif ar bymtheg yn Nant Gwynant wrth droed yr Wyddfa. Soniai hanes lleol ysgrifenedig a llafar fod coed o'r adfail hwn wedi'u hailddefnyddio mewn adeilad fferm cyfagos. Clywodd arweinydd y gloddfa am ddendrocronoleg (dyddio hen goed trwy eu blwyddgylchau) a daeth y syniad o ddefnyddio eu blwyddgylchau i ddyddio'r darnau coed hyn a ailddefnyddiwyd, i ddyddio'r adfail a gloddiwyd. Cytunodd y Dr Nigel Nayling, o Brifysgol Cymru y Drindod Dewi Sant, i gynnal asesiadau ac i samplo'r coed hwn a ailddefnyddiwyd, a darnau coed yn eu lleoedd gwreiddiol mewn tri ffermdy cyfagos, a thalwyd am hyn gyda grant cymunedol bychan gan Barc Cenedlaethol Eryri. Cafwyd dyddiadau cymynu o 1508 a'r 1550au o ddau o'r ffermdai.

Taniodd hyn ddiddordeb Cymdeithas Hanes Beddgelert ac o ganlyniad sefydlwyd Prosiect Dendrocronoleg Eryri. Rhwng 2004-2007 gweithiodd y grŵp hwn mewn partneriaeth â Chomisiwn Brenhinol Henebion Cymru (CBHC) gan ymweld â thros 60 o hen dai o fewn dalgylch o ddeng milltir o Feddgelert yn Eryri a'u hasesu. Adnabuwyd y rhain drwy ddefnyddio *Inventories* y Comisiwn ar gyfer Sir Gaernarfon, cofrestrau adeiladau rhestredig Cadw, a gwybodaeth leol. Eglurwyd y Prosiect yn ofalus i berchnogion tai a

Introduction

This project grew from the enthusiasm of a handful of members of the small Cymdeithas Hanes Beddgelert History Society in the heart of Snowdonia into a project involving hundreds of people across north Wales.

Between 2000 and 2004 a volunteer-led archaeological excavation of a ruined sixteenth-century farmhouse was undertaken in the Nantgwynant valley at the foot of Snowdon. Local written and oral history indicated that timbers from this ruin had been reused in a nearby farm building. The excavation leader heard about dendrochronology (tree-ring dating of old timbers) and the idea of tree-ring dating these reused timbers to date the excavated ruin was born. Dr Nigel Nayling, University of Wales Trinity St David, agreed to undertake assessments and sampling of this reused timber, and of original timbers in three neighbouring farmhouses, paid for with a small community grant from the Snowdonia National Park. Felling dates of 1508 and the 1550s were obtained from two of the farmhouses.

This whetted the interest of the local Cymdeithas Hanes Beddgelert History Society, and thus the Snowdonia Dendrochronology Project was established. From 2004–07 this group worked in partnership with the Royal Commission on the Ancient and Historical Monuments of Wales (RCAHMW) visiting and assessing over 60 old houses within a ten-mile radius of Beddgelert in Snowdonia. These had been identified using the

thenantiaid a derbyniwyd caniatâd ysgrifenedig ganddynt; anfonwyd copïau o'r canlyniadau atynt yn ddiweddarach. Aeth arweinydd y gloddfa i gynhadledd y *Vernacular Architecture Group* (grŵp pensaernïaeth frodorol) yn Harlech yn 2005 a sylweddoli posibiliadau annefnyddiedig dendrocronoleg yn Eryri.

Rhoddwyd contract i Labordy Dendrocronoleg Rhydychen i samplo darnau o goed derw addas a oedd o hyd yn eu lle gwreiddiol. Sicrhawyd grantiau ac, â'r arian a dderbyniwyd, samplwyd 28 o adeiladau; cafwyd dyddiadau cymynu ar gyfer 26 ohonynt. Y cynharaf oedd ffermdy unllawr bychan â nenffyrch a ddyddiwyd i 1495 a lle tân diweddarach yn ei dalcen. Yr oedd i dŷ unllawr arall â nenffyrch, a ddyddiwyd trwy flwyddgylchau i 1508, aelwyd ganolog cyn gosod lle tân canolog, genhedlaeth yn ddiweddarach. Cafwyd dyddiadau yn y 1500au ar gyfer pymtheg o adeiladau, ac o'r rhain yr oedd lle tân yn nhalcen tri ar ddeg ohonynt a grisiau tro cerrig eto yn nhalcenni chwech ohonynt. Dyddiwyd sgrîn eglwys i ddechrau'r 1500au. Dyddiwyd chwe adeilad i'r 1600au, a phedwar i'r 1700au; yr oedd nifer o'r rhain yn ddyddiadau ar gyfer cyfnod diweddarach o adeilad cynharach na lwyddwyd i'w ddyddio. Yn ôl y dyddiadau cymynu sefydlwyd dyddiad cryn dipyn yn gynharach ar gyfer adeiladau na'r hyn a dybiwyd ynghynt, gyda gwahaniaeth o gymaint â dwy ganrif weithiau.

Ni wnaed unrhyw gofnodi pensaernïol gan y cawsai hyn ei wneud, at ei gilydd, gan y Comisiwn Brenhinol yn y 1950au wrth baratoi *Inventories* Sir Gaernarfon. Bu nifer fechan o wirfoddolwyr yn ymchwilio i hanes y tai dyddiedig hyn a'u teuluoedd, gyda'r manylion yn amrywio yn ôl y dogfennau a'r amser a oedd ar gael. Cynhyrchwyd taflen ddwyieithog, *Adeiladau Tuduraidd yn Eryri*, a'i dosbarthu'n eang, a rhoddwyd sawl sgwrs am ganlyniadau'r prosiect cyntaf hwn. Mae'r canlyniadau hyn bellach ar wefan y prosiect **www.datingoldwelshhouses.co.uk**.

Erbyn diwedd 2008 yr oedd diddordeb wedi cynyddu yn yr elfen hon o hanes lleol a'r dreftadaeth adeiledig Gymreig. Yn 2009 sefydlwyd **Prosiect Dendrocronoleg Gogledd-orllewin Cymru** yn elusen Gofrestredig, gyda dogfen ddwyieithog yn cynnwys y cyfansoddiad a'r polisïau, a gellir gweld

Royal Commission's *Inventories* for Caernarvonshire, Cadw listed building schedules, and local knowledge. The Project was carefully explained to, and written permission received from, house owners and tenants, who later received copies of all results. The excavation leader attended the Vernacular Architecture Group's conference in Harlech in 2005 and realised the unused potential of dendrochronology in Snowdonia.

The Oxford Dendrochronology Laboratory was contracted to sample suitable original oak timbers. Grants were obtained and funding allowed 28 buildings to be sampled; felling dates were obtained for 26 of them. The earliest was a small, singled-storeyed farmhouse with crucks dated to 1495 with a later gable-end fireplace. Another single-storeyed cruck-trussed house, tree-ring dated 1508, had a central hearth prior to the insertion a generation later of a central fireplace. Fifteen buildings dated to the 1500s, of which thirteen had gable-end fireplaces and six still contained spiral stone stairs in the gable-end wall. A church screen dated to the early 1500s. Six buildings were dated to the 1600s and four to the 1700s; several of these were dates for a later phase of an earlier undatable building. Most of the felling dates established a considerably earlier date for buildings than was previously thought, sometimes by as much as two centuries.

No architectural recording was undertaken as this had generally been done in the 1950s by the Royal Commission when preparing the Caernarvonshire *Inventories*. A small number of volunteers researched the histories of these dated houses and their families in varying detail depending on the documents and time available. A bilingual leaflet, *Tudor Buildings in Snowdonia*, was produced and distributed without charge, and many talks were given about the results of this first project. These results are now on the project website **www.datingoldwelshhouses.co.uk**.

By late 2008 interest had grown in this aspect of local history and the Welsh built heritage. In 2009 the **North-West Wales Dendrochronology Project** was established as a registered charity, and had a bilingual constitution and policies

hon ar y wefan **http://datingoldwelshhouses.co.uk/** ar y ddolen 'Ein Polisïau' o'r tudalen 'Amdanom ni'. Amcanion yr elusen, fel y'u mynegwyd yn ffurfiol, oedd 'hybu addysg y cyhoedd yn gyffredinol (ac yn arbennig ymhlith haneswyr proffesiynol ac amatur ac archeolegwyr a chymunedau lleol) ynghylch adeiladau cyn 1700 yng Nghymru, gan ddefnyddio dendrocronoleg (dyddio blwyddgylchau) lle bo hynny'n bosibl; ac i hybu ymchwil i hanes adeiladau o'r fath gan wirfoddolwyr ac arbenigwyr er budd y cyhoedd ym mhob agwedd ar y pwnc hwnnw; ac i gyhoeddi'r canlyniadau defnyddiol.'

Nodau'r Prosiect

1. Nodi, samplo er mwyn **dyddio gan ddefnyddio dendrocronoleg**, cynnal **cofnod o adeiladau pensaernïol** ac **ymchwilio i hanesion** detholiad o neuadd-dai Tuduraidd / Elisabethaidd, â nenffyrch, ac adeiladau sawl llawr ar gynllun Eryri a phlastai trefol ledled gogledd-orllewin Cymru sydd â choed gwreiddiol addas, er mwyn gwneud datblygiad tai ledled yr ardal yn gliriach.
2. Codi ymwybyddiaeth ac ymwneud **cymunedau lleol** â'r elfen dreftadaeth adeiledig o ddiwylliant Cymreig yr ardal.
3. **Rhannu'r canlyniadau** yn eang, ac felly trwy brif gyhoeddiadau cenedlaethol (Cymru a'r DU) hyd at grwpiau ysgolion lleol a grwpiau cymunedol a thrwy wybodaeth gynyddol a gwell cronfa ddata, ddiogelu'r elfennau hyn o'n treftadaeth i'r cenedlaethau a ddaw, yn bobl yr ardal ac yn ymwelwyr.

Amcanion Y Prosiect

1. Cynnig hyfforddiant i unrhyw ardalwyr sydd â diddordeb fel y gallant ddod i adnabod adeiladau o'r fath yn eu hardal ac ymchwilio iddynt.
2. Cael caniatâd ysgrifenedig perchnogion adeiladau o'r fath sy'n dymuno ymwneud â'r prosiect.
3. Gweithio mewn partneriaeth â Chomisiwn Brenhinol Henebion Cymru (CBHC) a sefydliadau eraill ledled yr ardal.
4. Codi arian drwy grantiau er mwyn ariannu'r gwaith.

document, which can be consulted on the website **http://datingoldwelshhouses.co.uk/** 'About Us' page link: Our Policies. The formally expressed objects of the charity were 'to advance the education of the public in general (and particularly amongst professional and amateur historians and archaeologists and local communities) on the subject of pre-1700 buildings in Wales, where possible using dendrochronology (tree-ring dating); and to promote research into the history of such buildings by volunteers and specialists for the public benefit in all aspects of that subject; and to publish the useful results.'

Project Aims

1. To identify, sample in order to **date using dendrochronology**, undertake **architectural building recording** and **research the histories** of a selection of the Tudor/ Elizabethan hall-houses, cruck-trussed, and Snowdonia-style storeyed buildings and town-houses across north-west Wales, which have suitable original timber, in order to clarify the development of houses across the area.
2. To raise the awareness and involvement of **local communities** in the built heritage aspect of the Welsh culture of the region.
3. To **share the results** widely through major national (Wales and UK) publications down to local school and community groups, and thus, through increased knowledge and a better database, to safeguard these elements of our heritage for future generations of both local people and visitors.

Project Objectives

1. To offer training to any interested members of local communities to enable them to identify and research such buildings in their area.
2. To obtain written consent from owners of such buildings wishing to be involved in the project.
3. To work in partnership with the Royal Commission on the Ancient and Historical Monuments of Wales (RCAHMW) and other organisations across the area.

5. Gosod cytundeb ar gyfer y gwaith samplo a dyddio arbenigol i gorff priodol.
6. Tynnu i mewn syrfewyr pensaernïol lleol i gynhyrchu deunyddiau i wella cofnodion yr *Historic Environment Records* a Chofnod Henebion Cenedlaethol Cymru (archif gyhoeddus CBHC), gan gynnwys cronfa ddata o gydrannau adeiladol a samplwyd fel y gellir cael dadansoddiad teipolegol o'r datblygiad i ddibenion ymchwil pellach.
7. Datblygu gwefan, archif o ffotograffau, a defnyddiau artistig addas i'w dosbarthu i amrywiaeth o gynulleidfaoedd.
[**www.datingoldwelshhouses.co.uk**]
8. Gweithio mewn partneriaeth ag ysgolion cynradd drwy Cynnal er mwyn cynhyrchu deunyddiau addysgu digidol rhyngweithiol rhanbarthol Cymraeg ar gyfer Cyfnod Allweddol 2: y Tuduriaid.
9. Cynhyrchu: (i) llyfrynnau dwyieithog ar gyfer pob ardal ddaearyddol ar gyfer pobl yr ardal ac ymwelwyr; (ii) adroddiad llawn ar-lein drwy ein gwefan a gwefannau eraill ledled y DU a Chymru gan gynnwys *Coflein* ac *Archwilio*; (iii) llyfr am ddarganfod cartrefi hanesyddol yng ngogledd-orllewin Cymru i'w gyhoeddi ar y cyd â CHBC yn 2014; a (iv) chyfres o sgyrsiau â darluniau, ymweliadau tywysedig ac arddangosfeydd er mwyn rhannu'r canlyniadau.

O'r dechrau bu **ymwneud y gymuned** yn elfen allweddol o'r prosiect. Dosbarthwyd yn eang daflenni a phosteri dwyieithog, yn gwahodd gwirfoddolwyr, mewn llyfrgelloedd, archifdai a siopau; bu datganiadau i'r wasg a radio lleol yn gyfryngau i ledaenu'r gwahoddiadau hefyd. Rhoddwyd llawer o sgyrsiau â darluniau i amrywiaeth eang o gymdeithasau cymunedol ledled gogledd-orllewin Cymru. O ganlyniad i hyn i gyd, mynegwyd diddordeb sylweddol gan unigolion o amrywiol gefndiroedd. Trefnwyd dyddiau cyflwyno / hyfforddiant rhagarweiniol yn archifdai'r sir; yn ystod y bore trafodid nodau a gweithdrefnau'r prosiect ac esbonnid y polisïau. Yn y prynhawn cynhelid gweithdy gan archifwyr lleol yn amlinellu sut y gallai gwirfoddolwyr ymchwilio i hanes tŷ a'i deuluoedd gan ddefnyddio adnoddau dogfennol. Cynhwysai polisi gwirfoddoli'r prosiect

4. To raise finance through grants to fund the work.
5. To contract the specialist sampling and dating work to an appropriate body.
6. To involve local architectural surveyors in producing materials to enhance the local Historic Environment Records and the National Monuments Record of Wales (RCAHMW's public archive), including a database of sampled structural components to enable a typological analysis of development to be available for further research.
7. To develop a website, photographic archive and artistic materials suitable for dissemination to a range of audiences.
[**www.datingoldwelshhouses.co.uk**]
8. To work in partnership with primary schools through Cynnal to produce regional Welsh interactive digital learning materials for Key Stage 2: the Tudors.
9. To produce: (i) bilingual booklets for each geographical area for local people and visitors; (ii) a full report online through our website and other UK / Wales-wide websites including *Coflein* and *Archwilio*; (iii) a book on discovering historic homes in north-west Wales to be jointly published with RCAHMW in 2014; and (iv) a series of illustrated talks, guided visits and exhibitions to share the results.

From the outset **community involvement** was a key aspect of the project. Bilingual flyers and posters inviting volunteers were widely distributed in libraries, record offices & shops; press releases and local radio also spread the invitations. Many illustrated talks were given to a wide range of community organisations across north-west Wales. All this led to considerable interest from individuals from many backgrounds. Induction / introductory training days were arranged in the county record offices; during the morning the project aims and procedures were discussed and policies explained. The afternoon was run by local archivists as a workshop outlining how volunteers could research the history of a house and its families using documentary resources. Those interested in participating signed up to the project volunteering

gyfrifoldebau'r prosiect a chyfrifoldebau'r gwirfoddolwr ill dau, a byddai'r rhai â diddordeb mewn cymryd rhan yn ei lofnodi. Trefnid dyddiau fel hyn eto bob blwyddyn ym mhob ardal wrth i wirfoddolwyr newydd ymuno.

Yn y cyfamser, ceisiwyd **grantiau** oddi ar law amrywiaeth eang o sefydliadau sirol, rhai trwy Gymru oll a rhai wedi eu lleoli yn y DU er mwyn cynorthwyo â gwahanol agweddau ar y prosiect ym mhob sir. O'r ceisiadau hyn, bu rhwng eu traean a'u hanner yn llwyddiannus. Gwelir y rhain yn ddiweddarach dan y pennawd 'Cyllid'. Caniatâi'r rhan fwyaf o'r grantiau i'r canlynol gyfrif fel rhan o'r ariannu cyfatebol: amser y gwirfoddolwyr, mannau cyfarfod i gefnogwyr am ddim, a hyfforddiant am ddim i gefnogwyr. Gofynnai hyn am gofnodi manwl; cadwai pob gwirfoddolwr daflen waith yn nodi'r amser a dreuliwyd ar y prosiect, a chyflwynid hon wedyn i gyrff cymorth grant yr awdurdod lleol.

Gosodwyd y gwaith asesu a samplo **dendrocronoleg** ar dendr ar y cyd ag CBHC fesul cyfnod; Labordy Dendrocronoleg Rhydychen a enillodd y cytundebau. Ymwelodd y Dr Dan Miles a'i gydweithwyr ar sawl achlysur, am nifer o ddyddiau ar y tro fel arfer, i archwilio a samplo'r adeiladau anghysbell niferus yr ystyrid eu bod yn cynnwys coed derw gwreiddiol sylweddol yn perthyn i'r cyfnod cyn 1700. Yr oedd fel pe bai eu hymweliadau'n cyd-daro â llifogydd, eira neu dywydd garw; yn aml bu'n rhaid cwblhau adroddiadau'n gyflym er mwyn cyrraedd dyddiadau cau'r noddwyr, ond llwyddwyd i gyflawni hyn bob tro.

Bu chwech o sefydliadau / unigolion yn **cofnodi adeiladau amaethyddol** gan weithio yn ôl cyfarwyddyd y cytunwyd arno mewn tai penodol. Y rhain oedd Ymddiriedolaeth Archaeolegol Gwynedd, y Dr Ian Brooks o EAS Ltd., Ric Tyler, Peter Thompson, David Longley, ac Adam Voelcker. Gweithiodd pawb yn galed i gynhyrchu adroddiadau gwych er mwyn cyrraedd dyddiadau cau tynn. Ni fu o arian i gofnodi pob tŷ a ddyddiwyd drwy ddefnyddio dendrocronoleg, ac ychydig iawn o dai a gofnodwyd na ellid eu dyddio.

Rheolaeth
Rheolwyd y prosiect gan ddwsin o Ymddiriedolwyr yn gweithredu drwy Bwyllgor Gwaith gyda swyddogion,

policy, which included the responsibilities of both the project and the volunteer. These days were repeated each year in each area as new volunteers joined.

Meanwhile, **grants** were sought from a wide range of county, pan-Wales and UK-based organisations to assist with differing aspects of the project in each county. Of these applications around one third to one half were successful. These are shown later under 'Finance'. Most grants allowed the volunteers' time, supporters' free accommodation for meetings, and supporters' free tuition to count as part of the match funding. This required detailed recording with each volunteer maintaining a worksheet of time spent on the project, which was forwarded to the local authority grant-aiding bodies.

The **dendrochronology** assessing and sampling work was put out to tender jointly with the RCAHMW in phases; the Oxford Dendrochronology Laboratory won the contracts. Dr Dan Miles and his colleagues visited on numerous occasions, usually for several days at a time, to inspect and sample the many remote buildings thought to contain substantial original pre-1700 oak timbers. Their visits seemed to coincide with floods, snow or wild weather; reports frequently had to be completed quickly to meet the funders' deadlines, but this was always achieved.

Architectural building recording was undertaken by six organisations/individuals working to an agreed brief at specified houses. These were Gwynedd Archaeological Trust, Dr Ian Brooks of EAS Ltd., Ric Tyler, Peter Thompson, David Longley, and Adam Voelcker. Everyone worked hard to produce excellent reports to meet tight deadlines. There was insufficient finance to record every house dated using dendrochronology, and a very few undatable houses were recorded.

Management
The project was managed by 12 trustees operating through an Executive Committee with officers, and meeting at least quarterly. A larger Advisory Group, mainly consisting of professional architects, archaeologists, archivists, academics, and building conservation officers, met at least

yn cyfarfod bob chwarter blwyddyn o leiaf. Bu Grŵp Ymgynghorol mwy, yn cynnwys penseiri proffesiynol, archeolegwyr, archifwyr, academyddion, a swyddogion cadwraeth adeiladau yn bennaf, yn cyfarfod o leiaf bob chwarter blwyddyn er mwyn cynnig cyngor a chefnogaeth. Yn ogystal, ffurfiai aelodau'r ddau grŵp hyn bedwar pwyllgor i oruchwylio'r agweddau TG / gwefan, addysg, cyhoeddiadau a pholisïau. Ni fuasai'r prosiect mor llwyddiannus heb eu holl ymdrechion hwy. Dilynid y Cyfarfod Cyffredinol Blynyddol gan ddarlith gyhoeddus a ddenai rhwng 80–100 o bobl fel arfer, a newidiai'r man cyfarfod bob blwyddyn. Dosbarthwyd cylchlythyrau dwyieithog chwarterol yn eang i lyfrgelloedd ac archifdai yn ogystal ag i'r holl wirfoddolwyr a phobl eraill a oedd â diddordeb. Sefydlwyd Grŵp Cyfeillion a threfnwyd digwyddiadau misol gan gynnwys sgyrsiau, teithiau cerdded ac ymweliadau tywysedig â thai. Cynhyrchwyd taflenni dwyieithog yn tynnu sylw at nodweddion tai cynnar mewn chwe ardal ac fe'u dosbarthwyd am ddim.

Ymchwilio I Hanes Tai
I ategu gwaith y dendrocronolegwyr a'r cofnodwyr adeiladau proffesiynol, bu tîm o ryw 200 o wirfoddolwyr yn ymchwilio i hanes dogfennol y tai dethol a'u teuluoedd. Nid oedd y rhan fwyaf o'r gwirfoddolwyr wedi gwneud y math hwn o ymchwil o'r blaen. Yr oedd llawer ohonynt wedi ymddeol, rhai ohonynt yn berchnogion y tai dan sylw, a sawl un wedi bod yn awyddus i wneud rhywbeth fel hyn erioed ond heb wybod sut i ddechrau arni.

Yn dilyn y dyddiau cyflwyno yn y gwahanol ardaloedd, sefydlwyd cyfarfodydd misol mewn chwe man er mwyn cefnogi eu hymchwil. Arweinid y rhain gan gyfarwyddwr y prosiect ac yn eu plith cynhelid sesiynau mewn archifdai yn sôn am ddefnyddio gwahanol fathau o ddogfennau, ceid ymweliadau tywysedig â thai er mwyn i'r gwirfoddolwyr gael profiad o lygad y ffynnon, a chynhelid sesiynau ar gyfer trafodaeth a chymorth unigol. Croesewid y rhain gan berchnogion tai cynnar neu fe'u cynhelid mewn mannau cyfarfod lleol hwylus. Dosberthid fformatiau ac amlinelliadau awgrymedig ar gyfer adroddiadau a chesglid y daflen waith bob mis. Câi'r gwirfoddolwyr wneud cymaint neu gyn lleied ag a ddymunent neu yr oedd ganddynt amser ar ei gyfer.

quarterly to offer advice and support. In addition, members of these two groups formed four committees to oversee the IT / website, education, publications and policy aspects. The project would not have been as successful without all their endeavours. The AGM was followed by a public lecture, which usually attracted 80–100 people, the venue changing each year. Quarterly bilingual newsletters were freely distributed to libraries and record offices as well as to all volunteers and other interested people. A Friends' Group was established and monthly events of talks, walks and guided house visits were arranged. Bilingual leaflets, highlighting the characteristics of early houses in six areas, were produced and freely distributed.

House History Research
Complementary to the work of the professional dendrochronologists and building recorders, a team of around 200 volunteers have been researching the documentary history of the selected houses and their families. Most volunteers had never undertaken this type of research before. Many were retired, some were owners of the houses involved, and several had always wanted to do something like this but did not know how to start.

Following the area induction days, monthly meetings were established in six locations to support their research. These were led by the project director and included sessions in record offices on using types of documents, on guided house visits to provide first-hand experience, and sessions for discussion and individual help. These were hosted by owners of early houses or in convenient local venues. Suggested formats and outlines for reports were distributed, and the worksheet was collected each month. Volunteers could do as much or as little as they wished or had time for. Some volunteers soon decided it was not what they had anticipated, or their circumstances altered, and they left. However new volunteers kept joining as they heard about the project. Many have continued for several years and have become experts in aspects of local history, vernacular architecture, and/or documentary research.

Penderfynodd rhai gwirfoddolwyr yn fuan nad oedd y gwaith yr hyn yr oeddent wedi'i ddisgwyl, neu fe newidiodd eu hamgylchiadau, ac fe adawsant. Fodd bynnag, byddai gwirfoddolwyr newydd yn ymuno wrth iddynt glywed am y prosiect. Mae llawer wedi dal ati ers nifer o flynyddoedd a dod yn arbenigwyr ar agweddau ar hanes lleol, pensaernïaeth frodorol, a/neu ymchwil ddogfennol.

Coladwyd yr holl ymchwil gan ddefnyddio patrwm manwl-gywir o nodiadau wedi eu teipio yn dilyn trefn amser a chan gofnodi'r dyddiad, yr wybodaeth a chyfeirnod llawn y ffynonellau ar gyfer pob un eitem. Ymhlith y ffynonellau hyn ceid deunydd o lyfrau, llawysgrifau, mapiau, rhestrau rhenti, ewyllysiau, trethi ac atgofion byw. Diben y fformat manwl-gywir oedd sicrhau y gallai darllenwyr y dyfodol gyfeirio at bob ffynhonnell ac efallai, ar ôl casglu mwy o wybodaeth, ei dehongli mewn dull gwahanol. Bu gweithiau hynafiaethol na nodent eu ffynonellau yn gryn rwystr! Mae'r holl adroddiadau ar gael ar y wefan **www.datingoldwelshhouses.co.uk** yn ogystal ag ar *Coflein*, *Archwilio* a'r Cofnodion Treftadaeth Amgylcheddol yn Ymddiriedolaethau Archaeolegol Cymru. Cofnodir ychwanegiadau a chywiriadau ar wefan y prosiect.

All research was collated following a strict pattern of typed-up notes moving forward in time and recording for each item the date, the information, and the full reference for sources. This included material from books, manuscripts, maps, rentals, wills, taxes and living memories. The purpose of the strict format was to ensure that future readers could refer to each source and maybe, with increased knowledge, interpret it in an alternative way. Unreferenced antiquarian writings proved most frustrating! All reports are available in the website **www.datingoldwelshhouses.co.uk** as well as on *Coflein*, *Archwilio* and the HERs at the Welsh Archaeological Trusts. Additions and corrections are entered on the project website.

Barn y rhai a gymrodd ran
Pa beth enillais o fod yn wirfoddolwr?

"Gan nad oeddwn i erioed wedi bod yn yr archifdy lleol o'r blaen, mae'r prosiect wedi creu ymwybyddiaeth eang ynof o arwyddocâd hanesyddol adeiladau hynafol yn ein hardal ni. Fe fu hyn y tu hwnt i'm disgwyliadau ar bob lefel." Francesca, Sir Ddinbych.

"Llawer iawn o fwynhad, dealltwriaeth lawer dyfnach o hanes yr ardal, trafodaethau o'r radd flaenaf gyda gwirfoddolwyr eraill, perchnogion tai ac ati, a datblygu technegau hanesyddol." Tom, Gwynedd.

"Pe na bawn i wedi dod yn rhan o'r prosiect bron ar hap (gan fod tŷ hanesyddol fy mab yn cael ei ddyddio), fuaswn i byth wedi sylweddoli mai hanes fu fy hoff ddifyrrwch erioed. 'Dw' i wedi ennill dealltwriaeth o ddatblygiad hanesyddol tai yng Ngogledd Cymru." Tony, Conwy.

Participants' reflections
What have I gained from being a volunteer?

"Having never been to the local archives before, the project has led me to a vast awareness of the historical significance of ancient buildings around our area. All expectations have been exceeded on every level." Francesca, Denbighshire.

"A great deal of enjoyment, a much deeper understanding of the history of the locality, first-rate discussions with other volunteers, house-owners etc, and a deepening of historical techniques." Tom, Gwynedd.

"If I hadn't become involved almost accidentally (as my son's historic house was being dated), I'd never have realised that history has always been my favourite pastime. I've gained insight into the historical development of houses in North Wales." Tony, Conwy.

"'Roedd y prosiect yn cynnig arweiniad ac ysbrydoliaeth i ymchwilio i gartref fy nheulu. Mi ddysgais i lawer o'r gweithdai a'r ymweliadau â thai. Mae aelodau'r grŵp y byddaf yn eu cyfarfod bob mis wedi dod yn ffrindiau ac mi fyddwn yn helpu ein gilydd." Nan, Gwynedd.

"Fel newyddian llwyr yn y meysydd yma 'dw' i wedi dysgu llawer iawn." Richard, Conwy.

"'Dw' i wedi cael cyfle i ddatblygu fy niddordeb mewn mapiau a'r dirwedd drwy ddefnyddio mapiau degwm er mwyn cadarnhau'r cysylltiadau rhwng deiliadaethau a thirwedd y bedwaredd ganrif ar bymtheg ." Veronica, Sir y Fflint.

"Cyfarfod pobl o gyffelyb fryd a dysgu mwy am sut mae dendrocronoleg yn gweithio." June, Ynys Môn.

"Defnyddiol ac addysgiadol iawn; dysgu sut i ddefnyddio cymysgedd o adnoddau dogfennol ac adnoddau ar y we a pherthnasedd topograffeg a mapiau." David, Gwynedd.

"Dod yn ymwybodol o'r nifer fawr o hen dai sydd yng Ngogledd Cymru; 'roeddwn i'n meddwl fod y tai'n ddiddorol oherwydd y cofnodion o bobl go iawn." Ann, Conwy.

"Mi es i glywed sgwrs ac mi gefais i fy "rhwydo". 'Dw' i wedi dysgu am ddendrocronoleg drwy ymweld â hen dai, clywed sgyrsiau ar bensaernïaeth a 'dw' i wedi cael cymorth i ysgrifennu hanes tŷ'n gywir." Jean, Gwynedd.

"Deall adeiladau'n well a chael syniad reit glir am y math o fywyd a gâi'r rhai oedd yn byw yno." Mair, Gwynedd.

"Fe fu'n ddefnyddiol ac yn ddiddorol; y peth gorau fu rhwydweithio gyda'r grŵp." Ray, Conwy.

"Mi ddysgais fwy am wneud ymchwil; 'roedd y tu hwnt i bob disgwyl." Janice, Sir Ddinbych.

"Mae wedi ehangu fy ngwybodaeth i am adeiladwaith hen dai yng Nghymru." John, Gwynedd.

"'Dw' i bellach yn gwerthfawrogi'r gronfa ddata hanesyddol leol yn well – yn ogystal â'r bylchau sylweddol ynddi; y cyfle i ymweld â chymaint o hen dai." Llew, Gwynedd.

"The project offered me guidance and inspiration to research my ancestral home. I learnt much from both the workshops and the house visits. Group members whom I meet every month have become friends and we help each other." Nan, Gwynedd.

"As a complete novice in these areas I have learnt a great deal." Richard, Conwy.

"I've been given an opportunity to develop my interest in maps and the landscape by actually using tithe maps to determine the connections between holdings and the landscape in the nineteenth century." Veronica, Flintshire.

"Meeting people who are like-minded and learning more about the process of dendrochronology." June, Anglesey.

"Very useful and informative; learning to use mixed documentary and web resources and the relevance of topography and maps." David, Gwynedd.

"Awareness of the large number of old houses in north Wales; found the houses interesting because of the records of real people." Ann, Conwy.

"I attended a talk and was 'hooked'. I've learnt about dendrochronology through visits to old houses, talks on architecture and had help in writing a house history correctly." Jean, Gwynedd.

"An increased understanding of buildings and some clear concept of the life people lived." Mair, Gwynedd.

"It has been useful and interesting; the best aspect has been networking with the group." Ray, Conwy.

"Gained a greater knowledge of researching; it has exceeded my expectations." Janice, Denbighshire.

"Expanded my knowledge about the construction of old houses in Wales." John, Gwynedd.

"I have gained a greater appreciation of the local historical database – as well as the major gaps in it; opportunity to visit so many old houses." Llew, Gwynedd.

"Mae 'na gyfoeth o hen dai syfrdanol yng Ngogledd Cymru, pob un ohonyn nhw â hanesion hynod ddiddorol ond sy'n aml wedi mynd ar goll. Mae'r Prosiect wedi rhoi'r wybodaeth a'r ysgogiad i'r rhai hynny ohonom ni sy'n frwd dros hen dai i wneud yr ymchwil angenrheidiol er mwyn dod o hyd i'r wybodaeth guddiedig ac i adfywio gorffennol y tai hynafol yma. Fe fu'n brofiad gwych gweithio gydag eraill â'r un diddordeb mewn tai a'u straeon. Mae llwyddiant y prosiect ac eiddo'r grŵp presennol yn deillio'n uniongyrchol o arweiniad nodedig Margaret Dunn yn ogystal â'i dyfalbarhad a'i brwdfrydedd dros y pwnc." Zoë, Sir Ddinbych.

"Mae bod yn aelod o'r Grŵp wedi fy nysgu sut i ymchwilio i hanes fy nhŷ a hefyd sut i ddarllen hen ddogfennau. Erbyn hyn 'dw' i'n gwerthfawrogi pa mor bwysig ydi hi i ddiogelu'r hen dai Cymreig yma a'u hanes. Hir oes i'r Grŵp Dyddio Hen Dai Cymreig!" Anwen, Sir Ddinbych.

"There is a wealth of amazing old houses in north Wales which all have fascinating but often lost histories. The Project has given those of us passionate about old houses the knowledge and drive to undertake the research necessary to unearth the hidden information and to bring alive the past of these ancient homes. It has been great to work with others with a common interest in houses and their stories. The success of the project and of the current group comes directly from Margaret Dunn's outstanding leadership, tenacity and passion for the subject." Zoë, Denbighshire.

"Being a member of the Group has taught me how to research the history of my house and also how to read old documents. I now appreciate the importance of preserving these old Welsh houses and their histories. Long may the Dating Old Welsh Houses Group continue!" Anwen, Denbighshire.

Beth mae f'ardal i wedi'i gael o'r prosiect?
Mae'r rhan fwyaf o'r canghennau o wirfoddolwyr yn cynllunio eu digwyddiadau ar gyfer gwanwyn 2014 er mwyn rhannu'r darganfyddiadau a'r canlyniadau lleol gyda'u cyd-ardalwyr, ac er mwyn gofyn am wybodaeth ychwanegol.

"Fawr ddim hyd yma'n anffodus, gan nad ydym ni wedi gweithio ar unrhyw dai sy'n agos i'm cartre i. Ond 'dw' i wedi trafod y gwaith gyda nifer o ffrindiau a chymdogion a 'dw' i'n meddwl eu bod yn ei gael yn ddiddorol". Tom, Gwynedd.

"'Dw' i'n teimlo'n gryf iawn y dylai plant fod yn ymwybodol o hanes eu hardal – a'u gwlad. Mi fydd disgyblion yr ysgol gynradd leol yn ymweld â'm cartre i bob blwyddyn i wrando ar straeon am y tŷ a'i le yn hanes yr ardal. Maen' nhw'n dangos diddordeb mawr mewn hanesion am gymeriadau lleol a digwyddiadau hanesyddol". Nan, Gwynedd.

What has my community gained from the project?
Most volunteer branches are planning spring 2014 events to share the local discoveries and results with their communities, and to ask for additional information.

"Not much yet unfortunately, as we have not worked on any houses near my home. But I have discussed the work with several friends and neighbours and I think they have found it interesting." Tom, Gwynedd.

"I feel very strongly that children should be aware of the history of their area – and their country. The pupils of our local primary school visit my home each year to listen to stories about the house and its place in the history of the area. They express great interest in the tales about local characters and historical events". Nan, Gwynedd.

Ôl-Nodyn

Daeth y prosiect i ben yn swyddogol ar Fawrth 31 2012. Drannoeth sefydlwyd y '**Grŵp Dyddio Hen Dai Cymreig**' dan y rhif elusen gofrestredig wreiddiol, gydag un ar bymtheg o ymddiriedolwyr, ac ymhen deunaw mis mae dros 110 o aelodau wedi talu i berthyn iddo. Mae'r Grŵp yn parhau i drefnu digwyddiadau misol; cynhelir Taith Astudiaeth breswyl flynyddol erbyn hyn. Sefydlwyd pedair cangen er mwyn annog ymchwil yn lleol. Mae cangen ar y cyd ar gyfer Ynys Môn a Sir Gaernarfon, a changhennau yng Nghonwy, Sir Ddinbych a Meirionnydd. Mae pob cangen yn cynnal cyfarfodydd misol o sgyrsiau, ymweliadau tywysedig â thai, ac y mae'n cefnogi rhwydweithio er mwyn datblygu ei diddordebau penodol mewn hanes tai a thirweddau. Darganfyddir tai cynnar ychwanegol ac ymchwilir iddynt. Erbyn hyn mae'r cylchlythyr chwarterol yn cynnwys adroddiad gan bob cangen yn ei thro.

Yn dilyn casgliadau'r prosiectau blaenorol cafwyd data newydd sy'n herio'r ddealltwriaeth flaenorol ynghylch datblygiad cronolegol a daearyddol y defnydd o arddulliau a defnyddiau mewn tai ledled Gogledd Cymru. Y gobaith yw y gall grantiau newydd yn 2014 roi cyfle i'r Grŵp, gan weithio gyda CBHC, i ddyddio, cofnodi ac ymchwilio i eiddo penodol er mwyn mynd i'r afael â rhai o'r materion hyn.

Postscript

The project officially concluded on 31 March 2012. The following day the '**Dating Old Welsh Houses Group**' was established under the original registered charity number, with 16 trustees, and eighteen months later has over 110 paid-up members. The Group continues to arrange monthly events; an annual residential Study Tour now takes place. Four branches have been set up to encourage local research. There is a combined branch for Anglesey and Caernarfonshire, and branches in Conwy, Denbighshire and Merioneth. Each branch runs monthly meetings of talks, guided house visits, and supports networking to develop its particular interests in house and landscape history. Additional early houses are being discovered and researched. The quarterly newsletter now includes a report from each branch in turn.

The findings of the previous projects provided new data, which challenges earlier understanding of the chronological and geographical development of the use of styles and materials in houses across north Wales. It is hoped that in 2014 new grants may provide an opportunity for the Group, working with the RCAHMW, to date, record and research targeted properties to address some of these issues.

ATODIAD 1: RHESTR GWIRFODDOLWYR
APPENDIX 1: LIST OF VOLUNTEERS

Mae'r gwirfoddolwyr canlynol wedi cymryd rhan yn y prosiect mewn amrywiol ffyrdd, rhai am gyfnod byr a rhai am gyfnod hir.

The following volunteers have participated in this project in various ways, some briefly and some for a long time.

YNYS MÔN / **ANGLESEY** (30)
Pamela Beckmann, Ann Benwell (†), Barbara Beeden, Michael Bowler, Margaret Bradbury, David Bulkeley, Michael Burkham, Catherine Cunnah, Richard Cuthbertson, Andrew Davidson, Judith Gooding, Eryl R. Hughes, Rev. Neil Fairlamb, Ben Jones, Patricia Johnson, Neil Johnstone, Eifion Jones, David Jump, David Longley, Ann Maitland, Jean Matthews, June Matthews, John Mooney, Rebecca Mott, Kevin Murphy, Gareth Ogwen-Jones, Susan Parry, Bernard Thomas, Valerie Thomas, Terry P. T. Williams.

CONWY (31)
Robert Barnsdale, Ray Castle, Frank Chambers, Alison Cousins, Meirick Lloyd Davies, Dilys Glynne, Elizabeth Green, Judi Greenwood, A. E. M. Jones, Colleen Jones, Gill Jones, Iola Wyn Jones, Mike Jones, Richard Jones, Anne Harrison, Ann P Morgan, Olwen Morris, David Mortimer-Jones, Graham Panes, Ann Peacock, Frances Richardson, Geoffrey Runciman, Tony Schärer, Andrew Smith, Derek Taylor, Geraldine Thomas, Myra Thomas, Debbie Wareham, Shirley Williams, Ann Vaughan, Idris Vaughan.

SIR DDINBYCH / **DENBIGHSHIRE** (44)
Mark Baker, Margaret Barr, Wally Barr, Jeremy Billington, Patrick Billington, Rita Billington, John Broughton (†), Pam Buttrey, Christine Crewe, Michael Crewe, Susan de Pear, Janice Dale, Carys Dawson, Chris Eardley, Jenny Farley, Fiona Gale, Annabel Gravestock, Janice Hardy, Leonard Harrison, Veronica Hay, Kirsty Henderson, Zoe Henderson, Norma Horton, Fran Jones, Jenny Lees, Anthony Leeson, Jenny Leeson, June Lister, Anwen Lloyd, Anthony Lyne (†), Fay O'Malley, Christine Telford, Ian Turner, David Watkins, Lindsey Watkins, Francesca Webb, Janice Webb, Valmai Webb (†), Mel Wilks, Bronwen Williams, Elena Williams, Mike Wyeth, Shirley Van der bijl.

GWYNEDD – ARFON & DWYFOR (50)
Ann Alston, Lindsay Baldwin, Glenys Brown, Chris Burns, Rosalind Cooper, Tom David, Sarah Davies, Paul Dicken, Mary Dodd, Margaret Dunn, Iwan Edgar, Lynn C. Francis, Dilwyn Gray-Williams, Joyce Griffith, Val Hopkins, Pat Hunter, Struan James-Robertson, Arwel Jones, Katie Lench, Mair Leverett, Pat Lindsey, Derek Lobley, Eryl Lobley, Peter Masters, Caroline Moncrieff, Kate Olson, Marsli E Owen, Sion Owen, Jean Pearson, Elin A Pritchard, Christopher Rees, Bethan Rees-Jones, Grahame Riordan, Gwenant Roberts, Malcolm Roberts, W Gwynfor Roberts, Orm Scoffin, Anne Sillitoe, Stephen Thompson, Miho Tomazawa, David Williams, Dewi Williams, Elisabeth Williams, H. Llew Williams, J. Dilwyn Williams, Mair Williams, Sylvia Williams, Elizabeth Williams-Ellis, Adam Voelcker, Yi-Shan Lu.

GWYNEDD – MEIRIONNYDD (35)

Janet Baker, Paul Baker (†), Paula Burnett, Jenny Carpenter, Annie Garnett, Nan Griffiths, Pegi Gruffydd, Keith Houghton, Gerallt Hughes, Martin Hughes, Rosie Hurst, Huw Jenkins, Mary Jones, Gerallt V. Jones, Gwilym H. Jones, William (Bill) T. Jones, Gwenda Paul, Dinah Pickard, Swancott Pugh, Avis Reynolds, John Reynolds, Catrin Roberts, Elaine Roberts, Elizabeth Saunderson, Gerry Smith, Margaret Smyth, Nick Smyth, Doug Sommerville, Sheelagh Stephens, Judith Sutton, Peter Thompson, John Townsend, Ann Watts, Tudor Williams, Richard Williams-Ellis.

GRŴP ADNODDAU ADDYSGOL / EDUCATION RESOURCES GROUP (12)

Anita Diamond, Ymddiriedolaeth Archaeolegol Gwynedd / **Gwynedd Archaeological Trust**; Llion Ellis, Ysgol Dolwyddelan; Derek Evans, Cynnal; Lisa Evans, Ysgol Llangoed, Ynys Môn; Nia Griffith, Yr Ymddiriedolaeth Genedlaethol / **The National Trust**; Alun Gruffydd, Parc Cenedlaethol Eryri / **Snowdonia National Park**; Angharad Howell, Ysgol Cefn Coch, Penrhyndeudraeth; Bethan James, Cynnal; Siân James, Ymddiriedolaeth Archaeolegol Gwynedd / **Gwynedd Archaeological Trust**; Angharad Stockwell, Ymddiriedolaeth Archaeolegol Gwynedd / **Gwynedd Archaeological Trust**; Pat West, Oriel Ynys Môn; Angharad Williams, Comisiwn Brenhinol Henebion Cymru / **The Royal Commission on the Ancient and Historical Monuments of Wales**.

CYFANSWM o 202 o wirfoddolwyr, yn ogystal â thros 100 o berchnogion tai, a gynorthwyodd mewn gwahanol ffyrdd.

TOTAL 202 volunteers, with over 100 house owners who assisted in various ways.

† = wedi marw
† = deceased

ATODIAD 2: CYLLID
APPENDIX 2: FINANCE

Mae **Prosiect Dendrocronoleg Eryri (2004–2007)** yn cydnabod yn ddiolchgar y gwaith a wnaed yn Eryri. Ni fuasai hyn yn bosibl heb y grantiau canlynol:

The **Snowdonia Dendrochronology Project (2004–2007)** gratefully acknowledges that the work undertaken within Snowdonia was only made possible by grants from:

Grant Cymunedol Parc Cenedlaethol Eryri (ar gyfer y cynllun peilot cychwynnol) Snowdonia National Park Community Grant (for initial pilot)	£ 400	£ 400
Rhaglen Amcan 1 yr Undeb Ewropeaidd a Chyngor Gwynedd drwy Gronfa Adfywio Llywodraeth Cynulliad Cymru / European Union Objective1 & Gwynedd Council through the Welsh Assembly Government Regeneration Fund	£5,000	
Cronfa CAE Parc Cenedlaethol Eryri / Snowdonia National Park CAE Fund	£5,000	
Arian i Bawb Cymru / Awards for Wales	£5,000	
Ymddiriedolaeth Elusennol Stadiwm y Mileniwm The Millennium Stadium Charitable Trust	£2,000	
Cymdeithas Hynafiaethau Cymru / Cambrian Archaeological Association	£ 500	
Rhoddion gan berchnogion tai a samplwyd Donations from the owners of houses sampled	£ 500	
Rhoddion eraill / Other donations	£2,000	
Is-gyfanswm / Subtotal	£20,000	£20,000

Mae **Prosiect Dendrocronoleg Gogledd Orllewin Cymru (2009-2012)** a adnabyddir hefyd fel y **"Prosiect / Grŵp Dyddio Hen Dai Cymreig"** yn cydnabod yn ddiolchgar fod y gwaith hwn ledled Gogledd Orllewin Cymru wedi'i ariannu gan wahanol sefydliadau ym mhob ardal ac na fuasai'n bosibl heb grantiau oddi wrth y canlynol:

The **North-west Wales Dendrochronology Project (2009–2012)** also known as the **"Dating Old Welsh Houses Project / Group"** gratefully acknowledges that this work across north-west Wales was funded by a different range of organisations in each region and was only made possible by grants from:

Cronfa Dreftadaeth y Loteri; Eich Treftadaeth Heritage Lottery Fund; Your Heritage	£34,700
Society of Antiquaries, Llundain / Society of Antiquaries, London	£13,700
Cronfa Marc Fitch / Marc Fitch Fund	£10,000
Yr Ymddiriedolaeth Genedlaethol / National Trust	£ 8,000
Cynllun Grantiau'r Grŵp Pensaernïaeth Gynhenid Vernacular Architecture Group Grants Scheme	£ 4,000

Cymdeithas Hynafiaethau Cymru / Cambrian Archaeological Association	£ 3,500	
Sefydliad Garfield Weston / Garfield Weston Foundation	£ 3,000	
Ymddiriedolaeth Elusennol Stadiwm y Mileniwm Millennium Stadium Charitable Trust	£ 2,500	
Sefydliad Elusennol Trusthouse / Trusthouse Charitable Foundation	£ 2,000	
Cronfa Her Cymdeithas Archaeoleg Prydain Council for British Archaeology Challenge Fund	£ 1,500	
Ymddiriedolaeth Elusennol Robert Kiln / Robert Kiln Charitable Trust	£ 1,000	
Ymddiriedolaeth Gaynor Cemlyn Jones / Gaynor Cemlyn Jones Trust	£ 500	
Cyfeillion Plas Tan y Bwlch / Friends of Plas Tan y Bwlch	£ 500	
Cronfa Gymunedol Watkin Jones / Watkin Jones Community Fund	£ 380	
Cymdeithas Hanes a Chofnodion Sir Feirionnydd Merioneth Historical & Record Society	£ 200	
Ffederasiwn Cymdeithasau Hanes Lleol Sir Gaernarfon Federation of Caernarfonshire Local History Societies	£ 150	
Chist Gymunedol Clwyd / Clwyd Community Chest	£ 100	
Is-gyfanswm / Subtotal	*£85,830*	*£85,830*

Derbyniwyd grantiau awdurdod lleol ychwanegol oddi wrth:
Additional local authority grants from:

Cronfa Datblygu Cynaliadwy AHNE Ynys Môn Ynys Môn AONB Sustainable Development Fund	£ 7,500	
Cynllun Partneriaeth Tirwedd Llŷn / Llŷn Landscape Partnership scheme	£ 5,252	
Cynllun Mentrau Dinesig (Treftadaeth) Cadw Cadw Civic Initiatives (Heritage) Grant Scheme	£ 5,000	
Cronfa Datblygu Gwirfoddol Gwynedd / Gwynedd Voluntary Development Fund	£ 5,000	
Cronfa Datblygu Cynaliadwy AHNE Llŷn Llŷn AONB Sustainable Development Fund	£ 5,000	
Menter Môn – Cynllun Datblygu Gwledig Mona Antiqua Menter Môn – Mona Antiqua Rural Development Plan	£ 5,000	
Cynllun Datblygu Gwledig Celfyddydau a Threftadaeth Conwy Conwy Arts & Heritage Rural Development Plan	£ 2,500	
Cronfa CAE Parc Cenedlaethol Eryri / Snowdonia National Park CAE Fund	£ 999	
Chynllun Grantiau Bychan Partneriaeth Conwy Wledig Conwy Rural Partnership Small Grants Scheme	£ 4,613	
Ac fe'u hariannwyd drwy'r Undeb Ewropeaidd a Llywodraeth Cynulliad Cymru. All were financed through the European Union & Welsh Assembly Government.		
Is-gyfanswm / Subtotal	*£40,864*	*£40,864*

Derbyniwyd grantiau tuag at y cyhoeddiad ar y cyd oddi wrth:
Grants towards the cost of the joint publication were obtained from:

Cronfa Marc Fitch / The Marc Fitch Fund	£ 2,900	
Cynllun Cymdogion Da Magnox / Magnox Good Neighbour Scheme	£ 1,000	
Cynllun Partneriaeth Tirwedd Llŷn / Llŷn Landscape Partnership Scheme	£ 1,000	
Cronfa CAE Parc Cenedlaethol Eryri / Snowdonia National Park CAE Fund	£ 999	
Is-gyfanswm / Subtotal	£ 5,899	£ 5,899

Daeth incwm ychwanegol o danysgrifiadau Cyfeillion Prosiect Dendrocronoleg Gogledd Orllewin Cymru ac aelodau'r Grŵp Dyddio Hen Dai Cymreig, rhoddion bach a mawr a threuliau o ddarlithoedd a gyflwynwyd i lawer o sefydliadau.
The North-west Wales Dendrochronology Project Friends' & Dating Old Welsh Houses Group members' subscriptions, large and small donations & expenses from lectures given to numerous organisations provided additional income   c.£ 5,007   c.£ 5,007

CYFANSWM / TOTAL   £158,000
yn ogystal â / plus
Grant Cronfa Datblygu Gwledig Cadwyn Clwyd a dalwyd yn uniongyrchol ar gyfer y gwaith yn Sir Dinbych / Cadwyn Clwyd Rural Development Fund grant paid directly for Denbighshire work   £ 9,600

£167,600

Margaret Dunn
Cyfarwyddwr y Prosiect / Project Director
20 Tachwedd 2013 / 20 November 2013

9
CEFNDIR I DDENDROCRONOLEG
BACKGROUND TO DENDROCHRONOLOGY

Sail dendrocronoleg yw'r ffaith y bydd coed o'r un rhywogaeth, yn tyfu ar yr un adeg, mewn cynefinoedd tebyg, yn cynhyrchu patrymau tebyg o ran lled eu cylchau. Bydd y patrymau hyn, o gylchau o ledau amrywiol, yn unigryw i gyfnod twf y coed. Mae'n naturiol i bob coeden fod â'i phatrwm ei hun, ar ben yr 'arwydd' sylfaenol, a hynny oherwydd amrywiaethau, o ganlyniad i'w chyfansoddiad genetig, yn ei hymateb i symbyliadau allanol, megis newidiadau yn ei hamgylchedd wrth i goed gystadlu â'i gilydd, niwed, heintiau, rheolaeth ayb.

Er hynny, mewn rhan helaeth o Brydain y prif ddylanwad ar dwf rhywogaeth megis y dderwen yw'r math o dywydd a brofir o dymor i dymor. Trwy gymryd sawl sampl o'r un cyfnod, o adeilad neu o adeiladwaith coed arall, gellir yn aml groesbaru patrymau lledau'r cylchau; wedyn, trwy gymryd cyfartaledd o werthoedd y dilyniannau, gellir dod o hyd i'r 'arwydd' cyffredin mwyaf posibl rhwng y coed. Gellir wedyn gymharu 'cronoleg y safle' a geir o ganlyniad i hyn â 'phrif' gronolegau, neu gronolegau 'cyfeiriadol'.

Gall dendrocronolegydd cymwys wneud hyn gan ddefnyddio plotiau o ledau cylchau a'u cymharu â'r llygad noeth, sydd hefyd yn fodd i wirio gweithdrefnau mesur. Yn y bôn, proses ystadegol ydyw, sydd felly'n galw am ddilyniannau sy'n ddigon hir i rywun deimlo'n hyderus yn y canlyniadau. Nid oes hyd penodol ar gyfer y dilyniant byrraf o gylchau coed y gellir ei groesbaru'n hyderus; er hynny, ar sail rhagdybiaeth ymarferol, ni ddefnyddia'r rhan fwyaf o ddendrocronolegwyr ddilyniannau byrrach na hanner can mlynedd.

Bydd dendrocronolegwyr yn defnyddio technegau cymharu ystadegol hefyd; mae i'r rhain yr un cyfyngiadau. Seilir y gymhariaeth ystadegol a ddefnyddir amlaf yng ngorllewin Ewrop ar raglenni

The basis of dendrochronological dating is that trees of the same species, growing at the same time, in similar habitats, produce similar ring-width patterns. These patterns of varying ring widths are unique to the period of growth. Each tree naturally has its own pattern superimposed on the basic 'signal', resulting from genetic variations in the response to external stimuli: the changing competitive regime between trees, damage, disease, management etc.

In much of Britain the major influence on the growth of a species like oak is, however, the weather conditions experienced from season to season. By taking several contemporaneous samples from a building or other timber structure, it is often possible to cross-match the ring-width patterns and, by averaging the values for the sequences, maximise the common signal between trees. The resulting 'site chronology' may then be compared with existing 'master' or 'reference' chronologies.

This process can be done by a trained dendrochronologist using plots of the ring widths and comparing them visually, which also serves as a check on measuring procedures. It is essentially a statistical process, and therefore requires sufficiently long sequences for one to be confident in the results. There is no defined minimum length of a tree-ring series that can be confidently cross-matched, but as a working hypothesis most dendrochronologists use series longer than 50 years.

The dendrochronologist also uses objective statistical comparison techniques, these having the same constraints. The statistical comparison most commonly used in western Europe is based on programmes by Baillie & Pilcher and uses the

9.1

Craidd a ddyddiwyd o'i flwyddgylchau: sampl (bdgh1) o drawst yn y Gelli, Llanfrothen. Mae'n rhychwantu 200 mlynedd; 1416 yw dyddiad y cylch llawn cyntaf ac 1615 yw dyddiad y cylch olaf. Ceir 36 cylch o wynnin, sy'n oleuach, a chymynwyd y goeden yng ngaeaf 1615/16.

Tree-ring dating core: a sample (bdgh1) from a beam at Gelli, Llanfrothen. It spans 200 years; the first full ring is dated 1416 and the last ring is 1615. There are 36 rings of lighter-coloured sapwood, and the tree was felled in winter 1615/16.

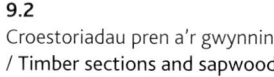

gan Baillie a Pilcher ac fe ddefnyddia brawf *t* Student. Bydd y prawf *t* yn cymharu'r gwahaniaeth gwirioneddol rhwng dau gymedr mewn perthynas â'r amrywiad yn y data; mae'n dechneg ystadegol gydnabyddedig sydd wedi'i mabwysiadu gan ddendrocronolegwyr ar gyfer archwilio arwyddocâd cyfatebiaeth rhwng dwy set o ddata. Bu cryn drafodaeth ynghylch gwerthoedd '*t*' a allai roi cyfatebiaeth dderbyniol; gynt, ystyrid bod gwerthoedd yn uwch na 3.5 yn dderbyniol (o gael o leiaf 100 mlynedd o gylchau'n orgyffyrddol), ond erbyn hyn cymerir 4.0 yn aml fel y gwerth sylfaenol. Fel arfer, os bydd gwerth o 10 neu'n uwch rhwng dwy sampl unigol, ystyrir iddynt ddod o'r un goeden. Mae'n bosibl i set o fesuriadau lledau cylchau ar hap ddangos yr hyn a ymddengys fel cyfatebiaeth ystadegol dderbyniol yn erbyn un gromlin gyfeiriadol ar ei phen ei hun; er hynny, bydd dadansoddi plotiau'r ddau ddilyniant â'r llygad noeth fel arfer yn dangos i'r cyfarwydd a yw'r gyfatebiaeth yn un ddilys ai peidio. Pan fo dilyniant o ledau cylchau yn creu cyfatebiaethau ystadegol cryfion yn yr un lleoliad gyferbyn â nifer o gronolegau annibynnol, gellir dyddio'r dilyniant yn hyderus iawn.

Mae modd datblygu cronolegau cyfeiriadol hirion trwy groesbaru cylchau creiddiol coed modern â chylchau mwyaf allanol coed hŷn, y naill ar ôl y llall trwy'r gorffennol, gan ychwanegu data o wahanol safleoedd. Erbyn hyn mae data i'w cael sy'n

Student's *t*-test. The *t*-test compares the actual difference between two means in relation to the variation in the data, and is an established statistical technique that has been adopted by dendrochronologists for looking at the significance of matching between two datasets. The values of '*t*' which give an acceptable match have been the subject of some debate; originally values above 3.5 being regarded as acceptable (given at least 100 years of overlapping rings) but now 4.0 is often taken as the base value. Values of 10 or higher between two individual samples are generally considered to have come from the same parent tree. It is possible for a random set of ring-width measurements to give an apparently acceptable statistical match against a single reference curve – although the visual analysis of plots of the two series usually shows the trained eye the reality of this match. When a series of ringwidths gives strong statistical matches in the same position against a number of independent chronologies, the series becomes dated with an extremely high level of confidence.

One can develop long reference chronologies by cross-matching the innermost rings of modern timbers with the outermost rings of older timbers successively back in time, adding data from numerous sites. Data now exist covering many thousands of years and it is, in theory, possible to

9.2

Croestoriadau pren a'r gwynnin / Timber sections and sapwood

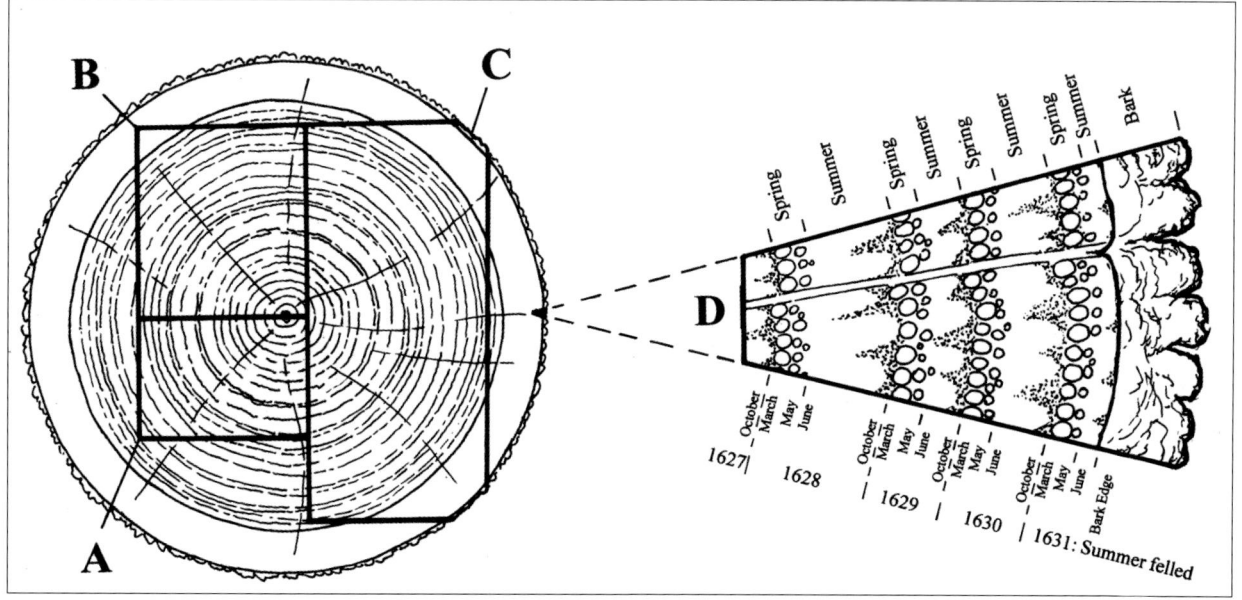

rhychwantu miloedd lawer o flynyddoedd ac mewn egwyddor mae modd, paru dilyniant na wyddys ei ddyddiad â'r deunydd cyfeiriadol hwn.

Mae'n dilyn o'r hyn a ddywedwyd uchod nad oes cymaint o obaith darganfod cyfatebiaeth ar gyfer un dilyniant yn unig ag sydd ar gyfer cyfres o ddilyniannau'n tarddu o sawl darn unigol o goed. Bydd dod â dilyniannau unigol at ei gilydd yn cael gwared ar amrywiaeth sy'n unigryw i goeden unigol a chadarnhau'r arwydd cyffredin sy'n codi o ddylanwadau ar ardal helaeth, megis y tywydd. Er hynny, mae modd dyddio dilyniant unigol, yn enwedig os bydd dilyniant hir o gylchau ynddo.

Bydd nodweddion tyfiant yn amrywio yn ôl ardaloedd a chyfnodau; bydd coed yn ne-ddwyrain Lloegr at ei gilydd yn tyfu'n gymharol gyflym, a'u tyfiant yn amrywio'n llai o'r naill flwyddyn i'r llall, nag mewn llawer o ardaloedd eraill.[1] Golyga hyn mai ychydig o flwyddgylchau sydd i'w gweld, yn aml, yn hyd yn oed darnau go fawr o goed yn y rhanbarth hwn, ac o'r herwydd maent yn llai defnyddiol ar gyfer dyddio trwy'r dechneg hon.

Wrth ddehongli gwybodaeth a geir o'r ymarfer dyddio, bydd yn bwysig ystyried ffactorau megis a fydd gwynnin yn y samplau ai peidio; hynny sy'n dangos haenau allanol y goeden. Pan fydd rhisgl ar y darn o hyd (C), mae modd penderfynu ym mha flwyddyn, a hyd yn oed ym mha dymor, y cymynwyd y goeden. Lle na cheir gwynnin na ffin rhwng y rhuddin a'r gwynnin (A) efallai na fydd modd penderfynu pa faint o goed a dynnwyd o'r darn; gan hynny ni ellir ond rhoi'r dyddiad cymynu cynharaf posibl (*terminus post quem*). Pan geir rhywfaint o wynnin (B), gellir amcangyfrif pa faint o gylchau a fuasai'n debyg o fod ar y darn coed trwy ei gymharu â phoblogaethau o goed, rhai byw a rhai a gymynwyd yn y gorffennol, i roi ystod ystadegol ddilys o flynyddoedd dichonol ar gyfer cymynu'r goeden. Ar gyfer yr ardal hon, amcangyfrifir y bydd i 95% o'r coed derw nifer o gylchoedd gwynnin yn yr ystod 11–41.[2]

Mae'n amlwg y bydd darnau coed sydd wedi cadw ymyl eu rhisgl yn rhoi dyddiadau manwl-gywir ar gyfer *cymynu*'r coed yn hytrach na dyddiadau ar gyfer codi'r adeilad. Er hynny, byddid fel arfer yn trin coed derw'n ir, heb ei sychu, ac yn anaml iawn y defnyddid coed mwy na blwyddyn neu ddwy ar ôl

match a sequence of unknown date to this reference material.

It follows from what has been stated above that the chances of matching a single sequence are not as great as for matching a tree-ring series derived from many individuals, since the process of aggregating individual series will remove variation unique to an individual tree, and reinforce the common signal resulting from widespread influences such as the weather. However, a single sequence can be successfully dated, particularly if it has a long ring sequence.

Growth characteristics vary over space and time, trees in south-eastern England generally growing comparatively quickly and with less year-to-year variation than in many other regions.[1] This means that even comparatively large timbers in this region often exhibit few annual rings and are less useful for dating by this technique.

When interpreting the information derived from the dating exercise it is important to take into account such factors as the presence or absence of sapwood on the sample(s), which indicates the outer margins of the tree. Where the bark is still present on the timber (C), the year, and even the time of year of felling can be determined. Where no sapwood or heartwood/sapwood transition (A) is present it may not be possible to determine how much wood has been removed, and one can therefore only give a date after which the original tree must have been felled (*terminus post quem*). In the case of partial sapwood (B), one can estimate the number of rings likely to have been on the timber by relating it to populations of living and historical timbers, in order to give a statistically valid range of years within which the tree was felled. For this region the estimate used is that 95% of oaks will have a sapwood ring number in the range 11–41.[2]

Timbers with bark edge giving precise felling dates obviously give the date the tree was *felled* as opposed to when the building was constructed. However, generally the oak was worked green or unseasoned, and it is rare for trees to be used more than one or two years after felling. The more precise the felling dates from a phase of building,

---

1 M. C. Bridge, 'The dendrochronological dating of buildings in southern England', *Medieval Archaeology* 32 (1988), 166-74.
2 D. Miles, 'The interpretation, presentation, and use of tree-ring dates', *Vernacular Architecture* 28 (1997), 40-56.

eu cymynu. Mwyaf manwl-gywir y bo'r dyddiadau cymynu a geir o gyfnod o adeiladu, mwyaf hyderus y byddwn wrth benderfynu cyfnod *codi*'r adeilad.

Croestoriad coeden gyda dulliau trosi yn dangos tri modd y cedwid gwynnin gan arwain at **A** *terminus post quem*, **B** ystod dyddiadau cymynu, ac **C** dyddiad cymynu manwl-gywir. Dengys rhan **D**, sydd wedi'i chwyddo, gylchoedd allanol y gwynnin gyda'r tymhorau tyfu.

the more confidence we have in determining a *construction* period of the building.

Section of tree with conversion methods showing three types of sapwood retention resulting in **A** *terminus post quem*, **B** a felling date range, and **C** a precise felling date. Enlarged area **D** shows the outermost rings of the sapwood with growing seasons.

10
CRYNODEB O NODWEDDION DYDDIEDIG
SUMMARY OF DATED FEATURES

Nenffyrch: mae dosbarthiad neilltuol i nenffyrch o ran daearyddiaeth a chronoleg. Ceir cyfeiriadau ysgrifenedig at nenffyrch yng ngogledd Cymru'r bedwaredd ganrif ar ddeg, ond nid yw'r un un wedi goroesi sy'n gynharach na'r bymthegfed ganrif. Weithiau ceir llafnau nenffyrch cynnar yng Ngorllewin Canolbarth Lloegr sy'n goed cyfain. Cyffrous fu darganfod nenfforch 'coeden gyfan' ym Mhlas Tirion, ond trwy ddyddio blwyddgylchau cafwyd dyddiad o ddiwedd y bymthegfed ganrif. Mae nenffyrch yng Ngorllwyn-uchaf (1533), ond aeth nenffyrch yn anghyffredin yn nhai'r 'trawsnewid' a rhoddwyd y gorau iddynt wrth droi at godi tai cynllun Eryri â sawl llawr trwyddynt. Yr oedd y nenffyrch yn Nant-pasgan-mawr (1564/5) yn eithriadau mewn tŷ â sawl llawr trwyddo, a hwy yw'r nenffyrch diweddaraf eu dyddiad mewn adeilad domestig yng ngogledd-orllewin Cymru.

Coed a cherrig. Fel arfer, byddai tai Eryri yn cyfuno muriau cerrig a gwaith coed o safon uchel y tu mewn. Yn aml, byddai rhagflaenwyr tai Eryri yn neuadd-dai muriau coed, fel y dengys Cynfal-fawr (1514/15) a Thyn-llan (1518/19). Fodd bynnag, yr oedd i'r tai sawl llawr newydd, gyda lleoedd tân, furiau cerrig bron yn ddieithriad. Un eithriad oedd Prys-mawr (1540–70), a gyfunai furiau ystlysol o goed â simnai cerrig yn y talcen; yr oedd Brynberllan (1552/3) hefyd yn dŷ sawl llawr, â ffrâm goed, ond mae'r cynllun gwreiddiol yn ansicr. Tŷ cymysg yw'r Rose & Crown, Gwyddelwern, gyda fframiau coed ar y llawr cyntaf uwchben muriau cerrig y llawr isaf. Erbyn yr ail ganrif ar bymtheg, mewn ambell adeilad fferm yn unig y ceid fframwaith coed.

Crucks have a distinctive geographical and chronological distribution. There are documentary references to crucks in fourteenth-century north Wales but none has survived earlier than the fifteenth century. The blades of early cruck-trusses in the West Midlands are sometimes whole trees. The discovery of a 'whole tree' cruck-truss at Plastirion was exciting but tree-ring dating gave it a late-fifteenth-century date. Gorllwyn-uchaf (1533) has cruck-trusses but crucks become uncommon with 'transitional' houses and are abandoned with the adoption of the fully-storeyed Snowdonian house. The cruck-trusses at Nant-pasgan-mawr (1564/5) were used exceptionally in a fully-storeyed house and are the latest dated cruck-trusses in a domestic building in north-west Wales.

Timber and stone. The Snowdonian house generally combined stone walls with high-quality timberwork internally. The predecessors of the Snowdonian house were often timber-walled hall-houses, as Cynfal-fawr (1514/15) and Tyn-llan (1518/19) show. However the new storeyed houses with fireplaces were almost invariably stone walled. Prys-mawr (1540–70) exceptionally combined timber lateral walls with a stone end chimney; Brynberllan (1552/3) was also storeyed and timber-framed but the original plan is uncertain. The Rose & Crown, Gwyddelwern, is a hybrid with first-floor timber framing on a stone-walled ground floor. By the seventeenth century timber building was confined to occasional farm buildings.

10.1
Nenfforch: Oerddwr-isaf (1494/5) / Cruck: Oerddwr-isaf (1494/5)

10.2
Coed a cherrig: y prif bostyn o'r hyn a fu gynt yn fur ffrâm goed ym Mhrys-mawr (Llanuwchllyn) / Timber and stone: the principal post of a former timber-framed wall at Prys-mawr (Llanuwchllyn)

10.3
Cysbau: Tŷ-mawr, Nantlle (1537–63) / Cusping: Tŷ-mawr, Nantlle (1537–63)

Cysbau: yr oedd cysbau'n ffurf nodweddiadol ar addurniadau gothig mewn cerrig a choed. Yn yr oesoedd canol diweddar yng ngogledd Cymru, Powys a'r Gororau, defnyddid cysbau'n bennaf ar gyfer addurno toeau. Yn ddramataidd iawn, byddai cwpl canol neuadd agored o statws uchel fel arfer yn gysbog, uwchben coler â bwâu cynnal. Ymhlith yr enghreifftiau y dangosodd dyddio blwyddgylchau eu bod yn rhai cynnar, ceir Plas-ucha (1435) a'r Faner (1441). Parhaodd cyplau cysbog yn boblogaidd yn neuaddau mawrion yr uchelwyr yn yr unfed ganrif ar bymtheg, neuaddau megis Egryn (1509/10), Cwm (1523), Cefn-caer (1526) a Hafodysbyty (1509–33), lle ceir hoelbrennau dwbl addurnol hefyd. Efallai y ceid cwpl cysbog agored ym mhrif siambr y llawr cyntaf mewn tŷ sawl llawr *cynnar* cynllun Eryri. Mae Tŷ-mawr, Nantlle (1536–56), ymhlith yr enghreifftiau. Prin yw'r enghreifftiau o gysbio ar ôl 1550. Penrhyddgan (1571/2) yw'r enghraifft olaf mewn tŷ cynllun Eryri. Arwydd clir o ddiwedd y bri ar gysbio yw'r nenfwd plastr, â'r dyddiad 1580 arno, sy'n cuddio'r cyplau cysbog uwchben prif siambr Plas Mawr, Conwy.

Cusping was a characteristic form of gothic decoration in stone and timber. In late-medieval north Wales, Powys and the Marches cusping was used primarily for the decorative treatment of roofs. Most dramatically, the central truss of a high-status open hall was generally cusped above an archbraced collar. Early tree-ring dated examples include Plas-ucha (1435) and Y Faner (Abbey Farmhouse) (1441). Large gentry halls of the sixteenth century continued to favour the cusped truss, as at Egryn (1509/10), Cwm (1523), Cefn-caer (1526) and Hafodysbyty (1509–33), which also has ornate double pegging. The *early* storeyed Snowdonian houses might have a cusped open truss in the principal first-floor chamber. Examples include Tŷ-mawr, Nantlle (1536–56). There are few examples of cusping after 1550. Penrhyddgan (1571/2) is the last example in a Snowdonian house. The end of the fashion for cusping is clearly marked by the plaster ceiling dated 1580, which hides the cusped trusses over the principal chamber at Plas-mawr, Conwy.

10.4
Ategion to: ategion cysbog a phlaen yn Nghae-canol-mawr (1531/32) / Windbraces: cusped and plain windbraces at Cae-canol-mawr (1531/32)

Ategion to *(windbraces)*: mae i'r rhain swyddogaeth arbennig, sef atal niwed i'r to trwy symudiad llorweddol *(racking)*. Maent hwythau hefyd yn fwy cyffredin yn ardaloedd gogledd Cymru a'r Gororau, lle cyfrannent at addurniadau to neuadd-dy, yn enwedig pe byddent yn gysbog. Mabwysiadwyd yr ategion hyn mewn tai cynnar cynllun Eryri, ac yn aml hwy yw'r unig elfen gysbog yn nho tŷ sawl llawr. Weithiau byddai rhai o'r ategion yn gysbog a rhai heb fod. Yn y Cwm (1523) ceid ategion cysbog uwchben y neuadd, ond rhai plaen uwchben y soler. Yn yr un modd, yng Nghae-canol-mawr (1531/2), ni cheir ategion cysbog ac eithrio uwchben y neuadd agored â'i lle thân. Addurnai ategion cysbog brif siambrau rhai tai cynllun Eryri sawl llawr cynnar megis Coedyffynnon (1537) a'r Garreg-fawr (1540–54).

Windbraces have the practical function of preventing a roof from racking. They also have a regional concentration in north Wales and the Marches where they contributed to the ornate qualities of the hall-house roof, particularly when cusped. Windbraces were adopted in the early storeyed Snowdonian houses and they are often the only cusped element in the roof of a storeyed house. Sometimes a roof had both plain and cusped windbraces. At Cwm (1523) windbraces were cusped over the hall but plain over the solar. Similarly at Cae-canol-mawr (1531/2), the windbraces are cusped only over the open hall with fireplace. Cusped windbraces enhanced the principal chambers of some early storeyed Snowdonian houses, e.g. at Coedyffynnon (1537) and Y Garreg-fawr (1540–54).

Pared pyst a phaneli. Hwn yw'r pared derw solet, diarbed a drudfawr, o baneli â'u hochrau wedi'u gosod mewn pyst rhigolog a'u pennau mewn rhiniog a thrawst uchaf, ac yn aml yn rhan o gwpl pared. Ychwanegai'r enghreifftiau cynharaf urddas i'r pen hwnnw o'r neuadd lle ceid y llwyfan, gan ffurfio cefn mainc y llwyfan. Mewn tai cynllun Eryri, yn lle llwyfan ym mhen y neuadd ceid lle tân a byddai pared pyst a phaneli'n diffinio'r dramwyfa groes. Yn aml, mewn tai cynllun Eryri uchelwrol byddai parwydydd bob ochr i'r dramwyfa. Mewn tai diweddarach, yr arfer oedd cael un pared rhwng y dramwyfa a'r ystafelloedd allanol. Yn ddieithriad, byddai'r pared yn siamffrog, ac weithiau â gwaith mowldin cyrs. Ar y parwydydd mwy caboledig, estynnwyd y siamffer i'r trawst uchaf, trwy ddefnyddio meitr saer maen, megis yng Ngorllwyn-uchaf (1533). Ceir gwaith mowldin plethwaith *(guilloche)* ar barwydydd rhai tai uchelwrol, weithiau mewn cysylltiad ag arysgrifau dyddiad o ddiwedd yr unfed ganrif ar bymtheg. Enghraifft gynnar o hyn yw'r pared ym Mhenrhyddgan (1571/2). Yn aml, ceir marciau saer coed ar barwydydd pyst a phaneli. Maent yn enwedig o amlwg ym Mrynberllan (1552/3). Mae pennau drysau, y rhai sydd wedi goroesi, yn arfer bod yn wastad neu ar ffurf bwa Tuduraidd, ond bob hyn a hyn ceir siâp cywrain bwa deu-ogifol, megis yn Nyffryn Mymbyr (1553–5) a'r Fedw-deg (1580au).

Adwyon drysau allanol. Defnyddir meini bwa *(voussoirs)*, meini hirion cynffurf, i ffurfio pen drws siâp hanner cylch neu hanner hirgylch ac fe'u ceir yn y bymthegfed ganrif a'r unfed ganrif ar bymtheg mewn cyd-destunau amddiffynnol, eglwysig a domestig. Ceir meini bwa'n bennaf yn Sir Gaernarfon ac ym Meirionnydd ond maent yn ymestyn i'r de ar hyd glannau'r gorllewin i Fachynlleth (Royal House, 1561) a Cheredigion (Neuadd, Llan-non). Mae defnydd meini bwa'n gysylltiedig â diffyg cerrig rhywiog, ond creent effaith addurnol ar eu pennau eu hunain, ac fe'u defnyddid weithiau y tu mewn i dai, uwchben lleoedd tân. Yn aml, yr oedd pennau meini bwa i adwyon tramwyfeydd croes, megis yn Nhŷ-mawr, Nantmor (1529) a'r Cwm (1523). Ceir adwy ben meini bwa mewn tai sawl llawr cynnar yn Eryri; ymhlith yr enghreifftiau da ceir Brongoronwy

Post-and-panel partition. This is the lavish, and expensive, solid oak partition constructed from panels slotted into grooved posts and set into a sill and head-beam, and often integrated into a partition truss. The earliest examples dignified the dais end of a hall and formed the back of the dais bench. In the Snowdonian house the dais end of the hall was replaced by a fireplace and the post-and-panel partition enhanced the cross-passage. In the earlier higher status Snowdonian houses the passage was often fully screened. In later houses, a single partition was usual between the passage and outer rooms. This partition is invariably chamfered and occasionally reed moulded. On the better finished partitions the chamfer is continued onto the head-beam with a mason's mitre, as at Gorllwyn-uchaf (1533). Guilloche moulding occurs on the partitions of some high-status houses, sometimes in association with late-sixteenth-century date inscriptions. The partition at Penrhyddgan (1571/2) is an early example. Post-and-panel partitions often have carpenters' marks. They are particularly prominent at Brynberllan (1552/3). Partition doorheads, where they survive, are generally flat-headed, or Tudor-arched, but they occasionally have an elaborate double-ogee profile, as at Dyffryn Mymbyr (1553–5) and Fedw-deg (1580s).

10.5
Pared pyst a phaneli: Brongoronwy (1530/31) / Post-and-panel partition: Brongoronwy (1530/31)

External doorways. Voussoirs are the long, wedge-shaped stones used to form a semi-circular or segmental arched doorhead, and are found in fifteenth- and sixteenth-century defensive, ecclesiastical and domestic contexts. Voussoirs occur principally in Caernarvonshire and Merioneth but spread south along the western seaboard to Machynlleth (Royal House, 1561) and Ceredigion (Neuadd, Llanon). The use of voussoirs is related to the absence of freestone, but voussoirs achieved a decorative effect in their own right and were sometimes used internally over fireplaces. The cross-passage doorways of hall-houses often had a head of voussoirs, as at Tŷ-mawr, Nantmor (1529), Cwm (1523). The voussoir-headed doorway is found in early storeyed houses in Snowdonia; good examples include Brongoronwy (1531), Cae-glas

10.6
Meini Bwa: Brynyrodyn (1557) / Voussoirs: Brynyrodyn (1557)

(1531), Cae-glas (1547), y Garreg-fawr (1540–54) a Brynyrodyn (1557). Defnyddid meini bwa'n helaeth yn yr ail ganrif ar bymtheg, weithiau ar adwyon drysau adeiladau amaethyddol o bwys. Ar safleoedd eraill defnyddiwyd lintel syml, gwastad neu, o dro i dro, garreg fwaog yn y traddodiad seiclopaidd. Ceir adwyon drysau seiclopaidd mewn llawer o eglwysi ac mewn rhai neuaddau uchelwrol (Branas-uchaf); fe'u defnyddid o dro i dro mewn tai sawl llawr cynnar megis Dyffryn Mymbyr (1553–5) a'r Fedw-deg (1580au).

10.7
Mowldin: trawst â mowldin ofolo gyda distiau â mowldin cyrs yn Hafodlwyfog (1638). / Moulding: ovolo-moulded beam with reed-moulded joists at Hafodlwyfog (1638)

Gwaith Mowldin. Mae'r gwahanol fathau o waith mowldin a nodir yma'n ddewisiadau cywreiniach – ac felly drutach -na siamffrau plaen ar drawstiau a physt. Ceir mowldin rholiog cywrain bob amser ar gyplau eiliau yn nhai mwy'r uchelwyr. Siamffrau plaen a geir fel arfer ar drawstiau nenfwd. Mae cred gyffredinol bod siamffrau llydain fel arfer yn gynharach na siamffrau culion, ond ni ellir dibynnu arni ond yn achos ail hanner yr unfed ganrif ar bymtheg. Gall siamffrau hanner cyntaf yr unfed ganrif ar bymtheg fod yn eithaf cul. Ceir gwaith addurnol gwahanol ar ffurf pennau hoelion ar drawstiau mewn dau safle o'r 1530au (Y Cwm, 1533–5; Coedyffynnon, 1537) a sylwyd arno mewn mannau eraill. Ceir gwaith mowldin rholiog drwy gydol yr unfed ganrif ar bymtheg. Mae enghraifft nodedig ym Mranas-uchaf, lle cafodd yr ystafell fewnol nenfwd â mowldin rholiog (1514) sawl blwyddyn ar ôl dyddiad tebygol cwblhau'r tŷ (1508/9). Fel arfer siamffrau plaen â stopiau sydd ar drawstiau simnai. Dônt yn ganolbwynt y neuadd ond fel arfer nid ydynt wedi'u haddurno, er y gellir nodi'r trawst simnai cynnar sydd â mowldin rholiog yn Nhyn-llan (1517–37). Fel arfer yr unig stopiau yw stopiau ceugrwm â ffiledau a stopiau darfod *(run-out stops)*. Ceir stopiau pyramidaidd *(broach)* ar nenfwd cywrain Dugoed; ymddengys nas ceir mewn coed ar ôl canol yr unfed ganrif ar bymtheg. Defnyddir gwaith mowldin ofolo ar drawstiau, ar fyliynau ffenestri ac ar fframiau drysau yn hanner cyntaf yr ail ganrif ar bymtheg; y Dduallt (1604/5) yw'r enghraifft gynharaf i'w dyddio. Mae stopiau ogifol yn fwy nodweddiadol o ganol a rhan olaf yr ail ganrif ar bymtheg, gan barhau hyd y ddeunawfed ganrif.

(1547), Y Garreg-fawr (1540–54), Brynyrodyn (1557). Voussors were used extensively in the seventeenth century and sometimes enhanced the doorways of principal agricultural buildings. At other sites a simple flat lintel was used or, occasionally, an arched stone in the cyclopean tradition. Cyclopean doorways occur in many churches and in some high-status halls (Branas-uchaf), and were occasionally used in early storeyed houses, as at Dyffryn Mymbyr (1553–5) and Fedw-deg (1588).

Mouldings. The mouldings noted here are elaborate – and therefore more expensive – alternatives to plain chamfers on beams and posts. The aisle-trusses of the greater gentry houses always have elaborate roll mouldings. Ceiling beams are usually plain chamfered. The received wisdom that broad chamfers are generally earlier than narrow chamfers holds true only for the second half of the sixteenth century. Chamfers in the first half of the sixteenth century can be quite narrow. A distinctive and closely-dated nail-head beam decoration occurs in the 1530s (Cwm, 1533–5; Coedyffynnon, 1537) and has been noted elsewhere. Roll moulding occurs throughout the sixteenth century. A notable example occurs at Branas-uchaf where the inner room was given a roll-moulded ceiling (1514) several years after the probable completion of the house (1508/9). Fireplace beams are generally plain chamfered and stopped. They become the focus of the hall but they are not generally decorated, although the early roll-moulded fireplace beam at Tyn-llan (1517–37) may be noted. Stops are generally confined to curved stops with fillets and run-out stops. The elaborate ceiling at Dugoed has broach stops; broach stops in timber do not seem to occur after the mid-sixteenth century. Ovolo mouldings are used on beams, window mullions and door-frames in the first half of the seventeenth century; Dduallt (1604/5) is the first dated example. Ogee stops are more characteristic of the mid- and later seventeenth century and continue into the eighteenth century.

Simneiau addurnol. Yr oedd yn anochel bod simneiau cynnar yn drawiadol yr olwg, gan fod eu natur unionsyth yn cyferbynnu â ffurf hir ac isel y neuadd-dy. Yr oedd simneiau addurnol yn fwy trawiadol byth, ac fel arfer fe'u gosodid ar letraws. Mae simneiau o ddechrau'r unfed ganrif ar bymtheg ym Mranas-uchaf a Maes Tyddyn yn cyfuno gwaelod simnai ymwthiol anferth â siafft wrymiog a osodwyd ar letraws. Mabwysiadwyd y simnai ar letraws mewn tai cynllun Eryri cynnar, yn enwedig ar gyfer lle tân ar y llawr cyntaf, a gynhelid ar y tu allan gan gorbelau. Efallai i'r corn simnai ar letraws ddod i fri o ganlyniad i'r enghraifft drawiadol a chynnar yng Ngwydir tua 1500. Mae enghraifft ddiweddar o simnai sengl sylweddol ar letraws yng Ngronant (1618/19). Daeth clystyrau o simneiau ar letraws i fri ehangach yn yr ail ganrif ar bymtheg.

Ornate chimneys. Early chimneys were inevitably visually striking because their verticality contrasted with the long and low proportions of the hall-house. Ornate chimneys had an additional eye-catching quality and were generally set diagonally. The early-sixteenth-century chimneys at Branas-uchaf and Maes Tyddyn combine a monumental projecting chimney stack with a ribbed and diagonally-set chimney shaft. Early Snowdonian houses adopted the diagonally-set chimney shaft, especially for the first-floor fireplace which was supported externally on corbels. The fashion for the diagonally-set chimney shaft may have been established by the striking and early example at Gwydir c.1500. Gronant (1618/19) has a late example of a substantial single diagonal chimney shaft. Clusters of diagonally-set chimneys became more generally fashionable in the seventeenth century.

10.8
Simnai addurnol: Branas-uchaf / Ornate chimney: Branas-uchaf

10.9
Hafodysbyty (Ffestiniog): cwpl cysbog â llawer o hoelbrennau a bwâu cynnal (1509–33) / cusped and multi-pegged archbraced truss (1509–33)

Dendrocronoleg • Dendrochronology

10.10 Adwy drws seiclopaidd (1435) ym Mhlas-ucha (Llangar) gydag amlinell Peter Smith / Cyclopean doorway (1435) at Plas-ucha (Llangar) with Peter Smith in silhouette

11

DYDDIO BLWYDDGYLCHAU: RHESTR O SAFLEOEDD A NODWEDDION

TREE-RING DATING: LIST OF SITES AND FEATURES

Dyddiad / Date	Enw / Name	NPRN / NPRN	Disgrifiad / Description	Cyfeirnod / Reference	Sir / County
1420	Tŷ Aberconwy / Aberconwy House, Conwy	25978	Tŷ tref a siop / Town-house and shop	VA32.86	C
1435	Plas-ucha, Llangar	28689	Neuadd-dy uchelwyr gyda chwpl sgrin / Gentry hall-house with spere-truss	VA27.107	M
1441	Y Faner (Abbey Farm)	3048	Neuadd fynachaidd / Monastic hall	VA27.107	M
1441/2	Black Lion, 11 Stryd y Castell, Conwy	26230	Tŷ tref gyda neuadd agored / Town-house with open hall	VA41.113	C
Ar ôl 1476 / after 1476	Pennarth-fawr	16663	Neuadd-dy uchelwyr / Gentry hall-house	VA23.45	C
1477	Brongoronwy (1)	28200	Coler a ailddefnyddiwyd / Reused collar	VA42.114	M
1479	Plas Pengwern	28631	Croesty (?ffrâm goed) i neuadd a ailadeiladwyd / Cross-wing (?box-framed) to rebuilt hall	VA34.120	M
1482/3	[Red Boat] 34 Stryd y Castell, Biwmares / 34 Castle Street, Beaumaris (1)	15630	Tŷ tref (?collwyd y neuadd) / Town-house (?hall range lost)	VA42.110	M/A
1485/6	Tudor Rose, 32 Stryd y Castell, Biwmares / 32 Castle Street, Beaumaris (1)	15919	Croesty tŷ tref (neuadd ddiddyddiad) / Town-house cross-wing (hall range undated)	VA41.111	M/A
1465–90	Trefadog	15896	Neuadd-dy uchelwyr / Gentry hall-house	VA43.77	M/A
1494/5	Oerddwr-isaf	16620	Neuadd-dy; anghyflawn / Hall-house; fragmentary	VA38.134	C
1496	60 Stryd y Castell, Biwmares / 60 Castle Street, Beaumaris (1)	15636	Tŷ tref / Town-house	VA42.110	M/A
1500/01	Tŷ-cerrig (Llanfor) (1)	28775	Neuadd-dy / Hall-house	VA46	M
c.1503	Brynyrodyn (1)	28229	Trawst simnai a ailddefnyddiwyd / Reused mantelbeam	VA41.116	M
1506/7	6 Stryd y Plas / 6 Palace Street, Caernarfon	16637	Tŷ tref (a siop?) / Town-house (and shop?)	VA41.113	C
1507	Y Faner (Abbey Farm) (2)	3048	Cyfnod yr atgyweirio (tulath) / Repair phase (purlin)	VA27.107	M
1508	Gwastadannas	26549	Neuadd-dy gwerinol / Peasant hall-house	†	C
1508/9	Branas-uchaf (1)	28196	Neuadd-dy uchelwyr gyda chwpl sgrîn / Gentry hall-house with spere-truss	VA41.115	M
1509	Maenan	16489	Neuadd-dy uchelwyr / Gentry hall-house	VA46	C
1509/10	Egryn 'Abbey' (1)	28371	Neuadd-dy uchelwyr gyda chwpl sgrîn / Gentry hall-house with spere-truss	VA35.111	M
1511/12	Maes Tyddyn (1)	28791	Neuadd-dy uchelwyr; simnai ystlysol / Gentry hall-house; lateral chimney	VA41.115	M

Dendrocronoleg • Dendrochronology

Allwedd / Key

- C   Sir Gaernarfon / Caernarvonshire
- M   Meirionnydd / Merioneth
- M/A Môn / Anglesey
- †   Nis cyhoeddwyd / Unpublished
- VA *Vernacular Architecture* (cylchgrawn / journal)

1 cymalog / jointed	7 pennau hoelion / nailhead	13 plethwaith / guilloche
2 bargod / jetty	8 trawst gordd / hammer beam	14 llawr isaf / ground
3 ¼ crwn / ¼ round	9 pen drws / doorhead	15 llawr 1af / 1st floor
4 pyramidaidd / broach	10 trawst simnai / mantelbeam	16 cyrs / reed
5 roliog / roll	11 pared / partition	17 ofolo / ovolo
6 Seiclopaidd / Cyclopean	12 [1685]	18 (ailosodwyd) / (re-set)

Cynllun / Plan		Cwpl / Truss		Muriau / Walling		Manylion coed / Timber detail				Manylion cerrig / Stone detail		Darn trwsio
Neuadd agored	Sawl llawr	Nenffyrch	Cysbau	Cerrig	Coed	Mowldin	Bwa cynnal	Ategyn to	Pyst a phaneli	Meini Bwa	Grisiau lle tân	aildefnydd
Open hall	Storeyed	Crucks	Cusping	Stone	Timber	Moulding	Archbrace	Windbrace	Post&panel	Voussoirs	Fireplace stair	Reused/repair
	•			•	•²		?					
•		•	•	•	•	•³	•		•	6		
•			•	•		•³	•	•	•	•?		
•		•¹			?•		•	•				
•			•	•		•	•	•	•	•		
												•
	•		•		•	•?						
	•				•	•	•	•				
	•				•							
•		•¹		•			•	?				
•		•		•								
	•				•	•⁴		•				
•		•			•		•					
	•			•²	•⁴		?					•
•		•			•							•
	•		•		•	•	•	•	•	6		
•		•	•	•	?•	•	•	•				
•			•	•		•	•	•	6			
•				•	•	?•	•		•⁶,¹⁸			

275

Dyddiad / Date	Enw / Name	NPRN	Disgrifiad / Description	Cyfeirnod / Reference	Sir / County
1514	Branas-uchaf (2)	28196	Nenfwd yr ystafell fewnol / Inner-room ceiling	VA41.115	M
1514/15	Cynfal-fawr	28334	Neuadd-dy uchelwyr / Gentry hall-house	VA43.105	M
1516	60 Stryd y Castell, Biwmares / 60 Castle Street, Beaumaris (2)	15636	Distiau yn nuad y talcen / Joists in end bay	VA42.110	M/A
1516/17	Dugoed (1)	26415	Tŷ Eryri / Snowdonian house	VA42.112	C
Ar ôl / After 1517	Black Lion, Conwy (2)	26230	Lle tân a ychwanegwyd / Inserted fireplace	VA41.113	C
1518/19	Blaenglasgwm-uchaf (1)	26032	Neuadd-dy gwerinol / Peasant hall-house	VA44.107	C
1518/19	Tyn-llan, Gwyddelwern (1)	409865	Neuadd-dy uchelwyr / Gentry hall-house	VA41.115	M
1491–1521	Cymryd-isaf	26390	Neuadd uchelwyr ?â simnai ystlysol / Gentry hall ?with lateral chimney	VA42.112	C
1523	Y Cwm (Fferm y Cwm / Cwm Farm) (1)	28320	Neuadd-dy uchelwyr / Gentry hall-house	VA44.109	M
1526	Gloddaeth	26514	Neuadd-dy uchelwyr â lle tân ystlysol / Gentry hall-house with lateral fireplace	VA46	C
1526	Cefn-caer	28277	Neuadd-dy uchelwyr (tri duad) gydag oriel / Gentry hall (three bays) with oriel	VA30.112	M
Ar ôl / After 1527	Tŷ-mawr (Castle Inn), Cricieth	16621	Tŷ Eryri / Snowdonian house	VA41.113	C
1497–1527	Bwthyn Cae-glas (1)	404889	Bwthyn mewn system unedau (cyplau wedi'u hailosod) (hefyd 1519-49; 1541-71) / Cottage in unit system (re-set crucks) (also 1519-49; 1541-71)	VA37.131	M
1529	Tŷ-mawr, Nantmor (1)	16961	Neuadd-dy uchelwyr / Gentry hall-house	VA37.130	C
1530/31	Rhydywernen	28721	Neuadd-dy uchelwyr / Gentry hall-house	VA46	M
1530/31	Brongoronwy (2)	28200	Tŷ Eryri / Snowdonian house	VA42.114	M
1499–1531	Creigir-isaf	413336	Tŷ cynllun Eryri sy'n cynnwys coed cynnar / Snowdonian house incorporating early timber	VA42.111	C
1531/2	Cae-canol-mawr	28244	Tŷ'r trawsnewid i gynllun Eryri / Snowdonian house (transitional)	VA43.105	M
1509–33	Hafodysbyty	28478	Neuadd-dy uchelwyr / Gentry hall-house	VA43.105	M
1509–33	Hafoty	15705	Parlwr croes / Parlour cross-wing	VA23.44	M/A
1533	Gorllwyn-uchaf	26533	Tŷ'r trawsnewid i gynllun Eryri / Snowdonian house (transitional)	VA37.130	C
1534	Plas-coch (1)	15808	Cwpl cysbog a ailosodwyd / Reset cusped truss	VA42.111	M/A
1533–35	Cwm, Cwm Cynfal (2)	28320	Lle tân a ychwanegwyd / Inserted fireplace	VA44.109	M
1537	Coedyffynnon	26304	Tŷ Eryri / Snowdonian house	VA44.107	C
c.1540	Gronant (1)	261	Tŷ cynllun Eryri mewn system unedau / Snowdonian house in unit system	VA41.111	M/A
1517–37	Tyn-llan (2)	409865	Lle tân a ychwanegwyd / Inserted fireplace	VA41.115	M
1537/8	Tyn-llwyn	28846	Neuadd-dy – tŷ hir / Hallhouse-longhouse	VA41.115	M
1541	George & Dragon, Biwmares / Beaumaris	254	Tŷ tref; murluniau diweddarach / Town-house; later wallpaintings	VA41.111	M/A
1512–42	Cwrt Plas-yn-dre	97179	Neuadd-dy uchelwyr gyda chwpl sgrîn a lle tân ystlysol / Gentry hall-house with spere-truss and lateral fireplace	VA44.109	M
1519–43	Cymryd-isaf (2)	26390	Llawr a ychwanegwyd / Inserted floor	VA42.112	C

Dendrocronoleg • Dendrochronology

| Cynllun / Plan | | Cwpl / Truss | | Muriau / Walling | | Manylion coed / Timber detail | | | | Manylion cerrig / Stone detail | | Darn trwsio aildefnydd |
Neuadd agored Open hall	Sawl llawr Storeyed	Nenffyrch Crucks	Cysbau Cusping	Cerrig Stone	Coed Timber	Mowldin Moulding	Bwa cynnal Archbrace	Ategyn to Windbrace	Pyst a phaneli Post&panel	Meini Bwa Voussoirs	Grisiau lle tân Fireplace stair	Reused/repair
						•⁵						
•		•		•		•		?				
	•											
	•			•		•⁴						
				•								
•		•		•								
•		•			•	•⁵	•	•?				
•			•	•			•		•			
•				•		•⁷	•	•	•	•		
•				•		•⁸	•	•	•			
•				•		•⁹	•	•	•			
	•		•	•			•	•	•	•		
•		•		•								
•			•	•			•	•	•	•		
•		•	•	•?			•		•			
	•			•					•	•	•	
•			•	•				•	•			
•		•	•	•			•		•			
				•								
•		•		•					•			
			•	•		•⁵						
									•			
	•		•	•		•⁷						
	•			•								
						•⁵,¹⁰						
•		•	•	•	•		•		•			
	•		•		•²		•	•				
•			•	•	•	•	•	•?	•			
	•											

Dyddiad / Date	Enw / Name	NPRN	Disgrifiad / Description	Cyfeirnod / Reference	Sir / County
1545/6	Palas yr Esgob / Bishop's Palace, Bangor	26028	Croesty deulawr / Storeyed wing	VA41.112	C
1531–46	Hafodruffydd-uchaf	406475	Tŷ cynllun Eryri (?cyfnod y trawsnewid) / Snowdonian house (?transitional)	VA38.134	C
1547/8	Cae-glas (2)	404888	Tŷ cynllun Eryri mewn system unedau / Snowdonian house in unit system	VA37.131	M
1549	Tudor Rose, 32 Stryd y Castell, Biwmares / 32 Castle Street, Beaumaris (2)	15919	Llawr a ychwanegwyd at neuadd ddiddyddiad / Inserted floor in undated hall	VA41.111	M/A
c.1550	Clenennau (1)	26290	Parlwr croes / Parlour cross-wing	VA38.135	C
c.1550	Hafodlwyfog	26578	Cyplau a ailosodwyd mewn tŷ Eryri o 1638 / Re-set trusses in 1638 Snowdonian house	†	C
1521–51	Tŷ-mawr Bach, Wybrnant	16966	Trawst simnai a ailddefnyddiwyd / Reused mantelbeam	VA42.112	C
1549–52	Derwyn-bach	26396	Tŷ Eryri / Snowdonian house	VA38.135	C
1552/3	Brynberllan	412071	Tŷ deulawr; ?mynedfa lobi / Storeyed house; ? lobby entry	VA42.114	M
c.1524–54	Gronant (1)	261	Tŷ cynllun Eryri mewn system unedau / Snowdonian house in unit system	VA41.113	M/A
1540–54	Y Garreg-fawr	26477	Tŷ Eryri / Snowdonian house	†	C
1553–55	Dyffryn Mymbyr	26417	Tŷ Eryri / Snowdonian house	VA42.111	C
1536–56	Tŷ-mawr, Nantlle	16960	Tŷ Eryri / Snowdonian house	VA41.114	C
1557	Brynyrodyn (2)	28229	Tŷ Eryri / Snowdonian house	VA42.115	M
1536–61	Plas Tan-y-bwlch	28687	Coed a ailddefnyddiwyd; hefyd 1525–55 / Reused timbers; also 1525–55	VA38.137	M
1561	Bodllosged (Bodloesygad)	28181	Tŷ Eryri / Snowdonian house	VA43.105	M
1562	Y Faenol (Hen Neuadd y Faenol / Vaynol Old Hall) (1)	17018	Tŷ Eryri ag estyniadau / Snowdonian house with projections	VA41.113	C
1537–63	Tŷ-mawr, Nantmor (2)	16961	Lle tân a ychwanegwyd / Inserted fireplace	VA38.134	C
1563	Cae-gwegi	416310	Tŷ Eryri (trawst simnai) / Snowdonian house (fireplace beam)	†	M
1563/64	Bennar	26006	Tŷ Eryri / Snowdonian house	VA44.107	C
1564/5	Tŷ-mawr, Wybrnant	16966	Tŷ Eryri (neuadd-dy a ail-luniwyd) / Snowdonian house (remodelled hall-house)	VA42.112	C
1564/5	Nant-pasgan-mawr	405144	Tŷ Eryri / Snowdonian house	VA39.142	M
1560/61	Y Dduallt (Plas-y-dduallt)(1)	28336	Tŷ cynllun Eryri mewn system unedau / Snowdonian house in unit system	VA42.114	M
1539–69	Tŷ-mawr, Y Ddwyryd / Druid (1)	28818	Neuadd-dy uchelwyr / Gentry hall-house	VA41.113	M
1564–9	Gelli (Gelli Cornwydydd)	406470	Trawst simnai mewn tŷ cynllun Eryri / Mantelbeam in Snowdonian house	VA38.136	M
1567/8	Y Cwm, Cwm Cynfal (3)	28320	Cyfnod yr atgyweirio / Repair phase	VA44.109	M
1540–70	Prys-mawr	28702	Tŷ Eryri (muriau coed) / Snowdonian house (timber walls)	VA45	M
1560–71	Plas-coch (2)	15808	Coed o dŷ o 1569 a adluniwyd yn 1592 / Timbers of 1569 house reconstructed 1592	VA42.111	M/A
1571	Gardd Llyga(i)d-y-dydd	26472	Tŷ Eryri / Snowdonian house	VA38.134	C
1571/2	Penrhyddgan	16673	Tŷ Eryri ag estyniad grisiau / Snowdonian house with stair projection	VA41.112	C

| Cynllun / Plan | | Cwpl / Truss | | Muriau / Walling | | Manylion coed / Timber detail | | | | Manylion cerrig / Stone detail | | Darn trwsio |
Neuadd agored / Open hall	Sawl llawr / Storeyed	Nenffyrch / Crucks	Cysbau / Cusping	Cerrig / Stone	Coed / Timber	Mowldin / Moulding	Bwa cynnal / Archbrace	Ategyn to / Windbrace	Pyst a phaneli / Post&panel	Meini Bwa / Voussoirs	Grisiau lle tân / Fireplace stair	aildefnydd / Reused/repair
					•²	•						
•	•		•	•								
	•		•	•				•	•	•		
	•			•?								
	•			•		•						
				•		•						
				•				•				•
	•			•					•	•	•	
	•			•	•	•⁹	•	•	•			
	•			•								
	•		•	•				•		•		
	•			•		•⁹			•	•⁶		
	•		•	•			•	•	•		•	
	•			•					•	•	•	
												•
	•			•		•¹⁶			•	•	•	
	•			•		•						
												•
	•			•								
	•			•					•			
	•			•					•			
	•	•		•					•	•	•	
	•			•					?•			
•				•		?•			•			
				•								
												•
	•			•¹²	•						•	
	•			•					•			
	•		•	•		•¹³			•	?•		

Dyddiad / Date	Enw / Name	NPRN	Disgrifiad / Description	Cyfeirnod / Reference	Sir / County
1572	Rhos, Minffordd	406477	Tŷ Eryri sy'n cynnwys nenfforch / Snowdonian house incorporating cruck	VA38.137	M
1572	Rose & Crown (Tŷ-mawr), Gwyddelwern	319	Tŷ penllawr gyda llawr uchaf o goed / Hearth-passage house with timber upper storey	VA31.112	M
1573	Plas Glasgwm	16743	Tŷ Eryri â thŷ diweddarach o'i flaen / Snowdonian house refronted	VA44.107	C
1573/4	Pant-glas-uchaf	16648	Tŷ Eryri / Snowdonian house	VA38.135	C
1536–74	Bodwrda (1)	26063	Tŷ uchelwyr â simnai ystlysol / Gentry house with lateral chimney	VA41.112	C
1575	Bodwrda (2)	26063	Ychwanegiad i'r neuadd / Addition to hall range	VA41.112	C
1575	Ucheldre		Tŷ uchelwyr (mynediad uniongyrchol) / Gentry house (direct entry)	VA41.114	M
1578	Plas-mawr, Conwy	16754	Plas yn y dref / Urban great house	VA27.106	C
1578/79	Llannerchyfelin	26709	Tŷ Eryri / Snowdonian house	VA44.108	C
1579	Cae'nycoed-uchaf	28251	Tŷ Eryri; atgyweiriwyd 1593 / Snowdonian house; repair 1593	VA38.136	M
1581	Llwyn-du (1)	28538	Tŷ cynllun Eryri mewn system unedau / Snowdonian house in unit system	VA39.142	M
1584	Tŷ-mawr, Y Ddwyryd / Druid (2)	28818	Nenfwd a ychwanegwyd / Inserted ceiling	VA41.114	M
1584/5	Llwyn-bedw	26729	Tŷ cynllun Eryri gyda pharlwr croes / Snowdonian house with parlour wing	VA38.134	C
[1585]	Gatehouse, Plas-mawr	16754	Gatws dyddiedig 1585 (tulathau 1556–93) / Gatehouse dated 1585 (purlins 1556–93)	VA27.107	C
1587	Llwynycynfal	373	Tŷ Eryri / Snowdonian house	†	M
1588	Brynmaenllwyd (1)	417311	Tŷ Eryri / Snowdonian house	VA44.109	M
1588	Fedw-deg	26449	Tŷ mynedfa lobi / Lobby-entry house	VA46	C
1562–92	Dulasau-uchaf (Dylasau-uchaf)	26416	Tŷ cynllun Eryri mewn system unedau / Snowdonian house in unit system	VA42.112	C
1592	Plas-coch (3)	15808	Tŷ uchelwyr â chroestai / Winged gentry house	VA42.111	M/A
1592/3	Dulasau-isaf (Dylasau-isaf)	26419	Tŷ cynllun Eryri mewn system unedau / Snowdonian house in unit system	VA42.112	C
1592/3	Bwthyn Llwyn-du (2)	28537	Tŷ isradd mewn system unedau / Subsidiary house in unit system	VA39.142	M
1594	Dugoed (2)	26415	Croesty / Cross-wing	VA42.112	C
1566–96	Ysgubor Tŷ-mawr, Y Ddwyryd / Druid (3)	28818	Ysgubor ffrâm nenffyrch / Cruck-framed barn	VA41.113	M
1599/1600	Ffridd-isaf	404730	Tŷ Eryri / Snowdonian house	VA37.130	C
1606/7	Ucheldre (2)	28879	Croesty parlwr a ychwanegwyd / Added parlour wing	VA41.114	M
1604/5	Dduallt (2)	28336	Tŷ cynllun Eryri mewn system unedau / Snowdonian house in unit system	VA42.114	M
1608	Plas-ym-Mhenros	16762	Tŷ Eryri / Snowdonian house	VA43.104	C
1609/10	Y Gesail Gyfarch	26489	Tŷ Eryri / Snowdonian house	VA37.130	C
1595–1614	Bron-y-foel-isaf	28204	Tŷ Eryri â geudy / Snowdonian house with latrine	VA43.104	M
1615/16	Gelli (Gelli Cornwydydd) (2)	406470	Tŷ Eryri a ail-luniwyd / Remodelled Snowdonian house	VA38.116	M

Dendrocronoleg · Dendrochronology

| Cynllun / Plan | | Cwpl / Truss | | Muriau / Walling | | Manylion coed / Timber detail | | | | Manylion cerrig / Stone detail | | Darn trwsio |
| Neuadd agored | Sawl llawr | Nenffyrch | Cysbau | Cerrig | Coed | Mowldin | Bwa cynnal | Ategyn to | Pyst a phaneli | Meini Bwa | Grisiau lle tân | aildefnydd |
Open hall	Storeyed	Crucks	Cusping	Stone	Timber	Moulding	Archbrace	Windbrace	Post&panel	Voussoirs	Fireplace stair	Reused/repair
•				•					?•		?•	
•				•[14]	•[15]	•			•			
•				•								
•				•							•	
•				•			•		•			
•												
•				•	•				•			
•			•	•		•	•		•			
•				•		•[16]			•		•	
•				•					?•	•		•
•				•					•	•	•	
•				•								
•				•								
•				•		•						
•				•								
•				•					•			
•				•					•	•[6]		
•				•								
•				•		•						
•				•								
•				•						•[6]	•	
		•			•							
•				•					•			
				•					•			
•				•		•[17]					•	
				•					•		•	
•				•		•[17]					•	
•				•					•	•[6]	•	
•				•							•	

Dyddiad / Date	Enw / Name	NPRN	Disgrifiad / Description	Cyfeirnod / Reference	Sir / County
1614–16	10 Stryd y Castell, Biwmares / 10 Castle Street, Beaumaris	307952	Tŷ tref / Town-house	VA42.110	M/A
1617/18	Gatws, Parc	28624	Gatws / Gatehouse	VA38.136	M
1618	Hen Dy Egryn / Egryn 'Old House' (3)	407801	Tŷ cynllun Eryri mewn system unedau / Snowdonian house in unit system	VA35.111	M
1621	Blaenglasgwm-uchaf (2)	26032	Neuadd-dy a addaswyd / Hall-house modified	VA44.107	C
1618/19	Gronant (2)	261	Tŷ penllawr mewn system unedau / Hearth-passage house in unit system	VA41.111	M/A
1592–1622	Egryn	28371	Llawr wedi'i ychwanegu uwchben y neuadd / Inserted floor over hall	VA35.111	M
1619-24	Pen-y-bryn, Aber	32	Tŷ uchelwyr gyda thŵr pleser / Gentry house with tower plaisance	VA41.112	C
c.1625	The Gatehouse, Stryd y Castell, Biwmares / Castle Street, Beaumaris	15633	Tŷ tref / Town-house	VA41.111	M/A
1628/9	Y Faenol (Hen Neuadd y Faenol / Vaynol Old Hall) (2)	17018	Grisiau a chroesty a ychwanegwyd / Added stair and wing	VA41.113	C
1634	Tŷ-cerrig (Llanfor) (2)	28775	?Llawr a ychwanegwyd / ?Inserted floor	VA46	M
1636/7	Pen-hwn-llys Plas	15786	Tŷ deulawr / Storeyed house	VA41.111	M/A
1640	Brynyrodyn (3)	28229	Cegin groes a ychwanegwyd / Added kitchen wing	VA42.115	M
1654/5	Parc (3ydd Tŷ / House 3)	28623	Tŷ mewn cyfadeilad system unedau / House in unit-system complex	VA38.136	M
1627–57	Maes Tyddyn (2)	28791	Nenfwd a ychwanegwyd / Inserted ceiling	VA41.115	M
1637–59	Branas-uchaf (3)	28196	Grisiau a ffenestri / Stair and windows	VA41.115	M
1651/52	Gwerclas	41630	Stabl tŷ uchelwyr / Stable of gentry house	VA46	M
1660	Cefn-caer	28277	Cyfnod atgyweirio – prif geibr / Repair phase – principal rafter	VA30.112	M
1664/5	Brynmaenllwyd (2)	417311	Tŷ tair uned cynllun Eryri / Snowdonian three-unit house	VA44.109	M
1669/70	Parc (4ydd Tŷ / House 4)	28622	Tŷ dyddiedig 1671 mewn system unedau / House dated 1671 in unit system	VA38.136	M
1704	Beudy Cae-glas	404890	Beudy â mynedfa dalcen / Cowhouse with gable entry	VA37.132	M
1708/9	Hafoty	15705	Croesty a ychwanegwyd (Dwyr.) / Added cross-wing (E)	VA23.44	M/A
1709	[Red Boat] 34 Stryd y Castell, Biwmares / 34 Castle Street, Beaumaris (2)	15630	Llawr nenlofft a ychwanegwyd / Inserted attic floor	VA42.110	M/A
1732	Clenennau (2)	26290	Cyfnod yr atgyweirio / Repair phase	VA38.135	C
1756	Tŷ-fry, Penrhyndeudraeth	28806	Tŷ Eryri diweddar / Late Snowdonian house	VA38.136	M
1748/9	Pen-y-bryn, Nefyn	16711	Tŷ Eryri diweddar / Late Snowdonian house	VA41.113	C
1759	Popty'r Garreg-fawr bakehouse	406471	Popty / Bakehouse	VA38.136	M
1764	Branas-uchaf (4)	28196	Cegin groes â tho brenhinbyst / Kitchen wing with king-post roof	VA41.115	M
1760–66	Hafoty	28469	Bwthyn-ffermdy â dyddiad sgriffiedig 1773 / Cottage-farmhouse with 1773 graffiti date	VA37.132	M/A

Dendrocronoleg · Dendrochronology

Cynllun / Plan Neuadd agored Open hall	Cynllun / Plan Sawl llawr Storeyed	Cwpl / Truss Nenffyrch Crucks	Cwpl / Truss Cysbau Cusping	Muriau / Walling Cerrig Stone	Muriau / Walling Coed Timber	Manylion coed / Timber detail Mowldin Moulding	Manylion coed / Timber detail Bwa cynnal Archbrace	Manylion coed / Timber detail Ategyn to Windbrace	Manylion coed / Timber detail Pyst a phaneli Post&panel	Manylion cerrig / Stone detail Meini Bwa Voussoirs	Manylion cerrig / Stone detail Grisiau lle tân Fireplace stair	Darn trwsio aildefnydd Reused/repair
	●			●		●[17]						
	●			●								
	●			●		●[17]					?●	
	●			●								
	●			●		●[5]			●			
	●			●		●[17]						
	●			●		●[17]					●	
	●			●								
				●								
												●
	●			●		●[17]						
	●			●								
	●			●								
	●			●		●[17]						
	●			●		●[17]						
				●	●				●[18]			
												●
	●			●								
	●			●						●		
				●								
	●			●								
												●
												●
	●			●							●	
	●			●								
	●											
	●			●								
	●			●								

RHESTR Y DARLUNIAU
LIST OF FIGURES

Rhestr o ddarluniadau gyda chyfeirnodau'r CHCC.
Noder: onis dywedir yn wahanol, y Goron biau hawlfraint y darluniadau: CBHC.

List of illustrations with NMRW reference numbers.
Note: unless otherwise stated, the illustrations are Crown copyright: RCAHMW.

Y Clawr Blaen / Front Cover. Cae-glas (NPRN 404888): DS2014_206_006.

Y Clawr Ôl / Rear Cover. Oerddwr-isaf (NPRN 16620): DS2014_299_001 (exterior) & DS2014_192_004 (interior).

Tudalen deitl / Title-page. Gorllwyn-ucha (NPRN 26533) gan / by Falcon Hildred: FHA 02_42_01.

Tudalennau gweili. Addurniadau stensiliedig ym Modllosged (NPRN 28181): DS2014_353_018.
End papers. Stencilled decoration at Bodllosged (NPRN 28181): DS2014_353_018.

Ffigurau / Figures 1.1. – 1.43

1.1 Plas-coch (NPRN 15808): DS2014_352_008.
1.2 Cors-y-gedol (NPRN 28298): DS2007_219_004.
1.3 Uwchlaw'rcoed (NPRN 28881): DS2010_078_005.
1.4 Uwchlaw'rcoed (NPRN 28881): DS2010_078_006.
1.5 Penisa'rglasgoed (NPRN 36104): DI2010_1106.
1.6 Bryngwylan (NPRN 26858): rcn03195.
1.7 *Houses Welsh Countryside*, Map 26a: DI2014_0470.
1.8 Plastirion (NPRN 27773): DS2012_375_012.
1.9 Cwrt Plas-yn-dre (NPRN 28330). A.P. Phipson, 1875: DI2014_0478.
1.10 Tyn-llan (NPRN 409865): DS2014_207_002.
1.11 Tyn-llan (NPRN 409865): DS2014_207_007.
1.12 Y Cwm (NPRN 28320): DH2009_033_01.
1.13 Y Cwm (NPRN 28320): CBHC/RCAHMW.
1.14 *Houses of the Welsh Countryside*, ffig./fig. 81: DI2005_0049.
1.15 Cochwillan (NPRN 26298): rcn00691.
1.16 Y Garreg fawr (NPRN 26477): DS2010_093_002.
1.17 Dolwyddelan Castle (NPRN 95229): DS2011_140_004.
1.18 Gwydir (NPRN 26555): CBHC/RCAHMW.
1.19 *Houses of the Welsh Countryside*, Map 27: DI2014_0471.
1.20 Cwmbychan (NPRN 303358): DI2014_0452.
1.21 Cwmbychan (NPRN 303358): DI2014_0453.
1.22 Plas-mawr (NPRN 16754): DI2013_2588.
1.23 Penhwnllys Plas (NPRN 15786): CD2003_624_021.
1.24 Plas Tirion (NPRN 27773): DS2012_375_022.
1.25 Plas Tirion (NPRN 27773): DS2012_375_029.
1.26 Plastirion (NPRN 27773): DS2014_225_002.
1.27 Plas Tirion (NPRN 27773): DS2012_375_038.
1.28 Dôl-y-moch (NPRN 28359): G.J. Williams, *Hanes Plwyf Ffestiniog* (1882), 208-09.
1.29 Dôl-y-moch (NPRN 28359): DI2014_0450.
1.30 Pen-y-bryn (Aber) (NPRN 32): rcn00697.
1.31 Dyffryn-gwyn (NPRN 403387): DI2014_0461.
1.32 Cwm-bychan (NPRN 303358): DI2014_0454.
1.33 Y Dduallt (NPRN 28336) gan/by Falcon Hildred: FHA02_03.
1.34 Y Dduallt (NPRN 28336): DS2007_221_005.
1.35 Y Dduallt (NPRN 28336): CBHC/RCAHMW.
1.36 Cwm-bychan (NPRN 303358): *Houses of the Welsh Countryside* (1988), ffig./fig. 219c.
1.37 Gwydir (NPRN 26555): DS2007_340_010.
1.38 Cae-canol-mawr (NPRN 28244): DS2014_187_002.
1.39 Ysgubor Corsygedol / Corsygedol Barn (NPRN 28298): DI2014_0469.
1.40 Ysgubor Pen-y-bryn / Pen-y-bryn Barn (NPRN 28653): rcn01740.
1.41 Beudy Cae-glas (NPRN 404888) gan/by Falcon Hildred: FHA02_41_04.

1.42 Beudy-newydd, Parc (NPRN 28170): *Archaeologia Cambrensis* (1943), 109, ffig./fig. 15.

1.43 'Plan of Wastelands in the Township of Nannau Is Afon' (Llanfachreth), 1789: TNA, LRRO 1/3533.

Ffigurau/Figures 2.1 – 2.12
2.1 Map: CBHC/RCAHMW.
2.2 Blaenglasgwm (NPRN 26032): DI2014_0438.
2.3 Blaenglasgwm (NPRN 26032): DI2014_0462.
2.4 Dugoed (NPRN 26415): rcn01751.
2.5 Dugoed (NPRN 26415): rcn01752.
2.6 Coedyffynon (NPRN 26304) *c.* 1950: rcn01755.
2.7 Bennar (NPRN 26006): DI2014_0463.
2.8 Map: CBHC/RCAHMW.
2.9 Tŷ-mawr, Wybrnant: DI2009_1473.
2.10 Plas Glasgwm (NPRN 16743): DI2014_0499.
2.11 Plas Glasgwm (NPRN 16743): DI2014_0500.
2.12 Dulasau-isaf (NPRN 26419): rcn01759.

Ffigurau/Figures 3.1 – 3.35
3.1 Map: CBHC/RCAHMW.
3.2 Map: CBHC/RCAHMW.
3.3 Trefadog (NPRN 15896): CBHC/RCAHMW.
3.4 Trefadog (NPRN 15896): DS2014_185_001.
3.5 Trefadog (NPRN 15896) cruck: DS2011_526_013.
3.6 Trefadog (NPRN 15896) cruck: DS2011_526_014.
3.7 Trefadog (NPRN 15896): DS2014_185_005.
3.8 Cynfal-fawr (NPRN 28334): CBHC/RCAHMW.
3.9 Cynfal-fawr (NPRN 28334): Ric Tyler.
3.10 Cynfal-fawr (NPRN 28334): DI2014_0433.
3.11 Cynfal-fawr (NPRN 28334): DI2014_0432.
3.12 Cynfal-fawr (NPRN 28334): Ric Tyler.
3.13 Cynfal-fawr (NPRN 28334): Ric Tyler.
3.14 Cynfal-fawr (NPRN 28334): Ric Tyler.
3.15 Branas-uchaf (NPRN 28196): CBHC/RCAHMW.
3.16 Branas-uchaf (NPRN 28196): DS2014_183_008.
3.17 Branas-uchaf (NPRN 28196): DS2014_183_017.
3.18 Branas-uchaf (NPRN 28196): DS2014_183_019.
3.19 Branas-uchaf (NPRN 28196): DS2014_183_012.
3.20 Egryn (NPRN 28371) *Houses of the Welsh Countryside*, ffig./fig. 53: DI2010_0663.
3.21 Egryn (NPRN 28371): DS2010_104_002.
3.22 Egryn (NPRN 28371): DS2010_104_014.
3.23 (i-ii) Gwastadannas (NPRN 26549): CBHC/RCAHMW.
3.23 (iii-iv) Gwastadannas (NPRN 26549) gan/by Falcon Hildred (Casgliad CBHC/RCAHMW Collection).
3.24 Gwastadannas (NPRN 26549): CBHC/RCAHMW.
3.25 Gwastadannas (NPRN 26549): DS2014_182_003.
3.26 Gwastadannas (NPRN 26549): DS2014_182_008.
3.27 Gwastadannas (NPRN 26549): DS2014_182_009.
3.28 Gwastadannas (NPRN 26549): DS2014_182_002.
3.29 Blaenglasgwm-ucha (NPRN 20632): CBHC/RCAHMW.
3.30 Blaenglasgwm-ucha (NPRN 20632): DS2014_186_004.
3.31 Blaenglasgwm-ucha (NPRN 20632): DI2014_0435.
3.32 Blaenglasgwm-ucha (NPRN 20632): DS2014_186_008.
3.33 Blaenglasgwm-ucha (NPRN 20632): DS2014_186_007.
3.34 Blaenglasgwm-ucha (NPRN 20632): DI2014_0436.
3.35 Blaenglasgwm-uchaf (NPRN 20632): DI2014_0186_005.

Ffigurau/Figures 4.1 – 4.38
4.1 Tŷ-mawr, Nantmor (NPRN 16961): CBHC/RCAHMW.
4.2 Tŷ-mawr (NPRN 16961): DS2014_190_002.
4.3 Tŷ-mawr (NPRN 16961) gan/by Falcon Hildred: FHA 02/46/02.
4.4 Tŷ-mawr (NPRN 16961): DS2014_190_005.
4.5 Tŷ-mawr (NPRN 16961): DS2014_190_007.
4.6 Tŷ-mawr (NPRN 16961) gan/by Falcon Hildred: FHA 02/46/01.
4.7 Tŷ-mawr (NPRN 16961) gan/by Falcon Hildred: FHA 02/46/04.
4.8 Tŷ-mawr, Wybrnant (NPRN 16966): CBHC/RCAHMW.
4.9 Tŷ-mawr, Wybrnant (NPRN 16966): DI2010_0008.
4.10 Tŷ-mawr (NPRN 16966): DI2014_0441.
4.11 Tŷ-mawr (NPRN 16966): DI2014_0443.
4.12 Tŷ-mawr (NPRN 16966): DI2014_0442.
4.13 Tŷ-mawr (NPRN 16966): DS2010_082_005.
4.14 Tŷ-mawr (NPRN 16966): DI2009_1471.
4.15 Tŷ-mawr (NPRN 16966): DS2014_191_003.
4.16 Oerddwr-isaf (NPRN 16620): CBHC/RCAHMW.
4.17 Oerddwr-isaf (NPRN 16620): DS2014_299_001.
4.18 Oerddwr-isaf (NPRN 16620): DI2008_1217.
4.19 Oerddwr-isaf (NPRN 16620): DS2014_192_004.
4.20 Oerddwr-isaf (NPRN 16620): DS2014_299_018.
4.21 Cae-canol-mawr (NPRN 28244): CBHC/RCAHMW.
4.22 Cae-canol-mawr (NPRN 28244): DS2014_187_013.
4.23 Cae-canol-mawr (NPRN 28244): DS2014_187_015.
4.24 Cae-canol-mawr (NPRN 28244): DS2014_187_016.
4.25 Cae-canol-mawr (NPRN 28244): DS2014_187_014.
4.26 Cae-canol-mawr (NPRN 28244): Ric Tyler.
4.27 Cae-canol-mawr (NPRN 28244): DS2014_187_009.
4.28 Gorllwyn-ucha (NPRN 26533): CBHC/RCAHMW.
4.29 Gorllwyn-ucha (NPRN 26533) gan/by Falcon Hildred: FHA 02_42_01.
4.30 Gorllwyn-ucha (NPRN 26533): DI2009_0444.

4.31 Gorllwyn-ucha (NPRN 26533): DS2014_188_005.
4.32 Gorllwyn-ucha (NPRN 26533): DS2014_188_004.
4.33 Gorllwyn-ucha (NPRN 26533) gan/by Falcon Hildred: FHA 02_45.
4.34 Hafodruffydd-ucha (NPRN 406475): CBHC/RCAHMW.
4.35 Hafodruffydd-ucha (NPRN 406475): DS2014_189_006.
4.36 Hafodruffydd-ucha (NPRN 406475): DS2014_300_028.
4.37 Hafodruffydd-ucha (NPRN 406475): DS2014_300_031.
4.38 Hafodruffydd-ucha (NPRN 406475): DS2014_189_005.

Ffigurau/Figures 5.1 – 5.23
5.1 Dugoed (NPRN 26415): CBHC/RCAHMW.
5.2 Dugoed (NPRN 26415): DS2014_193_004.
5.3 Dugoed (NPRN 26415): CBHC/RCAHMW.
5.4 Dugoed (NPRN 26415): DS2014_193_006.
5.5 Dugoed (NPRN 26415): rcn01753.
5.6 Dugoed (NPRN 26415): DS2014_193_001.
5.7 Brongoronwy (NPRN 28200): CBHC/RCAHMW.
5.8 Brongoronwy (NPRN 28200): DI2014_0444.
5.9 Brongoronwy (NPRN 28200): DS2014_194_009.
5.10 Brongoronwy (NPRN 28200): DS2014_194_010.
5.11 Brongoronwy (NPRN 28200): DS2014_194_011.
5.12 Brongoronwy (NPRN 28200): DS2014_194_015.
5.13 Brongoronwy (NPRN 28200): DS2014_194_003.
5.14 Coedyffynnon (NPRN 26304): CBHC/RCAHMW.
5.15 Coedyffynnon (NPRN 26304): DS2014_195_002.
5.16 Coedyffynnon (NPRN 26304): DS2014_195_008.
5.17 Coedyffynnon (NPRN 26304): DS2014_195_006.
5.18 Coedyffynnon (NPRN 26304): DS2014_195_005.
5.19 Coedyffynnon (NPRN 26304): DS2014_195_010.
5.20 Tŷ-mawr, Nantlle (NPRN 16960): CBHC/RCAHMW.
5.21 Tŷ-mawr (NPRN 16960): DS2014_196_005.
5.22 Tŷ-mawr (NPRN 16960): DS2014_196_012.
5.23 Tŷ-mawr (NPRN 16960): (DS2014_196_013).

Ffigurau/Figures 6.1 – 6.44
6.1 Derwyn-bach (NPRN 26396): CBHC/RCAHMW.
6.2 Derwyn-bach (NPRN 26396): DS2014_197_003.
6.3 Derwyn-bach (NPRN 26396): DI2014_0464.
6.4 Derwyn-bach (NPRN 26396): DI2014_0455.
6.5 Dyffryn Mymbyr (NPRN 26417): CBHC/RCAHMW.
6.6 Dyffryn Mymbyr (NPRN 26417): DS2014_198_001.
6.7 Dyffryn Mymbyr (NPRN 26417): DS2014_198_005.
6.8 Dyffryn Mymbyr (NPRN 26417): DS2014_198_007.
6.9 Brynyrodyn (NPRN 28229): CBHC/RCAHMW.
6.10 Brynyrodyn (NPRN 28229): DS2010_107_001.
6.11 Brynyrodyn (NPRN 28229): DI2013_2244.
6.12 Brynyrodyn (NPRN 28229): DI2014_0457.
6.13 Brynyrodyn (NPRN 28229): DI2010_0819.
6.14 Brynyrodyn (NPRN 28229): DI2010_0839.
6.15 Bodllosged (NPRN 28181): CBHC/RCAHMW.
6.16 Bodllosged (NPRN 28181): DS2014_353_001.
6.17 Bodllosged (NPRN 28181): DI2014_0459.
6.18 Bodllosged (NPRN 28181): DS2014_353_003.
6.19 Bodllosged (NPRN 28181): DI2014_0458.
6.20 Bodllosged (NPRN 28181): DS2014_353_004.
6.21 Bodllosged (NPRN 28181): DS2014_353_017.
6.22 Bodllosged (NPRN 28181): DS2014_353_005.
6.23 Bodllosged (NPRN 28181): DS2014_353_011.
6.24 Bodllosged (NPRN 28181): DS2014_353_016.
6.25 Bodllosged (NPRN 28181): CBHC/RCAHMW.
6.26 Bodllosged (NPRN 28181): DS2014_200_001.
6.27 Llwynbedw (NPRN 26729): CBHC/RCAHMW.
6.28 Llwynbedw (NPRN 26729): DS2014_201_009.
6.29 Llwynbedw (NPRN 26729): DI2014_0460.
6.30 Llwynbedw (NPRN 26729): DS2014_201_002.
6.31 Llwynbedw (NPRN 26729): DS2014_201_010.
6.32 Hafodlwyfog (NPRN 26578): CBHC/RCAHMW.
6.33 Hafodlwyfog (NPRN 26578): DS2014_202_001.
6.34 Hafodlwyfog (NPRN 26578): rcn01669.
6.35 Hafodlwyfog (NPRN 26578): DI2010_1438.
6.36 Hafodlwyfog (NPRN 26578): DS2014_202_004.
6.37 Hafodlwyfog (NPRN 26578): DS2014_202_014.
6.38 Hafodlwyfog (NPRN 26578): DS2014_202_016.
6.39 Bennar (NPRN 26006): CBHC/RCAHMW.
6.40 Bennar (NPRN 26006): DS2014_203_005.
6.41 Bennar (NPRN 26006): DI2014_0484.
6.42 Bennar (NPRN 26006): DS2014_203_008.
6.43 Bennar (NPRN 26006): DS2014_203_012.
6.44 Bennar (NPRN 26006): DS2014_203_010.

Ffigurau/Figures 7.1 – 7.21
7.1 Gronant (NPRN 261): CBHC/RCAHMW.
7.2 Gronant (NPRN 261): DS2014_204_009.
7.3 Gronant (NPRN 261): DS2014_204_001.
7.4 Gronant (NPRN 261): DS2012_374_009.
7.5 Gronant (NPRN 261): DS2012_374_010; DS2012_374_011; DS2012_374_012.
7.6 Gronant (NPRN 261): DS2012_374_013.
7.7 Gronant (NPRN 261): DS2014_204_004.
7.8 Cae-glas (NPRN 404888) gan/by Falcon Hildred: FHA02_41_05.
7.9 Cae-glas (NPRN 404888): DS2014_206_003.

7.10 Cae-glas (NPRN 404888): gan/by Falcon Hildred: FHA02_41_05.
7.11 Cae-glas (NPRN 404888): DS2014_206_001).
7.12 Cae-glas (NPRN 404888): DS2014_206_008.
7.13 Y Parc (NPRN 404989): CBHC/RCAHMW wedyn/after Falcon Hildred.
7.14 Y Parc (NPRN 404989): DI2011_0799.
7.15 Y Parc (NPRN 404989): DS2014_205_003.
7.16 Y Parc (NPRN 404989): DS2014_205_011.
7.17 Y Parc (NPRN 404989): DI2014_0451.
7.18 Y Parc (NPRN 404989) gan/by Falcon Hildred: FHA02_43_02.
7.18 Mewnosodiad (uchod) / Inset (top): FHA02_44.
7.18 Mewnosodiad (isod) / Inset (bottom): FHA02_43_02.
7.19 Y Parc (NPRN 404989) gan/by Falcon Hildred: FH FHA02_44.
7.20 Y Parc (NPRN 404989): DS2014_205_010.
7.21 Y Parc (NPRN 404989): DS2014_205_005.

Ffigurau/Figures 9.1 – 9.2
9.1 Gelli (NPRN 406470): Oxford Dendrochronology Laboratory.
9.2 Oxford Dendrochronology Laboratory.

Ffigurau/Figures 10.1 – 10.10
10.1 Oerddwr-isaf (NPRN 16620): DS2014_192_004.
10.2 Prys-mawr (NPRN 28702): Ian Brooks & Awdurdod Parc Cenedlaethol Eryri / Snowdonia National Park Authority
10.3 Tŷ-mawr, Nantlle (NPRN 16960): DS2014_196_013.
10.4 Cae-canol-mawr (NPRN 28244): DS2014_187_016.
10.5 Brongoronwy (NPRN 28200): DS2014_194_010.
10.6 Brynyrodyn (NPRN 28229): DS2010_107_002.
10.7 Hafodlwyfog (NPRN 26578): DS2014_202_014.
10.8 Branas-uchaf (NPRN 28196): DS2014_183_017.
10.9 Hafodysbyty (NPRN 28478): DI2008_1241.
10.10 Plas-ucha (NPRN 28689): DI2013_0658.

RHESTR BYRFODDAU
LIST OF ABBREVIATIONS

Caernarvonshire I	RCAHMW, *An Inventory of the Ancient Monuments in Caernarvonshire, Volume I: East* (London, 1956)
Caernarvonshire II	RCAHMW, *An Inventory of the Ancient Monuments in Caernarvonshire, Volume II: Central* (London, 1960)
CBHC	Comisiwn Brenhinol Henebion Cymru
CCHChSF / JMerHRS	*Cylchgrawn Cymdeithas Hanes a Chofnodion Sir Feirionnydd / Journal of the Merioneth Historical and Record Society*
CHCC	Cofnod Henebion Cenedlaethol Cymru
LlGC	Llyfrgell Genedlaethol Cymru
NMRW	The National Monuments Record of Wales
NLW	The National Library of Wales
NPRN	National Primary Record Number (*Coflein*)
RCAHMW	The Royal Commission on the Ancient and Historical Monuments of Wales
R.O.	Record Office
TCHaNM / TAngAS	*Trafodion Cymdeithas Hynafiaethwyr & Naturiaethwyr Môn / Transactions of the Anglesey Antiquarian Society & Field Club*
TNA	The National Archives
VA	*Vernacular Architecture: The Journal of the Vernacular Architecture Group*

MYNEGAI'R ENWAU
INDEX OF NAMES

Abbey Farmhouse *gw / see* Y Faner
Aber 40, 282
Aberconwy, Abaty / Abbey 45, 72, 79, 110
Abergele 75
Aberglaslyn 138
Alderley, Arglwydd / Lord 87
Ancaster ystâd / estate 116-17
Anwyl, Maurice 53 ; Katherine 60; teulu / family 239, 241-47
Ardudwy 63, 103, 124, 195

Baladeulyn 179-80
Bangor, Palas yr Esgob / Bishop's Palace 9, 276; Eglwys Gadeiriol / Cathedral 9, 78
Baron Hill, ystâd / estate 111
Basaleg 42
Beaumaris / Biwmares 11, 190, 225, 274, 276, 280, 282
Beddgelert 19, 23-25, 39, 136-41, 154-58, priordy / priory 45
Beeston Crag / Y Felallt 31
Bennar / Bennardd 44, 72-75, 84, 168, 175, 218-22, 278
Berain 32
Berthlwyd ystâd / estate 233
Betws 65, 70, 73, 82, 161, 162
Betws Garmon 111
Black Lion, Conwy 276
Blaenglasgwm-uchaf 19, 45, 67-70, 84, 114-20, 132, 276, 280
Bodelwyddan 11
Bodeon 180
Bodior 12
Bodllosged / Botllosked 35, 38, 84, 200-07, 278, *Tudalennau gweili / end papers*
Bodsilin 87
Bodwrda 278, 280
Bosworth 12
Branas-uchaf 19-20, 84, 96-100, 271, 272, 274, 282

Brongoronwy 28, 34, 84, 166-71, 270, 274, 276
Bron-ronw / Bron-ronw-goch 168
Bron-y-foel-isaf 36, 280
Brynberllan 268, 270, 278
Bryngwylan 14
Brynodl 209
Brynyrodin 35, 36, 50, 63, 84, 194-99, 270, 271, 274-78, 282
Buan 35
Bulkeley teulu/family (Gronant & Biwmaris / Beaumaris) 225
Bulkeley; Ladi / Lady 52 ; Syr / Sir Richard 11, 52; Robert 225-26, 229; William 225
Bushman, Christopher & Joseph 93
Bwlch-y-groes 67

Cadrodd Hardd 87
Cae'nycoed-uchaf 35, 280
Cae-canol-mawr 23-25, 56, 84, 142-47, 269, 276
Cae-glas 23, 28, 29, 50, 60, 76, 84, 107, 111, 127, 232-37, 270-71, 276, 282, *y clawr blaen / front cover*
Cae-gwegi 278
Cae-mawr 73
Cae-orllen 55
Cae'rberllan 104
Caerhun 35
Caernarfon 274
Capel Curig 188-93
Carneddi 125
Carneddog 125
Casson brodyr / brothers 93
Castell 55, 56
Castle Inn, Criccieth 276
Castle St, Beaumaris / Stryd y Castell, Biwmares 274, 276, 280, 282; Conwy 274
Cefnbodig 42
Cefn-caer 269, 276, 282

Cefnydugoed 80
Cemaes 245
Ceunant Cynfal 91
Clenennau 243, 278, 282
Clynnog 229
Cnicht 232, 239, 240
Cochwillan 27, 28
Coedyffynnon 12, 28, 47, 72-75, 84, 172-77, 218, 269, 271, 276
Collwyn ap Tangno 39, 123, 210
Conway, David 155
Conwy 214, 274, 276, 280
Cororion 189
Corsygedol 10, 58, 104, 106
Crafnant 54
Creigir-isaf 276
Creuwrion / Creweryon 189
Criccieth 276
Crogan 97
Cunedda 104
Cwm 20, 21, 23, 175, 269, 270, 271, 276, 278
Cwm Cynfal 167, 201
Cwm Teigl 143
Cwmbychan 12, 35, 43, 51, 53, 59
Cwm-du 154
Cwrt Plas-yn-dre 19, 20, 276
Cymryd-isaf 176
Cynfal-fawr 40, 84, 90-95, 195, 268, 274
Cynwal, William 104

Dafydd Llwyd ap Hywel ap Rhys 91-93
Dafydd Llwyd ap Y Penwyn 70, *gw. hefyd / see also* Loyt, David
David, Hugh 111
Dduallt, Y 46, 49, 50, 271, 278, 280
Derwyn-bach 26, 34, 35, 84, 184-87, 278
Derwyn-fawr 184
Dinlle 208
Dolbenmaen 35, 184-87
Dolgellau 20

Dolwgan 186
Dolwyddelan 31, 32, 65, 67, 69, 75, 77, 78, 79-80, 81. 82, 115, 117, 129-30, 213
Dôl-y-moch 39, 40, 41, 63, 168
Druid / Y Ddwyryd 20
Dugoed 27-28, 29-30, 50, 70-72, 80, 84, 160-65, 271, 274, 280
Dulasau-isaf 50, 70, 80-82, 280
Dulasau-uchaf 280
Dyffryn Ardudwy 51
Dyffryn Mymbyr 35, 84, 188-93, 270, 271, 278
Dyffryn-gwyn 42

Edeirnion / Edeyrnion 97
Edward Gruffudd (Penrhyn) 73-74
Edwart ap Raff 97
Egryn 14, 20, 37, 50, 84, 102-07, 269, 274, 280
Ellis, Thomas 75
Elsbeth ferch Owain ap Meurig 70
Evan, Mary 54-55
Evans, Anne 190

Faenol 245, 278, 282
Fairbank, Thomas 190
Faner, Y 269, 274
Fedw-deg 270, 271, 280
Ffestiniog 20, 21, 23-25, 28, 35, 39, 50, 63, 142-47, 166-71, 200-07
Ffoulk ap Robert 70, 162
Ffridd-isaf 35, 280
Frith-wen 81
Fronheulog 70
Fychan, Rhisiart 104

Gafael Egryn 45, 67, 75, 103
Gafael Griffri 189
Gafael y Mynach 67
Gardd Llyga(i)d-y-dydd 298
Garreg-fawr, Y 26, 28, 29, 30, 33, 269, 271, 278, 282
Garthgynon 97
Gelli 264-65, 278, 280
Gelli'r Cerddenu 23-24
George & Dragon, Beaumaris / Biwmares 276
Gesail Gyfarch, Y 280
Gethin, Moris 155, 156
Glasgwm gw. / see Plas Glasgwm
Glasynys 111
Gloddaeth 276
Glynllifon 180
Glynn teulu / family, Glynllifon 180

Gorllwyn-uchaf 23-25, 84, 148-53, 268, 270, 276
Griffith teulu / family, Dolwgan 186
Griffith, John 209
Griffith, Margaret 189-90
Griffith, Piers 190
Griffith, Rowland 57
Griffith, William 189
Griffiths, Moses 51
Gronant 28, 50, 59, 84, 224-31, 272, 276, 278, 280
Gruffudd ab Hywel Coetmor 73
Gruffudd ap Dafydd Goch 73
Gruffudd ap Ieuan ap Phivion 201
Gruffudd ap Rhys 97
Gruffydd ap Ednyfed ap Gruffydd Lloyd 103-04
Guto'r Glyn 27
Gwastadannas 19, 45, 84, 108-13, 137, 140, 213, 274
Gwely Cynwrig ab Iddon 65, 73
Gwely Griffri ab Iddon 65
Gwely Iorwerth ab Iddon 65, 70
Gwybrnant gw./see Wybrnant
Gwyddelwern 21, 22, 268, 276, 278
Gwydir 31, 32-33, 40, 53, 54, 67, 68, 72, 75, 78, 82, 110, 116-17, 129-30, 137-38, 140, 213, 272
Gwynn, Dr John 78-80

Hafod Cwm Dyli 62
Hafod-fraith 81
Hafodgaregog 125
Hafodlwyfog 12, 39, 41, 42, 84, 212-17, 271, 278
Hafodruffydd-uchaf 23-25, 45, 84, 154-58, 276
Hafodunos 72, 163
Hafod-y-rhisgl 213
Hafodysbyty 269, 272, 276
Hafoty 276, 282
Harry ap Robert 70-72, 162-63
Haslam, Richard 248
Hedd Molwynog 45
Heilin ab Ieuan 73
Henblas 11
Hen-rhiw 81
Henry ap Roland ap William 208
Henry VII 65, 103, 115
Herbert, Elizabeth 245
Hildred, Falcon 150, 232-33

Howell ap Rhys 149
Hugh ap Thomas ap Ieuan 194
Hugh ap William ap Evan 185
Hughes, Gaynor 195-96
Hughes, Howell 195
Hughes, Hugh 195-96
Hughes, Parch /Rev. Edward 180
Hughes, William 186
Huw ap William Tudur 104
Huw Machno 92, 242
Hywel ap Meurig 73
Hywel ap Rhys 80

Ieuan ap Gruffudd Crafnant 80
Ieuan ap John ap Heilyn ap Ieuan ap Gruffudd Crafnant 72-73, 173
Ifor Hael 42

Jane ferch Ffoulk 70-72, 80, 162-63
Jane ferch William Lloyd ap Howell 173
John ap Heilin 73
John ap Hugh ap Richard (Bennardd) 218
John ap Morgan 75, 76, 130
John ap Thomas ap Ieuan 195
John Wynn ap Maredudd (Gwydir) 78-79
Jones, Anne 163
Jones, Owen Gethin 131-32, 173
Jonet ferch William Lloyd ap Hoell ap Rees 73
Kinmel 180
Kirby, Esmé 190-92
Kyffin, Thomas 196

Leicester, Iarll / Earl of 137
Leland, John 59
Lewis ap Moris ap Gethin 155
Lewis ap Richard 69-70
Lewis Glyn Cothi 19
Lewys Dwnn 45, 91, 104, 150, 180, 209, 218
Llanaber 14, 20, 50, 102-07
Llandecwyn 35
Llandrillo 19, 96-100
Llandwrog 178
Llanedwen 9-10
Llanegryn 55
Llanenddwyn 10, 36
Llanerchyfelin 280
Llanfachraeth / Llanfachreth (Môn / Anglesey) 20, 50, 64, 224-31
Llanfaethlu 86-89, 226
Llanfair 50, 54, 209
Llanfair Dyffryn Clwyd 78

Llanfair Talhaearn 70
Llanfair-isaf 50
Llanfor 282
Llanfrothen 28, 48, 50, 149, 232-48, 265
Llanfwrog 18, 225
Llangar 99, 273, 274
Llangernyw 14
Llaniestyn 37
Llannerchyfelin 35
Llanon / Llan-non 270
Llanwnda 39, 47
Llanycil 42
Llawr Ynys 70
Lloyd, Bleddyn 163
Lloyd, Caleb 94
Lloyd, David (Bodllosged) 149, 201
Lloyd, Edmund (Glynllifon) 180
Lloyd, Edward 53
Lloyd, Elizabeth 55
Lloyd, Evan 82, 168, 214
Lloyd, Griffith 163
Lloyd, Howell 201
Lloyd, Hugh 201
Lloyd, John 163
Lloyd, Parch / Rev. John 51
Lloyd, Richard 43, 53
Lloyd, Robert 81
Lloyd, Roger 72, 163
Lloyd, William 55
Llugallt 79
Llwyd, Dai 12
Llwyd, Evan 216
Llwyd, Huw 94
Llwyd, Morgan 91, 93, 195
Llwyd, Samuel 93
Llwynbedw 39, 84, 208-11, 280
Llwyn-du 36, 50, 280
Llwyn-teg 79
Llwynycynfal 280
Llywelyn ab Iorwerth 73, 80
Loveles, William 155
Loyt, David 70

Machno, Cwm / valley 65, 70, 161
Machynlleth 270
Madog ap Bleddyn Llwyd 45, 75
Madog ap Bleddyn Llwyd Hen 45
Madog ap Ieuan ap Gruffydd 47
Maenan 79, 80, 196, 274
Maenol 54
Maentwrog 35, 50, 90-95, 194-99

Maestyddyn 99, 272, 274, 282
Maesyceirchie 54
Mallwyd 55
Manod Mawr 143
Mared ferch John 72
Maredudd ab Ieuan ap Robert 31, 45, 67, 110, 115, 137
Maredudd ap Dafydd ap Einion 70, 161-62
Maredudd ap Ifan 18
Melai 70
Meredith, Humphrey 214, 229
Minffordd 278
Moelwyn 59, 240
Morgan, William 11, 45, 75, 77, 78, 129-32, 135
Morus Gethin ap Ieuan ap Rhys 155-56
Morus ap Rhys 225
Mostyn, ystâd / estate 130, 196
Mutton, Piers 189-90
Mutton, Thomas 189-90
Mynachdy-gwyn 229
Mynydd Gorllwyn 148
Myrddin Fardd 148

Nanhwynan 109-10, 150, 213
Nannau 42, 73
Nannau Is Afon 64
Nant, ystâd / estate 111
Nantconwy 31, 45, 59, 65, 66, 67, 68, 80
Nantgwynant 108-13, 212-17, 249
Nantlle 30, 35, 175-82
Nantmor 21, 23, 122-27
Nant-pasgan-mawr 24-25, 35, 268, 278
National Trust / Yr Ymddiriedolaeth Genedlaethol 131, 163, 192
Nefyn 282
Neuadd 270
Nudd 104

Oerddwr-isaf 84, 136-41, 268, 274
Owain Brogyntyn 19, 97
Owain Glyndŵr 19, 44, 67
Owain Gwynedd 39, 214, 216, 218
Owen ap Rhydderch 233
Owen teulu/family (Bodeon & Orielton) 180
Owen, 'Baron' Lewis / Y Barwn Owain 20
Owen, Cadwaladr 190
Owen, John 163, 168
Owen, Syr / Sir John 240

Palace St / Stryd y Plas, Caernarfon 274
Pant-glas 72

Pant-glas-uchaf 278
Parc, Y 48, 58, 60-61, 84, 233, 238-48, 280, 282
Parry, Rowland 209
Parry-Williams, T.H. 12
Pengwern 47, 168, 201, 274
Pen-hwn-llys Plas 37, 282
Penisa'rglasgoed 11
Penmachno 12, 19, 27-28, 45, 50, 65-82, 114-19, 160-65, 172-77, 218-22
Penmorfa 23-25, 148-53
Pennant, Richard 190
Pennant, Thomas 12, 51, 62, 63
Pennarth-fawr 20, 274
Penrhos 87
Penrhyddgan 35, 36-37, 127, 128, 269, 270, 278
Penrhyn 70, 73-74
Penrhyn ystâd /estate 130, 163, 189
Penrhyn, Arglwydd / Lord 190
Penrhyndeudraeth 35, 282
Pen-y-bryn 40, 41, 58, 282
Penyfed 149
Plas Glasgwm 65-66, 67, 78-80, 114-15, 278
Plas Iolyn 162
Plas Penmynydd 10, 11
Plas Penrhyn 10
Plas-coch 9-10, 276, 278, 280
Plas-mawr, Conwy 10, 36, 215, 269, 280
Plasnewydd, Môn / Anglesey 57
Plasnewydd, Llanfrothen 116, 248
Plastirion 16, 38, 39, 268
Plas-ucha 99, 269, 273, 274
Plas-y-dduallt gw. / see Dduallt
Plas-ym-Mhenros 280
Plas-yn-egryn gw./see Egryn
Plas-yn-Glasgwm gw./see Plas Glasgwm
Plas-yn-glyn 225
Plas-y-ward 190
Pool, Richard 245
Powell, Rhydderch (Roderick) 80, 81
Powell, Roderick 81
Prise, Edward 87
Prys, Dr Ellis 72
Prys-mawr 268, 278
Pugh, Ann 219
Pugh, Humfrey 143
Pugh, Robert 219

Rhirid Flaidd 149
Rhisiart o'r Hengaer 31

Rhiw-goch 81
Rhiwlas 10, 81
Rhos 35, 278
Rhoscolyn 12
Rhydywernen 276
Rhys ap Rhisiart 186
Rhys Goch Eryri 156
Richard ap Ieuan ap John, Betws 173
Richard ap Robert, Nantlle 180
Richard ap Rowland Owen 87
Robert ap Howell 149-50
Robert ap Meredydd 70, 77, 162
Robert ap Moris 244
Robert ap Rhys, Syr / Sir 162
Robert ap William ap Richard 150
Roland ap William ap John 208
Rose & Crown, Gwyddelwern 268
Rowlands, Henry 82, 209
Rowlands, John 209
Royal House 270
Ruck, Ruth 125
Rug 31

Salesbury, Robert 31
Siôn Dafydd La(e)s 42
Skevington, Esgob / Bishop 9
Smith, Peter 15, 186, 273
Snowdonia Society / Cymdeithas Eryri 192
Soughton Hall 168, 175
St Asaph 129
St John's College, Cambridge / Coleg S. Ioan, Caergrawnt 135

Tai Isaf yn Blaen Glasgwm *gw./see* Blaenglasgwm-uchaf
Tan-y-bwlch ystâd / estate 143
Thelwall, Simon 190
Thomas ap Ieuan 194
Thomas, Evan 233
Thomas, Hugh 195
Traeth Mawr 240
Trefadog 84, 86-89, 274
Trefriw 80
Tudor Rose, Biwmares / Beaumaris 274
Tudur Aled 97
Tudur ap Gronw 180
Tudur Goch 180
Tudur, Huw 104
Tudur, Jasper / Siasper 12
Tudur, William 104
Tŷ-cerrig 18, 274, 282
Tyddynybraich 55
Tyddynybwlch 56
Tŷ-fry 282
Tŷ-mawr, Nantlle 28, 30, 35, 84, 178-82, 269, 278
Tŷ-mawr, Nantmor 21, 23, 84, 122-27, 270, 276, 278
Tŷ-mawr, Wybrnant 11, 34, 45, 75-77, 84, 128-35, 278
Tŷ-mawr, Y Dwyryd / Druid 20, 278, 280
Tŷ-mawr (Castle Inn), Cricieth 276
Tynewydd 54
Tyn-llan 21, 22, 130, 268, 271, 276
Tyn-llwyn 276
Tywyn 42

Ucheldre 280
Uwchlaw'rcoed 10

Vaughan, R.W. 33
Vaughan, Thomas 72
Voelcker, Adam & Frances 125

Waunfawr 28
William ap Richard 180
William ap Tudur 104
William, Lewis 124
Williams, John 213
Williams-Ellis, Clough 239-40
Wybrnant 11, 75-77, 84, 128-35, 278
Wynn, John 69
Wynn, Morus 75, 78, 110-11
Wynn, Robert 78, 79
Wynn, Syr / Sir John (Gwydir) 31, 44, 45, 59, 68, 72, 75, 77, 79, 82, 116, 129-30, 137, 213
Wynne, John Esgob / Bishop 219
Wynne, Owen 201
Wynne, Richard 98
Wynne, William (Garthgynan) 97
Wynne, teulu/family, Soughton Hall 83, 175
Wynn, teulu/family, Glynllifon 186
Wynn, teulu/family, Gwydir 110
Wynnstay ystâd / estate 130, 138

Ysbyty Ifan 67, 72
Ystumanner 233
Ystumcegid 18